真空工程技术丛书

真空镀膜技术

张以忱 等编著

北 京
冶金工业出版社
2023

内 容 提 要

全书共分 10 章,系统地阐述了真空镀膜技术的基本概念和基础理论、各种薄膜制备技术、设备及工艺、真空卷绕镀膜技术、ITO 导电玻璃真空镀膜工艺,尤其重点介绍了一些近年来新出现的镀膜方法与技术,如反应磁控溅射镀膜技术、中频磁控溅射镀膜和非平衡磁控溅射镀膜技术等;还详细介绍了薄膜沉积及膜厚的监控与测量以及表面与薄膜分析检测技术等方面的内容。

本书具有很强的实用性,适合于真空镀膜行业、薄膜与表面应用、材料工程、应用物理以及与真空镀膜技术有关的行业从事研究、设计、设备生产操作与维护的技术人员,也适用与真空镀膜技术相关的实验研究人员和学生,还可用作大专院校相关专业师生的教材及参考书。

图书在版编目(CIP)数据

真空镀膜技术/张以忱等编著.—北京:冶金工业出版社,
2009.9(2023.7 重印)
(真空工程技术丛书)
ISBN 978-7-5024-5020-5

Ⅰ. 真… Ⅱ. 张… Ⅲ. 真空技术—镀膜 Ⅳ. TN305.8

中国版本图书馆 CIP 数据核字(2009)第 143418 号

真空镀膜技术

出版发行	冶金工业出版社	电　话	(010)64027926
地　址	北京市东城区嵩祝院北巷 39 号	邮　编	100009
网　址	www.mip1953.com	电子信箱	service@mip1953.com

责任编辑　张熙莹　宋　良　美术编辑　彭子赫　版式设计　张　青
责任校对　石　静　责任印制　禹　蕊
北京虎彩文化传播有限公司印刷
2009 年 9 月第 1 版,2023 年 7 月第 7 次印刷
880mm×1230mm　1/32;17.875 印张;568 千字;558 页

定价 72.00 元

投稿电话　(010)64027932　投稿信箱　tougao@cnmip.com.cn
营销中心电话　(010)64044283
冶金工业出版社天猫旗舰店　yjgycbs.tmall.com
(本书如有印装质量问题,本社营销中心负责退换)

前　言

　　真空镀膜技术既是应用广泛的工程技术,又是一门各学科交叉的边缘学科。我们在编著本书的过程中,总结了多年来的科研生产实践成果和教学经验,参阅了大量国内外的相关文献,综合参考并引用了国内外有关单位在薄膜制备方面的成熟资料与经验。书中系统地阐述了真空镀膜技术与工艺的基本概念和基础理论、各种薄膜制备技术、设备及工艺、真空卷绕镀膜技术、ITO 导电玻璃真空镀膜工艺,尤其重点介绍了一些近年来新出现的镀膜方法与技术,如反应磁控溅射技术、中频磁控溅射和非平衡磁控溅射技术、卷绕镀膜技术等;还详细介绍了薄膜沉积与膜层的监控与测量以及表面与薄膜分析检测技术等方面的内容。

　　在编著方法上,将镀膜技术理论与工程实际结合,着重阐述各种镀膜技术的工作原理和工艺特点,还结合实际介绍了生产实践中典型产品的镀膜工艺。我们编著本书的目的就在于希望能够深入浅出地、全面系统地向读者介绍真空镀膜技术及其进展。本书既注重真空镀膜技术的理论体系,又反映了真空镀膜技术工艺的最新发展,内容涉及真空技术、薄膜物理、机械设计与制造、电磁学、自动控制技术等多学科知识,可供真空薄膜领域中的镀膜设备设计、工艺研究、生产及管理等方面人员阅读,同时也可供各大专院校相关专业的师生使用。

　　参加本书编著工作的有张以忱(第 1、2、3、4、7 章、第 9 章部分),谭晓华(第 5 章),马胜歌(第 9、10 章),孙少妮(第 6 章),姜翠宁(第 8 章),全书由张以忱统稿。

在本书编著过程中，得到了东北大学真空与流体工程研究所各位老师及有关单位和专家们的大力支持，在此深致谢意。

由于作者的水平所限，书中不足之处，恳请广大读者批评指正。

编著者

2009 年 3 月

目　录

8　ITO 导电玻璃镀膜工艺 …………………… 461

9　薄膜厚度的测量与监控 …………………………… 485

10　表面与薄膜分析检测技术 ……………………… 501

1 薄膜与表面技术基础理论

1.1 概述

对固体材料而言,薄膜与表面技术实施的主要目的是以经济、有效的方法改变材料表面及近表面区的形态、化学成分和组织结构,使材料表面获得新的复合性能,以新型的功能实现新的工程应用。通过表面与薄膜技术与工程的优化设计与实施,可以达到下列目的:

(1) 提高材料抵御环境的能力。

(2) 赋予材料表面具有新的机械功能、装饰功能和特殊功能(包括声、电、光、磁及其转换和各种特殊的物理、化学性能)。

(3) 弄清各类固体表面的失效机理和各种特殊的性能要求,实施特定的表面处理工艺来制备具有优异性能的构件、零部件和元器件等产品。

为达到上述目的,主要通过使用各种先进的涂镀技术,在材料的表面加上各种涂镀层。如涂层技术中的电镀、化学镀、涂敷、热喷涂、热浸镀、各种物理气相沉积、化学气相沉积、分子束外延、离子束合成等技术。另外,也采用各种表面改性技术及机械、物理、化学等方法使材料表面的形貌、化学成分、相组成、微观结构、缺陷状态、应力状态得到改变,其技术主要有表面热处理、喷丸强化、等离子体扩渗处理、三束(激光束、电子束、离子束)改性处理等。

1.2 固体表面介绍

1.2.1 固体材料

固体是指能承受应力的刚体材料,在室温下其原子在相对的固定位置上振动。从物质结构形态上看,可分为晶体和非晶体两类。晶体中原子、离子或分子在三维空间呈周期性规则排列,即存在长程的几何有序。非晶体包括玻璃、非晶态金属、非晶态半导体和某些高分子聚合物等,其内部原子、离子或分子在三维空间排列长程无序，但是由于化学键的作用，大约在 1~2 nm 范围内原子分布仍有一定的配位关系，原子间距和成键键角等都有一定特征，然而没有晶体那样严格，即存在所谓的短程有序。

在固体中，原子、离子或分子之间存在一定的结合键，这种结合键与原子结构有关。最简单的固体是凝固态的惰性气体，这些元素因其外壳电子层已经完全填满而有非常稳定的排布。通常惰性气体原子之间的结合键非常微弱，只有处于很低温度时才会液化和凝固，这种结合键称为范德瓦尔斯键。除惰性气体外，在许多分子之间也可通过这种键结合为固体。例如甲烷（CH_4），在分子内部有很强的键合，但分子间依靠范德瓦尔斯键结合成固体。此时的结合键又称为分子键。还有一种特殊的分子间作用力——氢键，可把氢原子与其他原子结合起来而构成某些氢的化合物。分子键和氢键都属于物理键或次价键。

大多数元素的原子最外电子层都没有填满电子，在参加化学反应或结合时都有互相争夺电子成为惰性气体那样稳定结构的倾向。由于不同元素有不同的电子排布，故可能导致不同的键合方式。例如氯化钠固体是通过离子键结合的，硅是以共价键结合的，而铜是以金属键结合的。这三种键都较强，同属于化学键或主价键。

实际上许多固体并非由一种键把原子或分子结合起来，而是包含两种或更多的结合键，但是通常其中某种键是主要的，起主导作用。

固体材料是工程技术中最普遍应用的材料。按照材料的特性，可将它分为金属材料、无机非金属材料和有机高分子材料三类。金属材料包括各种纯金属及其合金。无机非金属材料包括陶瓷、玻璃、水泥和耐火材料等。有机高分子材料包括塑料、合成橡胶、合成纤维等。此外，人们还发展了一系列将两种或两种以上的材料通过特殊方法结合起来而构成的复合材料。

固体材料按所起的作用可分为结构材料和功能材料两大类。结构材料是以力学性能为主的工程材料，主要用来制造机械装备中的零件以及工具、模具、工程建筑中的构件等。功能材料是利用物质的各种物理和化学特性及其对外界环境敏感的反应，实现各种信息处理和能量转换的材料（有时也包括具有特殊力学性能的材料），这类材料常用来制造各种装备中具有独特功能的核心部件。

1.2.2　固体表面与界面的基本概念

表面实际上是由凝聚态物质靠近气体或真空的一个或几个原子层(0.5~10 nm)组成,是凝聚态对气体或真空的一种过渡。固体的表面有其独特的物理、化学特性。固体材料的表面与其内部本体材料在结构和化学组成上都有明显的差别。在一定的温度和压力条件下,把两种不同相之间的交界区称为界面,如固-固,固-液,固-气界面,是由一个相过渡到另一个相的过渡区域。对固体材料而言,界面有三种,即:

(1)分界面。固-液,固-气间的分界面,即表面。

(2)晶界面或亚晶界。即多晶材料内部成分、结构相同,而取向不同的晶粒(或亚晶)之间的界面。

(3)相界。固体材料中成分、结构不同的两相之间的界面(相界面)。

固体表面是指固-气界面或固-液界面。我们研究的表面往往又是多个相的系统,这种复杂的相系致使表面界面呈复杂多样性。为了便于研究表面,在理论上,近似地假设除了固-气界面的几何限制外,系统不发生任何变化的表面称为理想表面。就晶体而言,这种理想的晶体表面可用二维晶格结构来描述,它存在5种布喇菲格子,9种点群和17种二维空间群。

对于固体材料与气体的界面,有两种不同的对象,即清洁表面和实际表面。清洁表面与实际表面相差很大。表面的清洁程度需根据相应的特殊处理工艺和超高真空条件来定,在原子清洁的表面上,可发生多种与基体内不同的结构和成分变化,诸如弛豫、重构、台阶化、偏析、吸附等。研究清洁表面需使用复杂、精密的仪器,而研究的结果一般难以应用于实际。但是它对表面所得到的确定性的描述和深入研究表面成分和结构在不同真空条件下的变化规律,对揭示表面的本质和深入了解影响材料表面性能的各种因素具有理论指导意义,并以此为基础来研究实际表面。虽然因受氧化、吸附、污染等各种因素的影响,实际表面很难得到明确的特定性的描述,但它可根据实验取得一定条件下的具体结论,这对控制材料的表面质量、直接可靠地应用于工程实际起着重大的作用。

1.2.3 固体表面与界面的区别

表面是指固体(或液体)边界上由不同于固体内部性质的那些原子层所组成的一个相;而界面是指一个以两个均匀相为分界的面,它随相的种类不同而有相当不同的特征。

物体与气体或真空的分界处为表面,有液相、固相(凝聚相)的边界与自由空间接触的特征。固体表面的物理化学性能常与其内部的不同,这是因为在热力学平衡条件下,表面的化学组分、原子排列、原子振动状态等都与体内不同。因为表面向外的一侧没有邻近的原子,表面原子有一部分化学键伸向自由空间,形成"悬挂键",所以表面具有很活跃的化学性质。由于固体内三维周期势场在表面中断,因此表面原子的电子状态也与体内不同,显示出表面具有某种特殊的力学、光学、电学、磁学和化学性能。

一般把液体与固体、液体与液体、固体与固体这些凝聚相间的分界处称为界面。从分子角度上看,如果是液相,其分子就有能自由移动位置的界面;如果是固相,其分子或原子就有固定位置的界面。两种界面性质具有的特点相当不同。有时,表面与界面难以区分,但在固体内部晶粒的界面可与表面明确区分,这些都显示了表面与界面的区别。表面是界面的一种特殊情况,是最简单的一种"界面"形式,从一定意义上讲,表面研究是理解更为复杂的界面现象的基础。

1.3 表面晶体学

1.3.1 金属薄膜的晶体结构

金属的表面结构和其晶体结构紧密联系。金属晶体是由晶粒组成的,晶粒又是由一群排列得非常规则的、由三个方向周期性排列的原子所组成的。在晶体原子的规则排列中,一族平行的晶面或晶向组成的网格称为晶格。网格的结点称为晶格的格点。晶格和格点组成了形象地描述晶体中原子排列的三维周期性排列的空间点阵。点阵的点可以是原子或离子,或对应于分子的中心。金属的晶格可以看做是由一些形状和大小相同的基本单元格子堆砌而成,这些基本单元格子称为晶胞。根据晶胞的形状和点的排列,晶格可区分为 7 个晶系和 14 种晶格。如果每个晶胞中只含一个原子,则称为原始晶胞。含有两个或两个以上原子的晶胞称为复合晶胞。常见的复合晶胞有面心立方和体心立方。晶胞的形状和结构实际上表明了金属内部原子的"堆砌"方式,它们微小的变化会引起金属材料性能的显著差别。例如,常用半导体材料(硅、锗、砷化镓等)的晶胞为立方体,三个边长相等。

晶胞的三个基矢(棱长)称为晶格常数,如图 1-1 中的平行六面体的 a、b 和 c。晶格常数是标志晶体中原子疏密程度的重要物理量。通过晶格常数,我们可以识别各个晶格的晶面,方法是这样的:

(1) 以晶格常数为单位来度量所标识晶面在晶轴上的截距:$OA = r$,$OB = s$,$OC = t$(见图 1-2);

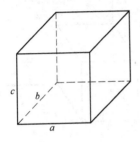

图 1-1　平行六面体晶胞　　　图 1-2　晶面在晶轴上的截距

(2) 求出所得截距的倒数 $1/r, 1/s, 1/t$;

(3) 求出三倒数的简单整数比:

$$\frac{1}{r} : \frac{1}{s} : \frac{1}{t} = h : k : l$$

式中,hkl 称为与晶面 ABC 平行的晶面指数,以 (hkl) 表示,当表示一族晶面时用 $[hkl]$ 表示。如果 h、k 或 l 中某值为负,则在相应的指数的上方加一负号。图 1-3 所示为立方晶系中三个典型的晶面。

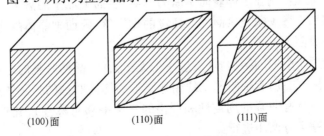

(100)面　　　　(110)面　　　　(111)面

图 1-3　立方晶系中三个典型晶面

对于六角晶系来说,晶面指数有 4 个指标(见图 1-4)。这时晶面指数用($hklm$)表示,它也表示一族平行的晶面。

$$h:k:l:m = \frac{1}{x\,轴截距}:\frac{1}{y\,轴截距}:\frac{1}{z\,轴截距}:\frac{1}{u\,轴截距}$$

除了薄膜生长的晶面以外,还有晶向的概念,晶向是用[ ]表示的。它的标记方法是:过原点 O 和晶向上任一点 L(见图 1-5)得 OL,求 OL 在三晶轴上的投影 r_a、s_b、t_c;然后求出 r、s、t 的互质整数比,$r:s:t=u:v:w$,那么以[uvw]表示晶向。在六角晶系中,晶向有时也采用 4 个指标。

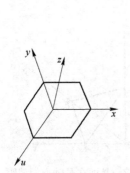

图 1-4 六角晶系的晶面指数表征

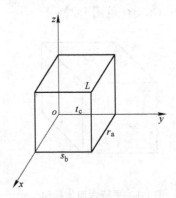

图 1-5 晶向的表征

1.3.2 理想的表面结构

由于固体材料在自然界中通常是以晶态和非晶态的形态存在的,因此,我们以晶态物质作基础,从二维结晶学来看理想的表面结构。

理想表面是一种理论上的结构完整的二维点阵平面。这里忽略了晶体内部周期性势场在晶体表面中断的影响、表面上原子的热运动以及出现的缺陷和扩散现象及表面外界环境的作用等,因而把晶体的解理面认为是理想表面。

单种原子组成的某物质(设想一个无限大的、晶格完整的理想晶体,其中任一原子在所有轴向都受到相邻原子的均匀对称的相互作用,它们的晶格至少具有明确的周期性和严格的三维平移对称性),其理想表面的形成过程可分两步进行:

第一步,假设在绝对真空条件下,沿某一晶面将固体切开,分割面垂直于固体表面,于是新表面(边界)暴露出来,但是新表面上的原子仍留在原来晶体结点的位置上。显然,当原子处于本体相时,其与周围原子间的作用力是平衡的,当它变为新表面上的一个原子时,由于垂直于边界方向的周期性排列中断,故边界附近的若干原子层处于受力的不平衡状态。

第二步,为了使表面能趋向最小,新表面上的原子将发生移动和重新排列,排列到各自的受力平衡位置上去。对于液体,第二步是很快的,实际上这两步并作一步进行。对于固体,由于原子难于移动,因此第二步进行得很缓慢。显然,在原子未排列到新的平衡位置上之前,新产生表面上的原子必定受一个应力的作用,在这个应力的作用下,经过较长时间,原子到达新的平衡位置后,应力便消除,但表面的原子间距将会发生一定程度的改变。

由于以上原因,出现了物理结构与体内不同的新表面层。同时,边界附近原子的电子状态也将发生变化。对于固体,当其表面受到拉伸或压缩时,仅仅改变表面原子的间距,而不改变表面原子的数量。

严格(微观)地讲,物体的表面只存在于固体(或液体)和真空之间,但广义(宏观)来说,固相-固相、固相-液相、固相-气相等之间的接触面都可以看做是一种"表面",通常称之为界面。

1.3.3 表面与体内的差异

晶体表面是原子排列面,有一侧无固体原子的键合,形成了附加的表面能。从热力学来看,表面附近的原子排列总是趋于能量最低的稳定状态。达到这个稳定态的方式有两种:一是自行调整,原子排列情况与晶体内部明显不同;二是依靠表面的成分偏析和表面对外来原子或分子的吸附以及这两者的相互作用而趋向稳定态,因而使表面组分与晶体内部不同。

晶体表面的成分和结构不同于晶体内部,一般大约要经过 4~6 个原子层之后才与体内基本相似,因此晶体表面实际上只有几个原子层范围。大量的研究表明,许多材料的物理、化学性质往往就取决于材料的表面状态,许多重要的物理、化学过程也取决于表面状态,其中包括:固体的电子、离子发射,化学催化反应,氧化和腐蚀、吸附和解吸,半导体元件和大规模集成电路界面中的相互作用,以及基体表面上的晶体外延生长等。

1.3.3.1 表面与体内结构的差异

A 表面弛豫

表面弛豫现象实际上是由表面上原子的位移所引起的。当晶体的三维周期性在表面处突然中断时,在表面上原子的配位情况发生了变化,并且在表面原子附近的电荷分布也有改变,使得表面原子所处的力场与体内原子不同,因此,表面上的原子会发生相对位置的上、下位移,以降低体系的能量。表面上原子的这种位移(压缩或膨胀)称为表面弛豫。表面弛豫最明显处是在表面第一层原子与第二层之间距离的变化。离表面越深弛豫现象越弱,并且随体相的加深而迅速消失。这也是通常只考虑第一层的弛豫效应的原因。

在金属、卤化碱金属化合物等离子晶体中,表面弛豫现象普遍存在。对于离子晶体,表层离子失去外层离子后破坏了静电平衡,由于极化作用,可能会造成双电层效应。对于多元素组成的合金,在同一层上几种元素的膨胀或压缩情况也可能是不同的,甚至是相反的。表面弛豫主要取决于表面断键的情况,可以是压缩效应、起伏效应和膨胀效应。

图 1-6 是 Si 原子结构的立体图。块体与真空间的界面为 Si(111) 面,其与 Si(110) 面相垂直。Si(111) 面为未弛豫和未重构的理想表面。图中球代表 Si 原子,棒代表化学键,表面有伸入真空的悬挂键。对于 Si(111) 未重构的理想表面,可先假定表面原子占据晶体上的正常格点位置(与体内一致的位置,也称为非弛豫位置),然后再向内弛豫 0.033 nm。

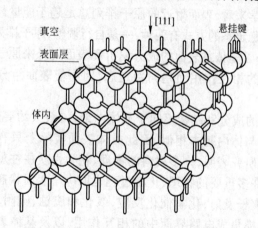

图 1-6 Si 原子结构的示意图

B　表面重构

在平行于基体的表面上,原子的平移对称性与体内显著不同,原子位置做了较大幅度调整,把这样的表面结构称为重构或再构。

表面重构与表面悬挂键有关,这种悬挂键是由表面原子的不饱和而产生的。当表面吸附外来原子而使悬挂键饱和时,重构必然发生变化。

C　表面台阶结构

清洁表面实际上不会是完整表面,因为这种原子级的平整表面的熵很小,属热力学不稳定状态,故而清洁表面必然存在台阶结构等表面缺陷。由低能电子衍射(LEED)等实验证实,许多单晶体的表面有平台、台阶和扭折。电子束从不同台阶反射时会产生位差。如果台阶密度较高,各个台阶的衍射线之间会发生相干效应。在台阶规则分布时,表面的LEED斑点分裂成双重的;如果台阶不规则分布,则一些斑点弥散,另一些斑点明锐。表面的台阶和扭折以及各种缺陷的平台对表面的性能都会产生显著的影响,对晶体的生长、气体的吸附、反应速度等的影响都较大。

D　位错

位错是另一种缺陷。由于位错只能终止在晶体表面或晶界上,不能终止在晶体内部,因此,位错往往在表面露头。位错附近的原子平均能量高于其他区域的能量,易被杂质原子所取代,若是螺位错的露头,则在表面就形成一个台阶。

表面结构往往是混杂型的,表现为既是弛豫又是重构,或既有台阶又有弛豫等。与体内相比,表面即使只有纯结构的差异(即所谓的原子清洁表面)也足以显著改变材料的许多物理、化学性质。因为有些性质对固体的结构很灵敏,例如催化、腐蚀、吸附、光学特性、电子行为、晶格振动、原子的迁移和扩散等。

1.3.3.2　表面与体内成分差异

A　偏析

偏析是指在由两种以上元素组成的固体中,其表面元素的成分比或化学计量比与体内的不同,往往是表面上某种元素多于体内的正常含量。偏析现象也称为某种元素在表面上的富集。很多合金在表面上会富集某种合金元素,例如,不锈钢表面上的 Cr 元素含量最高可达体内的 7 倍。

与重构和弛豫现象一样,偏析与表面的状态有关,例如由于表面能的各向异性,表面偏析就与晶面取向有关。表面偏析会由于材料的制备和处理工艺的不同而不同。

B 固体表面的吸附

在材料的表面,总有或多或少的外来原子构成吸附层。固体表面对气体分子吸附的类型有物理吸附和化学吸附。物理吸附不产生物质的变化,主要由范德瓦尔斯力相互作用生成,其吸附热低(一般在 40 kJ/mol 以下),无激活能。而化学吸附就不同,会有化学变化,吸附热比物理吸附热大得多(一般在 80 ~ 400 kJ/mol 之间),有吸附激活,对不同物质具有选择性。

物理吸附往往很容易解吸,而化学吸附则很难解吸。物理吸附过程是可逆的,而化学吸附过程是不可逆的。因此物理吸附和化学吸附本质上是不同的,后者有电子的转移而前者没有。有时也会出现化学吸附和物理吸附同时存在现象,例如,玻璃对氢气的化学吸附,其吸附热仅为 12.6 kJ/mol。

固体表面对液体分子的吸附包括对电解质的吸附和非电解质的吸附。对电解质的吸附将使固体表面带电或者双电层中的组分发生变化,原因是液体中的某些离子被吸附到固体表面,而固体表面的离子进入到液体之中,产生离子交换作用。对非电解质溶液的吸附一般表现为单分子层吸附,吸附层以外就是本体相溶液。液体吸附的吸附热很小,差不多相当于溶解热。

固体表面对溶液的吸附与对气体的吸附的不同之处是溶液中至少有两个组分,即溶剂和溶质,它们都可能被吸附,但是被吸附的程度不同。假如吸附层内溶质的浓度比本体相大,称为正吸附;反之则称为负吸附。显然,溶质被正吸附时,溶剂必然被负吸附;溶质被负吸附时,溶剂必然被正吸附。在稀溶液中,可以将溶剂的吸附影响忽略不计,溶质的吸附就可以简单地如气体的物理吸附一样处理。而浓度较大时,则必须把溶质的吸附和溶剂的吸附同时考虑。

固体表面的粗糙度及污染程度对吸附有很大的影响,液体的表面张力对吸附的影响也很重要。

固体与固体表面之间同样有吸附作用,但是两个表面必须接近到表面力作用的范围内(即原子或分子间距范围内)。固体间的吸附(黏附)作用只有当固体断面很小并且很清洁时才能表现出来。这是因为黏附力的作用范围仅限于分子间距,而任何固体表面从分子的尺度上看总是粗糙的,因而它们在相互接触时仅为几点的接触,虽然单位面积上的黏附力很大,但是作用于两固体间的总力却很小。如果固体断面相当平滑,结合点就会多一些,两固体之间的吸附作用就会明显;或者使其中一固体很薄(如薄膜),它和另一固体就容易吻合,也可表现出较大的吸附力。例如,将两根新拉制的玻璃丝相互接触,它们就会相互吸附。但是用新拉制的玻璃棒就不行,因为其接触面积太小,又是刚性的,不可能产生吸附。

固体材料的变形能力大小(即弹性模量的大小)会影响两个固体表面的吸附力。固体表面的污染也会使吸附力大大减小,而且这种污染往往是非常迅速的。因此,对固体表面采取净化措施一般会提高吸附强度。

1.3.3.3　表面缺陷

表面吸附层有无序和有序的差别,有时也形成表面合金及化合物。它的结构随温度和其他条件的变化而变化,常伴有空位、点缺陷和线缺陷。因为表面原子的活动能力大于体内,形成点缺陷所需的能量小,所以在表面上的热平衡点缺陷浓度远大于体内,因此,最为普遍存在的是吸附原子或偏析原子。

制备清洁表面是困难的,在现实中,表面和体内之间往往同时存在结构和成分方面的差异,这就使得表面的物理、化学性质更为复杂和多样。在几个原子范围内的清洁表面其偏离三维周期性结构的主要特征是表面弛豫、表面重构和表面台阶结构。

表 1-1 总结列出了几种表面结构和成分的差异。

表 1-1　几种表面结构和成分的差异

序号	名　称	结构示意图	特　点
1	弛　豫		表面最外层原子与第二层原子之间的距离不同于体内原子间距(缩小或增大,也可以是有些原子间距增大,有些减小)
2	重　构		在平行基底的表面上,原子的平移对称性与体内显著不同,原子位置做了较大幅度的调整

序号	名称	结构示意图	特　点
3	偏析		表面原子是从体内分凝出来的外来原子
4	化学吸附		外来原子(超高真空条件下主要是气体)吸附于表面并以化学键键合
5	化合物		外来原子进入表面,并与表面原子键合形成化合物
6	台阶		表面不是原子级的平坦,表面原子可以形成台阶结构

　　从表 1-1 中可看出,晶体表面的最外一层也不是一个原子级的平整表面,因为这样的熵值较小,尽管表面原子排列已做了调整,但是其自由能仍较高,所以清洁表面必然存在各种类型的表面缺陷。严格地讲,清洁表面是指不存在任何污染的化学纯表面,不存在吸附、催化反应或杂质扩散等一系列物理、化学效应的表面。

　　图 1-7 为单晶表面的 TLK 模型。这个模型是由 Kossel 和 Stranski 提出的,其中 T 表示低晶面指数平台(terrace),L 表示单分子或单原子高度的台阶(ledge),K 表示单分子或单原子尺度的扭折(kink)。TLK 表面上除了平台、台阶和扭折外,还有表面吸附的单原子(A)以及表面空位(V)。

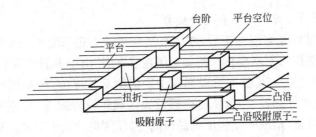

图 1-7 单晶表面的 TLK 模型

1.3.4 清洁表面结构

清洁表面是不存在任何污染的化学纯表面,是经过如离子轰击、高温脱附、超高真空条件下的解理、化学反应、场致蒸发、分子束外延等特殊处理后,保持在 $10^{-6} \sim 10^{-9}$ Pa 超高真空条件下的外来污染少到不能用一般表面分析方法探测的表面。

目前对单晶材料的清洁表面研究得较为彻底,对多晶和非晶体的清洁表面还研究得很少。

1.3.5 实际表面结构

实际表面是指暴露于未加控制的大气环境中的固体表面,或经一定加工处理(诸如清洗、抛光、研磨、切割等)保持在常温常压或低真空或高温下的表面。实际表面与清洁表面相比较,有下列重要区别。

1.3.5.1 表面粗糙度

表面粗糙度是指加工表面上具有较小间距的峰和谷所组成的微观几何形状的特性。固体表面经过切削、研磨、抛光后,看上去似乎很平整,然而用电子显微镜进行观察,可以看到表面有明显的起伏,同时还可能有裂缝、空洞等缺陷。它与波纹度、宏观几何形状误差不同的是:相邻波峰和波谷的间距小于 1 mm,并且大体呈周期性起伏。其主要由加工过程中刀具与工件表面间的摩擦、切屑分离工件表面层材料的塑性变形、工艺系统的高频振动以及刀尖轮廓痕迹等原因形成。

表面粗糙度对材料的许多性能有显著的影响。控制这种微观几何形状误差,对于实现零件配合的可靠和稳定、减小摩擦与磨损、提高接触刚度和疲劳强度、增强薄膜的附着力等有重要作用。因此,表面粗糙度通常要进行严格控制和评定。

1.3.5.2　贝尔比层和残余应力

固体材料经切削加工后,在几个微米或者十几个微米的表层中可能发生组织结构的剧烈变化。例如金属在研磨时,由于表面的不平整,接触处实际上是"点",其温度可以远高于表面的平均温度,但是因为作用时间短,而金属导热性又好,所以摩擦后该区域迅速冷却下来,原子来不及回到平衡位置,造成一定程度的晶格畸变,深度可达几十微米。这种晶格畸变是随深度变化的,而在最外层的,约 5～10 nm 的厚度可能会形成一种非晶态层,称为贝尔比(Beilby)层,其成分为金属和它的氧化物,而性质与体内明显不同。

贝尔比层具有较高的耐磨性和耐蚀性,这在机械制造时可以被利用。但是在其他许多场合,贝尔比层是有害的,例如在硅片上进行外延、氧化和扩散之前要用腐蚀法除掉贝尔比层,因为它会感生出位错、层错等缺陷而严重影响器件的性能。

金属在切割、研磨和抛光后,除了表面产生贝尔比层之外,还存在着各种残余应力,同样对材料的许多性能发生影响。残余应力是材料经各种加工、处理后普遍存在的。

残余应力(即内应力)按其作用范围大小可分为宏观内应力和微观内应力两类。在内部残存作用范围大的应力为宏观内应力;反之,在内部残存作用范围小的应力为微观内应力。

材料经过不均匀塑性变形后卸载就会产生在内部残存作用范围较大的宏观内应力。许多表面加工处理能在材料表层产生很大的残余应力,焊接也能产生残余应力。材料受热不均匀或各部分热胀系数不同,在温度变化时就会在材料内部产生热应力,它也是一种内应力。

微观内应力的作用范围较小,大致有两个层次。一种是其作用范围大致与晶粒尺寸为同一数量级,例如多晶体变形过程中各晶粒的变形是不均匀的,并且每个晶粒内部的变形也不均匀,有的已发生塑性变形,有的还处于弹性变形阶段,当外力去除后,属于弹性变形的晶粒要恢复原状,而已塑性流动的晶粒就不能完全恢复,这就造成了晶粒之间互相牵连的内应力,如果这种应力超过材料的抗拉强度,就会形成显微裂纹。另一种微观内应力的作用范围更小,但却是普遍存在的。对于晶体来说,由于普遍存在各种点缺陷(如空位和间隙原子)、线缺陷(如位错)和面缺陷(如层错、晶界和孪晶界),在它们周围引起弹性畸变,因而相应存在内应力场。金属变形时,外界对金属做的功大多转化为热能而散失,而大约有小于10%的功以应变能的形式储存于晶体中,其中绝大部分是产生位错等晶体缺陷而引起的弹性畸变(点阵畸变)。

　　残余应力对材料的许多性能和各种反应过程可能会产生很大的影响,有利也有弊。例如材料在受载荷时,内应力将与外应力一起发生作用。如果内应力方向和外应力相反,就会抵消一部分外应力,从而起到有利的作用;如果方向相同则互相叠加,起坏作用。许多表面技术就是利用这个原理,即在材料表层产生残余压应力,来提高零件的疲劳强度,降低零件疲劳敏感度。

1.3.5.3　表面吸附、氧化和沾污

　　固体与气体之间的作用有三种形式:吸附、吸收和化学反应。吸附是固体表面吸引气体与之结合,以降低固体表面能的作用。吸收是固体的表面和内部都容纳气体,使整个固体的能量发生变化。化学反应是固体与气体的分子或离子间以化学键相互作用,形成新的物质,整个固体的能量发生显著的变化。

　　吸附有物理吸附和化学吸附两种。物理吸附依靠范德瓦尔斯键,吸附热数量级为 $\Delta H_a < 0.4$ eV/分子(约40 kJ/mol)。化学吸附则依靠强得多的化学键,吸附热数量级为 $\Delta H_a > 0.5$ eV/分子。由于气体分子的热运动,被吸附在固体表面的分子也会脱附离去,当吸附速率与脱附速率相等时为吸附平衡,吸附量达到恒定值。恒定值的大小与吸附体系的本质、气体的压力、温度等因素有关。对于一定的吸附体系,当气体压力大和温度低时,吸附量就大。

　　研究具有表面吸附的实际表面时,可以把清洁表面作为基底,然后观察吸附表面结构相对于清洁表面的变化。惰性气体原子在基底上往往通过范德瓦尔斯键形成有序的密堆积结构,但这种物理吸附不稳定,易解吸,也易受温度影响,对表面结构和性能影响小。其他气体原子在基底上往往以化学吸附形成覆盖层,或者形成替换式或填隙式合金型结构,对表面结构和性能影响大。对金属、半导体等固体表面的研究表明:在一定条件下,吸附原子在基底上有相应的排列结构,而条件变化时,如吸附物、基底材料、基底表面结构、温度、覆盖度等发生变化,则表面吸附结构也会出现一定的变化。

　　一般金属表面是多晶体,在空气中易与氧发生作用生成氧化膜,而且

也难免因油脂之类的物质吸附而造成污染。把去除油脂的金属置于 1.33×10^{-8} Pa 的超高真空下,将金属加热到熔点附近可以去除氧化膜。但由此得到的清洁表面在室温下和 101325 Pa 的大气压下仅用 10^{-9} s 即被氧化,在 1.33×10^{-4} Pa 的真空下,经过 1 s 被氧化,而在 1.33×10^{-8} Pa 的真空下可保持一天的清洁。

由此可见,固体表面与气体之间会发生作用。当固体表面暴露在一般的空气中就会吸附氧或水蒸气,甚至在一定的条件下发生化学反应而形成氧化物或氢氧化物。

金属在高温下的氧化是一种典型的化学腐蚀,形成的氧化物大致有三种类型:一是不稳定的氧化物,如金、铂等的氧化物;二是挥发性的氧化物,如氧化钼等,它以相当高的恒定速率形成;三是在金属表面上形成一层或多层的单一或多种氧化物,这是经常遇到的情况,例如铁在高于 560℃ 时生成三种氧化物:外层是 Fe_2O_3,中间层是 Fe_3O_4,内层是溶有氧的 FeO,这三层氧化物的含氧量依次递减而厚度却依次递增。铁在低于 560℃ 氧化时不存在 FeO。因为铁氧化物对扩散物质的阻碍很小,所以它的保护性差,尤其是厚度较大的 FeO,其晶体结构疏松,保护性更差,故碳钢零件一般只能用到 400℃ 左右。对于更高温度下使用的零件,就需要用抗氧化钢来制造。

实际上,在工业环境中除了氧和水蒸气外,还可能存在 CO_2、SO_2、NO_2 等各种污染气体,它们吸附于材料表面生成各种化合物。一些污染气体的化学吸附和物理吸附层中的其他物质,如有机物、盐等,与固体材料表面接触后,也留下痕迹。图 1-8 所示为工业环境中金属的实际表面。

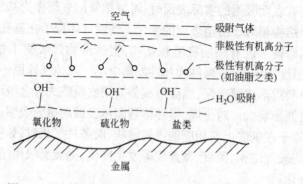

图 1-8　金属材料在工业环境中被污染的实际表面示意图

研究实际表面有着重要的意义,其中制造集成电路是一个典型的实例。制造集成电路包含高纯度材料的制备、超微细加工等工艺技术。其中,表面净化和保护处理在制作高质量、高可靠性的集成电路中是十分重要的。在集成电路中,当导电带宽度为微米或亚微米级尺寸时,一个尘埃大约也是这个尺寸,如果尘埃刚好落在导电带位置,在沉积导电带时就会阻挡金属膜的沉积,从而影响互连,使集成电路失效。不仅是空气,还有清洗水和溶液中,如果残存各种污染物质,而且被材料表面所吸附,那么将严重影响集成电路和其他许多半导电器件的性能、成品率和可靠性。除了空气净化、水纯化等的环境管理和半导体表面的净化处理之外,表面保护处理也是十分重要的,因为不管表面净化得如何细致,总会混入某些微量污染物质,所以为了确保半导体器件实际使用的稳定性,必须采用纯化膜等保护措施。又如,在真空镀膜时,为提高膜层与基材的结合强度,往往在沉积镀膜前用氩离子对工件表面实施进一步的清理,以进一步去除表面氧化、吸附等污染,以获取清洁的新鲜表面。低压等离子喷涂时,在喷涂涂层前常用电清理或转移弧对工件进行进一步清理,目的是为了得到清洁的新鲜表面,提高涂层与基体的结合强度。这些措施在表面工程的应用中十分重要。

应当指出,材料的表面吸附方式,受到周围环境的显著影响,有时也会受到来自材料内部的影响,因此在研究实际表面成分和结构时必须综合考虑来自内、外两方面因素。例如,当玻璃处在黏滞状态下,使表面能减小的组分就会富集到玻璃表面,以使玻璃表面能尽可能低;相反,赋予表面能高的组分,会迁离玻璃表面向内部移动,因此这些组分在表面比较少。常用的玻璃成分中,Na^+、B^{3+}是容易挥发的。Na^+在玻璃成形温度范围内自表面向周围介质挥发的速度大于从玻璃内部向表面迁移的速度,只有在退火温度下,Na^+从内部迁移到表面的速度大于Na^+从表面挥发的速度。但是实际生产中,退火时迁移到表面的高Na^+层与炉气中SO_2结合生成Na_2SO_4白霜,而这层白霜很容易洗去。金属等材料也有类似的情况。例如Pd-Ag合金,在真空中表面层富银,但吸附一氧化碳后,由于CO与表面Pd原子间强烈的作用,Pd原子趋向表面,使表面富Pd。又如18-8不锈钢氧化后表面氧化铬层消失而转化为氧化铁。

把清洁表面作基底,然后观察吸附表面层的结构。从吸附物质看,可以是环境中外来的原子、分子或化合物,也可以是来自体内扩散出来的物质。它吸附物质在表面,或简单吸附,或外延形成新的表面层,或进入到表层一定深度。外来原子吸附在表面上形成覆盖层,往往使表面重构。

在单原子覆盖层的情况下,若 N 为吸附原子紧密排列于基底表面时应有的原子总数;N' 为基底表面实际吸附的原子数,则表示单原子吸附的覆盖度 θ 定义为

$$\theta = N'/N \tag{1-1}$$

吸附层是单原子或单分子层,也可是多原子或多分子层,其与具体的吸附环境密切相关。如氧化硅,当压力为饱和蒸气压的 $0.2 \sim 0.3$ 倍时,表面吸附是单层的,只在趋于饱和蒸气压时才是多层的。

吸附层原子或分子在晶体表面是有序排列或是无序排列与吸附的类型、吸附热、温度等因素有关。在低温下,惰性气体的吸附属物理吸附类型,通常是无序结构。而化学吸附,往往是有序结构,其排列方式主要有两种:一种是在表面原子排列的中心处的吸附;另一种是在两个原子间或分子间的桥吸附。对于具体的表面结构与吸附的物质、基底材料、基底的表面结构、温度、覆盖度等因素有关。

1.4　表面特征(热)力学

1.4.1　表面力

从界面上看,因界面边界的两侧相的凝聚力不同,其两侧的作用力就不会平衡,即作用于界面上的原子和分子的力与另一侧的不同。从现象上看,表现出表面能量、表面张力、表面电子状态等。从分子角度看,就成为原子极化和晶格畸变的原因。这些力的存在都会对镀层的附着力、镀层的污染以及对镀层的电、光、磁等性能产生影响。

若先考虑界面一侧为气体(或真空),另一侧为凝聚相(这凝聚相又是晶体),这时,晶体内存在力场,在表面(或界面)发生突变,但不会在表面处突然中断,会向表面的另一侧延伸。当其他原子或分子进入这个势场范围时,就会和结晶相原子群之间产生相互的作用力,这个力就是表面力。它对镀层,特别对薄膜的附着力、薄膜结构、电性能产生很大影响。表面力有以下三种类型。

1.4.1.1　弥散力

弥散力(色散力)是以原子核周围的电子云在瞬间变形而形成的迅

速变动的偶极子(周期为 $10^{-15} \sim 10^{-16}$ s)为主的引力,它能与任何物质发生作用,最后以表面力的形式表现出来。在界面现象中弥散力常起重要作用。当两原子相距为 r 时,由弥散力引起的原子势能 $V(r)$ 表示为

$$V = -\frac{C}{r^6} \tag{1-2}$$

当两个原子的极化率分别为 α_1 和 α_2,极化能量分别为 hv_1 和 hv_2(h 为普朗克常数)时,

$$C \approx \frac{3\alpha_1\alpha_2}{2} \cdot \frac{hv_1v_2}{v_1 + v_2} \tag{1-3}$$

由界面而引起的势能应该是晶体表面上的原子群势能的总和,也即距离界面为 d 的原子的势能在三维空间应为

$$u(d) = \iiint V(r)\mathrm{d}V = \iiint -\frac{C}{r^6}N\mathrm{d}V = -\frac{\pi NC}{6} \cdot \frac{1}{d^3} \tag{1-4}$$

式中 N——晶体内单位体积的原子数。

若界面是两个固体相接触,当这两个固体表面之间的距离为 d 时,则其弥散力每平方厘米的相互作用势能为

$$u(d) = -\frac{A}{12\pi d^2} \tag{1-5}$$

式中,$A = \pi^2 N^2 C$,大多数情况下约为 10^{-19} J/cm^2。当 $d < 10$ nm 时,式 (1-5) 最为适用;当 $d > 10$ nm 时,因电场力迅速减弱,而 $u(d)$ 又与 d^3 成反比(与 $1/d^3$ 成正比),即随距离的增大,$u(d)$ 会急剧下降;当 $d = 10^{-4}$ cm 时,引力只有 10^{-8} N/cm^2;在 d 很小时,又因弥散力之外的原因引力非常大。

若固体是金属,因为金属的电子云具有变形的特性,所以式 (1-4) 可写成

$$u(d) = -\frac{e^2\alpha_1}{16d^3}\left(-\frac{hN_e}{\pi mv_1} + \frac{C'}{a_e}\right) \tag{1-6}$$

式中 α_1, v_1——分别为从导体表面到距离为 d 处的原子的极化率和振动次数;

e, m, N_e——分别为电子的电量、质量和单位体积的自由电子数;

a_e——原子含有一个导电电子的电子云半径;

C'——常数,$C' \approx 2.5$。

式(1-6)中右边括号内第一项是原子瞬间偶极子的金属极化而引起的排斥力,右边括号内第二项是由与金属自由电子运动相对应的原子极化而引起的引力。

1.4.1.2　静电力

当凝聚相为离子晶体或是永久偶极子的物质时,在界面上还必须考虑除弥散力之外的由静电力引起的电场问题,这时的电场力 F 为

$$F = \frac{3\pi q}{a^2}\exp\left(-\sqrt{2}\pi\,\frac{d}{2}\right) \tag{1-7}$$

式中　q——离子电量;

　　　a——金属原子与它相邻的其他原子间距;

　　　d——界面到原子或分子的距离;

　　　π——圆周率。

这个由电场力 F 引起的作用力或势能,随着界面附近处原子或分子性质的不同而不同,在分子为永久性偶极矩 μ 时,势能 $u(d)$ 为

$$u(d) = -F\mu \tag{1-8}$$

若分子为中性,且极化率为 α 时,则 $u(d)$ 为

$$u(d) = -\frac{F^2\alpha}{2} \tag{1-9}$$

当有离子或永久偶极子的分子来到导体附近时,也会产生静电力,这是离子等电荷对导体诱导极化的结果。这种状态与在以界面为对称面的位置上放一符号相反的电荷相似,这一效果引起的力称为镜像力。当离子价为 n 时,由镜像力引起的势能为

$$u(d) = -\frac{n^2 e^2}{4d} \tag{1-10}$$

对具有偶极矩为 μ 的分子,若偶极子的方向与垂直界面法线之间的夹角为 β,则势能为

$$u(d) = -\frac{\mu^2}{16d^3}(1 + \cos^2\beta) \tag{1-11}$$

当电子从金属表面跳到金属外离表面极近处时,就能表现出在表面外侧为负电性,内侧为正电性的双电层。此时表面处形成的电场力 F 也称为镜像力。

1.4.1.3　化学力

化学力和上述两种力不同,上述两种表面力都属远程力,而化学力是

一种近程力。这里所说的化学力是当其他物质来到表面时,若能给出电子,或取得电子,或共有电子,那么这时的引力就属化学力,其代表性的表面就是金属表面。它是以化学键为基础的力,当距离超过原子间距大小时,此力为零,这就与上述两种力不同。

各种表面力在一个界面上所表现出的程度随物质组合的不同而不同。如氧化钛和碳氢化合物界面,弥散力是主要的,静电极化引起的部分在30%以下;又如氧化钛和乙醇界面,大部分是偶极子的静电力,弥散在40%以下,由静电极化引起的力在10%以下。

上述各种表面力表现出许多的界面现象,如气-固、液-固间观察到的吸附就是某种物质的界面浓度与其内部浓度的不同而表现出来的一种表面现象。由表面力把其他物质吸引到界面或表面的现象称为吸附现象。固体间的接触、液体对固体表面的润湿等都包含有吸附现象,由表面力引起的吸附是界面现象的重要研究内容。

1.4.2 表面张力与表面自由能

表面自由能与表面张力有关,表面张力是表面能的一种物理表现,它是由于原子间的作用力以及原子在表面和内部排列状态的差别引起的。本书从液体的表面张力与表面自由能、固体的表面张力与表面自由能及表面的吸附等方面来进一步论述这方面的一些基本问题和基本概念。

1.4.2.1 液体的表面张力与表面自由能

A 液体的表面张力

液体表面倾向收缩是它的最基本的特性,这是因为它有受最小表面力的趋向。假设液面上一直线的长度为 L,在此长度线上所施加的外力 f 若能使其平衡不动,则该外力 f 就等于表面张力,实验证明:

$$f = \sigma L \quad \text{或} \quad \sigma = f/L \tag{1-12}$$

式中 σ——表面张力系数或比表面张力。

B 液体的表面自由能

液体的表面自由能从液-气界面这一系统看,由于分子在一定距离之间才有相互作用,气相分子的密度远小于液相分子的密度,处于液体表面的分子,其所受到的力是不完全对称的,它的合力指向液体内部;而处于液体内部的分子,因受四周分子的作用力相等,合力为零,即分子在液体内运动无需做功。因此,液体内部的分子如要迁移到表面,就必须克服一定的引力作用,也就是说,要使液体表面增大,就必须做功。这时,它的体积是没有变化的,其所做的功属于有效功。从热力学的角度上看,若在等温、等压条件下,液体所做的有效可逆功等于被液体增加的表面吉布斯自由能。液体表面分子比液体内部分子有较高的能量。

总表面分子比同样多的内部表面分子所多的吉布斯自由能,总称为表面自由能,用 G 表示,它等于增加表面积 S 所需的可逆功。

单位面积的表面分子比同样多的内部分子所多余的吉布斯自由能,称为比表面能,用 γ 表示。它等于增加单位表面积所需的可逆功。其与表面自由能的关系,可写成

$$G = \gamma S$$

由于表面过程既是等温等压过程,又是等容过程,因此形成单位面积时系统的吉布斯自由能 G_s 的变化与亥姆霍兹自由能 A_s 的变化是相同的,其比表面能可以定义为

$$\gamma = \left(\frac{\partial G_s}{\partial S}\right)_{T,p} = \left(\frac{\partial A_s}{\partial S}\right)_{T,V} \tag{1-13}$$

液体中原子或分子之间的相互作用力较弱,原子或分子的相对运动较容易进行。液体表面被张拉时,液体分子之间的距离并不改变,只是液体内部的某些原子或分子克服引力迁移到液面上来,形成新的表面,此时很快达到一种动态平衡状态。因此可以认为,液体的比表面(自由)能与表面张力 σ 在数值上是相等的,即

$$\gamma = \sigma \tag{1-14}$$

1.4.2.2 固体的表面张力与表面自由能

固体与液体不同,固体中原子、分子或离子之间的相互作用力较强,固体的流动性差,其原子几乎不可移动,大多数固体表面不像液体那样易于伸缩或变形,其表面原子结构基本上取决于材料的制造加工过程。固体不同的晶面及粗糙度,其表面张力各不相同。固体可大致分为晶态和非晶态两大类。即使是非晶态固体,由于受到结合键的制约,虽然不具有晶体那样的长程有序结构,但在短程范围内(通常为几个原子)仍具有特定的有序排列。因此,固体中原子、分子或离子彼此间的相对运动比液体要困难得多,于是固体的表面张力或表面自由能与液体的相比,有以下不同点:

(1)固体的表面能中包含了弹性能,它在数值上已不等于表面自

由能。

(2) 固体表面上的原子组成和排列呈各向异性,不像液体那样表面能是各向同性的。不同晶面的表面能彼此不同。若表面不均匀,表面能会随表面上不同区域而改变。固体的表面张力也是各向异性的。

(3) 实际固体的表面通常处于非平衡状态,决定固体表面形态的主要是形成条件和经历的过程,而表面张力的影响变得比较次要。

(4) 液体表面张力涉及液体表面的拉应力。张力功可以通过表面积测算而得到;而固体表面的增加,涉及表面断键密度等概念,在理论上,对不同类型的固体,其表面能的估算方法也不相同,因此固体的表面能具有更复杂的意义。

表面张力是在研究液体表面状态时提出来的,严格地说对于有关固体表面的问题,往往不采用这个概念。固体的表面能在概念上不等同于表面张力。但是在一定条件下,尤其是在接近于熔点的高温条件下,固体表面的某些性质类似于液体,此时常用液体表面理论和概念来近似讨论固体表面现象,从而避免复杂的数学运算。

根据热力学关系,固体的表面能包括自由能和束缚能

$$E_s = G_s - TS_s \tag{1-15}$$

式中　E_s——表面总能量,代表表面分子互相作用的总内能;

　　　G_s——总表面(自由)能;

　　　TS_s——表面束缚能;

　　　T——热力学温度;

　　　S_s——表面熵,是由组态熵(若为晶体表面,则表示表面晶胞组态简并度对熵的贡献)、声子熵(又称振动熵,表征了晶格振动对熵的贡献)和电子熵(表示电子热运动对熵的贡献)三部分组成。

实际上组态熵、声子熵和电子熵在总能量中所作贡献很小,可以粗略地忽略不计,因此表面能取决于表面自由能。

对于纯金属,比表面自由能 γ 可写为

$$\gamma = dA_s/dS \tag{1-16}$$

式中　dA_s/dS——形成单位面积表面时系统亥姆霍兹自由能 A_s 的变化;

　　　S——表面积。

固体的比表面(自由)能 γ 也常简称为表面能。

对于合金系,当温度 T、体积 V 及晶体畸变为常数时

$$\gamma = \mathrm{d}A_\mathrm{s}/\mathrm{d}S - \sum \mu_i [\,\mathrm{d}N_i/(L\mathrm{d}S)\,] \qquad (1\text{-}17)$$

式中 i——合金中的所有组元;

     μ_i——i 组元的化学势;

  $\mathrm{d}N_i/\mathrm{d}S$——由晶体表面积 S 的改变所引起的晶体本体内 i 组元原子数的
           变化;

     L——阿伏加德罗常数。

实际测定固体的表面能和表面张力是非常困难的。对于金属晶体,通常采用“零蠕变法”测定表面能的大小。如果已知晶界能的大小,对长度为 L,半径为 R,共含有 $(N+1)$ 个晶粒的试样,其自身重力使它在高温下伸长,但表面能及晶界能使试样收缩,这样通过测定蠕变为零的条件,便可计算试样表面能大小。

影响表面能的因素很多,主要有:晶体类型、晶体取向、温度、杂质、表面形状、表面曲率、表面状况等。从热力学的角度看,表面温度和晶体取向是很重要的因素。

1.4.3 表面扩散

表面扩散同表面吸附和偏析一样,是一种基本的表面过程,也是经常遇到的一种普遍现象,是指固体中原子、离子或分子在材料自由表面上的迁移、结晶、再结晶过程。烧结、偏析、氧化、腐蚀过程都是通过原子的扩散来进行的。扩散可分为固相扩散、液相扩散和气相扩散三种类型。

固体的扩散是通过固体中的原子、离子或分子的相对位移来实现的。可通过体扩散(晶格扩散)、表面扩散、晶界扩散和位错扩散等四种不同途径进行。其中表面扩散(原子在晶体表面的迁移)所需的扩散激活能最低。固体表面的任何原子或分子从一个位置移到另一个位置,必须克服一定的位垒(扩散激活能)以及要到达的位置是空着的,这就要求点阵中有空位或其他缺陷。因此,固体中的缺陷就构成了扩散的主要机制,即原子在固体中做扩散运动,最主要是通过缺陷来完成的。由于表面缺陷与晶体内部的缺陷情况有一定差异,因而表面扩散与体内扩散也不相同。

1.4.3.1 表面原子向固体内部的扩散

对于固体来说,表面层原子除了向外运动(蒸发或升华)之外,还会向内扩散,但在常温、常压情况下,这种扩散是很缓慢的。

例如,按 Einstcin 公式

$$D = x^2/(2t) \tag{1-18}$$

式中　D——表面扩散系数;

　　　x——时间 t 内原子的平均位移。

则铜在 725 ℃时,扩散系数 D 为 10^{-11} cm^2/s,如位移为 10 nm,所需时间 t 为 0.05 s。而在室温下铜的扩散系数 D 则要低得多,如扩散位移仍为 10 nm,t 大约为 10^{27} s。

1.4.3.2 表面上原子的扩散

表面上各原子的能量并非完全一样,在表面粗糙凸凹不平处原子的能量比其他地方原子的能量大一些(即比平均表面能大),因此表面原子具有流动性(扩散性)。另外,由于表面微观的凸凹不平,颗粒之间的实际接触面积比名义接触面积要小得多,因而在表面整体受压不太大的情况下,其局部压力可能超过屈服值,以致使这些微小的凸凹不平处产生塑性流动(扩散),而且这种表面扩散(流动)过程随着温度的升高而加剧。

实际上当温度接近固体熔点时,表面局部区域已经液化了。例如磨成粉末的金属在一定压力下,加温至低于熔点,便会出现颗粒熔解成团的现象,这就是烧结过程。在烧结过程中表面能的降低是主要的推动力,这和液体微滴在表面张力影响下的聚集有一定的相似性。

固体的表面扩散激活能比本体的扩散激活能要低,许多金属的表面扩散所需的热能为 62.7～209.4 kJ/ mol。随着温度的升高,越来越多的表面原子可得到足够的激活能,使它与邻近的原子的键断裂而沿表面运动。因此在固体材料的表面处理中,其表面的扩散作用常常显得比本体扩散更为重要。

1.5　表面电子学

1.5.1　金属薄膜中的电迁移现象

在薄膜材料中,电迁移现象比较容易发生,它与薄膜中流过的电流、晶界的扩散有关。它既不属于薄膜的导电,又不属于浓度梯度下的扩散,常被称作驱动力作用下的扩散。

在金属薄膜间相互作用的所有现象中,电迁移占有特殊地位。它不是那些因粒子浓度梯度(或化学势梯度)引起的物质传输,而是由导体的原子和流经该导体的电流之间的相互作用而引起的一种迁移。电迁移一般通过晶界扩散进行,因此,原子传输的机理可基本适用于电迁移。在电迁移的过程中,驱动力一般是电场和失去价电子的原子、离子之间的静电相互作用力与原子和流动的荷电载流子(电子或空穴)之间的摩擦力(又称"电子风"力)之和。基于金属薄膜是良好的金属导体,因此,"电子风"力通常占支配地位。

在交流电时,一般不可能出现电迁移现象,这是因为物质在正反方向上往返传输,结果相互抵消。在直流电时,若电流密度不大,电迁移效应可忽略不计。然而,在大规模的集成电路中,因金属薄膜导体流过的电流密度比正常的大 $100 \sim 1000$ 倍,这么大的驱动力常常引发薄膜导带断裂等现象,所以电迁移效应就不能忽略不计。

金属薄膜中的电迁移现象主要有三大问题要研究,即:

(1) 晶界中物质传输的性质和过程;

(2) 电迁移引发的薄膜导带失效的模型与提高薄膜导带寿命的方法;

(3) 测量电迁移的方法以及一些结果。

薄膜中的电迁移现象大多是在大电流密度($10^5 \sim 10^7 \text{ A/cm}^2$)和温度较低 ($0.3T_m < T < 0.7T_m$,$T_m$ 为材料熔点)的条件下产生。这时晶格扩散小,可忽略不计,物质的传输都是通过晶界扩散来实现。

1.5.2 增强薄膜抗电迁移能力的措施

增强薄膜抗电迁移的相关措施为:

(1) 选择抗电迁移强的金属作薄膜导体。如 Au 薄膜抗电迁移就比 Al 大。总体可选择高熔点的金属来作抗电迁移的金属导电薄膜,这是因为高熔点金属原子间的相互作用力大,缺陷等运动所需的激活能大,原子活动能力小,故抗电迁移能力强。

(2) 增大薄膜导体晶粒尺寸可减少电迁移的短路通道数目,这是一种直接改进电迁移的方法。如晶粒从 $1.2 \text{ }\mu\text{m}$ 增大到 $8 \text{ }\mu\text{m}$,薄膜导带的寿命延长 3 倍。

(3) 用介质膜覆盖可有效地推迟失效时间。如在 Ta-Au-Ta 薄膜导带上溅射覆盖一层 SiO_2 介质膜,可使导带的寿命延长 30 倍;用 Al_2O_3 膜覆盖,可使 Cu 在 Al 中的晶界扩散率下降 40% 左右。

（4）合金化，即添加第二种金属元素来增强抗电迁移能力。如在 Al 中添加少量的 Si 和 Cu 的合金导带，其寿命比纯 Al 薄膜提高两个数量级，在 Cu 中添加 Be 同样可使 Cu 的薄膜导带寿命提高约两个数量级。

1.6 界面与薄膜附着

1.6.1 界面层

在镀膜工艺中人们经常关心的问题是：能不能在某种材料上沉积所需要的薄膜，沉积薄膜的耐用性如何。如金刚石膜可以在硅片上沉积，但为什么不能直接在非常有用的红外材料 Ge 和 ZnS 基体上沉积，为什么类金刚石薄膜直接沉积在不锈钢基体上的附着不好。为此，首先需要了解薄膜与基体之间的不同结合的情况和应力产生的原因。

薄膜与基体之间总是存在一个界面层，界面层可分为 6 种不同的形式：

（1）力学界面层。是由粗糙表面形成的一种机械锚合，附着力与材料间的物理特性（特别与抗剪切强度和塑性）有关。

（2）单层上的单层。属物理吸附（吸附能量 0.5 eV），附着力在 $10^{-1} \sim 10^3$ N/cm^2 之间，膜与基体有突然的过渡，过渡区为 0.2 ~ 0.5 nm，界面层很少或根本没有化学反应。

（3）化学键合界面层。其化学键合能量在 0.5 ~ 10 eV 之间，附着力不小于 1×10^6 N/cm^2，是薄膜原子与基体原子化学反应的结果，在沉积中受残余气体影响很大。有金属结合、合金和化学键合物，如氧化物、氮化物和碳化物等。

（4）扩散界面层。薄膜与基体材料之间发生扩散，两种材料要具有部分可溶性，形成内部晶格和成分的逐渐变化，需提供 1 ~ 5 eV 的能量来促进过渡层的形成。扩散层可作为不同材料之间的过渡层，降低由于不同热膨胀而产生的机械应力。

（5）准扩散界面层。是由高能离子注入过程形成的，或者是在溅射和离子镀的情况下，由溅射基体材料原子的气相背散射并混合镀膜层材料的蒸气原子，在基体上发生凝结和再凝结而形成的。其特点是此层可由不具有相溶性的材料构成。在离子镀中，离子轰击能增加界面层中的"可溶性"，以产生较高浓度的点缺陷和应力梯度，来增加扩散。

（6）离子束混合界面层。在薄膜形成后，采用高能离子入射轰击混合，由于入射原子的碰撞，引起连锁反应，并在反应的路径上产生填隙原子和空位，混合的多少与温度有关。当在界面上产生了这样的碰撞后，可显著地提高附着力。如硫化钼 MoS_x 的耐磨寿命可提高6倍。在低温下，当扩散慢时，可采用这种方法产生复合膜，并可通过膜的体积膨胀来改变应力。离子束表面改性的厚度是纳米量级。

在实际应用的过程中很少是一种界面，通常往往是多种界面的组合。

1.6.2　附着及附着力

附着是指两种物质在有界面层或没有界面层时相互黏附在一起的状态。具体是指镀层和基体接触，两者的界面间原子力相互作用所导致的结合，带有紧密接触的含义。附着力是指薄膜和基体之间结合的程度，是支配薄膜耐用性和寿命的主要因素之一。薄膜的强度在很大程度上取决于镀层和基体之间的附着力。如果镀膜材料与基体间根本无法相容，就不可能发生附着。因此，在薄膜制备中对附着的了解和如何选择基体与膜材物质相匹配，如何处理基体表面状态和制定镀膜工艺措施就显得格外重要。

附着的类型大致可分为：

（1）对于两种不同物质，镀层与基体附着在轮廓分明的界面上，这是最简单的一种附着。

（2）在镀层和基体界面上相互扩散的附着。这种附着由两种物质间的固态扩散或溶解引起，它可以使一个不连续的界面被一个由一种物质逐渐和连续变化到另一种物质的过渡层所代替。

（3）具有中间层的附着。镀层与基体通过周围环境中存在的各种气体所形成的化合物中间层（单层或多层）附着在一起。这种类型没有明确的单一界面。

（4）由于基体表面不可能很平，因此必然存在着不同程度的机械结合，称之为宏观结合。

从本质上讲，以上所有类型的附着结合现象都是建立在原子间电子的交互作用的基础上的。

由于镀层与基体是异种材质，在附着现象中，把异种物质界面之间产生的相互作用能称为附着能，把附着能视为界面能的一种类型。将附着能对基体-薄膜间的距离微分,微分的最大值为附着力。

附着力是一个宏观的参数,它取决于薄膜与基体之间结合的类型和强度、局部应力的大小和界面失效的方式。附着力受多种参数的影响,其中一些参数受镀层与基体材料的选择所限制,其他一些参数受到基体材料的制备、镀膜过程和后处理的影响。

我们知道,不同物质原子间最普遍的相互作用的力是范德瓦尔斯力。它是永久偶极子、感应偶极子之间的作用力以及其他色散力的总称。

假定,两个分子间相互作用的能为 U

$$U = \frac{3\alpha_A \alpha_B}{2r^6} \cdot \frac{I_A I_B}{I_A + I_B} \tag{1-19}$$

式中　α——分子极化率;

　　　r——分子间距离;

　　　I——分子的离化能;

下标 A, B——分别表示 A 分子和 B 分子。

可以用范德瓦尔斯力解释许多附着现象,要充分考虑这种力对附着的贡献。

若镀层与基体材料均是导体,两者的费米能不同,镀层的形成会从一方到另一方发生电荷转移,界面上形成带电的双层,在这种条件下,镀层和基体之间就会产生相互的静电力 F

$$F = \frac{\sigma^2}{2\varepsilon_0} \tag{1-20}$$

式中　σ——界面上出现的电荷密度;

　　　ε_0——真空中的介电常数。

其次与附着相关的因素中还应考虑两种异质物之间的相互扩散,这种扩散特别在薄膜与基体材料两种原子间的相互作用力大的情况下发生,常有因两种原子的混合或者化合使界面消失。此时,附着能变成混合物或化合物的凝聚能,而凝聚能要比附着能大。

从微观上看,基体的表面并非完全平整,从微观尺度讲,当基体表面为粗糙状态时,薄膜材料的原子会进入基体中,如同打入一个钉子一样使薄膜附在基体上,同黏结剂所起的作用类似,但目前这种钉扎作用在薄膜附着中是否存在,尚无确实的证据加以证实。

在分析镀层与基体能否附着好时,往往是测量其附着力(也称结合力)的大小。目前测定附着力的方法不少,有一定的实用性,但测得真正具有物理意义的数据还是困难的。大多数测量方法是使镀层从基体上剥离,把产生这种剥离所需要的力或能量作为附着力大小的定量描述。

附着力的测量方法可分为黏结法和非黏结法两种:前者是利用黏结剂把一施力物体贴在膜层表面,在此物体上施加力使膜层剥离,大多用于较厚的膜层;后者大多用于薄膜层,是直接在薄膜上施加力使薄膜剥离。用黏结法容易测量附着力,但当测定的附着力比黏结力或黏结剂的强度还大时,就不能采用这种方法了。

黏结法适用于附着力不太大的镀层;非黏结法适用于测定具有较高附着力的镀层,但难于得出具有物理意义的测量结果,多数情况下,利用这种方法可以定性地比较出附着力大小的顺序,对工艺研究还是具有实用性的。

附着力测量结果的一大缺点是数据极为分散。因此难于在其中找出明显的规律性。从各种测量结果只能归纳出大致的结论,列举如下:

(1)在金属薄膜-玻璃基片系统中,Au 薄膜的附着力最弱,为 $10^5 \sim 10^6$ Pa。

(2)易氧化元素的薄膜,一般说来附着力较大。

(3)在很多情况下,对薄膜加热(沉积过程中或沉积完成之后),会使附着力以及附着能增加。以 Au-玻璃基体为例,加热可使附着力提高几倍,使附着能从 $2 \times 10^{-5} \sim 3 \times 10^{-5}$ J/cm² (200 ~ 300 erg/cm²) 增加到 $2 \times 10^{-4} \sim 4 \times 10^{-4}$ J/cm² (2000 ~ 4000 erg/cm²)。

(4)基体经离子照射会使附着力增加。

在分析镀层与基材能否很好地结合或附着时,可看它们之间能否很好地相互浸润,镀层材质与基体材质浸润性好,则镀层与基体的附着就好。由于薄膜附着的结果,系统的表面能应该降低。考虑一种非常简单的情况:若在表面能大的基体上沉积表面能小的物质(极端情况设接触角为零),其浸润性很好,则薄膜就附着得很好。但在大多数情况下,基体的表面能较小,此时若使基体表面活化,则可以提高表面能,从而使附着力增加。因此,人们常使基体表面活化,提高它的表面能,从而使附着力增大。

使基体表面活化以增加附着力的方法主要有清洗、腐蚀刻蚀(例如用 HF)、离子轰击、电清理、机械清理等。某些机械的研磨等也许既有活性化的作用又有锚连作用。此外,加热也有效,加热会增加元素的互相扩散,会促使附着力增大。

1.6.3 固体材料表面能对附着的影响

固体表面可以用表面自由能来描述。固体的表面自由能或表面张力是形成单位面积固体表面所做的可逆功,因此,固体表面的能量状态与其形成过程密切相关。一般来说,晶体的纯净解理面与同一晶体的研磨表面有很不相同的表面能。固体表面经抛光后,抛光层是由固体表面的轻微熔融或软化形成的,表面由原来的晶态变为接近于无定形的状态。晶态固体不同晶面具有不同的表面自由能,原子最密堆积的表面,即自由能最低的表面,通常是最稳定的表面。

在晶体溶解、蒸发、扩散和晶粒生长的过程中会产生不同的形貌,这些形貌的变化都与表面自由能密切相关。晶体的表面状态和能量还要受到研磨、抛光等过程的影响,因此除材料本身的因素之外,制造和加工过程对表面的能量状态的影响也是重要的。

薄膜与基体之间的附着力取决于它们之间的黏附能。其中净黏附能

$$W_{ad} = E_1 + E_2 - E_{1,2} \tag{1-21}$$

式中　E_1,E_2——单位面积表面能;

　　　$E_{1,2}$——单位面积界面能。

界面能量随材料 1 和 2 在原子类型、原子间距和键合等方面的差异的增加而增大。黏附能 W_{ad} 可以是正或负,即表现为它们是排斥还是吸引。黏附能将按下述顺序而减少:

(1) 相同材料;

(2) 固溶体形成物;

(3) 具有不同键合类型的难混溶材料。

黏附力为

$$F_{ad} = Sf_{ad} \tag{1-22}$$

式中　S——接触面积;

　　　f_{ad}——单位面积黏附力。

固体表面还容易受到污染的影响,污染使其表面能量状态发生变化。在基体表面上很小的污染物和单分子杂质,均能造成附着力强度的局部变化。

湿润性是表征固体材料相容性的参数,对于不同固体之间的结合技术有重要的意义,固体表面与镀层结合能否获得成功在很大程度上取决于两者之间的湿润性。可通过测量接触角来估计它们的润湿能力。

通过计算表明,具有高表面能的固体总能被湿润。一般来说,液体的表面张力为 $2 \times 10^{-4} \sim 7 \times 10^{-4}$ N/cm,金属为 5×10^{-3} N/cm,无机非金属为 4×10^{-4} N/cm。固体表面被污染后,其湿润行为发生显著变化,如石蜡物质污染了具有高表面能的玻璃后,玻璃表面就不能被水湿润。液态金属比不少氧化物的表面能高很多,且二者间的界面能也比较高。因此,液态金属难以润湿这些氧化物,为完成金属化工艺,需加入钛、锆等活性金属,这样活性金属将与氧化物间产生强烈的吸引。表 1-2 给出一些材料表面能的数据。

表 1-2　一些材料的表面能

材　料	金刚石	Si	Ge	SiO$_2$
表面能/mJ·m^{-2}	10600(100 面)	1230	1060	605

由于金刚石薄膜的表面能总是高于基体的表面能,因此在各种基体上沉积金刚石膜总是比较困难的。但是由于 C 能与 Si 结合形成 SiC 化合物,通过 C 与 Si 表面的悬挂键结合,降低了 Si 表面的自由能,而且是稳定的。但是,要在 Ge 和 ZnS 上沉积金刚石膜就很困难,因为它们之间没有化合物存在。

在许多情况下,要采用特殊的措施来促进和改善它们之间的结合,通过非平衡的动力学方法来激活反应,使其形成亚稳状态。另外增加接触面积,也是增加活性(表面能)和提高附着力的有效途径。

1.6.4　表面、界面和薄膜的应力

1.6.4.1　表面应力

固体的表面应力与表面张力是不同的。如前所述,固体的表面张力是指形成单位面积固体表面所做的可逆功 γ,而固体的表面应力是指弹性扩展单位面积固体表面所做的可逆功 f。对于液体,其表面张力和表面应力是相等的,因为当液体表面被扩展时,新的原子或分子达到表面,其单位面积内的原子数是保持恒定的。而对于固体来说,当固体表面被弹

性伸展时,由于形变,其单位面积内的原子数就被改变了,一般情况下 $f \neq \gamma$。

$$f = \gamma + \delta_\gamma / \delta_s \qquad (1\text{-}23)$$

式中　δ_γ / δ_s——应变引起的表面张力的变化。

式(1-23)中 f 与 γ 有相同的数量级,并且可正可负。

表 1-3 给出一些材料的表面能和界面能。

表 1-3　一些材料的表面能和界面能

材　料	Al	Au	NaCl	Si	Ge	GaAs
表面能 $\gamma / \text{J} \cdot \text{m}^{-2}$	0.96	1.25		1.45 eV/晶胞	1.40 eV/晶胞	-1.0
界面能 $f / \text{J} \cdot \text{m}^{-2}$	1.25	2.77	0.56	-0.54 eV/晶胞	-0.73 eV/晶胞	0.3

固体的界面应力是由于分立的两相固体造成的。当薄膜材料与基体材料的晶格结构不同时,基体表面将使薄膜最初几层的结构产生变形,以实现两种结构的逐渐过渡,这样将引起应力变化。对于某些金属-金属界面应力的数据见表 1-4。

表 1-4　一些金属-金属界面应力　　　　　（Pa）

A/B	Ag / Ni	Au / Ni	Ag / Cu	Au / Cu
应力(100)面	83	71	53	33
应力(111)面	32	-8	32	1

薄膜的应力与膜厚有关。在薄膜的生长过程中,首先成核、形成岛状并连成网状,由于表面积的变化引起表面能的变化,当网格被填满时,应力达到最大值。随着厚度增加,会发生再结晶而造成应力显著减少。但是随膜厚度继续增加,其应力进一步增加。

在薄膜的形成过程中伴随着相变(主要是液体→固体)所产生的体积变化或者薄膜晶格缺陷(空位、空洞等)的消失等都是应力产生的原因。

1.6.4.2　薄膜内应力

涂镀层的一个面附着在基体上,因受到约束的作用而易在镀膜层内产生应变。对于与镀层垂直的任一断面,在断面的两侧会产生相互作用的力,称这种力为内应力。

在薄膜的制备中,无论用何种方式进行沉积,几乎都有内应力存在,这种应力有两种表现形式,即张(拉)应力和压应力。当基体非常薄的情况下,薄膜沉积后在薄膜应力的作用下,基体或多或少都会发生弯曲现象。张应力是倾向于使薄膜在平行表面方向有收缩的趋势,使薄膜成为弯曲面的内侧(见图 1-9(a))。压应力则倾向于使薄膜在平行表面方向有扩张趋势,使薄膜成为弯曲面的外侧(见图 1-9(b))。由此看出,镀膜的内应力是使薄膜内产生力矩的力。在某些情况下,当内应力大到超过薄膜的弹性极限时,将会使膜发生破裂或脱落。通常当沉积温度在 50℃ 至数百摄氏度时,金属薄膜的应力一般为张应力,其值在 $10^7 \sim 10^9$ Pa/cm^2 之间,高熔点金属的薄膜处在此范围的上限,而"软"金属,如 Cu、Ag、Au、Al 等则处于下限。非导电性薄膜的内应力一般多为压应力,其值略低于金属薄膜。

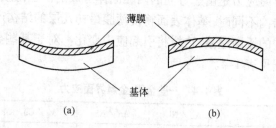

图 1-9 基体很薄时薄膜张应力(a)和压应力(b)的示意图

通常不希望在薄膜中有内应力存在,在实际应用中常常希望薄膜内总的内应力达到最小值。因为过大的应力将引起薄膜起泡、破裂,甚至于从基体上剥离。总的薄膜内应力由三部分组成:

$$\sigma = \sigma_{\text{extra}} + \sigma_{\text{th}} + \sigma_{\text{in}} \tag{1-24}$$

σ_{extra} 是由外力引起的;σ_{th} 是由薄膜与基体材料线膨胀系数的不同而产生的。由薄膜、基体组成的系统构成了类似于双金属片的结构。薄膜沉积时的温度较高,在薄膜形成之后,如果置放于室温中,由于双金属片效应就会产生形变,将使薄膜产生一附加的应力,使镀膜和基体的结合发生变形,这种由双金属片效应产生的内应力称为热应力(thermal stress),其可表示为

$$\sigma_{\text{th}} = E_{\text{F}} (\alpha_{\text{film}} - \alpha_{\text{substrate}}) \cdot \Delta T \tag{1-25}$$

式中 E_{F}——薄膜的弹性模量;

α_{film}——薄膜的线膨胀系数；

$\alpha_{substrate}$——基体材料的线膨胀系数。

通常,认为热应变是各向同性的。由于应变张量是一种二阶对称张量,因此,热膨胀张量也是一种二阶对称张量。如果系统中各种物质的弹性模量和线膨胀系数已知,就可以计算薄膜内产生的热应力。例如在 ZnS 上沉积金刚石膜,其热应力通过计算(杨氏模量为 1050 GPa,温差取 800℃)为 8.9 GPa。

α_{in}是薄膜的固有应力,也称为本征应力(intrinsic stress)。它与薄膜的微结构和生长模式有关,也受到污染的影响。通常,膜的本征应力是总应力的主要部分,根据来源可分为微结构方面、界面影响与杂质影响等。薄膜微结构有单晶、多晶和无定形结构等主要差别。仅多晶薄膜就由于其沉积方法和参数不同,可分为若干不同的结构区,对应于不同的应力状态。

实验中所测得的应力一般认为是热应力和本征应力两者的混合。在许多情形中常把本征应力看成是主要的。图 1-10 是镀膜时薄膜内应力随沉积温度而变化的情况。如果薄膜的线膨胀系数大于基体的线膨胀系数,那么随沉积温度的升高,热应力对总应力的贡献将增加;从另一方面看,本征应力总是随着温度的升高而减小。因此,薄膜中的总应力在某一中间温度必存有一最小值。

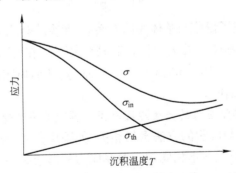

图 1-10　热应力和本征应力对总应力的贡献

在薄膜的沉积过程中,真空室内的残余气体或其他杂质进入到薄膜结构中将产生压应力,例如在水蒸气或氧分压较高的环境中沉积 SiO_2 和铝薄膜时,压应力都较大。表 1-5 给出一些薄膜的应力数据。

表1-5 一些薄膜/基体的应力数据

薄 膜	沉积时的基体温度/℃	基体材料	本征应力/GPa	应力类型
Al_2O_3	环境温度	Al	0.1	压应力
SiO$_2$	110	玻璃	0.12	压应力
	环境温度	镍	0.4	张应力
ZnS	110	玻璃	0.1	压应力
	环境温度	玻璃	0.002	压应力
Si	1100	蓝宝石	0.5	压应力
C	环境温度	玻璃	0.4	压应力
金刚石膜	650	Si	0.25 ~ 1.5	张应力

薄膜中存在内应力,则意味着存在着应变能。设薄膜的内应力为 σ,弹性模量为 E,则单位体积薄膜中储存的应变能 u(erg/cm^3, 1 erg $= 10^{-7}$ J)为

$$u = \frac{\sigma^2}{2E}$$

因此,单位面积基体上附着的薄膜,若其膜厚为 d,则该部分薄膜所具有的应变能为

$$u_d = \frac{\sigma^2 d}{2E} \tag{1-26}$$

如果 u_d 超过了薄膜与基体间的界面能,薄膜就会从基体上剥离。对于 C 或 MgF$_2$ 等基体上的蒸镀膜,如果膜层太厚,在常温下就会发生剥离,其界面能大约为 10^{-5} J/cm^2(10^2 erg/cm^2),从而说明内应力大时,应变能容易超过界面能。

1.6.4.3 薄膜应力的产生原因及减小薄膜应力的途径

薄膜的应力与沉积的方法密切相关,如采用蒸发、溅射或离子束沉积时,它们的应力是各不相同的。薄膜应力的形成是一个复杂的过程。一般来说,薄膜应力起源于薄膜生长过程中的某种结构不完整性(如杂质、空位、晶粒边界、位错等)、表面能态的存在以及薄膜与基体界面间的晶格错配等。在薄膜形成后,外部环境的变化同样也可能使薄膜内应力发生变化,如热退火效应可使薄膜中的原子产生重排,结构缺陷得以消除(或部分消除),或产生相变和化学反应等,从而引起应力状态

的变化。

研究表明,金属薄膜中的本征应力可能由以下几种原因产生:

(1) 在薄膜形成过程中的退火作用。由于退火作用,薄膜中的空位、空洞(空位的集合体)等缺陷向表面扩散而消除,晶界的微孔减小,薄膜体积因而发生收缩,产生张应力。

(2) 薄膜沉积过程中的相变。若在相变过程中,薄膜体积膨胀、密度减小,则产生压应力;情况相反时则产生张应力。

(3) 来源于晶粒之间的相互作用。

(4) 薄膜中的杂质效应、钉扎效应等。杂质效应是指在成膜过程中,残留气体作为杂质进入薄膜,以及成膜以后薄膜表面发生氧化。此外,还有基体原子向薄膜中的扩散,这些杂质进入薄膜后,都会使薄膜产生压应力。溅射沉积时的钉扎效应可使薄膜晶体内部形成空位和离位原子,造成薄膜体积增大,产生压应力。

(5) 薄膜材料和基体材料表面电子密度的差异。

在真空蒸发镀膜中,许多物质(包括化合物)的薄膜表现为拉应力,而 C、B、TiC 和 ZnS 等薄膜为压应力,这已被实验所证实。对于诸如 Fe、Ti、Al 等易氧化物质的薄膜,按形成条件不同,其应力情况比较复杂。一般来讲,氧化会使应力向负(压应力)方向移动。Bi、Ga 等也显示出不太大的压应力,已经知道,Bi、Ga 从液相到固相的相变过程中会发生体积膨胀,因此,使这些薄膜在形成过程中产生了压应力。

当薄膜太厚时会发生破裂或从基体上脱落。通过对多种薄膜材料中应力的测定后发现,如果在镀膜时采用使薄膜内产生张应力和压应力交替沉积的方法,则能够增加薄膜的厚度而不致破裂,可使沉积的薄膜从 6 μm 增至 40 μm。

在溅射镀膜过程中,薄膜的表面受到在辉光放电等离子体中被加速的高速粒子(能量为 $10^2 \sim 10^4$ eV)的轰击,此外,以溅射形式飞出的靶原子一般有 10 eV 左右的能量,远高于蒸发原子的能量。这些与薄膜相碰撞的高速粒子进入到薄膜内部,会把薄膜中的原子从点阵位置碰撞离位,使晶体内部形成空位和离位原子,结果造成薄膜体积增大;或者这些高速粒子自己进入薄膜晶格之中的间隙位置,产生钉扎效应。因此,在溅射工艺形成的薄膜中,经常存在着压应力。

在溅射方法形成的薄膜中产生的内应力与溅射工艺条件的关系密

切。在测定由反应溅射制备的钽薄膜的应力时发现,此应力可以是压应力也可以是张应力,具体要视氧的压力而定,当氧的压力偏低时薄膜为压应力,当氧的压力较高时为张应力。这种现象可由不同部位的氧化作用进行解释,氧分压低时,氧化主要发生在基体上;而氧分压高时,氧化主要发生在阴极靶和被溅射的氧化物上。在一定条件下,溅射过程中的气体同时进入正在生长的镀膜中,可引起本征压应力。

另外,从降低应力的目的出发,在薄膜与基体的界面处,表面电子密度必须保持连续。因此,在材料筛选上,选择合适的薄膜材料可以在一定程度上防止高应力的产生。在沉积工艺上,如果采取能够减小薄膜和基体之间表面电子密度差的技术,就可以有效地减小薄膜中的内应力。最近已经有研究者利用离子注入的方法,调整材料的表面电子密度,相关的实验结果证实,这确实能够很大程度地减小薄膜内的残余应力。

1.6.4.4　薄膜应力的测量方法

薄膜内应力的测量方法有很多,大体上可分为两类,一是直接测量法;二是间接测量法。前者通过测量由应力引起的应变,然后计算出应力的大小和状态;后者通过由应力引起的某些物理性能的改变来计算应力的大小。

直接测量法又可分为两类,一类为测量薄膜基体的变形,主要有悬臂梁法和圆盘法。另一类为 X 射线衍射法,测量薄膜点阵常数的变化,或者在某些情况下测量基体的弹性形变从而计算出应力值,其测量原理如下:因为应力是由于薄膜固定在基体上而产生的,薄膜会对基体施加力的作用,使基体弯曲,所以根据基体的形状、弹性模量以及基体的曲率等已知数据,通过有关静力学的计算,就可求出薄膜的内应力。当基体较厚、曲率较小时,难以用静力学的计算求得,可以用 X 射线衍射法测量晶格常数,如已知无应力时的晶格常数,则可由二者之差来计算应力。当薄膜的膜厚很小时,应力值的情况很复杂,不同的沉积方法产生的应力值也不同。但当膜厚大于 100 nm 时,在绝大多数情况下其应力为确定值。镀膜实验证实,金属薄膜中的应力值大部分在 $0 \sim 10^7$ Pa(拉应力)和 $0 \sim -10^8$ Pa(压应力)之间。

由于晶界和微晶内的应力分布对上面两类方法在测量技术上的影响不同,因此由这两类方法所测得的应力值并不完全一致。

1.6.5 增强薄膜附着力的方法

1.6.5.1 降低薄膜应力的措施

薄膜中的内应力是一个较复杂的问题,影响内应力的因素很多,如基体材料和镀膜材料的不同、镀膜方法的不同以及工艺参数的不同等,因而,控制薄膜中的内应力并使之降低到最小值,或者改变它的应力状态,并非完全都用同一方法就能办到。在制备薄膜时,希望所获得薄膜与基体材料具有良好的附着,以能够抵消由于固有应力和热应力所累积起来的界面应力。一般地讲,控制镀膜内应力的方法大致有:

(1)在金属镀膜中,提高基体温度可以迅速地减小本征应力;

(2)在溅射工艺中,控制基体的偏压可控制薄膜的本征应力和薄膜生长的形态;

(3)在薄膜沉积后进行适当的处理(如离子轰击、热处理等)可以减少内应力;

(4)调整或控制薄膜的厚度可以控制或减小应力;

(5)采用非平衡磁场溅射沉积或离子束辅助轰击基体等沉积工艺可以降低薄膜内应力。

为了使薄膜在基体上获得良好的附着性,可采用以下措施:

(1)保证基体表面的清洁度。采用适当的基体镀前处理工艺,去除基体表面的污染物质,活化基体表面,使基体表面在镀膜时形成一个附着性强的界面区。

(2)通过基体加热或离子辅助沉积技术,使膜材物质扩散进入基体,以便获得一过渡层。

(3)由于附着强度不足,以及由于形貌、力学性能、界面区的缺陷密度和界面所承受的应力过大,会导致薄膜的失效,因此,在镀层与基体难以结合的情况下,为了克服薄膜应力和防止沉积的薄膜从基体表面剥离,在基体与所镀薄膜之间引入与镀层和基体材料都能有效结合的中间过渡层,来增强两者的结合。中间过渡层的成分、结构和厚度可以自然形成,也可以人为地造成,通过它来调整应力、改进附着性。中间层不能影响薄膜材料最终的物理性能,而且中间过渡层可以是多层的。

在线膨胀系数失配的基体上沉积薄膜时,可采取一种新的表面处理工艺——将基体表面刻蚀一些微观的图形,然后再沉积薄膜,形成复合膜,可减少应力。同时由于增加接触面积,从而增加附着力。

镀膜方法和过程对界面层的形成有很大的影响。通常为使薄膜和基体间有良好的附着力,必须输入能量以产生所需要的激活能,使一些重要的物理化学过程得以进行。根据成膜的方法不同,入射粒子的能量是不同的,并对附着力产生不同的影响。基体的温度对附着力也有很大的影响,因为,在表面上的再蒸发速率、表面迁移率、扩散和原子的化学活性都受到基体温度的强烈影响。

在镀膜结束后,薄膜-基体系统并不都是稳定时,通过薄膜的镀后处理,使界面层区域中的化学反应、界面层中的扩散和晶体结构发生变化,将使膜与基体之间的附着力发生变化。

1.6.5.2　中间(过渡)层的应用

为了获得好的实用薄膜,我们通常需要选择沉积的方法和设备,选择比较好的膜系。在基体和薄膜材料已确定的情况下,可适当选择中间膜层的成分和结构,以降低膜层应力。中间层的合理选择与设计在实现镀层与基体的牢固结合上是极为重要的。附加适当的中间层,可增加基体和镀层之间的附着力,同时也可减少它们之间的应力。如为了克服热应力和防止金刚石膜从基体表面剥离,需要引入适当的中间层,以缓解矛盾。中间层应用的具体实例如下:

(1) 在 Al_2O_3(蓝宝石)上沉积铜膜时采用 Cr 作为中间层。通过在界面附近键合类型的过渡或者通过金属相与另一种相之间的机械互锁,在较高的温度下锚合此金属膜。研究认为,前者是在金属和陶瓷之间形成了一种化合物,在薄膜金属键和陶瓷的离子键和共价键之间提供了一个桥梁。键合的过渡也包括某些原子对界面的偏析或者形成金属氧化物的可能。研究发现,在适当的温度下,铜与 Cr_2O_3 发生互扩散。

(2) 通过在 DLC(类金刚石)膜中添加某些元素,形成 α-C: H: X,改变它的表面能和润湿角;可在附着力很低的 Teflon 上沉积 DLC 膜,产生 DLC-Teflon 的硬涂层;还可在 DLC 膜中添加金属元素,形成 M-C: H 物质,产生梯度界面,改进附着力,使沉积 10 μm 以上的 DLC 膜成为可能。

(3) 在玻璃(氧化物)上蒸镀 Au 膜,可利用活性金属 Cr 作为中间层来增强附着性,这是因为 Cr 容易氧化而与玻璃表面形成化学键,同时 Cr 易与 Au 互扩散,与 Au 的结合良好。

(4) 为了改进在金属与非金属之间的附着,利用纯金属的塑性,并采用梯度界面层和通过形成碳化物产生化学吸附,来增强附着和减少应力。

(5)氧化物对附着具有特殊的作用。对一般的金属来说,其不能牢固地附着在塑料等基体上,SiO、SiO_2 等氧化物以及 Si、Cr、Ti、W 等易氧化(氧化物生成能大)物质的薄膜都能比较牢固地附着。若在上述这些物质的薄膜上再沉积金属膜等,可以获得附着力非常大的薄膜。

有时,为了能使两种互不相容的薄膜和基体材料结合在一起,也需要选择一种合适的中间层,它们应具有特定的成分和结构。从材料的成分来说,一般需要它们之间有化学键,以产生大的结合力。从结构上来说,在膜层与基体之间可采用中间单层、多层复合、梯度功能结构来改善。另一种新的表面复合方法是三维结构,从表面和深度两方面来减少应力。

1.7 金属表面的腐蚀

1.7.1 电化学腐蚀

金属在自然环境和工业生产过程中发生的腐蚀主要是电化学腐蚀,而金属表面在所处的介质中形成腐蚀电池,是产生化学腐蚀的根本原因。

1.7.1.1 腐蚀的原电池

金属的化学腐蚀是金属通过氧化还原反应被氧化的过程,如同化学能转变成电能的一个原电池。它的氧化反应和还原反应既是分别又是同时进行的。金属和电解质溶液组成的电化学腐蚀体系,可看做一个短路的原电池。这种短路的原电池对外不能输出电能。在腐蚀研究中,把发生氧化反应的低电位端称为阳极,发生还原反应的高电位端称为阴极。把介质中接受来自金属材料的电子而被还原的物质称做去极化剂。

1 mol 的金属,由于腐蚀电池的作用而转变成为腐蚀产物时,其 Gibbs 自由能的变化 ΔG 为

$$\Delta G = -nF(E_{e,c} - E_{e,a})$$

式中　$E_{e,c}$——阴极反应的平衡电位;

　　　$E_{e,a}$——阳极反应的平衡电位;

　　　n——腐蚀反应中每个金属原子失去的电子数;

　　　F——法拉第常数。

发生腐蚀反应时,$\Delta G < 0$,形成腐蚀电池时

$$E_{e,c} - E_{e,a} > 0$$

对于金属/电解质溶液体系,必须满足阳极反应和阴极反应的组合,才能形成腐蚀电池。

1.7.1.2 极化

一个电极反应处于平衡时,阳极、阴极反应速度相等。若阴、阳极方向的电流密度大小相等,符号相反,则称这个电流密度的绝对值为该电极反应的交换电流密度。当电极反应处于平衡状态时,电极上无净电流流过,电极电位为该电极反应的平衡电位。一旦电极上有净电流流过,电极电位即偏离平衡电位值,这种现象就称为极化。把某一电流密度下,电极电位与平衡电位的差,称为该电极在给定电流密度下的过电位,以 η 表示

$$\eta = E_1 - E_e$$

式中　E_1——极化电位;

　　　E_e——平衡电位。

在极化时,其电位

$$\eta = E_1 - E_a$$

式中　E_a——稳定电位。

当有电流流入电极,在阳极上发生氧化反应时,电极电位朝正向移动,阳极极化过电位 $\eta_a > 0$,称为阳极极化;当电流流出电极,在阴极上发生还原反应时,电极电位朝负向移动,阳极极化过电位 $\eta_e < 0$,称为阴极极化。

电极极化反映出电极受阻的情况。一个电极极化过程,一般由物质输送、表面转化、电化学反应和新相生成等一系列串联反应步骤所组成。串联中最慢的步骤控制着整个电极极化过程的速度。电极极化主要取决于该电极极化过程中的控制步骤,反应控制了步骤的特征,控制步骤不同就会有各种不同类型的极化,诸如扩散(浓差)极化、化学反应极化、电化学反应极化、吸脱附极化、电结晶极化等,其中最常见的是扩散(浓差)极化和电化学极化。扩散(浓差)极化是由于电极反应进行时,反应物质在液相中输送步骤缓慢,破坏了溶液中原有浓度的均匀分布,造成电极附近的浓度与本体溶液浓度的不同,因此电位改变,即电极产生极化。电化学极化是由于电化学反应步骤成为电极极化过程的控制步骤所产生的一种极化。因电化学反应速度缓慢,无法把因电子流动而带到相界面的电荷及时地转给离子导体,造成电荷在界面上积累,促使电极电位改变。

1.7.2 金属的钝化

1.7.2.1 钝化现象

钝化是金属和合金在特殊条件下失去活性的一种状态。金属钝化过程就是金属表面由活性溶解状态转变为钝化状态的过程。诸如把某些活性金属放置在特定的环境中,它将由原来的活泼状态变成不活泼状态。这种钝化现象或者说金属和合金的钝化对提高金属和合金的耐蚀性具有十分重要的实用意义。金属在发生钝化后有两个显著特征:

(1) 腐蚀速率大幅下降,可降 4~6 个数量级。

(2) 大多伴有电极电位向正方向移动,电位变化可达 0.5~2.0 V,接近贵金属的电位。

1.7.2.2 钝化膜

金属钝化后,在其表面生成一层极薄的钝化膜。这层极薄的膜可能是固相膜,也可能是吸附膜。大多数钝化膜是由金属氧化物组成的。除氧化物外,钝化膜还可以是难熔的金属盐,如铅在硫酸中生成硫酸铅膜和其他如铬酸盐、硅酸盐、磷酸盐等也可构成钝化膜,都有一定的保护作用。

金属钝化态的获得可以借助抗氧化剂的作用,也可以采用电化学阳极极化的方法。金属的钝化是由金属和介质的作用,在金属表面生成一种非常薄的、致密的、覆盖性能良好的钝化膜,它们通常是氧和金属的化合物。如铁的钝化膜有 Fe_8O_{11}、Fe_3O_4、$\gamma\text{-}Fe_2O_3$、$\gamma\text{-}FeOOH$ 等,其中 $\gamma\text{-}FeOOH$ 是非晶态羟基氧化铁,含有较多结合水,保护性能最好。铝的钝化膜是致密的 $\gamma\text{-}Al_2O_3$,覆盖在它上面的是多孔的 $\beta\text{-}Al_2O_3$。不锈钢的钝化膜是 Cr_2O_3。

不同金属上的钝化膜的厚度有较大差异。在碳钢上,钝化膜最厚为 10 nm;铝上的为 3 nm;不锈钢上的仅有 1 nm。这种钝化膜都是无色透明的,它把金属与腐蚀介质机械地隔离,抑制了阳极的溶解。

1.7.3 全面腐蚀

全面腐蚀是最常见的腐蚀形态,其特征是腐蚀分布于整个金属表面。按腐蚀的均匀程度可将全面腐蚀分为均匀腐蚀和不均匀腐蚀。

均匀腐蚀的结果造成金属大范围全面减薄以致被破坏,不能再继续使用。在均匀腐蚀中化学或电化学反应发生于全部暴露的表面或绝大部分的表面上,各处的腐蚀速度基本相同。它的电化学过程是:腐蚀原电池的微阳极与微阴极的位置是变换不定的,阳极和阴极没有空间和时间差别,整个金属表面在溶液中都处于活性状态,金属表面各处只有能量随时间起伏变化,能量高处为阳极,低处为阴极。因此,金属在均匀腐蚀下整个表面处于同一个电极电位下。

在金属的材质和腐蚀环境都较均匀时,腐蚀在整体表面上大体相同,表现出均匀腐蚀。由于发生在金属整个表面上,从腐蚀量看,这类腐蚀并不可怕,只要经过简单的挂片试验,就可准确地预计金属结构或设备的使用寿命,在设计时就可选用合适的材料,采用覆盖涂层、缓蚀剂、阴极保护或适当增加设备材料的厚度来预防或减小腐蚀。这些方法可单独使用,也可联合使用。

1.7.4 局部腐蚀

局部腐蚀是一种从金属表面开始,在很小的局部区域内发生的选择性腐蚀破坏现象。除去应力和环境共同作用下的局部腐蚀外,常见的局部腐蚀形态有点蚀、电偶腐蚀(双金属腐蚀)、缝隙(间隙)腐蚀、晶间腐蚀、选择性腐蚀和丝状腐蚀等。下面主要叙述点蚀、缝隙腐蚀和晶间腐蚀。

1.7.4.1 点蚀

点蚀是一种重要的局部腐蚀。发生点蚀时,金属表面大部分未受腐蚀或仅有轻微的腐蚀。点蚀集中在金属表面的个别点和微区内,形成麻点和蚀孔。蚀孔的直径多数情况下比较小,一般都小于它的深度。点蚀在表面上的分布有的较分散,有的较密集,很像一个粗糙的表面。点蚀的形貌有半球形、平壁形、开口形、闭口形和不定形等。用点蚀系数表示点蚀的严重程度,它是蚀孔的最大深度与金属平均腐蚀深度的比值。点蚀系数越大,表示点蚀越严重,点蚀系数为1时,表示腐蚀是均匀的。

点蚀的破坏性、隐患性很大。由于蚀孔很小,又常被腐蚀产物所覆盖,因此检查蚀孔困难。其金属的失重量又不大,往往是金属设备大多数表面基本完好,而只是在局部位置上造成穿孔,甚至有的还会造成晶间腐蚀、剥蚀、应力腐蚀开裂和腐蚀疲劳加剧,从而引发失效和事故。因此,点蚀发生具有偶然性、无法预知其发生的位置和发展的速率,在工程设计上难以考虑。

从点蚀的发生和生长看,由于点蚀发生,其阳极的面积非常小,阳极流过的腐蚀电流密度却很大,合成很高的金属溶解速度,因此从点蚀的出现到可以看到蚀孔之前,需有一段很长的孕育期,短则几天,长则数年,这取决于金属和腐蚀介质的种类。一旦形成后,蚀孔就以不断增长的速率穿透金属。

点蚀多发生在金属表面钝化膜的缺陷部位或具有阴极性镀层的金属上,当达到给定条件下的临界电位后,阳极氧化膜被击穿,当介质有活性阴离子(如 Cl^-)时,Cl^- 优先吸附在钝化膜的缺陷处,并和钝化膜中的阳离子生成可溶性氯化物,在钝化膜表面上形成第一批活性溶解点(称为蚀核),蚀核生长到孔径为 $20\sim30~\mu m$ 时,宏观可见,称为蚀孔。

点蚀一旦发生,蚀孔进一步长大。它与点蚀的自催化过程有关。所谓自催化过程,指的是蚀孔内腐蚀的发展过程,其结果是使蚀孔内金属表面持续保持活性溶解状态。图 1-11 是点蚀发展的自催化过程示意图。点蚀的生长受阴极区去极化反应速率控制。从金属含氧的氯化物水溶液中的点蚀看,蚀孔底部的金属阳极氧化反应($M\rightarrow M^{n+}+ne$)与邻近表面的阴极反应($O_2+2H_2O+4e\rightarrow4OH^-$)平衡。蚀孔内 M^{n+} 离子浓度增大。为保持电位中性,蚀孔外的阴离子(Cl^-)向孔内迁移,孔内 Cl^- 离子浓度升高,生成金属氯化物。M^+Cl^- 发生水解,生成金属氢氧化物和自由酸($M^+Cl^-+H_2O\rightarrow MOH+HCl$)。酸的生成使蚀孔底部介质 pH 值降低

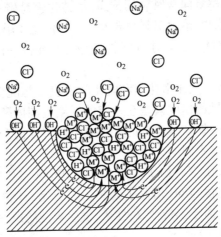

图 1-11　点蚀发展的自催化过程示意图

（pH 值为 1.5 ~ 1.0），这种蚀孔内的强酸环境使孔底金属处于活性状态，形成腐蚀电池阳极；而孔外与其邻近的金属表面仍处于钝化，成为腐蚀电池阴极，即形成了小阳极/大阴极的活化-钝化电池，整个过程随时间而加速，结果使蚀孔不断向深处发展。这种蚀孔内因溶液强酸化而加速金属腐蚀的作用称为自催化作用。

影响点蚀的主要因素有：

（1）溶液的成分。溶液中的许多阴离子都可引发点蚀，但对某些金属材料发生点蚀的介质又有特定性。如不锈钢、铝和铝合金，含 Cl^- 离子的水溶液是主因，除 Cl^- 离子外，溴化物和次氯酸盐也会引起点蚀。氧化性的金属离子氯化物，如 $CuCl_2$、$FeCl_3$ 等是强烈的点蚀剂，腐蚀性极强；非氧化性的金属离子的卤化物产生点蚀的程度小得多。一般认为，只有当卤族元素离子达到点蚀临界浓度时，才能引发点蚀。另外，金属材料的点蚀电位与溶液中卤素离子的浓度也有关，一些阴离子，特别是氧化性的阴离子，有抑制点蚀的作用，对不锈钢而言，其有效抑制点蚀的顺序是：$OH^- > NO_3^- > Ac^- > SO_4^{2-} > ClO_4^-$；对铝而言，其有效抑制点蚀的顺序是：$NO_3^- > CrO_4^- > Ac^- > 苯甲酸根 > SO_4^{2-}$。

（2）溶液的流速。点蚀通常发生在静滞的溶液中，这是因为静滞的条件不利于蚀孔内外溶液质量的转移，易形成闭塞区的局部酸化环境。溶液流动或流速提高时，点蚀的速度会降低或程度减轻，这是因为增大流速，一是有利于溶解氧向金属表面传递，使钝化膜易修复；二是流动可减少金属表面的沉积物，消除引起蚀孔发展的自催化作用。在工程应用中，一台抽海水的不锈钢泵，若连续运转，就好用；而停一段时间，就会产生点蚀。

（3）环境温度。大多数化学和电化学反应都是随温度升高而加快。在实际情况中，点蚀的速度只是在一定的温度范围内随温度的升高而加快。已有数据表明，铁及其合金的点蚀电位随温度的升高而降低。而在高温情况下，又会有不同。

（4）溶液的 pH 值。如 Fe、Ni、Cd、Zn、Co 等二价金属，pH 值小于 9 ~ 10 时，其点蚀电位与 pH 值几乎无关。大于此 pH 值，点蚀电位随 pH 值的升高而升高。对于三价金属，如铝，发生点蚀的条件及点蚀电位不受溶液 pH 值的影响。

（5）冶金因素。金属的特性对点蚀倾向有着重要影响。研究结果表明,合金成分对耐点蚀钢能力有重要的影响。通过对不锈钢合金元素在氯化物溶液中耐点蚀性能的影响的大量研究证实,提高不锈钢耐点蚀性能的最有效元素是 Cr 和 Mo,其次是 N 和 Ni 等;S、C 等元素则会降低不锈钢耐点蚀能力。

材料组织结构的不均匀会使点蚀倾向增加。如钢中非金属夹杂物 MnS 常成为点蚀的起源,奥氏体不锈钢中的 δ 铁素体、不锈钢中的 σ 相、铁素体不锈钢中的 α 相、敏化的晶界及焊接区等都可能使钢的耐点蚀性能降低;时效的含 Cu、Mg 的铝合金,因存在 Al_2CuMg 相,使点蚀敏感性增大;剧烈的冷加工会使不锈钢在 Fe_2O_3 中的点蚀倾向增大,在大多数不锈钢锻材上常可观察到点蚀在边缘部位优先产生。

点蚀是局部的腐蚀形态,不能用失重进行评定比较。测量点蚀深度相当复杂,存在着统计差异,用平均点蚀深度估计点蚀破坏程度也不够科学。由于引起点蚀的破坏事故是在最深的蚀孔,因此测出最大蚀孔深度,应该说是表示点蚀程度的一种较为可靠的方法。常用点蚀因子表示点蚀的程度,它是蚀孔最深处与平均腐蚀深度的比值。

防止和控制点蚀的基本措施是:

(1) 选择耐蚀合金,提高材料的耐蚀级别。

(2) 电化学保护。在外加阴极电流作用下,将金属的保护电位控制在点蚀电位之下,使点蚀坑停止生长。

(3) 改进表面结构设计。

(4) 应用缓蚀剂。增加钝化膜的稳定性或有利于受损坏的钝化膜的修复,如添加硝酸盐、铬酸盐和硫酸盐等。

1.7.4.2 缝隙腐蚀

缝隙(间隙)腐蚀是一种最普遍的局部腐蚀形态。它是因在金属与金属、金属与非金属的结构间存在缝隙(间隙)使缝隙闭塞区内腐蚀环境恶化,造成缝隙内加剧金属腐蚀的一种局部腐蚀现象。如金属铆接、螺栓连接、螺钉连接等金属与金属间的连接结构,金属与非金属(塑料、橡胶、玻璃纤维、石棉等)的法兰、垫片连接,在结构上都存在着缝隙或间隙,在适当的条件下,会引起缝隙内金属严重腐蚀。另外,在金属表面覆盖的沉积物(如水渍、泥土等腐蚀介质)也会产生缝隙腐蚀。

缝隙腐蚀的主要特征是:

(1) 缝隙在几何尺寸上有一定限制。因为要使介质能进入缝隙,所以缝隙应有足够宽度;为了形成闭塞环境,使介质处于停滞状态,缝隙又须足够狭窄。

(2)几乎所有的金属都可能产生缝隙腐蚀,特别是可钝化的金属及其合金。

(3)缝隙腐蚀的临界电位比点蚀电位低。

(4)含氯离子的溶液是最敏感的腐蚀介质。

从缝隙腐蚀的机理上看,氧的浓度差并非缝隙腐蚀的主要原因。在缝隙内氧还原反应的中止并不会引起腐蚀行为的任何变化,因缝隙内面积和缝外相差太大,在缝内溶液氧消耗完后,缝内氧还原反应就停止了,而缝内金属却继续溶解,就在缝内溶液中产生过多的正电荷,为保持电荷的平衡,缝外溶液中的氯离子优先迁入缝内,氢氧根离子也从外部迁入(但它的流动性不如氯离子,因而迁移慢得多),结果使缝内金属氯化物浓度增加,水解结果生成无保护性的氢氧化物和游离酸。

$$M^{n+} + Cl_n + nH_2O \rightarrow M(OH)_n + nH^+Cl^-$$

这种缝内的酸化和高 Cl^- 离子的浓度加速了金属的阳极溶解,溶解增加又造成更多的 Cl^- 离子迁移进来,循环往复,形成自催化过程,使缝隙腐蚀过程加速进行。

影响缝隙腐蚀的主要因素有:

(1)环境。一般来说,Cl^- 离子浓度越高,缝隙腐蚀产生的可能性就大。SO_4^{2-}、NO_3^- 对缝隙腐蚀有一定的缓蚀作用,但取决于它们的浓度及其与 Cl^- 浓度的比值等因素。

在中性介质中,溶液中氧浓度增高,缝外阴极还原反应加速,缝隙腐蚀量增加。在酸性电解质中,溶解氧对缝隙腐蚀影响很小。

温度对缝隙腐蚀的影响比较复杂。温度升高会使传输过程、反应动力学加速。但在敞开的体系中溶解氧的浓度又会随温度的升高而降低。应主要看温度的变化对缝隙腐蚀的影响,看阳极和阴极的综合结果才能判定。

介质 pH 值的降低,在缝外金属仍能保持钝态,但缝隙腐蚀量也会增加。

介质流速增大,运输到缝外金属表面的氧量增高,缝隙腐蚀量也增加,但流速加大,也可能把沉积物冲掉,从而减少发生缝隙腐蚀的机会。

(2)材料。金属与合金的成分对缝隙腐蚀有很大影响,不锈钢中的 Cr、Ni、Mo 可提高耐缝隙腐蚀的能力;Si、Ni、Cu 在含 Mo 的奥氏体不锈钢中对海水的耐缝隙腐蚀起有益作用;Ti 在室温下耐缝隙腐蚀,而在高温下(95℃)含 Cl^-、Br^-、I^- 或 SO_4^{2-} 的溶液中,均不耐缝隙腐蚀。

影响缝隙腐蚀的几何因素:包括几何形状、缝隙宽度、深度、缝隙内外面积比等。一定的宽度才会引起缝隙腐蚀(一般为 0.025~0.100 mm)。

1.7.4.3 晶间腐蚀

晶间腐蚀是金属在特定的腐蚀介质中沿着材料的晶粒边界(晶界)发生的一种局部选择性腐蚀。晶间是包括晶界在内的一个相对很窄的($<5×10^{-10}$ m)的区域。晶间腐蚀除与腐蚀电化学的原因有关外,更主要是与材料的晶相结构有关。金属材料的晶界是原子排列紊乱而疏松的区域,是各种缺陷聚集的区域,具有较高的能量,发生相变时,晶界往往是在新相优先形核和生长的位置。晶界还易富集某些微量元素,产生晶界之间电化学性质的差异,为晶界腐蚀创造了内在条件。发生晶界腐蚀会使晶粒间的结合力大大下降,致使金属失去原有强度。晶间腐蚀具有隐蔽性,不易被察觉,引发突发事故。但多数金属在应用中并不出现晶间腐蚀,其引发的环境往往是特定的。

从发生晶间腐蚀机理上看,在晶界区发生选择性优先腐蚀时,依据电化学的原理,晶界区是阳极或在晶界区存在阳极相,晶粒本体是阴极。目前,在有关晶界阳极区的来源、发展、分布上,有不同的依据和见解。

从影响晶间腐蚀的因素看,主要是冶金因素和环境因素。冶金因素中的合金成分、组织、热处理条件、加工工艺等都是导致晶间腐蚀的内因,由此造成的晶粒和晶界电化学性质上的差异,致使金属具有晶间腐蚀倾向。环境因素是外因,是晶粒和晶界间的电化学不均匀性造成具有晶间腐蚀倾向的金属发生晶间腐蚀。图 1-12 为晶间腐蚀的电化学行为示意图,图中分别给出了晶粒和晶界的阳极极化曲线,在图 1-12(a)中,晶界和晶粒在钝化区内的电流密度有明显差异;在图 1-12(b)中,电位为 0~0.2 V 时,晶界处于活化—钝化转变区,晶粒处于钝化区,晶界电流密度明显高过晶粒内部,当某类介质与金属共同决定的电位处于上述电位区间内时,金属便会产生晶间腐蚀。

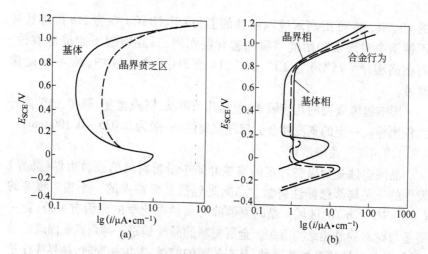

图 1-12　晶间腐蚀的电化学行为示意图
（a）具有晶界贫乏区活化—钝化合金的阳极极化行为；
（b）双相活化—钝化合金的阳极极化行为

2 真空蒸发镀膜

2.1 概述

　　真空蒸发镀膜(简称蒸镀)是在真空条件下,用蒸发器加热蒸发物质使之汽化,蒸发粒子流直接射向基片并在基片上沉积形成固态薄膜的技术。蒸镀是物理气相沉积(PVD)技术中发展最早、应用较为广泛的镀膜技术,尽管后来发展起来的溅射镀和离子镀在许多方面要比蒸镀优越,但真空蒸发镀膜技术仍有许多优点,如设备与工艺相对比较简单,可沉积非常纯净的膜层等,因此,真空蒸发镀膜仍然是当今非常重要的镀膜技术。近年来,由于电子轰击蒸发、高频感应蒸发以及激光蒸发等技术在蒸发镀膜技术中的广泛应用,使这一技术更趋完善。

2.2 真空蒸发镀膜原理

2.2.1 真空蒸发镀膜的物理过程

　　将膜材置于真空室内的蒸发源中,在高真空条件下,通过蒸发源加热使其蒸发,膜材蒸气的原子和分子从蒸发源表面逸出后,且当蒸气分子的平均自由程大于真空室的线性尺寸以后,很少受到其他分子或原子的碰撞与阻碍,可直接到达被镀的基片表面上,由于基片温度较低,膜材蒸气粒子凝结其上而成膜,其原理如图 2-1 所示。为了提高蒸发分子与基片的附着力,对基片进行适当的加热或离子清洗使其活化是必要的。

　　真空蒸发镀膜从物料蒸发输运到沉积成膜,经历的物理过程为:

　　(1)采用各种能源方式转换成热能,加热膜材使之蒸发或升华,成为具有一定能量(0.1~0.3 eV)的气态粒子(原子、分子或原子团);

　　(2)离开膜材表面,具有相当运动速度的气态粒子以基本上无碰撞的直线飞行输运到基片表面;

　　(3)到达基片表面的气态粒子凝聚形核后生长成固相薄膜;

　　(4)组成薄膜的原子重组排列或产生化学键合。

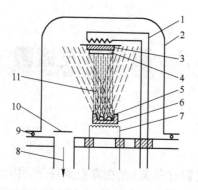

图 2-1 真空蒸发镀膜原理图

1—基片加热器;2—真空室;3—基片架;4—基片;5—膜材;6—蒸发舟;
7—蒸发热源;8—排气口;9—密封圈;10—挡板;11—膜材蒸气流

为使蒸发镀膜顺利进行,应具备两个条件:蒸发过程中的真空条件和镀膜过程中的蒸发条件。

2.2.2 蒸发过程中的真空条件

蒸发镀膜过程中,从膜材表面蒸发的粒子以一定的速度在空间沿直线运动,直到与其他粒子碰撞为止。在真空室内,当气相中的粒子浓度和残余气体的压力足够低时,这些粒子从蒸发源到基片之间可以保持直线飞行,否则,就会产生碰撞而改变运动方向。为此,增加残余气体的平均自由程,以减少其与蒸发粒子的碰撞几率,把真空室内抽成高真空是必要的。当真空容器内蒸发粒子的平均自由程大于蒸发源与基片的距离(以下称蒸距)时,就会获得充分的真空条件。

设蒸距(蒸发源与基片的距离)为 L,并把 L 看成是蒸发粒子已知的实际行程,λ 为气体分子的平均自由程,设从蒸发源蒸发出来的蒸发粒子数为 N_0,在相距为 L 的蒸发源与基片之间发生碰撞而散射的蒸发粒子数为 N_1,而且假设蒸发粒子主要与残余气体的原子或分子碰撞而散射,则有

$$\frac{N_1}{N_0} = 1 - \exp\left(-\frac{L}{\lambda}\right) \tag{2-1}$$

在室温25℃和气体压力为 $p(\mathrm{Pa})$ 的条件下,残余气体分子的平均自由程 $\lambda(\mathrm{cm})$ 为

$$\lambda = \frac{6.65 \times 10^{-1}}{p} \qquad (2-2)$$

由式(2-2)计算可知,在室温下,$p = 10^{-2}$ Pa 时,$\lambda = 66.5$ cm,即一个分子在与其他分子发生两次碰撞之间约飞行 66.5 cm。

图 2-2 是蒸发粒子在飞向基片途中发生碰撞的比例与气体分子的实际行程对平均自由程的比值的关系曲线。从图中可以看出,当 $\lambda = L$ 时,有 63% 的蒸气分子会发生碰撞。如果平均自由程增加 10 倍,则散射的粒子数减少到 9%,因此,蒸发粒子的平均自由程必须远远大于蒸距才能避免蒸发粒子在向基片迁移过程中与残余气体分子发生碰撞,从而有效地减少蒸发粒子的散射现象。目前常用的蒸发镀膜机的蒸距均不大于50 cm,因此,如果要防止蒸气粒子的大量散射,在真空蒸发镀膜设备中,真空镀膜室的起始真空度必须高于 10^{-2} Pa。

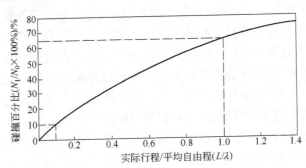

图 2-2　N_1/N_0 与 L/λ 关系曲线

由于残余气体在蒸镀过程中对膜层的影响很大,因此分析真空室内残余气体的来源,借以消除残余气体对薄膜质量的影响是重要的。

真空室中残余气体分子的来源主要是真空镀膜室内表面上的解吸放气、蒸发源释放的气体、抽气系统的返流以及设备的漏气等。若镀膜设备的结构设计及制造良好,则真空抽气系统的返流及设备的漏气并不会造成严重的影响。表 2-1 给出了真空镀膜室壁上单分子层所吸附的分子数 N_s 与气相中分子数 N 的比值近似值。通常,在常用的高真空系统中,其内表面上所吸附的单层分子数远远超过气相中的分子数,因此,除了蒸发源在蒸镀过程中所释放的气体外,在密封和抽气系统性能均良好和清洁的真空系统中,若气压处于 10^{-4} Pa 时,从真空室壁表面上解吸出来的气体分子就是真空系统内的主要气体来源。

表 2-1 高真空下室壁单分子层所吸附的分子数与气相分子数之比

气体压力/Pa	$N_s/N = n_s A/(nV)$
10^3	$2.0 \times 10^{-5} A/V$
10^2	$1.5 \times 10^{-2} A/V$
1	$1.5 A/V$
10^{-4}	$1.5 \times 10^4 A/V$

注:A——镀膜室的内表面积,cm^2;V——镀膜室的容积,cm^3;n_s——单分子层内单位面积吸附分子数,个/cm^2;n——单位体积气相分子数,个/cm^3。

残余气体分子撞击着真空室内的所有表面,包括正在生长着的膜层表面。在室温和 10^{-4} Pa 压力下的空气环境中,形成单一分子层吸附所需的时间只有 2.2 s。可见,在蒸发镀膜过程中,如果要获得高纯度的膜层,必须使膜材原子或分子到达基片上的速率大于残余气体到达基片上的速率,只有这样才能制备出纯度好的膜层。这一点对于活性金属材料基片更为重要,因为这些金属材料的清洁表面的黏着系数均接近于 1。

在 $10^{-2} \sim 10^{-4}$ Pa 压力下蒸发时,膜材蒸气分子与残余气体分子到达基片上的数量大致相等,这必将影响制备的膜层质量。因此,需要合理设计镀膜设备的抽气系统,保证膜材蒸气分子到达基片表面的速率高于残余气体分子到达的速率,以减少残余气体分子对膜层的撞击和污染,提高膜层的纯度。

此外,在 10^{-4} Pa 时真空室内残余气体的主要组分为水蒸气(约占 90% 以上),水蒸气与金属膜层或蒸发源均会发生化学反应,生成氧化物而释放出氢气。因此,为了减少残余气体中的水分,可以提高真空室内的温度,使水分解,这也是提高膜层质量的一种有效办法。

还应注意蒸发源在高温下的放气。在蒸发源通电加热之前,可先用挡板挡住基片,然后对膜材加热去气,在正式镀膜开始时再移开挡板。利用该方法可有效提高膜层的质量。

2.2.3 镀膜过程中的蒸发条件

2.2.3.1 真空条件下物质的蒸发特点

膜材加热到一定温度时就会发生气化现象,即由固相或液相进入到气相,在真空条件下物质的蒸发比在常压下容易得多,所需的蒸发温度也大幅度下降,因此熔化蒸发过程缩短,蒸发效率明显地提高。例如,在一个大气压下,铝必须加热到2400℃才能蒸发,但是在10^{-3} Pa的真空条件下只要加热到847℃就可以大量蒸发。某些金属材料的蒸气压与温度的关系曲线如图2-3所示,某些常用材料在蒸气压为1 Pa时的蒸发温度见表2-2。

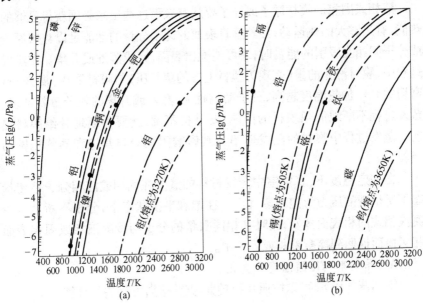

图 2-3　某些常用膜材蒸气压与温度的关系曲线

表 2-2　常用膜材的熔化与蒸发温度(蒸气压为1 Pa)

材料	熔化温度/℃	蒸发温度/℃	材料	熔化温度/℃	蒸发温度/℃	材料	熔化温度/℃	蒸发温度/℃
铝	660	1272	钛	1667	1737	锌	420	408
铁	1535	1477	钨	3373	3227	镍	1452	1527
金	1063	1397	铜	1084	1084	钯	1550	1462
铟	157	957	锡	232	1189	Al_2O_3	2050	1781
镉	321	271	银	961	1027	SiO_2	1710	1760
硅	1410	1343	铬	1900	1397	B_2O_3	450	1187

从表中数据可以看出,某些材料如铁、镉、硅、钨、铬、锌等可从固态直接升华到气态,而大多数材料则是先熔化,然后从液相中蒸发。一般来说,金属及其热稳定化合物在真空中只要加热到高于其饱和蒸气压 1 Pa 以上时,均能迅速蒸发。而且除了锑以分子形式蒸发外,其他金属均以单原子形式蒸发进入气相。

2.2.3.2 蒸发热力学

液相或固相的膜材原子或分子要从其表面逃逸出来必须获得足够的热能,有足够大的热运动;当其垂直表面的速度分量的动能足以克服原子或分子间相互吸引的能量时,才可能逸出表面,完成蒸发或升华。在蒸发过程中,膜材汽化的量(表现为膜材上方的蒸气压)与膜材受热(温升)有密切关系。加热温度越高,分子动能越大,蒸发或升华的粒子量就越多。蒸发过程不断地消耗膜材的内能,要维持蒸发,就要不断地补给膜材热能。蒸发过程中膜材的蒸发速率及其影响因素等与其饱和蒸气压密切相关。

在一定温度下,真空室中蒸发材料的蒸气在固相或液相分子平衡状态下所呈现的压力为饱和蒸气压。在饱和平衡状态下,分子不断地从冷凝液相或固相表面蒸发,同时有相同数量的分子与冷凝液相或固相表面相碰撞而返回到冷凝液相或固相中。

A 饱和蒸气压随温度的变化

饱和蒸气压 p_v 可以按照克拉珀龙-克劳修斯方程进行计算

$$\frac{\mathrm{d}p_v}{\mathrm{d}T} = \frac{\Delta H_v}{T(V_g - V_L)} \tag{2-3}$$

式中 ΔH_v ——摩尔汽化热;

V_g, V_L ——气相和液相的摩尔体积;

T ——绝对温度。

因为 $V_g \gg V_L$,则 $V_g - V_L \approx V_g$,在低气压下符合理想气体定律,有

$$\frac{pV}{T} = R$$

式中 R ——气体常数,$R = 8.31 \ \mathrm{J/(mol \cdot K)}$。

据此,令 $V_g = RT/p_v$,代入式(2-3),则有

$$\frac{\mathrm{d}p_\mathrm{v}}{p_\mathrm{v}} = \frac{\Delta H_\mathrm{v}}{R} \cdot \frac{\mathrm{d}T}{T^2} \tag{2-4}$$

通常材料的汽化热 ΔH_v 随温度微变,几种常用金属汽化热与温度的关系式见表 2-3。

表 2-3 几种常用金属膜材汽化热与温度的关系式

材　料	汽化热 $\Delta H_\mathrm{v}/\mathrm{kJ \cdot mol^{-1}}$
Al	$282943.944 - 0.8374T - 6.7407 \times 10^{-3} T^2$
Cr	$374299.92 + 0.8374T - 6.1965 \times 10^{-3} T^2$
Cu	$335237.076 - 10.5926T$
Au	$369610.704 - 8.3736T$
Ni	$401179.176 - 11.8905T$
W	$849501.72 - 2.8470T - 1.3816 \times 10^{-3} T^2$

注:Cr 从固态直接升华到气态。

由于在 T 为 $10 \sim 10^3$ K 范围内,汽化热 ΔH_v 是温度的缓变函数,可近似地把 ΔH_v 看做常数,于是对式(2-4)积分得

$$\ln p_\mathrm{v} = \frac{\Delta S_\mathrm{v}}{R} - \frac{\Delta H_\mathrm{v}}{RT} \tag{2-5}$$

式中　ΔS_v——摩尔蒸发熵。在热平衡条件下,可近似为常数。

令 $A = \Delta S_\mathrm{v}/(2.302R)$,$B = \Delta H_\mathrm{v}/(2.302R)$,则式(2-5)近似为

$$\lg p_\mathrm{v} = A - \frac{B}{T} \tag{2-6}$$

式(2-6)比较精确地表示了大多数物质在蒸气压小于 10^2 Pa 的压力范围内蒸气压与温度的关系。表 2-4 给出了一些膜材的 A、B 常数值。

B　相律与蒸气压

根据 Gibbs 相律,系统自由度 f,相数 p 和组元数 c 之间有如下关系

$$f = c - p + 2 \tag{2-7}$$

在蒸发纯金属时,$c = 1$,$p = 2$,所以 $f = 1$,即若给定温度,则系统压力为常数。在二元系统中,自由度随相数变化而变化。例如,A、B 两种成分在整个系统组成中互溶成单一液相时,$c = 2$,$p = 2$,因此 $f = 2$,系统的全压取决于温度和系统组成。

表 2-4　一些膜材的 A、B 常数值

材料	A	B	材料	A	B	材料	A	B
Li	10.12	8.07×10^3	Sr	9.84	7.83×10^3	Si	11.84	2.13×10^4
Na	9.84	5.49×10^3	Ba	9.82	8.76×10^3	Ti	11.62	2.32×10^4
K	9.40	4.48×10^3	Zn	10.76	6.54×10^3	Zr	11.46	3.03×10^4
Cs	9.04	3.80×10^3	Cd	10.68	5.72×10^3	Th	11.64	2.84×10^4
Cu	11.08	16.98×10^3	B	12.20	2.962×10^4	Ge	10.84	1.803×10^4
Ag	10.98	14.27×10^3	Al	10.92	1.594×10^4	Sn	10.00	1.487×10^4
Au	11.02	15.78×10^3	La	10.72	2.058×10^4	Pb	9.90	9.71×10^4
Be	11.14	16.47×10^3	Ga	10.54	1.384×10^4	Sb	10.28	8.63×10^3
Mg	10.76	7.65×10^3	In	10.36	1.248×10^4	Bi	10.30	9.53×10^3
Ca	10.34	8.94×10^3	C	14.86	4.0×10^4	Cr	12.06	2.0×10^4
Mo	10.76	3.085×10^4	Co	11.82	2.111×10^4	Os	12.72	3.7×10^4
W	11.52	4.068×10^4	Ni	11.88	2.096×10^4	Ir	12.20	3.123×10^4
U	10.72	2.33×10^4	Ru	12.62	3.38×10^4	Pt	11.66	2.728×10^4
Mn	11.26	1.274×10^4	Rh	12.06	2.772×10^4	V	12.20	2.57×10^4
Fe	11.56	1.997×10^4	Pd	10.90	1.970×10^4	Ta	12.16	4.021×10^4

　　图 2-4 说明在一定温度下二组元溶液的压力与组分之间的关系。图中的实线为液相线,虚线为气相线。当压力处于液、气两相共存区时,成分 A 在液相线中的摩尔分数为 x_l,总压力用液相线上的点 l 表示。通过点 l 的水平线与气相线交于 g,g 表示成分 A 在气相中的摩尔分数为 x_g。在这两相构成的与液相平衡的蒸气组成中,具有高蒸发压力的成分(这里是 A)所占组分就多。在这种系统中进行真空蒸镀时,一般其液相组成随时间发生变化,蒸气压并不保持恒定值。

　　当二组元系统中各组元不相互溶解时,则 $p = 3$,因此 $f = 1$,总压力仅由温度决定。若是化合物分解,如

$$GaN(s) \rightarrow Ga(l) + 1/2N_2(g)$$

虽然是二组元系统,但 $p = 3$,因此 $f = 1$,分解压力仅由温度决定。

　　在三组元系统中,因 $f = 5 - p$,所以三个冷凝相存在时,蒸气压仅是温度的函数。

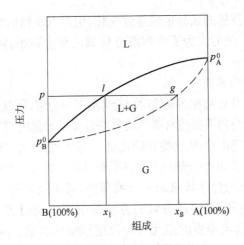

图 2-4　二组元溶液组成与蒸气压

L—液相；G—气相

C　合金的蒸发

由两种或两种以上组元所组成的合金在蒸发时遵循拉乌尔定律。

拉乌尔(Raoult)定律：在合金溶液中，合金中各组分的平衡蒸气压 p_i 与其摩尔分数 x_i 成正比，其比例常数就是同温度下该组元单独存在时的平衡蒸气压 p_i^0，即

$$p_i = x_i p_i^0 \qquad (2\text{-}8)$$

当在溶液的全部浓度范围内都是理想溶液时，按分压定律得到总的蒸气压

$$p = \sum_i x_i p_i^0 \qquad (2\text{-}9)$$

实际合金溶液是非理想溶液，需要将式(2-9)修正为

$$p_i = \gamma_i x_i p_i^0 \qquad (2\text{-}10)$$

式中　γ_i——活度系数。

二元合金 AB 蒸发时的 A 和 B 组元的蒸发速率比值为

$$\frac{R_A}{R_B} = \frac{\gamma_A x_A p_A^0}{\gamma_B x_B p_B^0} \sqrt{\frac{M_B}{M_A}} \qquad (2\text{-}11)$$

式中　M_A，M_B——分别为 A、B 气体分子的摩尔质量。

在二元合金的蒸发过程中，随着蒸发的进行，熔池内比较容易挥发的组分（即在同样温度下蒸气压较高的组元）逐渐减少，熔池中 A、B 成分随

时间发生变化,膜层的成分也呈连续变化,但是沉积物的组分与熔池中的合金组分是不一致的。为了得到成分精确的合金薄膜,需要采用一些特殊的蒸镀方法。

D 化合物的蒸发

因为大多数化合物在热蒸发时会全部或部分分解,所以用简单的蒸镀技术时很难采用化合物膜材镀料制得组分符合化学计量的膜层。但有一些化合物,如氯化物、硫化物、硒化物和碲化物,甚至少数氧化物和聚合物也可以采用蒸镀,因为它们很少分解或者当其凝聚时各种组元又重新化合。

为了得到接近化学计量的化合物薄膜,可采用多种方法来解决热蒸镀时热分解的问题,其中最有效的方法是采用反应蒸镀,即在蒸发过程中,导入反应气体与蒸发的组元进行反应形成化合物。反应蒸镀可以制备氧化物、碳化物、氮化物薄膜。当然直接蒸镀方法最为简单,可直接蒸发化合物膜材镀料,形成化合物薄膜的有 SiO_2、B_2O_3、GeO、SnO、AlN、CaF_2、MgF_2 和 ZnS 等。

2.2.3.3 膜材的蒸发速率

在蒸发物固(或液)相与其气相共存体系中,在热平衡状态下,根据气体分子运动论,若气体压力为 p,温度为 T,则单位时间内碰撞单位蒸发面积的分子数为

$$z = \frac{1}{4}\rho\bar{v} = \frac{p}{\sqrt{2\pi mkT}} = \frac{pN_A}{\sqrt{2\pi MRT}} \tag{2-12}$$

式中 z——碰撞频率;

ρ——分子密度;

$\bar{v}$——气体分子的算术平均速度;

m——气体分子的质量,g;

M——摩尔质量,g/mol;

k——玻耳兹曼常数,1.38×10^{-23} J/K;

N_A——阿伏加德罗常数,6.023×10^{23} mol^{-1}。

碰撞蒸发面的部分分子 a_v 被蒸发面发射至气相中,而 $(1-a_v)$ 部分分子回到蒸发面,则称 a_v 为蒸发系数,其值为 $0 < a_v \leqslant 1$。当 $a_v = 1$ 时,相当于蒸发物分子一旦离开了蒸发物表面不再返回,当 $0 < a_v < 1$ 时,则有部分分子返回。a_v 与蒸发物的表面性质和表面清洁程度有关。

在饱和蒸气压 p_v 下,按照赫兹-克努森(Hertz-Knudsen)公式,膜材的

蒸发速率 R_v（$(cm^2 \cdot s)^{-1}$）有

$$R_v = \frac{dN}{Adt} = a_v \frac{p_v - p_h}{\sqrt{2\pi mkT}} \qquad (2\text{-}13)$$

式中　dN——膜材蒸发的粒子数；

　　　A——蒸发表面积；

　　　p_v——膜材在温度 T 时的饱和蒸气压，Pa；

　　　p_h——蒸发物分子对蒸发表面造成的静压力。

当 $p_h = 0$ 和 $a_v = 1$ 时，可得到最大蒸发速率 R_v（$(cm^2 \cdot s)^{-1}$）：

$$R_v = \frac{p_v}{\sqrt{2\pi mkT}} = \frac{N_A p_v}{\sqrt{2\pi MRT}} \approx 2.64 \times 10^{20} \frac{p_v}{\sqrt{MT}} \qquad (2\text{-}14)$$

单位时间内单位面积上蒸发的膜材质量，即最大质量蒸发速率 R_m（$g/(cm^2 \cdot s)$）：

$$R_m = mR_v = p_v \sqrt{\frac{m}{2\pi kT}} = p_v \sqrt{\frac{M}{2\pi RT}} \approx 4.37 \times 10^{-4} \sqrt{\frac{M}{T}} p_v \qquad (2\text{-}15)$$

膜材在真空中的蒸发速率可用式（2-14）和式（2-15）描述和计算，它们表达了最大蒸发速率、蒸气压和蒸发温度之间的关系。图 2-5 表示

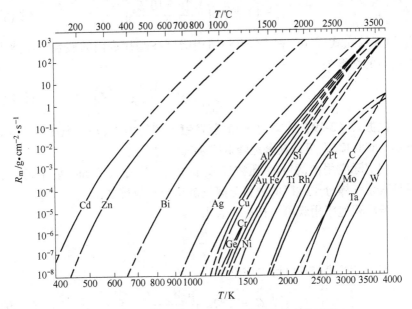

图 2-5　某些元素在 400 ~ 4000 K 范围内的蒸发速率

某些元素蒸发速率随蒸发温度的上升,其变化规律接近指数关系。计算蒸发速率时,必须采用以实验为根据的蒸气压测量值。

2.2.4　残余气体对膜层的影响

真空系统中的残余气体分子(如 H_2O、CO_2、O_2、N_2 和有机蒸气等)会和蒸发粒子一起被吸附或结合,对薄膜造成污染。在平衡状态下,单位面积基片或薄膜表面吸附的残余气体分子的浓度 n_g 是碰撞频率 z 和吸附分子的平均滞留时间 $\tau_g(s)$ 的函数,即

$$n_g = z\tau_g \tag{2-16}$$

式中,z 可由式(2-12)给出,τ_g 按统计力学计算公式表示

$$\tau_g = \tau_a \exp\left(\frac{E_a}{kT}\right) \tag{2-17}$$

式中　E_a——每个分子的吸附能,eV;

　　　τ_a——常数,表征吸附态分子沿表面垂直方向的振动周期,实验测得 τ_a 在室温时约为 10^{-13} s。

若已知吸附能,则 τ_g 的近似值可由式(2-18)计算得到

$$\tau_g = 10^{-13}\exp\left(\frac{1.16 \times 10^4 E_a}{T}\right) \tag{2-18}$$

由式(2-12)、式(2-16)和式(2-18)可得吸附在基片表面的残余气体达到平衡时的浓度为

$$n_g = 4.68 \times 10^{11}\frac{p}{\sqrt{MT}}\exp\left(\frac{1.16 \times 10^4 E_a}{T}\right) \tag{2-19}$$

根据式(2-19)计算,在一般蒸发镀膜的压力下,基片温度从 300 K增加到 600 K 时,可以显著地降低残余气体的污染。

在实际应用中,引入杂质浓度 C_i 的概念,C_i 是在 1 cm^2 基片表面上每秒残余气体分子碰撞的数目与蒸发沉积粒子数目之比。

若沉积速率用膜厚沉积速率表示,即

$$R_d = \frac{R_e M_a}{\rho N_A}$$

那么根据式(2-14)可以得出

$$C_i = 7.77\frac{p_g M_a}{\sqrt{M_g T \rho R_d}} \tag{2-20}$$

式中　p_g——残余气体的压力，Pa；

　　M_a，M_g——蒸发粒子和残余气体的相对原子量和相对分子质量；

　　ρ——蒸发材料的密度，g/cm^3。

表 2-5 说明了剩余气体压力和沉积速率对 Sb 膜中氧杂质浓度的影响，由表 2-5 可见，即使在相当低的残余气体压力下，剩余气体粒子的碰撞数目也可能接近蒸发粒子的碰撞数目。在不同的残余气体压力下，如 1.33×10^{-3} Pa，当提高沉积速率为 100 nm/s 时，C_i 值则下降至 10^{-2}。

表 2-5　室温下沉积 Sb 膜的最大 O_2 杂质含量 C_i 值

$p_{O_2}/$ Pa	C_i 值			
	沉积速率 /nm·s^{-1}			
	0.1	1	10	100
1.33×10^{-7}	10^{-3}	10^{-4}	10^{-5}	10^{-6}
1.33×10^{-5}	10^{-1}	10^{-2}	10^{-3}	10^{-4}
1.33×10^{-3}	10	1	10^{-1}	10^{-2}
1.33×10^{-1}	10^3	10^2	10	1

2.2.5　蒸气粒子在基片上的沉积

2.2.5.1　蒸气粒子在基片上的行为

蒸气粒子到达基片上产生一系列的形核和生长行为后沉积成膜，其具体过程如下：

（1）从蒸气源蒸发出的蒸气流和基片碰撞，一部分被反射，一部分被基片吸附后沉积在基片表面上。

（2）被吸附的原子在基片表面上发生表面扩散，沉积原子之间产生二维碰撞，形成簇团，其中部分沉积原子可能在表面停留一段时间后，发生再蒸发。

（3）原子簇团与表面扩散的原子相碰撞，或吸附单原子，或放出单原子，这种过程反复进行，当原子数超过某一临界值时即可生成稳定核。

（4）稳定核通过捕获表面扩散原子或靠入射原子的直接碰撞而长大。

（5）稳定核继续生长，进而和邻近的稳定核相连合并后逐渐形成连续薄膜。

2.2.5.2　薄膜的生长模式

薄膜的形成过程由于受到基片表面性质、蒸镀时基片的温度、蒸镀速率、真空度等诸多因素的影响,因此薄膜形成中的形核生长过程是十分复杂的。在薄膜形成初期,其生长模式有三种类型,如图 2-6 所示。

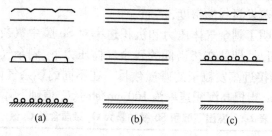

(a)　　　　　　(b)　　　　　　(c)

图 2-6　薄膜生长的三种类型

图 2-6(a)为核生长模式(Volmer-Weber 型)。在生长的初期阶段形成三维晶核,随着蒸镀量的增加,晶核长大合并,进而形成连续膜,沉积膜中大多数属于该类型。

图 2-6(b)为单层生长模式(Frank-Van der Merwe 型)。从生长开始,沉积原子在基片表面均匀地覆盖,形成二维的单原子层,并逐层生长。在膜厚很小的多层薄膜沉积中可以见到,如 Au/Pd、Fe/Cu 膜系。

图 2-6(c)为 SK 生长模式(Stranski-Krastanov 型)。在生长的初期,首先形成几层二维膜层,而后在其上形成三维的晶核,通过后者长大而加入到平滑、连续的膜层中。一般在非常清洁的金属表面上沉积金属膜材时容易形成这种生长模式。

薄膜以哪种方式生长与薄膜物质的凝聚力、薄膜-基片间的吸附力、基片温度等因素有关,薄膜的形式和生长过程的详细机理还有待进一步的研究。

核生长型薄膜的形成过程的示意模型如图 2-7 所示,其具体生长过程如 2.2.5.1 节所述。

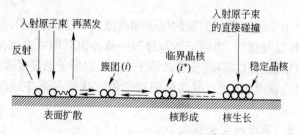

图 2-7　薄膜的核生长过程

2.3 蒸发源

蒸发源是用来加热膜材使之汽化蒸发的装置。目前所用的蒸发源主要有电阻加热、电子束加热、感应加热、电弧加热和激光加热等多种形式。

2.3.1 电阻加热式蒸发源

电阻式蒸发源简单、经济、可靠,可以做成不同的容量、形状并具有不同的电特性。电阻加热式蒸发源的发热材料一般选用 W、Mo、Ta、Nb 等高熔点金属及 Ni 和 Ni-Cr 合金。把它们加工成各种合适的形状,在其上盛装待蒸发的膜材。一般采用大电流通过蒸发源使之发热再对膜材直接加热蒸发,或把膜材放入石墨及某些耐高温的金属氧化物(如 Al_2O_3,BeO)等材料制成的坩埚中进行间接加热蒸发。电阻加热蒸发装置结构较简单、成本低、操作简便,被普遍应用。

电阻加热蒸发源材料需具有以下特点:

(1)高熔点。必须高于待蒸发膜材的熔点(常用膜材熔点为 $1000 \sim 2000 \, ℃$)。

(2)低的饱和蒸气压。保证足够低的自蒸发量,不至于影响系统真空度和污染膜层。

(3)化学性能稳定。在高温下不应与膜材发生反应生成化合物或合金化。

表 2-6 列出了电阻加热法中常用蒸发源材料的熔点和达到规定的饱和蒸气压时的温度。因为镀膜材料的蒸发温度(饱和蒸气压为 1.33 Pa 时的温度)多数在 $1000 \sim 2000 \, ℃$ 之间,所以蒸发源的熔点应高于这一温度。另外,选择蒸发源材料时还必须考虑蒸发源材料会随着蒸镀材料蒸发而成为杂质进入镀膜中的问题,因此,为减少蒸发源材料蒸发量,镀膜材料的蒸发温度要低于表 2-6 中蒸发源的饱和蒸气压为 1.33×10^{-6} Pa 时的温度,在要求不高时可采用与 1.33×10^{-3} Pa 对应的温度。其中钨在加热到蒸发温度时,会因加热结晶而变脆;钽不会变脆;钼则会因纯度不同而不同,有的会变脆,有的则不会变脆。钨和水汽起反应会形成挥发性氧化物 WO_3,因此钨在残余水汽中加热时,加热材料会不断受到损耗。当残余气体压力较低时,虽然材料损耗并不多,但是它对膜的污染是较严重的。耐高温的金属氧化物如铝土、镁土作为蒸发源材料时,它们不能直接通电加热而只能采用间接的加热方法。

表 2-6 各种蒸发源材料的熔点和相应饱和蒸气压的温度

蒸发源材料	熔点/K	相应饱和蒸气压的温度/K		
		1.33×10^{-6} Pa	1.33×10^{-3} Pa	1.33 Pa
C	3427	1527	1853	2407
W	3683	2390	2840	3500
Ta	3269	2230	2680	3330
Mo	2890	1865	2230	2800
Nb	2714	2035	2400	2930
Pt	2045	1565	1885	2180
Fe	1808	1165	1400	1750
Ni	1726	1200	1430	1800

电阻加热法还应考虑蒸发源材料与镀膜材料之间产生反应和扩散而形成化合物和合金的问题,如钽和金在高温时形成合金,又如高温时铝、铁、镍等也会与钨、钼、钽等蒸发源形成合金。一旦形成合金,熔点下降,蒸发源容易烧断。因此,蒸发源应选择不与镀膜材料形成合金的材料。

还有一个问题就是镀膜材料对蒸发源材料的湿润性问题,它关系到蒸发源形状的选择。多数蒸发材料在蒸发温度时呈熔融状态,它们和蒸发源支持体表面会形成三种不同的接触状态,即湿润、半湿润和不湿润。这是由两种材料间的表面张力的大小决定的。在湿润的情况下,高温熔化的薄膜材料容易在蒸发源材料上展开,蒸发会在较大面积上发生,其蒸发状态稳定,且蒸发材料与支持体间黏着良好,可认为是面蒸发源的蒸发;在湿润小的时候,可认为是点蒸发源的蒸发,这种情况下蒸发材料就容易从蒸发源上掉下来。半湿润情况则介于上述两种情况之间,在高温表面上不呈点状,虽沿表面有扩展倾向,但仅限于较小区域内,薄膜材料熔化后呈凸形分布。湿润状态的几种情况如图 2-8 所示。

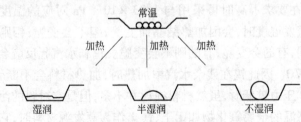

图 2-8 蒸发源材料和镀膜材料湿润状态

根据前面的论述,电阻蒸发源的材料应选择熔点高、蒸气压低、不与被蒸发材料反应、无放气现象和其他污染、具有合适的电阻率等性能的材料。常用的金属蒸发源材料通常选用难熔金属 W、Mo、Ta 等。石墨和合成导电氮化硼也是重要的电阻蒸发源材料。石墨作蒸发源材料时应选用高纯度、高密度的石墨。合成导电氮化硼是近年来广泛采用的新型蒸发源材料,它耐熔融金属的腐蚀性和抗热冲击性能优良,对膜层的纯度影响最小,但成本较高。用这些金属做成形状适当的蒸发源,让电流通过,从而产生热量直接加热蒸发材料。

根据膜材的性质、蒸发量以及它与蒸发源材料的湿润性,电阻加热蒸发源可以制成筐状或舟状等不同的结构形式,图 2-9 为各种典型形状的电阻蒸发源。具体介绍如下:

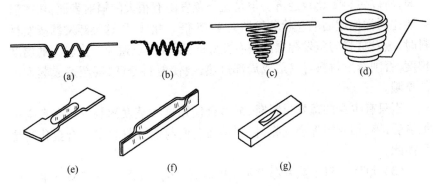

图 2-9　各种形状的电阻蒸发源

(a) V 形丝状;(b) 螺旋丝状;(c) 锥形丝状;(d) 篮式丝状;

(e) 凹坑箔;(f) 舟形箔;(g) 成形舟

(1) 丝状和螺旋丝状蒸发源。常用的丝状蒸发源结构其金属丝可以是单股丝或多股丝。图 2-9(a)、(b) 中的结构适合蒸镀小量的具有极好湿润性的材料,如铝材。蒸发物直接置于丝状蒸发源上,加热时,蒸发物润湿电阻丝,通过表面张力得到支撑。蒸发源线径一般为 0.5～1 mm,可采用多股丝以防止蒸发过程中断线,且能增大蒸发表面和蒸发量。使用时,在蒸发材料熔融的最初阶段必须缓慢地加大电流,防止蒸发料溅出或掉下。图 2-9(c)、(d) 所示结构为螺旋锥形和篮式蒸发源,一般用于蒸发粗颗粒或块状电解质或金属和不易与蒸发源相湿润的材料。

采用丝状源时应注意膜材对热丝的湿润性。如热丝温升太快,膜材不易立刻熔化致使膜材对热丝湿润不充分,从而会使没有充分熔化的膜材从热丝上脱落下来;同时温升太快也会造成膜材中气体突然释放引起的小液滴飞溅现象。因此,使用丝状源时应注意温度的控制。

丝状源的主要缺点是支持的膜材量太少,而且还会随着膜材的蒸发使热丝温度升高,导致蒸发速率的变化。对于要求严格控制蒸发速率的镀膜工艺,该缺点应予以注意。

(2) 箔盘状和槽状蒸发源。图2-9(e)、(f)、(g)是用钨、钽或钼的片箔状或块状材料加工成的蒸发盘和蒸发舟,厚度一般为0.13~0.38 mm,也可以蒸发不湿润蒸发源的材料。这些蒸发源有坑槽,镀料放置在坑槽内,受热后在坑槽内形成熔池。粉末状镀料可制成适当大小的团粒放在坑槽内进行蒸镀。由于其发射特性接近平面蒸发源,发射的蒸气限于半球面,所以装料量比较经济。但是这类蒸发源有很大的辐射表面,功率消耗要比同样横截面的丝状蒸发源大4~5倍。此外,用这类蒸发源蒸发材料时,蒸发材料与蒸发源之间要有良好的热接触,以避免产生较大的温度梯度,否则蒸发材料容易形成局部过热,会使材料分解,甚至造成蒸发料的喷溅。

当只有少量的蒸发材料时,最适合使用这种蒸发源装置。在真空中加热后,钨、钼或钽都会变脆,特别是当它们与蒸发材料发生合金化时更是如此。

(3) 坩埚。对于蒸发温度不是很高,但与蒸发源材料容易发生反应的材料,可置于坩埚(石英、玻璃、氧化铝、石墨、氧化铍、氧化锆等)中,采用间接加热方式蒸镀。

在真空镀膜技术中,铝膜材是经常应用的镀料。因为铝的化学性能活泼、熔融后的流动性很好,所以在高温下它会腐蚀许多金属或化合物。对于石墨加热器,铝会渗入石墨使其胀裂。因此,采用氮化硼合成导电陶瓷材料作为铝膜材蒸发源是比较理想的。

氮化硼导电陶瓷是比石墨更为理想的蒸发器材料,它是由耐腐蚀、耐热性能优良的氮化物、硼化物等材料通过热压、涂覆制成的一种具有导电性的陶瓷材料。这种氮化硼导电陶瓷一般由下面三种材料组成:

(1) 氮化硼,10%~20%(质量分数),粒度为20~50 μm。

(2) 耐火材料,20%~80%(质量分数),有氮化铝、氮化硅、硼化铝等,粒度为20~50 μm。

（3）导电材料,80%～20%（质量分数）,有石墨、碳化硼、碳化钛、碳化锆、碳化铬、碳化硅、硼化钛、硼化锆、硼化铬、硼化铍、硼化镁和硼化钙等。常用二硼化钛或二硼化锆,粒度不大于50 μm。

制作方法如下:将上述三种材料按质量比混合均匀,用氮化硼或石墨作模具,在压力为10～40 MPa和温度为1500～1900℃的条件下热压成形。

氮化硼导电陶瓷与石墨等材料的特性比较见表2-7。用氮化硼导电陶瓷制成的蒸发器的形式如图2-10所示。

表2-7　耐熔坩埚材料特性的比较

坩埚材料特性	氮化硼合成导电陶瓷	钨、钼、锆等耐熔金属	石墨	氧化铝陶瓷
耐热性	好	好	最好	好
对熔融金属的耐蚀性	最好	差	好	好
对熔融金属的湿润性	好	好	好	好
抗热冲击性	好	好	好	差
电功率消耗	小	小	小	大
蒸发膜层纯度	最好	差	差	好
设备维护保养	好	差	差	差

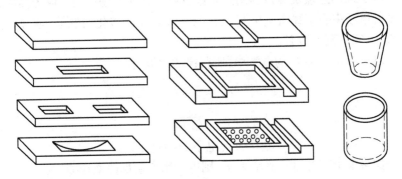

图2-10　氮化硼导电陶瓷蒸发器(舟)

氮化硼合成导电陶瓷材料的最大缺点是成本太高。近年来人们又把注意力集中到提高石墨坩埚的寿命,研究高寿命的石墨发热体上来。日本真空株式会社(ULVAC)制造的EW系列高真空镀铝设备中所采用的耐高温熔铝浸蚀的高寿命石墨坩埚,其平均寿命可达 18 次。国内有关单位已采用将液态热固性合成树脂涂覆在石墨坩埚的内外壁上,或将其浸入到液态树脂中,然后加热使树脂固化,再经高温碳化处理,使树脂分解碳化的工艺方法,成功地制成了在 1400℃ 和 10^{-3} Pa 下进行高温熔铝的特性石墨坩埚,其平均使用寿命为 10 ~ 15 次。

2.3.2 电子枪加热蒸发源

有时很多材料不能用电阻加热的形式蒸发,例如常用于可见光和近红外光学器件镀膜的绝缘材料。在这种情况下,必须采用电子束加热方式。电子束加热所用的电子枪有多种类型可供选择。多坩埚电子枪可采用一个源对多种材料进行蒸发,这种枪在镀制多层膜且膜层较薄的工艺中应用效果很好。当需要每种镀膜材料用量较大,或每个源都需要占用不同的位置时,可以选用单坩埚电子枪。电子枪所用电源的大小更多地取决于蒸发材料的导热性,而不是其蒸发温度。电源功率一般在 4 ~ 10 kW 之间,对于大多数的绝缘材料,4 kW 就足够了;而如果想达到很高的沉积速率,或在一个很大的真空室内对导热材料进行蒸发时,则需要 10 kW 以上的更大功率的电源。

2.3.2.1 电子束加热原理及特点

电子束加热蒸发源是利用热阴极发射电子在电场作用下成为高能量密度的电子束直接轰击到镀料上。电子束的动能转化为热能,使镀料加热汽化,完成蒸发镀膜。

电子在电位为 U 的电场中,所获得的动能为

$$eU = \frac{1}{2}mv^2$$

$$v = \sqrt{2\eta U}$$

$$\eta = e/m \text{(电子的荷质比)}$$

如果电子束的电子流率为 n_e,则电子束产生的热效应 Q_e 为

$$Q_e = n_e eUt = IUt \tag{2-21}$$

式中 I——电子束的束流,A;

  t——电子束流的作用时间,s;

  U——电位差,V。

当电位差(加速电压)很高时,式(2-21)所产生的热能即可使膜材汽

化蒸发,从而为真空镀膜技术提供一个良好的热源。

电子束加热蒸发的优点:

(1)电子束加热比电阻加热具有更高的能量密度,可以蒸发高熔点材料,如 W、Mo、Al_2O_3 等,并可得到较高的蒸发速率;

(2)被蒸发材料置于水冷铜坩埚内,可避免坩埚材料污染,可制备高纯薄膜;

(3)电子束蒸发粒子动能大,有利于获得致密、结合力好的膜层。

电子束加热蒸发的缺点:

(1)结构较复杂,设备价格较昂贵;

(2)若蒸发源附近的蒸气密度高,电子束流和蒸气粒子之间会发生相互作用,电子的能量将散失和轨道偏移;同时引起蒸气和残余气体的激发和电离,会影响膜层质量。

2.3.2.2 电子束加热蒸发源形式

电子束蒸发源由电子枪和坩埚两部分组成,有时还附有一套供应物料的机构。在许多情况下还会将产生和控制电子束的装置以及坩埚设计成一个整体。电子束加热蒸发源有以下几种结构形式:

(1)具有直线阴极和静电聚焦的蒸发器。如图 2-11(a)所示,电子从灯丝阴极发射,聚焦成一定直径的束流,经加在阴极和坩埚之间的电位加速,撞击到膜材上,使之熔化和蒸发。这种直枪易受蒸发物污染,对枪体进行遮挡又会缩小镀膜室的有效空间。

(2)具有环状阴极和静电聚焦的蒸发器。如图 2-11(b)所示,这种环形枪配有环状阴极和围绕坩埚同心环状控制电极。

(3)具有轴向枪和静电远聚焦的蒸发器。如图 2-11(c)所示。

(4)具有环形阴极、静电聚焦和静电偏转的蒸发器。如图 2-11(d)所示。环形枪有一些不理想之处,一是阴极蒸发出来的气氛会污染膜层;二是环形蒸发器附近的蒸气压受限制,若过高的气压进入高电压区,会使阴极和坩埚之间击穿放电烧毁。

(5)具有轴向枪、磁聚焦和磁偏转 90°的蒸发器。如图 2-11(e)所示。采用水平安装电子枪,电子束经静电偏转或磁偏转之后再轰击镀料,可克服蒸气污染和占用有效空间的缺点。

(6)具有横向枪和磁偏转 180°的蒸发器。如图 2-11(f)所示。它属于 e 形枪一类,电子束的产生区域和蒸气的产生区域之间是隔离的。

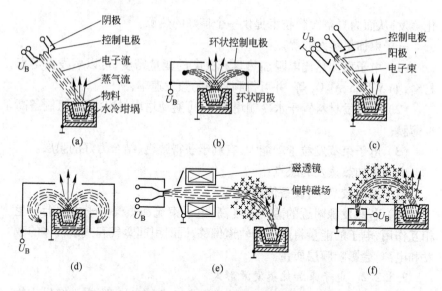

图 2-11 电子束蒸发器原理图

（a）具有直线阴极和静电聚焦的蒸发器；（b）具有环状阴极和静电聚焦的蒸发器；
（c）具有轴向枪和静电远聚焦的蒸发器；（d）具有环形阴极、静电聚焦和静电偏转的蒸发器；
（e）具有轴向枪、磁聚焦和磁偏转90°的蒸发器；（f）具有横向枪和磁偏转180°的蒸发器

（7）e 形电子枪蒸发器。e 形枪电子束蒸发源所发射的电子轨迹与"e"字相似，故简称 e 形枪。目前这种形式的蒸发源在真空蒸发镀膜工艺中应用最为广泛。

2.3.2.3　e 形电子枪蒸发源

A　e 形电子枪蒸发源的工作原理

e 形电子枪的工作原理如图 2-12 所示，热电子是由位于水冷坩埚下面的热阴极所发射，这种结构可以避免阴极灯丝被坩埚中蒸发出来的膜材污染。阴极灯丝加热后发射出具有 0.3 eV 初始动能的热电子，具有 0.3 eV 初始动能的热电子在阴极与阳极之间所加的 6 ~ 10 kV 的高压电场的作用下加速并会聚成束状。该电子束在电磁线圈的磁场中可沿 **E** × **B** 的方向偏转。到达和通过阳极时，电子的能量可提高到 10 kV。由于电子束通过阳极孔之后只在磁场空间运行，因此在偏转磁场的作用下，电子束偏转 270°角之后，入射到坩埚内的膜材表面上，轰击膜材使其加热蒸发。

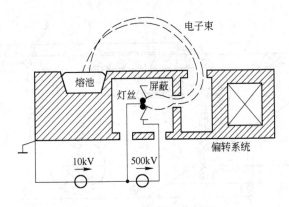

图 2-12 e形枪的工作原理

B e形电子枪蒸发源的结构形式

e形枪主要由阴极灯丝、聚焦极、阳极、磁偏转系统、高压电极、低压电极、水冷坩埚及换位机构等部分组成。

目前国内常用的 e形电子枪蒸发源的结构形式主要有图 2-13 所示的单坩埚结构和图 2-14 所示的多坩埚结构两种。前者用于单一膜材的蒸发,而后者可实现多种膜材交替式的蒸发。

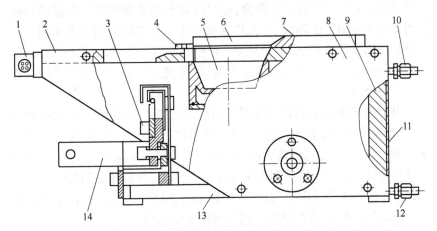

图 2-13 永磁体偏转单坩埚 e形枪蒸发源结构示意图

1—电磁扫描线圈;2—前屏蔽罩板;3—电子枪头组件;4—调制极块;5—后部罩板;
6—旋转坩埚组件;7—坩埚罩板;8—偏转极靴;9—偏转磁钢;10—水冷出口接头;
11—磁钢罩板;12—水冷入口接头;13—底板;14—高压馈入电极

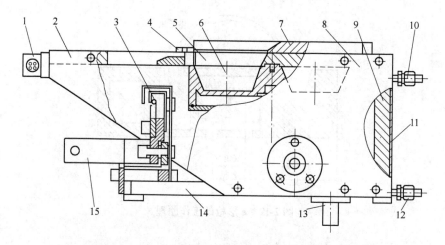

图 2-14 永磁体偏转多坩埚 e 形枪蒸发源结构示意图

1—电磁扫描线圈;2—前屏蔽罩板;3—电子枪头组件;4—调制极块;5—后部罩板;

6—旋转坩埚组件;7—坩埚罩板;8—偏转极靴;9—偏转磁钢;10—水冷出口接头;

11—磁钢罩板;12—水冷入口接头;13—坩埚旋转驱动轴;14—底板;15—高压馈入电极

要保持 e 形电子枪蒸发绝缘材料的稳定性,最重要的是要拥有一个高品质的束流扫描控制器。传统的束流扫描控制器基本采用模拟波形,它可以从 x-y 横纵双向驱动束流,还可以调节振幅和频率。新型的扫描控制器可将坩埚分成像素,并允许在每一点上停留的时间有所不同。对于全自动操作的镀膜机,不管采用哪种扫描控制方法,扫描控制器必须拥有多种供控制程序进行选择的预设模式,才能成为全自动控制系统的有机组成部分。

由于电子束轰击膜材时将激发出许多有害的散射电子,诸如反射电子、背散射电子和二次电子等,图 2-15 中的二次电子收集极 11 就是为了保护基片和膜层,把这些有害电子吸收掉而设置的。同时,由于入射电子与膜材蒸气中性原子碰撞而电离出来的正离子,在偏转磁场的作用下会沿着与入射电子相反的方向运动,可利用图 2-15 中所设置的离子收集极 1 捕获这些正离子,从而减少正离子对膜层的污染。

设置离子收集极的目的还在于可以利用其离子流参数来控制 e 形枪的阴极灯丝加热电流,从而控制 e 形枪源的蒸发速率。这是因为在膜材蒸发期间,由于坩埚上方所形成的等离子区的正离子密度与膜材的蒸发速率成正比关系之故。e 形枪的运行在功率一定的条件下,宜选用低电压高电流的工艺参数。

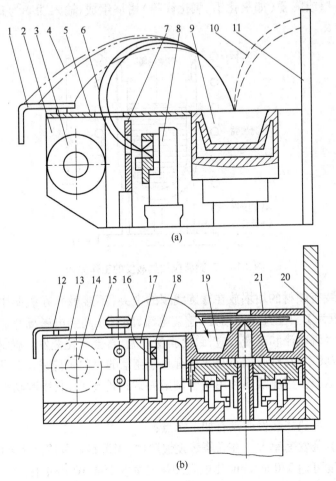

(a)

(b)

图 2-15　电磁偏转带有电子和离子收集极的 e 形枪蒸发源结构示意图

（a）单坩埚式；（b）多坩埚式

1,12—离子收集极；2,13—极靴；3,14—电磁线圈；4—正离子轨迹；5,15—屏蔽罩；

6,16—电子束轨迹；7,17—阳极；8,18—发射体组件；9,19—水冷坩埚；

10—散射电子轨迹；11,20—二次电子收集极；21—坩埚罩板

2.3.3　感应加热式蒸发源

利用高频电磁场感应加热膜材使其汽化蒸发的装置称为感应加热式

蒸发源。图 2-16 为感应加热蒸发的工作原理图。蒸发源一般由水冷线圈和石墨或陶瓷(如氧化铝、氧化镁等)坩埚组成,输入功率为几千瓦至几百千瓦。

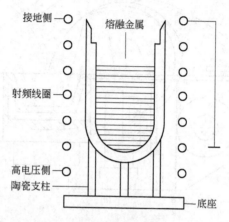

接地侧
熔融金属

射频线圈

高电压侧
陶瓷支柱

底座

图 2-16　高频感应加热蒸发的工作原理

将装有膜材的坩埚放在螺旋线圈的中央(不接触),在线圈中通以高频(一般为 1 万至几十万赫兹)感应电流,膜材在高频电磁场感应下产生强大的涡流电流和磁滞效应,致使膜材升温,直至汽化蒸发。膜材体积越小,感应频率应越高,如对每块仅有几毫克重的材料则应采用几兆赫频率的感应电源。感应线圈常用铜管制成并通以冷却水,其线圈功率均可单独调节。

感应加热式蒸发源具有如下特点:

(1)蒸发速率大。在卷绕蒸发镀膜中,当沉积铝膜厚度为 40 nm 时,卷绕速度可达 270 m/min,比电阻加热式蒸发源高 10 倍左右。

(2)蒸发源温度均匀稳定,不易产生液滴飞溅现象。可避免液滴沉积在薄膜上产生针孔缺陷,提高膜层质量。

(3)蒸发源一次装料,无需送丝机构,温度控制比较容易,操作简单。

(4)对膜材纯度要求略宽些,如一般真空感应加热式蒸发源用 99.9% 纯度的铝即可,而电阻加热式蒸发源要求铝的纯度为 99.99%,因此膜材的生产成本也可降低。

(5)坩埚温度较低,坩埚材料对膜层污染较少。

感应加热式蒸发源的缺点是不易对输入功率进行微调。

2.3.4 空心热阴极电子束蒸发源

空心热阴极电子束蒸发源是由空心热阴极电子枪(简称 HCD 枪)、坩埚组件及其电路组成的蒸发源。这种蒸发源多用于真空蒸发离子镀膜设备之中。

2.3.4.1 空心热阴极电子束蒸发源的工作原理

空心热阴极等离子体电子束蒸发源的原理如图 2-17 所示。在本底真空为高真空的条件下,向阴极钽管中通入氩气,氩气压力为 $10^{-2} \sim 1\,Pa$,在阴极与辅助阳极之间加上引弧电压,使氩气辉光放电。这样在空心阴极内产生低压等离子体放电,直流放电电压约为 $100 \sim 150\,V$,电流为几个安培。当等离子体中的正离子 Ar^+ 不断轰击阴极钽管,使其升温至 $2300 \sim 2400\,K$ 时,即由冷阴极放电转变为热阴极放电,钽管阴极开始热电子发射。此时放电转变为稳定状态,电压下降到 $20 \sim 50\,V$,电子束流增大到定值,该状态就是空心热阴极等离子体电子束放电。

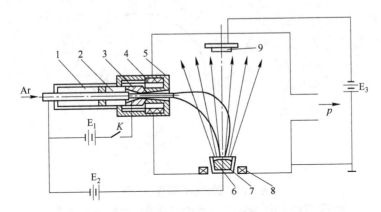

图 2-17 空心热阴极等离子体电子束蒸发源原理图

1—冷却水套;2—空心阴极;3—辅助阳极;4—聚束线圈;5—枪头;6—膜材;
7—坩埚;8—聚焦磁场;9—基片;E_1、E_2、E_3—电源

空心阴极中的电子束在辅助阳极的加速电压作用下,经聚束线圈的磁场聚束后射出枪头。在坩埚电位的吸引和聚焦磁场的聚束偏转作用下,高速电子束轰击水冷坩埚中放置的膜材,在膜材表面将电子动能转变为热能,加热膜材使其蒸发、沉积在基片上。

2.3.4.2 空心热阴极电子束蒸发源的特点

空心热阴极等离子体电子束蒸发源具有如下特点：

（1）形成高密度等离子体放电，通过阴极的气体可大部分被电离。

（2）阴极温度可高达3200K，电子束的电流密度高而且可在坩埚上方激发电离膜材的蒸发原子，其离化率可达20%。

（3）基片上加10~100V负偏压时可实现金属离子轰击基片且沉积成膜，因此膜层的附着强度好。如通入反应气体，可制备化合物薄膜（如TiC、TiN等）。

（4）由于在低电压大电流状态下工作，因此较安全且易于自动控制。

（5）阴极寿命长、结构简单。

2.3.5 激光加热蒸发源

激光束加热蒸发的原理是利用激光源发射的光子束的光能作为加热膜材的热源，使膜材吸热汽化蒸发，其装置和工作原理如图2-18所示。

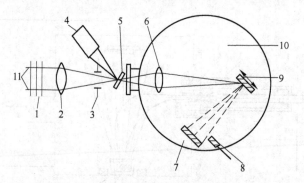

图 2-18　激光蒸发装置原理图

1—玻璃衰减器；2—透镜；3—光圈；4—光电池；5—分光器；6—透镜；
7—基片；8—探头；9—靶；10—真空室；11—激光器

通常采用的激光源是连续输出光束的 CO_2 激光器。它的工作波长为10.6μm，在此波长下许多介质材料和半导体材料均有较高的吸收率。最好采用在空间和时间上能量高度集中的脉冲激光，以准分子激光效果最好。一般，将蒸发膜材制成粉末状，以便增加对激光能的吸收。激光束加热蒸发技术是真空蒸发镀膜工艺中的一项新技术。

激光束加热蒸发源具有下列优点：

（1）聚焦后的激光束的功率密度可高达 10^6 W/cm^2 以上,既可蒸发金属、半导体、陶瓷等各种无机材料,也可蒸发任何高熔点材料。

（2）由于功率密度高,加热速度快,可以同时蒸发化合物材料中的各组分,因而能够使沉积的化合物薄膜成分与膜材成分几乎相同。

（3）激光加热蒸发是采用非接触式加热,激光束光斑很小,使膜材局部加热而汽化,因此防止了坩埚材料与膜材在高温下的相互作用及杂质的混入,避免了坩埚污染,保证了薄膜的纯度,宜于制备高纯膜层。

（4）镀膜室结构简单,工作真空度高。易于控制,效率高,不会引起靶材料带电。

（5）无 X 射线产生,对元件和工作人员无损伤。也不存在散射电子对基片的影响。

激光加热蒸发源的缺点是激光加热的膜材在蒸发过程中有颗粒喷溅现象,设备成本较贵,大面积沉积尚有困难。而且大功率激光器的价格昂贵,影响其应用。

2.3.6 电弧加热蒸发源

电弧加热蒸发源(简称电弧源)是在高真空下通过两导电材料制成的电极之间产生电弧放电,利用电弧高温使电极材料蒸发。

电弧源的形式有交流电弧放电、直流电弧放电和电子轰击电弧放电等形式。

电弧加热蒸发的优点是既可避免电阻加热法中存在的加热丝、坩埚与蒸发物质发生反应和污染问题,还可以蒸发高熔点的难熔材料。

电弧加热蒸发的缺点是电弧放电会飞溅出微米级的靶电极材料微粒,对膜层不利。

2.4 特殊蒸镀技术

2.4.1 闪蒸蒸镀法

将需要蒸发的合金材料制成细粒或粉末状,让其一颗一颗地落到高温的坩埚中,每个颗粒在瞬间完全蒸发掉。这种方法也适用于三元、四元等多元合金的蒸镀,可以保证膜层组分与膜材合金相一致。但是,对闪蒸蒸镀法的蒸发速率的控制比较困难。

2.4.2　多蒸发源蒸镀法

在制备由多种元素组成的合金薄膜时,原则上可以将这几种元素分别装入各自的蒸发源中,同时加热并分别控制蒸发源的温度,即独立控制各种元素的蒸发速率,以便保证沉积膜层的组分。这种方法要求各个蒸发源之间要屏蔽,防止蒸发源之间相互污染。

2.4.3　反应蒸镀法

反应蒸镀法是将活性气体引入镀膜室,使活性气体的原子、分子和从蒸发源蒸发出来的膜材原子、分子发生化学反应,从而制备所需要的化合物薄膜的一种方法。粒子间的化学反应可以在空间(即气相状态)也可能在基片上进行,或者两者兼有,不过,一般认为在基片上进行化学反应的几率较大。该反应与蒸发温度、蒸发速度、反应气体的分压及基片的温度等因素有关。作为蒸发源的膜材可以是金属、合金或化合物。反应蒸镀法主要用于制备高熔点的绝缘化合物薄膜。

例如,在蒸发 Ti 时加入 C_2H_2 气体,可获得硬质膜 TiC,其反应式为

$$2Ti + C_2H_2 \rightarrow 2TiC + H_2 \tag{2-22}$$

而在蒸发 Ti 时加入 N_2,可获得硬质膜 TiN,其反应式为

$$2Ti + N_2 \rightarrow 2TiN \tag{2-23}$$

又如,蒸发 SnO_2-In_2O_3 混合物时加入一定量的 O_2,可获得 ITO 透明导电膜。表2-8 列举了用反应蒸镀法制备化合物薄膜的工艺条件。

表2-8　反应蒸镀法制备化合物薄膜的工艺条件

薄膜	膜材	蒸发速率 /nm·s^{-1}	反应气体	反应气体 压力/Pa	基片温度/℃
Al_2O_3	Al	0.4~0.5	O_2	$10^{-3} \sim 10^{-2}$	400~500
Cr_2O_5	Cr	约0.2	O_2	2×10^{-3}	300~400
SiO_2	SiO	约0.2	O_2 或空气	约10^{-2}	100~300
Ta_2O_5	Ta	约0.2	O_2	$10^{-2} \sim 10^{-1}$	700~900
AlN	Al	约0.2	NH_3	约10^{-2}	300(多晶) 400~1400(单晶)
ZrN	Zr		N_2		

薄膜	膜材	蒸发速率 /nm·s^{-1}	反应气体	反应气体 压力/Pa	基片温度/℃
TiN	Ti	约 0.3 约 0.3	N$_2$ NH$_3$	5×10^{-2} 5×10^{-2}	室温 室温
SiC	Si		C$_2$H$_2$	4×10^{-4}	约 900
TiC	Ti		C$_2$H$_2$		约 300

2.4.4 三温度蒸镀法

在制备化合物半导体薄膜时,基片温度对膜层的结构和物理性能的影响是很明显的,因此在制备二元化合物半导体单晶膜时,必须控制基片温度。在这种情况下,将两种膜材分别装入各自的蒸发源内,分别独立的控制两个蒸发源和一个基片的温度(共计三个温度)进行蒸发,故称三温度蒸镀法。这种方法主要用于制备 GaAs 等Ⅲ~Ⅴ族化合物半导体单晶薄膜。

3 真空溅射镀膜

用高能粒子(通常是由电场加速的正离子)轰击固体表面,固体表面的原子、分子与入射的高能粒子交换动能后从固体表面飞溅出来的现象称为溅射。溅射出来的原子(或原子团)具有一定的能量,它们可以重新沉积凝聚在固体基片表面上形成薄膜,称为溅射镀膜。通常是利用气体放电产生气体电离,其正离子在电场作用下高速轰击阴极靶材,击出阴极靶材的原子或分子,飞向被镀基片表面沉积成薄膜。

3.1 溅射镀膜原理

3.1.1 溅射现象

具有一定能量的离子入射到靶材表面时,入射离子与靶材中的原子和电子相互作用,可能发生如图 3-1 所示的一系列物理现象,其一是引起靶材表面的粒子发射,包括溅射原子或分子、二次电子发射、正负离子发射、吸附杂质解吸和分解、光子辐射等;其二是在靶材表面产生一系列的物理化学效应,有表面加热、表面清洗、表面刻蚀、表面物质的化学反应或分解;其三是一部分入射离子进入到靶材的表面层里,成为注入离子,在表面层中产生包括级联碰撞、晶格损伤及晶态与无定形态的相互转化、亚稳态的形成和退火、由表面物质传输而引起的表面形貌变化、组分及组织结构变化等现象。

被荷能粒子轰击的靶材处于负电位,所以也称溅射为阴极溅射。将物体置于等离子体中,当其表面具有一定的负电位时,就会发生溅射现象,只需要调整其相对等离子体的电位,就可以获得不同程度的溅射效应,从而实现溅射镀膜、溅射清洗或溅射刻蚀以及辅助沉积过程。溅射镀膜、离子镀和离子注入过程中都利用了离子与材料的这些作用,但侧重点不同。溅射镀膜中注重靶材原子被溅射的速率;离子镀着重利用荷能离子轰击基片表层和薄膜生长面中的混合作用,以提高薄膜附着力和膜层质量;而离子注入则是利用注入元素的掺杂、强化作用,以及辐照损伤引起的材料表面的组织结构与性能的变化。荷能粒子轰击固体表面产生各种效应的发生几率见表 3-1。

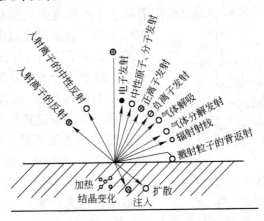

图 3-1 入射荷能离子与靶材表面的相互作用

表 3-1 荷能粒子轰击固体表面所产生各种效应的几率

效 应	参 数	发 生 几 率
溅 射	溅射率 η	$\eta = 0.1 \sim 10$
离子溅射	一次离子反射系数 ρ	$\rho = 10^{-4} \sim 10^{-2}$
	被中和的一次离子反射系数 ρ_m	$\rho_m = 10^{-3} \sim 10^{-2}$
离子注入	离子注入系数 α	$\alpha = 1 - (\rho - \rho_m)$
	离子注入深度 d	$d = 1 \sim 10$ mm
二次电子发射	二次电子发射系数 γ	$\gamma = 0.1 \sim 1$
	二次离子发射系数 κ	$\kappa = 10^{-5} \sim 10^{-4}$

3.1.2 溅射机理

目前认为溅射现象是弹性碰撞的直接结果,溅射完全是动能的交换过程。当正离子轰击阴极靶,入射离子最初撞击靶表面上的原子时,产生弹性碰撞,它直接将其动能传递给靶表面上的某个原子或分子,该表面原子获得动能再向靶内部原子传递,经过一系列的级联碰撞过程(见图3-2),当其中某一个原子或分子获得指向靶表面外的动量,并且具有克服表面势垒(结合能)的能量,它就可以脱离附近其他原子或分子的束缚,逸出靶面而成为溅射原子。

由此可见,溅射过程即为入射离子通过一系列碰撞进行能量交换的过程。入射离子转移到逸出的溅射原子上的能量大约只有原来能量的

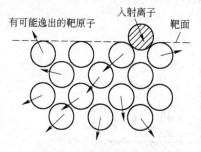

图 3-2 固体溅射过程级联
碰撞示意图

1%,大部分能量则通过级联碰撞而消耗在靶的表面层中,并转化为晶格的振动。溅射原子大多数来自靶表面零点几纳米的浅表层,可以认为靶材溅射时原子是从表面开始剥离的。如果轰击离子的能量不足,则只能使靶材表面的原子发生振动而不产生溅射;如果轰击离子能量很高时,溅射的原子数与轰击离子数的比值将减小,这是因为轰击离子能量过高而发生离子注入现象的缘故。

3.2 溅射沉积成膜

3.2.1 溅射源

溅射源可分为内置式和外置式两类,一般采用正离子作为溅射荷能粒子。通常把采用内置式溅射源的溅射薄膜沉积称为辉光离子溅射,将采用外置式溅射源的称为离子束溅射。

3.2.1.1 内置式溅射源

阴极辉光放电是在一定的真空度下,一对高压电极间产生的一种放电现象。阴极所加电源的常见模式有直流、低频交流、中频交流和射频交流等。此外在实用的溅射系统中,为了改善辉光放电的效率和稳定性、提高薄膜的沉积速率和降低基体温度,通常采用附加电极、轴向磁场和磁控源等辉光放电增强模式,其中应用最广的是磁控源。采用磁控源增强辉光放电的溅射称为磁控溅射。

A 直流放电溅射模式

在压力为 $10^{-1} \sim 10^2$ Pa 的真空容器内,在两个电极间加上由高输出阻抗直流电源控制的直流电压后的低压气体放电的 *I-V* 特性曲线如图3-3所示。

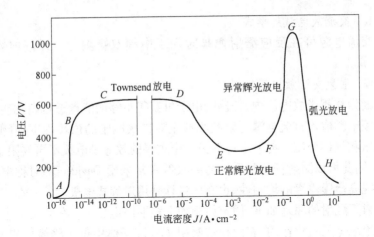

图 3-3 直流辉光放电 *I-V* 特性曲线

开始给阴极施加负电压时,放电电流密度非常小,仅为 10^{-16} ~ 10^{-14} A/cm² ,这时通常称为暗光放电。当电压达到一定值时,放电进入 Townsend 放电区,其特点是电压受电源输出阻抗限制而稳定,电流密度则可在一定范围内变化。这是因为电场给二次电子提供足够能量,通过离化气体原子(分子)再生繁衍荷电粒子,因此 *BD* 段也称为繁流放电区。正离子轰击阴极,释放出的二次电子与中性原子(分子)碰撞,产生更多的正离子,导致平衡的破坏,因此电压迅速下降,同时电流密度自动增大,产生可见放电辉光。*D* 点称为放电破裂或着火。经过这个过渡区域后,二次电子离化气体形成正离子的过程和正离子轰击靶面产生二次电子的反馈过程达到平衡,这个放电区域一般称为正常辉光放电区。开始进入正常放电区时,正离子对阴极的轰击主要集中在阴极的边缘和不规则表面。继续增大功率,正离子的轰击逐渐变得均匀,同时电压维持不变。如果正离子达到均匀轰击阴极后进一步增大电流密度,则放电进入异常辉光放电区。因为这时不能依靠正离子轰击表面的扩大来维持放电,电源需要提供更高的能量场,所以在异常辉光放电区,电压随电流密度增大而升高。正常放电区和异常放电区都伴随着光子发射,可观察到辉光,因此又称之为辉光放电。溅射和几乎所有的辉光放电工艺实际上都工作在异常辉光放电区,其主要原因在于该区可提供适当的功率密度和正离子轰击覆盖整个阴极表面。当电流密度继续增大,将产生低电压、大电流的弧光放电,电弧离子镀膜就是利用了这一现象。

B 交流放电溅射模式

交流电源可在反应溅射薄膜时用于中频双靶溅射。详细内容见3.10节。

C 射频交流放电溅射模式

因为在辉光放电区内,振荡的电子可获得足够的能量进行离化碰撞,用射频电源取代直流电源可以减小放电对二次电子的依赖程度,降低溅射电压和气体分压。射频电源的另一个重要的效应是电极不再局限于导电体,因此可以溅射任何物质。射频溅射常常采用 Davidse 不对称电极。为了提高薄膜厚度的均匀性,也有些设计采用对称式电极。

射频溅射的原理如下:假定给靶加上矩形波电压 V_m,在电压正半周,由于绝缘体的极化作用,表面很快吸引了等离子体中位于绝缘体表面附近的电子,致使表面与等离子体电位相等。这相当于对电压 V_m 的电容充电。在电压负半周,靶电位为负 V_m,其最低点相当于电源电压的两倍。这时,正离子对绝缘体靶进行溅射。由于离子质量远大于电子,前者移动速率小,因此靶电位上升比电子充电过程缓慢。到了下个周期,又重复上述过程。总的效果等于在绝缘体上加了一个负偏压,从而可实现对绝缘体靶的溅射。射频电源的频率一般在 10 MHz 以上,以消除由正离子轰击引起的靶表面正电荷的累积问题。实际应用的商用溅射设备中多采用 13.56 MHz 或更高频率的射频电源。当采用金属靶时,必须在靶和电源之间串联一个电容。电源匹配回路是射频溅射装置的一个重要的设计问题,以便使射频功率有效地得到利用。

D 辉光放电增强溅射模式

a 附加电极

在二极溅射的基础上加入热电子支持系统(热阴极),称为三极溅射。由于三极溅射中惰性气体离化率的提高大大降低了维持辉光放电所需要的溅射气压,并使电流和电压可分别控制,从而解决了电压-电流-气压之间的相互制约关系。三极溅射的缺点是靶尺寸不能太大,因此其应用通常限于溅射刻蚀工艺中。

因为热阴极灯丝的电子发射不稳定,所以三极溅射并未完全解决放电的稳定性问题。因此就出现了所谓的四极溅射,即在三极溅射的基础上再加入一个稳定电极。

b 磁控放电

利用磁场约束电子行为可增强辉光等离子体溅射放电,增大薄膜的沉积速率。磁控阴极的主要特征是电子在正交电磁场作用下,在阴极表面附近沿闭合轨迹做漂移运动。平面磁控辉光放电与电子动能、势能分布、磁流密度分布、碰撞频率和离化率有关,可表示为平均电场强度和磁流密度的函数。磁控源对电子的收集作用不仅使得电离碰撞的频率大大提高,从而得到很大的正离子电流密度和溅射速率,而且也大大降低了电子对基片的轰击作用,实现了高速低温溅射。

3.2.1.2 外置式溅射离子源

将高能离子束从独立的离子源中引出,轰击置于高真空中的靶,产生溅射和薄膜沉积现象,称为离子束溅射。与其他溅射方法相比,因为不需要利用辉光放电产生等离子体,所以离子溅射可以在超高真空中制备出高纯度的薄膜;又因为溅射出的靶材粒子不与气体分子碰撞,其能量更高、直线性更好,同时基片也不受电子或负离子的轰击,所以能制备出高质量的薄膜。

在离子束反应溅射中,反应气体可以完全不参与离化过程,因此离子束溅射可精确判断反应气体分子所起的作用。离子束溅射具有良好的工艺可控制性,目前已进入工业化的大批量生产。这种方法的主要缺点是装置复杂、沉积速率低。

3.2.2 溅射原子的能量与角分布

当入射离子能量大约在 100 ~ 500 eV 之间时,靶上溅射出来的粒子绝大部分是靶材的单原子态,离化状态仅占 1% 左右。如果入射离子的能量很高,会溅射出较多的复合粒子。

由于溅射粒子是与具有几百电子伏至几千电子伏能量的正离子交换动能后飞溅出来的,因此溅射粒子的能量分布必定与靶材种类、入射离子的种类和能量以及溅射粒子逸出的方向有关。通常不同的靶材逸出的溅射粒子的能量不同,其能量分布的峰位一般随入射离子能量增大而增大,并与靶材原子的表面结合能有明显的关系。而溅射原子的角分布除取决于靶和入射离子的种类外,还取决于入射离子的入射角和入射能量以及靶的温度。

溅射产额高的轻元素靶材平均逸出粒子的能量较低,而重元素靶材逸出粒子的能量较高。通常溅射原子的动能从几电子伏到几十电子伏,比热蒸发原子所具有的动能(0.04 ~ 0.3 eV)要高 10 ~ 100 倍。考虑到溅射空间的气压较高以及溅射粒子与气体原子碰撞导致部分能量耗失的因素,溅射粒子的能量至少也比热蒸发能量高 1～2 个数量级。这是溅射镀膜比热蒸发镀膜的膜/基结合力较高和膜层更加致密的主要原因。

图 3-4 是铜蒸发粒子和溅射粒子的速率分布对比曲线。图 3-4 中的纵坐标是单位速度区间的粒子数(任意单位)。

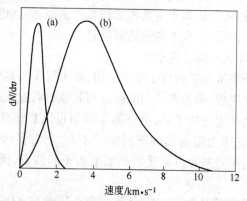

图 3-4 蒸发铜粒子(a)和溅射铜粒子(b)的速度分布

图 3-5 给出了在不同的加速电压下,He$^+$ 轰击 Cu 靶后溅射出来的 Cu 原子的速度分布。随着能量的增加,Cu 原子的能量范围增大,且原子数也增加。溅射粒子的能量分布曲线符合麦克斯韦分布。当入射离子正向轰击多晶或非晶靶面时,溅射原子在空间各个方向的散射密度(角分布)大致符合余弦分布(见图 3-6)。但在离子斜入射的情况下,则完全不符合余弦分布规则。溅出原子分布沿着入射离子反射方向最多(见图 3-7)。

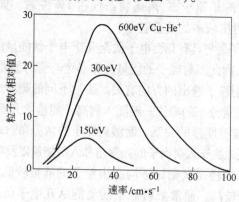

图 3-5 溅射原子的能量分布

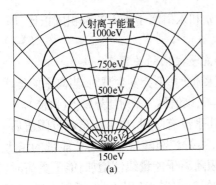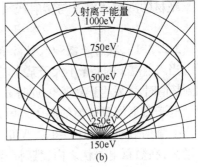

图 3-6 溅射原子的角分布

（a）镍靶；（b）钼靶

（垂直入射 100～1000 eV 的 Hg^+，图中数字为入射离子的能量）

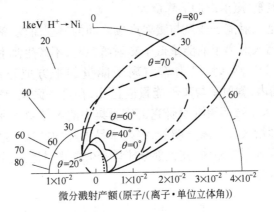

图 3-7 1 keV H^+ 斜入射 Ni 靶时溅射原子的角分布

3.2.3 溅射产额与溅射速率

平均一个入射离子入射到靶材表面后从其表面上所溅射出来的靶材的原子数定义为溅射产额，又称溅射系数或溅射率，以 η（原子/离子）表示。溅射产额 η 越大，薄膜的生成速度越快。溅射出的粒子的动能大部分在 20 eV 以下，而且大部分为电中性。实验表明溅射产额与入射离子的种类、能量、入射角和靶材的种类、结构、温度等因素有关，也与溅射时靶材表面发生的分解、扩散、化合等状况有关，还与溅射气体的压力有关，但在很宽的温度范围内与靶材的温度无关。

靶材的溅射速率 R 与溅射产额 η 和入射离子流 j_i 的乘积成正比,即

$$R \propto \eta j_i \tag{3-1}$$

3.2.3.1 溅射产额和入射离子能量之间的关系

当入射离子的能量不大于某个能量值时,不会发生溅射,当离子能量增加到某值时,才发生溅射现象,此时 $\eta = 0$,该值称为溅射能量阈值(阈能)。

低于溅射能量阈值的离子入射几乎没有溅射,离子能量超过阈值后,才产生溅射效应。在 $10 \sim 10^4$ eV 时,溅射产额随着入射离子能量的增大而增大,在数百电子伏之内,溅射产额随离子能量线性增加;能量更高时,增加的趋势逐渐减小而偏离线性。在 3×10^4 eV 以上时,溅射产额随着入射离子能量上升而下降,这是由于入射离子此时将注入靶材表面更深部位的晶格内,把大部分能量损失在靶材体内,而导致很难溅射出原子。入射的离子愈重,溅射产额下降愈大。

图 3-8 是入射离子能量与溅射产额之间的典型曲线,整个曲线分三部分。Ⅰ 是当入射离子的能量低于溅射阈值时,不产生溅射。Ⅱ 是当离子能量低于 150 eV 时,溅射率与离子能量的平方成正比;在 $150 \sim 10000$ eV 范围内,溅射率与离子能量成正比,在这一区域,溅射率随电压增大而增大,大多数薄膜沉积研究工作所集中的区域包括在这一部分之内。Ⅲ 是继续增大入射离子能量,溅射率呈下降的区域。这是由于入射离子此时将深入到晶格内,其大部分能量损失在靶材体内,而不是在表面交换能量的缘故。

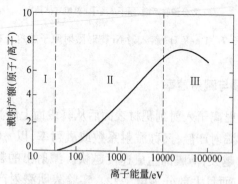

图 3-8 入射离子能量与溅射产额的关系曲线

表 3-2 列出了大多数金属的溅射能量阈值,不同靶材的溅射能量阈值不同。

表 3-2　溅射能量阈值　　　　　　(eV)

元　素	轰击离子					热升华
	Ne 离子	Ar 离子	Kr 离子	Xe 离子	Hg 离子	
Be	12	15	15	15		
Al	13	13	15	18	18	
Ti	22	20	17	18	25	4.40
V	21	23	25	28	25	5.28
Cr	22	22	18	20	23	4.03
Fe	22	20	25	23	25	4.12
Co	20	25	22	22		4.40
Ni	23	21	25	20		4.41
Cu	17	17	16	15	20	3.53
Ge	23	25	22	18	25	4.07
Zr	23	22	18	25	30	6.14
Nb	27	25	26	32		7.71
Mo	24	24	28	27	32	6.15
Rh	25	24	25	25		5.98
Pb	20	20	20	15	20	4.08
Ag	12	15	15	17		3.35
Ta	25	26	30	30	30	8.02
W	35	33	30	30	30	8.80
Re	35	35	30	30	35	
Pt	27	25	22	22	25	5.60
Au	20	20	20	18		3.90
Th	20	24	25	25		7.07
U	20	23	25	22	27	9.57
Ir		8				5.22

3.2.3.2　溅射产额与入射离子原子序数之间的关系

随着入射离子质量的增大,溅射率增大,溅射产额保持总的上升趋势。但其中有周期性起伏,而且与元素周期表的分组吻合。图 3-9 给出几种金属的溅射产额与入射离子的原子序数之间的函数关系,图中给出的显示周期性关系的实验数据表明,各类入射离子所得溅射率的周期性起伏的峰值依次位于 Ne,Ar,Kr,Xe,Hg 的原子序数处。惰性气体正离子和重离子的溅射率最大。在实际工业应用中,通常选容易得到的 Ar 作为溅射气体,用通过 Ar 放电所获得的 Ar 离子轰击阴极靶。

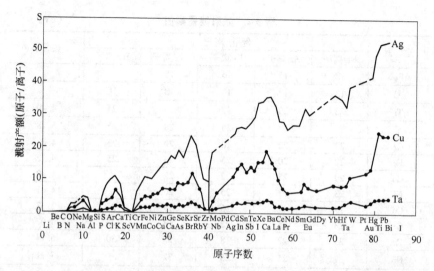

图 3-9 银、铜、钽三种金属靶的溅射产额与入射离子原子序数之间的函数关系

（入射离子能量为 45 keV，实验误差为 10%）

3.2.3.3 溅射产额与靶材原子序数之间的关系

用同一种入射离子（例如 Ar^+），在同一能量范围内轰击不同原子序数的靶材，随着靶材原子外层电子填满程度的增加，溅射产额 η 增大，呈现出周期性涨落变化，如图 3-10 所示。即 Cu、Ag、Au 等溅射产额最高，Ti、Zr、Nb、Mo、Hf、Ta、W 等溅射产额最少。

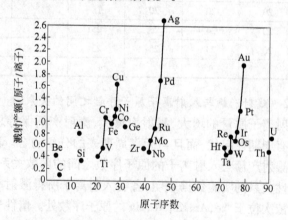

图 3-10 各种靶材的溅射产额

（轰击能量为 400 eV，用 Ar^+ 轰击）

表3-3列出了常用靶材的溅射产额。一般在 $10^{-1} \sim 10$ (原子/离子)范围之内。

表3-3　常用靶材的溅射产额

靶材	阈值/eV	Ar$^+$能量/eV			靶材	阈值/eV	Ar$^+$能量/eV		
		100	300	600			100	300	600
Ag	15	0.63	2.20	3.40	Ni	21	0.28	0.95	1.52
Al	13	0.11	0.65	1.24	Si		0.07	0.31	0.53
Au	20	0.32	1.65		Ta	26	0.10	0.41	0.62
Co	25	0.15	0.81	1.36	Ti	20	0.081	0.33	0.58
Cr	22	0.30	0.87	1.30	V	23	0.11	0.41	0.70
Cu	17	0.48	1.59	2.30	W	33	0.068	0.40	0.62
Fe	20	0.20	0.76	1.26	Zr	22	0.12	0.41	0.75
Mo	24	0.13	0.58	0.93					

3.2.3.4　溅射产额与离子入射角的关系

对相同的靶材和入射离子,溅射率 η 随离子入射角的增大而增大。垂直入射时, $\theta = 0°$, 当 θ 逐渐增加,溅射产额 $\eta(\theta)$ 也增加;当 θ 达到 $70° \sim 80°$ 之间时,溅射产额 η 最大,呈现一个峰值;此后,继续增大溅射角 θ,溅射率 η 急剧减小,直至为零。不同靶材的溅射产额 η 随入射角 θ 的变化情况是不同的。对于 Mo、Fe、Ta 等溅射产额较小的金属而言,入射角对 η 的影响较大,而对于 Pt、Au、Ag、Cu 等溅射产额较大的金属而言,则影响较小。溅射产额与离子入射角的典型关系曲线如图3-11所示。

对单晶材料来说,当入射方向平行于低密度的晶体指数面时,溅射产额比多晶材料低;当入射方向平行于高密度的晶体指数面时,溅射产额比多晶材料高。

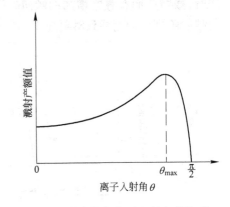

图3-11　溅射产额与离子入射角的关系

3.2.3.5　溅射产额与工作气体压力的关系

在工作气体压力较低时,溅射产额不随压力变化;在工作气体压力较高时,溅射产额随压力增大而减小,如图 3-12 所示。这是因为工作气体压力高时,溅射粒子与气体分子碰撞而返回阴极(靶)表面所致。

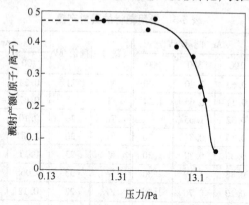

图 3-12 溅射系数与工作气体压力的关系

(入射离子能量为 150 eV, Ar⁺ 轰击 Ni 靶)

3.2.3.6 溅射产额与温度的关系

图 3-13 是用 45 keV 的 Xe⁺ 对几种靶材进行轰击时,其溅射产额(由靶材失重间接表达)与靶材温度的关系曲线。由图可见,在某一温度范围内,溅射产额几乎不随温度的变化而变化,当靶表面的温度超过这一范围时,溅射产额有急剧增加的倾向。因此在溅射时,控制靶材温度,防止因溅射急剧增加而导致溅射速率不稳定现象也是重要的。

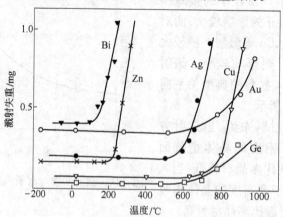

图 3-13 各种靶材溅射失重与温度的关系

(入射离子能量为 45 keV, Xe⁺ 轰击)

3.2.4 合金和化合物的溅射

合金和化合物的溅射与单原子固体溅射相比差异很大。单原子固体变为多原子固体之后,由于构成固体的元素彼此之间的溅射产额不同,因此存在选择溅射问题。按碰撞级联理论,合金各组成原子的溅射产额之比与其质量比的指数成反比,与其升华能比成反比。由于靶表面形成交换层,因此溅射薄膜的成分一般与靶的成分相接近。

3.2.4.1 合金溅射

在多元合金靶面上,各合金元素的溅射率不同,在入射离子的轰击下,表面化学成分会发生变化,发生变化的区域称为变化层。

当开始轰击时,溅射率较高的组分优先被溅出,使得表面该组分贫化,这样表面中的溅射率较低的组分含量比例增加,由于溅射机制和局部加热作用,深层原子在浓度差的势能促使下向表面层扩散迁移,直到达到一个新的稳定浓度分布比例为止。表面层达到稳定状态后,溅射膜层的组分比例与稳定表面层的组分比例相同,而与靶材原有的整体合金组分比例有所差异。随着溅射继续进行,表层不断被剥离,表面的组分过渡层又不断地向深层迁移,从而继续溅射组分相对稳定的状态。

金属合金的变化层深度约为几个纳米,而有氧化物存在时约100 nm。元素的扩散系数、入射离子的增强扩散效应和表面温升都对变化层的厚度和达到稳定状态的时间有影响。为了得到与靶材成分基本相同的膜层,应当加强靶的冷却,使靶处在冷态下溅射,这样就降低了靶内组分的扩散效应。当扩散迁移效应降低时,在高溅射率的组分优先溅出、表面该组分贫化时,深层该元素不向表面补充,则表面低溅射率元素的浓度相对增高,此时该元素多溅出,就可使沉积膜接近靶材的成分。

3.2.4.2 化合物溅射

因为大多数化合物的离解能在10～100 eV范围内,而在溅射条件下入射离子能量都超过这一范围,所以,化合物靶材在溅射时化合物会发生离解,膜成分和靶组分的化学配比将发生偏差。由于化合物的离解产物中常常是气体原子,它们有可能被抽气系统抽掉,因此要补偿膜组分中化学配比的价差,需要引入适量的"反应气体",通过反应溅射的方式来纠正化学配比的偏差。例如,在氧化物、氮化物或硫化物的溅射中,需要添

加一定比例的 O_2、N_2、H_2S 等参加到溅射气体中进行反应溅射,以保证沉积膜层的化学配比。

3.2.5 溅射沉积成膜

3.2.5.1 薄膜的生长

在靶材受到离子轰击所溅射出的粒子中,正离子由于逆向电场的作用,不易到达基片上,其余粒子均会向基片迁移。溅射镀膜的气体压强约为 $10^{-1} \sim 10\,Pa$,粒子平均自由程约为 $1 \sim 10\,cm$,因此,靶至基片的空间距离应与该值大致相等。否则,粒子在迁移过程中将发生多次碰撞,既降低靶材原子的能量又增加靶材的散射损失。

溅射沉积薄膜的生长过程与蒸发沉积成膜过程相似,大致可分为成核、岛状结构、网状结构、连续薄膜几个阶段。被溅射出来的粒子常以原子或分子形态到达基体表面,到达的原子吸附在基体表面,也有部分被再蒸发离开表面。吸附在表面上的原子通过迁移结合成原子对,再结合成原子团。原子团不断与原子结合增大到一定尺寸形成稳定的临界晶核,此时约 10 个原子左右。临界晶核与到达表面原子再结合长大,通过迁移凝聚成小岛,小岛再互聚成大岛,形成岛状薄膜,岛约 $10^{-7}\,cm$ 左右。继续沉积过程,大岛与大岛相互接触连通,形成网状结构,称为网状薄膜。后续原子继续沉积,在网格的洞孔中发生二次或三次成核,核长大与网状薄膜结合,或形成二次小岛,小岛长大再与网状薄膜结合,渐渐填满网格的洞孔,网状连接加厚,形成连续薄膜,此时薄膜厚度约几十纳米。

虽然靶材原子在向基片的迁移过程中,因碰撞(主要与工作气体分子)而降低其能量,但是,由于溅射出的靶材粒子能量远远高于蒸发粒子的能量,溅射粒子的能量比蒸发粒子的能量约高出 $1 \sim 2$ 个数量级,这样溅射粒子比蒸发粒子有更大的迁移能力,因此溅射镀膜中沉积在基片上的靶材粒子能量比较大,其值相当于蒸发粒子能量的几十倍至 100 倍,一方面有利于在较低基片温度下生长致密的薄膜,另一方面高能量溅射粒子在基片上产生更多缺陷,因而增加了成核点,因此,溅射沉积比蒸发沉积的成核密度高。故溅射沉积在膜厚较小时就可连续成膜。实验证实,溅射还可在极低温度下实现外延生长。

3.2.5.2 影响薄膜生成的因素

影响薄膜生成的因素有:

（1）溅射气体。溅射气体应具备溅射产额高、对靶材呈惰性、价格便宜、易于获得高纯度等特点。一般来说,氩气是较为理想的溅射气体。

（2）溅射电压及基片电压。这两个参数对膜的特性有重要影响,溅射电压不但影响沉积速率,而且还严重影响沉积薄膜的结构。基片电位直接影响入射的电子流或离子流。若基片接地,则受到等同的电子轰击;若基片悬浮,则在辉光放电区取得相对于地的电位稍负的悬浮电位 V_1,而基片周围等离子体的电位 V_2 要高于基片电位,这将引起一定程度的电子和正离子的轰击,导致膜厚、成分和其他特性的变化;若对基片有目的地施加偏压,使其按电的极性接受电子或离子,不仅可以净化基片、增强膜的附着力,而且还可以改变膜的结构。在用射频溅射镀膜时,制备导体膜加直流偏压,制备介质膜加调谐偏压。

（3）基片温度。基片温度对薄膜的内应力影响较大,这是由于温度直接影响沉积原子在基片上的活动能力,从而决定了薄膜的成分、结构、晶粒平均大小、晶面取向以及不完整性的数量、种类和分布。

（4）靶材。靶材是溅射镀膜的关键,一般来说,只要有了合乎要求的靶材,并严格控制工艺参数就可以得到所需要的膜层。因为靶材中的杂质和表面氧化物等不纯物质是引起薄膜污染的重要来源,所以为得到高纯度的膜层,除采用高纯靶材外,在每次溅射时应先对靶进行预溅射以清洗靶表面,去除靶表面的氧化层。

（5）本底真空度。本底真空度的高低直接反映了系统中残余气体的多少,而残余气体也是膜层的重要污染源,故应尽可能地提高本底真空度。关于污染的另一问题是油扩散泵的返油,造成膜中碳的掺杂,对那些要求较严的膜应采取适当措施或采用无油的高真空抽气系统。

（6）溅射工作气压。工作气压的高低直接影响膜的沉积速率。

另外,由于不同的溅射装置中的电场、气氛、靶材、基片温度及几何结构参数间的相互影响,要制取合乎要求的膜,必须对工艺参数做实验,从中选出最佳工艺条件。

3.2.6　薄膜的成分与结构

3.2.6.1　薄膜成分

在前面已讨论过合金和化合物的溅射问题。由于金属元素的溅射产额不同,在溅射的开始阶段,靶表面的合金成分会发生变化,通过扩散迁移到一个新稳定的合金浓度分布,此稳定的表面层的组分与原靶整体合金组分有差异。若采用强冷却靶材来抑制扩散效应,可使溅射沉积的合金薄膜成分基本与靶材成分相同。

至于化合物的溅射,要看具体的情况,有的材料溅射沉积可以保持原来化学配比,有的无法维持原来化学配比,如 Ar 溅射 GaAs 时,溅射粒子中 99% 是 Ga 或 As 的中性原子,只有 1% 是 GaAs 中性分子,沉积 GaAs 膜成分将发生变化。反应溅射沉积氧化物、氮化物、碳化物、硫化物等薄膜需通入适量的 O_2、N_2、碳烷气、H_2S 等,以保证膜的化学计量,但有的即使通入 100% 的反应气体也不能获得完整化学计量的膜。

3.2.6.2 薄膜结构

气体粒子与溅射原子的碰撞可使溅射原子失去动量和能量而热化,因而对薄膜的生长有影响。基片温度对沉积吸附原子的活动能力影响很大。溅射沉积的薄膜可以是单晶、微晶或多晶结构,也可以是完全无序非晶体结构,而且还可能处于"异常结构"(包括各种介稳结构和超晶格)。薄膜中微晶的晶格常数也往往不同于块状材料,这是薄膜材料的晶格与基片的失配引起较大的内应力和表面张力引起的。

物理气相沉积(PVD)薄膜的结构依赖于基片温度 T 与靶材熔点 T_m 之比(T/T_m)及沉积时单个粒子传递给基片的能量。对于溅射沉积薄膜结构有影响的主要参数是 T 和沉积室的工作气压 p_{Ar}。根据基片温度和溅射气压不同,Thornton 提出了无离子轰击的溅射沉积膜层的结构模型,将溅射薄膜的微观结构分为四个区域。如图 3-14 所示。它表示了基片温度 T 与 Ar 工作压力对圆柱形和圆形磁控溅射靶所沉积的金属薄膜三维结构分布的影响。

图中 I 区位于低温、高气压区,它是在 T/T_m 值低时生成的。通常由圆顶的锥形晶粒组成,晶界上有孔洞,其晶体结构与基片和生长膜的表面粗糙度、沉积流的阴影效应和吸附原子的活动性很低等因素有关。此时溅射原子的扩散不足以克服阴影效应。当 T/T_m 值增加时,晶体直径长大,正在生长的表面凸处比凹处能接收到更多的溅射粒子,因此阴影效应促使晶体疏松。倾斜入射的粒子促进 I 区结构生长。

II 区定义为 T/T_m 温度增高的区域,薄膜的生长过程由沉积原子的表面扩散所支配。II 区的特征是由扩散驱动的沉积原子逐渐生长,晶体由晶界特别明显致密的柱状晶组成,位错主要存在于晶界区。T/T_m 增大使晶粒也增大,当 T/T_m 足够高时,晶粒尺寸可以穿透膜层厚度,表面则呈现凹凸不平。

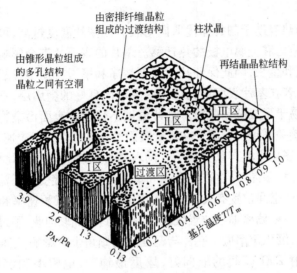

图 3-14　溅射薄膜的晶体结构

在Ⅰ区和Ⅱ区之间有一过渡区,过渡区结构由致密的细纤维状晶粒组成,这种结构晶界致密,力学性能较好。在这样的 T/T_m 值温度下,当溅射粒子垂直入射到较光滑的基片上且沉积原子的扩散迁移能力大到足以克服基片的粗糙度时,即可得到接近过渡区结构的薄膜。

Ⅲ区位于高温区,定义为体积扩散对薄膜的最终结构起主要影响的 T/T_m 范围,呈现等轴晶粒结构,是体扩散过程(如再结晶)的结果。对于纯金属,在 T/T_m 大于 0.5 时就会生成等轴晶结构。出现再结晶的 T/T_m 值取决于储存的应变能,在 T/T_m 约大于 0.33 时就会出现整块材料的再结晶。溅射薄膜通常沉积为柱状形貌,如果薄膜沉积过程中产生高晶格应变能的部位,则可能发生再结晶,使晶粒等轴化。

由上可知,决定薄膜结构的重要因素是沉积时的基片温度,它影响沉积粒子的吸附和解吸以及迁移。一般来说,基片温度越高,越容易发生原子吸附、迁移和重排,增强凝聚过程,提高结晶度。决定薄膜结构的另一个重要因素是沉积速率,沉积速率越高,凝聚小岛密度越高,越早出现连续膜。较低的沉积速率则有利于单晶外延。

基片加热有助于制备择优取向薄膜。但基片温度过高,可能导致热损伤、大内应力和金属电极的热迁移。基片的表面状态会影响薄膜生长初期的成核和生长,因此保证基片表面洁净和平滑有助于形成择优取向良好的膜。若在基片表面预先沉积一层取向良好的金属层,不仅取向更优异,而且易于形成微晶薄膜。基片温度不仅影响表面污染物的清除程度,而且直接关系到沉积原子在基片表面的迁移速度和反应速率,因而对膜结构的有序化程度有重要影响。随着基片温度的升高,薄膜结构的变化趋势是非晶、多晶、择优取向多晶和单晶。基片所接受原子流的方向和密度与基片的空间位置有关,因此基片位置对膜的沉积速率和择优取向均有影响。一般偏离轴心位置较远,容易得到择优取向膜,不过可能使膜厚度不均匀,沉积速率低。基片与靶面间的倾角也有影响,当倾角为 60° 时,反应溅射 ZnO 薄膜的取向好,厚度最均匀,电阻率和沉积速率也最大。

3.2.7 各种粒子轰击效应

如图 3-15 所示,在溅射沉积过程中,基片表面和生长中的薄膜受到原子、电子、离子等各种粒子的轰击,它们对膜的结构和性质也有不同程度的影响,其具体影响如下:

(1)溅射气体中的 Ar 原子流到达基片表面(比溅射粒子流高得多)被吸附于膜中,提高基片温度,膜中 Ar 原子的吸入量下降。

(2)溅射原子的影响。溅射原子的能量高,容易在基片表面产生注入效应而形成缺陷,从而形成优先的成核点。

(3)杂质的影响。杂质气体掺入膜中,影响膜的性能,影响膜与基片的结合强度。杂质会成为新的成核中心。

(4)带电粒子的影响。快电子轰击基片导致温度升高,离子会引起反溅射。

(5)荷能粒子的影响。能量足够大的溅射气体原子,轰击基片时,会渗入膜层或引起反溅射,使薄膜受损伤,产生缺陷改变膜的结构。

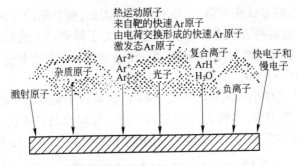

图 3-15　溅射沉积时各种粒子轰击基体表面示意图

3.2.8　溅射沉积速率

沉积速率是表征成膜速度的参数,薄膜材料在基片上的沉积速率是指从阴极靶上逸出的材料,在单位时间内沉积到基片上的厚度。由于阴极靶的不均匀溅射和基片的运动方式决定了薄膜沉积的不均匀性,因此,一般以单位时间沉积的平均膜厚(膜层平均厚度除以沉积时间)来表征沉积速率。沉积速率 Q 与溅射场产额 η 和离子流 j_i 成正比,可表示如下:

$$Q = C\eta j_i \tag{3-2}$$

式中　C——表征溅射装置特性的比例常数;

　　　j_i——离子流;

　　　η——溅射产额。

η 和 j_i 的大小取决于溅射气体的种类和压力、靶材种类、溅射时工作电压和电流、靶体和基片的温度以及溅射靶源与基片之间的距离等。

沉积速率的数值与溅射速率成正比,如果溅射粒子在运输过程没有损失并全部沉积到基片上成膜,则沉积速率等于溅射速率。必须关注溅射粒子在运输过程和达到基片时的行为,比如在溅射粒子飞行过程中发生碰撞及在基片发生的吸附、解吸、反溅射等现象都将对沉积速率产生影响。

提高溅射沉积速率主要取决于靶的正离子电流密度,其次取决于离子能量。实际上,磁控溅射的沉积速率与靶的功率密度成正比。影响沉积速率的因素按其重要性由大到小大致可排列为刻蚀区功率密度、刻蚀区面积、靶-基距离、靶材料和工作气体压力。提高靶的功率密度是提高沉积速率的有效途径,但如果溅射气体正离子轰击强度过大,靶的温度将升高,甚至可能导致靶开裂、升华和熔化。因此,溅射靶的力学性质和导热性能是限制提高沉积速率的重要因素。为了得到最大的沉积速率,应将基片尽可能靠近溅射源,但是必须保证稳定的异常辉光放电。通常,其最小间距为 5 ~ 7 cm。

溅射时,工作电压决定轰击离子的能量,从而影响溅射产额。在溅射沉积的能量范围内,其影响是缓和的。而工作电流与离子流成正比,因此,工作电流对沉积速率的影响比工作电压大得多,如图 3-16 所示。

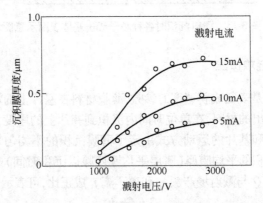

图 3-16 放电电流不同时钽膜沉积速率和电压的关系曲线
(溅射时间 1 h)

式(3-2)表明,当溅射装置一定(即 C 为确定值),又选定了工作气体,此时,提高沉积速率的最好办法是提高离子流 j_i。但是,在不增加电压的条件下增加 j_i 值就只有增高工作气体的压力。图 3-17 给出了工作气体压力对平面磁控溅射沉积速率的影响,从图中可见,其相对沉积速率对应一个最佳气压值,在该工作压力下,相对沉积速率最大。而且这个现象是磁控溅射的共同规律。图 3-18 所示为 Ni 靶的溅射产额与气体总压力的关系曲线。在溅射工作气体压力不太高的情况下,沉积速率随气压增加而线性上升,当气体压力增高到一定值时,溅射率开始明显下降。其原因是靶材溅射粒子的背反射和散射增大,粒子因遭散射而回到靶上,导致溅射产额下降,致使沉积速率下降。实际上,在约 10 Pa 的气压下,从阴极靶溅射出来的粒子只有10% 能够穿过阴极暗区。因此,由溅射产额来考虑气压的最佳值是比较合适的。

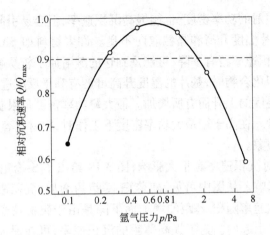

图 3-17　沉积速率与工作气体(氩气)压力的关系
(圆形平面 Cr 靶,靶-基距 5 cm,功率密度约 18 W/cm^2)

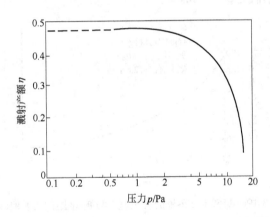

图 3-18　在 150 eV 的 Ar$^+$ 轰击下 Ni 的溅射产额与气体总压力的函数关系

应当注意的是,提高溅射气体分压,虽然能提高溅射速率,但容易造成薄膜中氩含量高,使薄膜性能下降、内应力增大,甚至发生膜龟裂或剥落,影响了薄膜质量的提高。

当溅射气体中有杂质气体存在时,会明显影响沉积速率。用 Ar 离子溅射 SiO_2 时,氩气中含有的 H_2、He 和 O_2 等都会使沉积速率下降;当含有 CO_2 和水蒸气时,因为它们在辉光放电时分解产生 O_2,所以有类似 O_2 的作用。CO 会增加沉积速率,而 N_2 基本无影响,氧的存在主要是在溅射过程中在靶面生成氧化膜从而降低溅射产额。

提高靶溅射的功率密度,也能提高沉积速率,但容易引起荷能粒子对膜的损伤、基片温度升高和晶粒取向不良。许多材料如 SiO_2 等,在基片温度高时,沉积速率稍有下降,可能是到达的溅射原子较易解吸。但是在反应溅射沉积化合物时,基片的温度升高可能有利于反应进行,因此沉积速率随基片温度的上升而有所增加。最大靶功率密度是限制沉积速率的一个重要因素。在高于靶最大功率密度下工作时,靶材很容易发生开裂、升华或熔化现象。

靶-基距对沉积速率有很大影响,图 3-19 给出了 S-枪靶的靶-基距对沉积速率的影响。从图中可见,随着靶-基距的增加,沉积速率呈双曲线状下降。沉积速率随靶-基距的增加而下降是由于靶材粒子在迁移过程中的散射效应引起的。为了提高薄膜的沉积速率,可在保证阴极靶稳定放电和统筹考虑保证膜层厚度均匀性的前提下,尽量减小靶-基距,一般靶-基距的最小值为 5 ~ 7 cm。

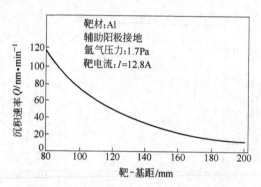

图 3-19　$\phi150$ mm S-枪的沉积速率与靶-基距的关系曲线

3.2.9　薄膜厚度均匀性和纯度

3.2.9.1　膜层厚度的均匀性

在磁控溅射系统中,特别是当其溅射合金膜和多元氧化物高温超导薄膜时,对膜层厚度分布的控制极其重要。为了得到最佳的膜均匀性,必须找到溅射源和基片的最佳相对位置和角度。若通过实验方法完成这一工作很费时间,因此可尝试在各种几何分布下点和面溅射源的膜厚的理论预测,例如,可建立数学模型,用 Monte Carlo 模拟法和数值计算法(假设面源余弦发射)进行模拟计算。这些模拟计算方法还可进一步发展用于处理复杂的情况,如靶-基偏心放置、平面基片转动的沉积。使基片处于运动状态主要是为了提高薄膜的均匀性和生产率,但基片的运动使沉积速率的定义复杂化。所沉积的表面溅射原子净流可分为直接流和扩散流两部分,前者是具有高初速的溅射靶原子,即使经过与背景气体分子多次碰撞后仍沿原始方向移动。后者是经碰撞慢下来并改变了方向的溅射原子。在给定的气体分压下,直接流主要在靶附近,扩散流离靶较远。非平面基片上的膜层均匀性取决于两种流的相对比例。离开靶的初始直接流是直线的,溅射原子沿直线轨迹移动,可用直线模型描述。当溅射原子与工作气体原子进行碰撞,它们逐渐热化,即获得随机速度取向。经足够多次碰撞后,它们完全热化,其净移动可用扩散方程描述。直接流向扩散流的转变是逐渐的,因此在两种流的贡献数量级相同时,单独用直接流模型或扩散流模型都不适合解释实验的结果和预测趋势。在磁控圆平面靶溅射中,静止基片的膜厚 t 为:

$$t(A) = \frac{mh^2}{\rho\pi} \frac{h^2 + A^2 + R^2}{(h^2 + A^2 + R^2 + 2AR)^{3/2}(h^2 + A^2 + R^2 - 2AR)^{3/2}} \quad (3-3)$$

式中　　A——径向距离;

　　　　m——溅射体质量;

　　　　h——轴向距离;

　　　　R——溅射源的半径;

　　　　ρ——溅射源的质量密度。

　　在溅射成膜时,由于一般情况下溅射速率较稳定,因此膜层的厚度可根据溅射速率与时间来控制。对于不同的溅射设备,设定不同的靶基距再辅以行星式基片旋转,可以获得较均匀的薄膜。

　　通过磁控溅射靶的机理可知道,靶内磁极的位置对膜厚的分布有很大影响,基片的摆放位置不当也容易造成膜厚不匀。

3.2.9.2　薄膜的纯度

　　为了提高沉积薄膜的纯度,必须尽量减少沉积到基片上杂质的量。杂质主要是指真空室内的残余气体和溅射工作气体中存在的杂质气体。因为,通常有百分之几的溅射气体分子注入所沉积的薄膜中,特别是在基片加偏压时多是如此。若真空室容积为 V,残余气体分压为 p_c,氩气分压为 p_{Ar},送入真空室的残余气体量为 Q_c,氩气量为 Q_{Ar},则有

$$Q_c = p_c V$$

$$Q_{Ar} = p_{Ar}V$$

即

$$p_c = p_{Ar}Q_c/Q_{Ar} \qquad (3-4)$$

由式(3-4)可见,欲降低残余气体压力 p_c、提高薄膜的纯度,可以通过提高本底真空度和增加氩气量及氩气纯度来实现。一般来讲,溅射镀膜过程中,真空室内的本底真空度为 $10^{-3} \sim 10^{-4}$ Pa。

3.3 溅射技术概述

溅射镀膜的基本原理就是让具有足够高能量的粒子轰击固体靶表面,使靶中的原子发射出来沉积到基片上成膜。溅射镀膜有多种方式,其典型方式见表3-4,表中列出了各种溅射镀膜的特点及原理图。从电极结构上可分为二极溅射、三极或四极溅射和磁控溅射;射频溅射适合于制备绝缘薄膜;反应溅射可制备化合物薄膜;中频溅射是为了解决反应溅射中出现的靶中毒、弧光放电及阳极消失等现象;为了提高薄膜纯度而分别研制出偏压溅射、非对称交流溅射和吸气溅射;为了改善膜层的沉积质量,研究开发了非平衡磁控溅射技术。

表3-4 各种溅射镀膜方法的原理及特点

序号	溅射方式	溅射电源	工作压力/Pa	特 点	原理图[①]
1	二极溅射	DC 1～5 kV 0.15～1.5 mA/cm² RF 0.3～10 kW 1～10 W/m²	约1	构造简单,在大面积基体上可沉积均匀膜层,通过改变工作压力和电压来控制放电电流	
2	三极或四极溅射	DC 0～2 kV RF 0～1 kW	约0.1	低压力,低电压放电;可独立控制靶的放电电流和离子能量,也可采用射频电源	
3	磁控溅射	DC 0.2～1 kV 3～30 W/cm²	约0.1	磁场方向与阴极(靶材)表面平行,电场与磁场正交,减少电子对基体的轰击,实现高速低温溅射	

续表 3-4

序号	溅射方式	溅射电源	工作压力/Pa	特 点	原理图①
4	射频溅射	RF 0.3~10 kW 0~2 kV	约1	可以制备绝缘薄膜如石英、玻璃、氧化铝等,也可以溅射金属靶材	RF C T S A
5	偏压溅射	工件偏压 0~500 V	1	用轻电荷轰击工件表面,可得到不含 H_2O、N_2 等残留气体的薄膜	DC 1~6kV C(T) S A 0~±500V
6	非对称交流溅射	AC 1~5 kV 0.1~2 mA/cm²	1	振幅大的半周期溅射阴极,振幅小的半周期轰击基板放出所吸附气体,提高镀膜纯度	AC 1~5kV C(T) S A
7	离子束溅射镀膜	DC	约 10^{-3}	在高真空下,利用离子束镀膜,是非等离子体状态下的成膜过程;靶也可以接地电位	A T 离子源
8	对向靶溅射	DC RF	约0.1	两个靶对向放置,在垂直靶的表面方向加磁场,可以对磁性材料进行高速低温溅射	A T
9	吸气溅射	DC 1~5 kV 0.15~1.5 mA/cm² RF 0.3~10 kW 1~10 W/cm²	1	利用对溅射粒子的吸气作用,除去杂质气体,能获得纯度高的薄膜	DC 1~5kV C(T) S(A) C(T)
10	反应溅射	DC 1~7 kV RF 0.3~10 kW	在氩气中混入活性反应气体(N_2等)	可制作化合物氮化钽、氮化硅、氮化钛等	从原理上讲,上述各种方案多可以进行反应溅射,当然1、9两种方法一般不用于反应溅射

① 原理图中符号说明:C(T)——靶;S——工件;C——加热电子极;ST——稳定极;

A——基板。

近年来,随着溅射设备及工艺方法的不断创新,无论是金属还是其他材料均可用溅射技术制备薄膜,满足各行各业的需求。

3.4　直流二极溅射

普通直流二极溅射是在溅射靶材上施加直流负电位(称阴极靶),把阳极作为放置被镀工件的基片架。直流二极溅射装置如图 3-20 所示,在真空镀膜室中设置相距 5 ~ 10 cm 的两个平面电极,一个为阴极,装有 ϕ10 ~ 30 cm 的靶材,阴极需有冷却结构,而且可附有加热功能;另一个为阳极,放置被镀基片,通常连接真空室壳体并接地。

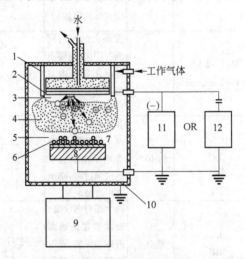

图 3-20　二极溅射装置示意图

1—接地屏蔽;2—水冷阴极(靶);3—阴极暗区;4—等离子体;
5—阳极鞘层;6—溅射原子;7—基片;8—阳极;9—真空泵;
10—真空室;11—直流电源;12—射频电源

镀膜时,先将镀膜室预抽至 10^{-3} ~ 10^{-4} Pa,然后通入溅射工作气体(氩气),当气压升至 1 ~ 10 Pa 时,在阴极和阳极间施加数千伏直流电压(500 ~ 5000 V),引起气体"击穿着火",使其间产生辉光放电形成等离子体,其中的正离子(Ar^+)在电场中加速飞向阴极(靶),并轰击阴极靶,从而使靶材产生溅射。而其中的电子则继续与 Ar 气体原子发生电离碰撞,产生新的正离子和二次电子,以维持放电。最终,电子在电场作用下以较高的能量碰撞阳极。由阴极靶溅射出来的靶材原子飞向基片,最终沉积到基片上形成薄膜。

另外,在溅射阴极过程中也能产生二次电子发射,离开靶面后立即被阴极暗区电场加速,最终获得几千电子伏能量,飞去暗区进入等离子体。这些快电子经过多次与 Ar 原子碰撞后,快电子逐渐失去能量变成慢电子。

在溅射过程中 Ar 气体放电通常处于异常辉光放电状态,放电辉光覆盖整个阴极靶面,使溅射和成膜都均匀。同时,在异常辉光放电状态,可通过调节溅射电压、改变溅射电流,最终改变沉积速率。在溅射镀膜中,电离效应是条件、溅射效应是手段、沉积效应是目的。

按照 Ar 的巴邢曲线(见图 3-21),对于二极溅射金属靶而言,若 Ar 压力为 10 Pa,电极间距为 4 cm,则 $pd = 10 \times 4$ Pa·cm,相应击穿电压约为 400 V。此时,处于巴邢曲线的最低点左侧。若提高气压,还可以降低击穿电压。

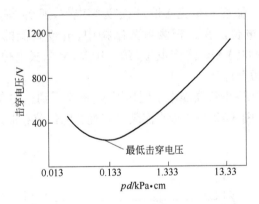

图 3-21 辉光放电的巴邢曲线

对于直流二极溅射,在气压 p 和放电电压 V 以及放电电流 I 三个参量中,只能独立改变其中两个参量。典型的二极溅射工艺条件为:工作气体压力为 10 Pa(10 ~ 100 Pa),靶电压为 3000 V(1000 ~ 5000 V),两极距离为 4 ~ 5 cm,靶电流密度为 1 ~ 10 mA/cm²。对于 Ni 靶,其溅射产额为 3(原子/离子),可推算出 Ni 靶刻蚀速率为 1.5 nm/s,若不考虑气体散射对沉积原子通量的影响,可认为其沉积速率也是 1.5 nm/s。

在辉光放电等离子体中,电子能量和离子能量的典型值分别为 2 eV 和 0.04 eV,而电子质量仅为离子的 1/10⁵,结果是电子的运动速度比离子的运动速度高几千倍。在等离子体中,电子和离子的密度是相等的。但由于它们的热扩散运动速度相差三个数量级,结果电子的扩散电流密度也比离子的扩散电流密度高三个数量级,那么,它们向置于等离子体中的悬浮基片自发扩散时,大量电子先行到达并在其上积累负电荷,使悬浮基片表面相对等离子体带某一负电位,它起排斥电子作用,直到电子和离子的到达速率相等为止。这时悬浮基片的电位称为悬浮电位,相对等离子体电位约为 – 10 V。

等离子体中的电子和离子也向阴极和阳极做热扩散运动。阴极是高负电位,电子不可能到达,于是,靶电流是单纯的离子电流。电子和离子向阳极运动时,阳极通常是大面积的镀膜真空室连接,故一般阳极面积为阴极靶面积的几百倍,这样就决定了到达阴极(靶)的离子电流密度几百倍于到达阳极(机壳)的电子电流密度。电子优先到达阳极(包括机壳)也会在阳极表面附近建立阳极鞘层,使阳极电位低于等离子体电位,又略高于悬浮电位。阳极和机壳接地,规定为零电位,那么,等离子体为比零电位稍高的正电位。在二极溅射的结构中,电位高低的顺序为:阴极(靶)电位(– 3000 V) ≪ 悬浮电位(约 – 10 V) < 阳极电位(0 V) < 等离子体电位(约 10 V)。

在阳极只允许少量高能电子到达阳极,抵消了到达的离子后,只有微弱的净电子流,图 3-22 是二极直流溅射装置的电位分布曲线示意图。

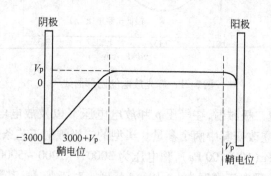

图 3-22 二极直流溅射装置中的电位分布

阴极暗区的宽度与 Ar 压力和靶电压有关,提高这两者都会使阴极暗区变窄。阴极暗区典型宽度为 1 ~ 2 cm。二极溅射时,电极间距一般为 5 ~ 10 cm。这实际上是采用短极间距的异常辉光放电工作模式。两极之间大致只存在阴极暗区和负辉区,而法拉第暗区和正柱区都被压缩甚至消失。因为它们只起到连接阳极的功能,对辉光放电运行没什么作用。尽量减少两极间距,在于减少溅射粒子的耗散,提高在基体上的沉积速率。在辉光放电时,只要气体击穿产生等离子体后,实际上等离子体已将阴极推到阴极暗区的边缘,真正的阳极位于镀膜室何处已无关紧要。阳极与阴极的相对位置只对击穿电位有影响。镀膜时,工件可以放置在靶前方的任何位置,但也不能距靶太近,若太近会干扰负辉区,辉光放电的阻抗随间距的减少而升高,干扰了阴极暗区而使辉光放电熄灭。

直流二极溅射的优点是:装置简单,适用于溅射金属和半导体靶材。它的缺点:

(1) 不适用于溅射绝缘材料;

(2) 溅射时阴极靶电流密度低,因而沉积速率很低;

(3) 放电电压高,基片易受高能粒子轰击损伤,基片温升高;

(4) 低气压(<0.1 Pa 下不能进行溅射)。因为在低气压下,阴极位降区展宽(可达阳极表面),放电无法维持。如果气压较高,则沉积膜中含气将影响膜的质量。

3.5 直流三极或四极溅射

图 3-23 是直流三极溅射装置示意图,三极溅射中的三极是指阴极、阳极和靶电极。直流三极溅射是在二极溅射装置中引入热灯丝阴极和与之相对的阳极,灯丝阴极连接机壳接地(规定电位为零),阳极为 50 ~ 100 V。灯丝阴极高温发射电子在向阳极运动过程中被电场加速,有足够的能量与 Ar 原子产生碰撞电离,建立非自持的热阴极弧光放电,在两极间产生等离子体。靶体阴

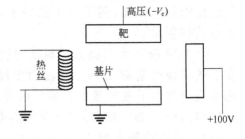

图 3-23 三极溅射原理图

极相对于等离子体保持高的负电位,使等离子体中的正离子具有足够能量轰击靶体进行溅射,基片与热阴极处于同电位,相对于辅助阳极均为负电位,因此,从热阴极发射的电子不至于流向基体。

采用热电子发射来增强溅射气体原子电离的好处是：

（1）可降低溅射气体的气压；

（2）可降低溅射电压；

（3）增大放电电流，并可独立控制。这是三极溅射比二极溅射优越的地方。

此外，在阴极和阳极之间加上磁场强度为 $10^{-3} \sim 10^{-4}$ T 数量级的轴向磁场，可以约束偏离轴向的电子回到电极间，并使之绕磁力线螺旋运动，增加电子到达阳极的行程，增加电子与 Ar 原子的碰撞电离几率，提高等离子体的电离度。离子轰击靶材产生的二次电子经电场加速进入等离子体，其对气体电离也有一定贡献，但三极溅射的气体电离主要依赖于热发射电子而不是这些二次电子，因此三极溅射实质是非自持热阴极弧光放电。

三极溅射的电流密度最高约 2 mA/cm²，放电气压可为 1 ~ 0.1 Pa，放电电压为 1000 ~ 2000 V，镀膜速率约为二极溅射的两倍。但由于热丝电子发射，难以获得大面积均匀的等离子区，不适于镀制大工件。

在利用冷阴极辉光放电的溅射装置中，阴极本身又兼作靶；与此不同的是，三极（以及四极）等离子体溅射装置是在产生热电子的阴极和阳极之间产生弧柱放电，并维持弧柱放电等离子体，靶有别于阴极，需另外设置，并使等离子体中的正离子加速轰击靶进行溅射镀膜。热阴极可以采用钨丝，辅助热电子流的能量要调整得合适，一般为 100 ~ 200 eV，这样可以获得更充分的电离，但又不会使靶过分加热。因此，调节热阴极的参数既可用于温度控制，又可用于电荷控制。

图 3-24 所示为四极溅射典型装置的示意图。所谓"四极"是指在上述三极的基础上再加上辅助阳极（稳定电极），辅助阳极的作用是稳定热电子发射及中心部位的等离子区。采用辅助阳极，可以比较容易控制电子流，得到非常大的电流。在压力为 0.5 ~ 1 Pa 的范围内，可获得最大为 10 A 左右的阳极电流。为使等离子体收聚并提高电离效率，还要在电子运动方向施加场强大约为 50 G 的磁场。还有一些装置与图 3-24 的电极布置方式不同，如采用圆板状阳极和同心圆环状靶相组合，或采用圆板状靶，在其周围设有热电子阴极和辅助阳极等。

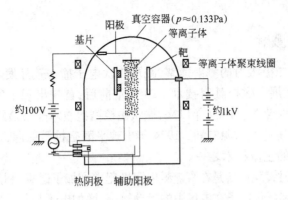

图 3-24 四极溅射装置的结构示意图

图 3-25 是四极溅射装置的放电特性及膜沉积速率与靶电流密度的关系。三极(或四极)溅射的特点是:轰击靶的离子电流和离子能量可以完全独立地控制,而且在比较低的压力下也能维持放电,因此溅射条件的可变范围大,这对于基础性研究是十分有益的。三极或四极溅射装置在一百至数百伏的靶电压下也能运行。由于靶电压低,对基片的辐照损伤小,可用来制作集成电路和半导体器件用薄膜。但是,和冷阴极放电的方式相比,装置的结构复杂,要获得覆盖面积大、密度均匀的等离子体是比较困难的,而且还有灯丝消耗等问题,作为镀膜设备来说,这些都是缺点。因此,近年来除了特殊用途之外几乎不再使用。

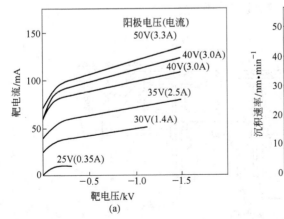

(a)

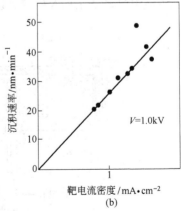

(b)

图 3-25 四极溅射装置的特征

(a) 放电特性(靶:70 mm×70 mm,Ar 压力:0.1 Pa);(b) 膜沉积速率

3.6 磁控溅射

为提高二极溅射的溅射速率、减弱二次电子撞击基片发热对膜层的不利影响,发展了磁控溅射技术。1940 年前后,首先出现了实心柱状磁控管式的溅射装置。1969 年以来,柱状磁控溅射技术非常活跃。1971 年有了 S-枪式磁控溅射源专利。1974 年出现平面磁控溅射源,很快磁控溅射成为镀膜的主流技术之一。

磁控溅射镀膜设备是在直流溅射阴极靶中增加了磁场,利用磁场的洛伦兹力束缚和延长电子在电场中的运动轨迹,增加电子与气体原子的碰撞机会,导致气体原子的离化率增加,使得轰击靶材的高能离子增多和轰击被镀基片的高能电子减少。磁控溅射的基本原理即是以磁场改变电子运动方向,束缚和延长电子的运动轨迹,提高了电子对工作气体的电离率和有效利用了电子的能量,使正离子对靶材轰击引起的靶材溅射更有效。

3.6.1 磁控溅射工作原理

3.6.1.1 溅射工作原理

除了工作于射频状态外,其余磁控溅射均处于静止的电磁场中,磁场为曲线形,均匀电场和辐射场则分别用于平面靶和同轴圆柱靶,而 S-枪靶介于二者之间。其工作原理是相同的。图 3-26 和图 3-27 所示为平面磁控溅射靶基本结构及磁控溅射工作原理。

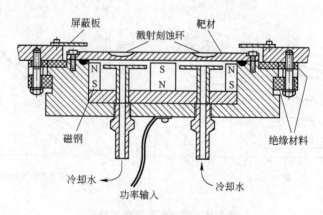

图 3-26 平面磁控溅射靶基本结构

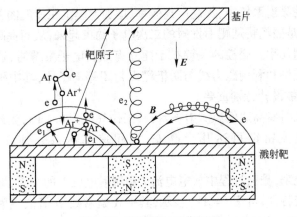

图 3-27 磁控溅射工作原理

磁控溅射是在二极溅射的阴极靶面上建立一个环形的封闭磁场,它具有平行于靶面的横向磁场分量,磁场由靶体内的磁体产生。该横向磁场与垂直于靶面的电场构成正交的电磁场,成为一个平行于靶面的约束二次电子的电子捕集阱。

电子 e 在电场 E 作用下被加速,在飞向基体的过程中与 Ar 原子发生碰撞,若电子具有足够的能量(约 30 eV),则电离出 Ar^+ 和一个电子 e,电子飞向基片,Ar^+ 在电场 E 作用下加速飞向阴极靶并以高能量轰击靶表面,使靶材产生溅射。在溅射粒子中,中性的靶原子(或分子)沉积在基片上形成薄膜。同时被溅射出的二次电子在阴极暗区被加速,在飞向基片的过程中,落入正交电磁场的电子阱中,不能直接被阳极接收,而是利用磁场的洛伦兹力束缚,其受到磁场 B 的洛伦兹力作用,以旋轮线和螺旋线的复合形式在靶表面附近做回旋运动。电子 e_1 的运动被电磁场束缚在靠近靶表面的等离子区域内,使其到达阳极前的行程大大增长,大大增加碰撞电离几率,使得该区域内气体原子的离化率增加,轰击靶材的高能 Ar^+ 离子增多,从而实现了磁控溅射高速沉积特点。部分磁场束缚电子经过多次碰撞,能量逐渐降低,耗失能量成为低能电子(慢电子)。这部分低能电子在电场 E 作用下远离靶面最终到达基片。它传给基片的能量很小,致使基片温度很低。在磁极轴线处电场与磁场平行,电子 e_2 将直接飞向基片。通常此处离子密度很低,故 e_2 电子很少,对基体温升作用不大。因此,控溅射又具有"低温"的特点。

在磁控溅射系统中,提高电离效率、增加薄膜沉积速度的关键是磁场的运用,正是磁场将从靶面发射的二次电子约束起来,从而提高了电子和气体的碰撞几率。磁控的关键在于建立有效的电子束缚阱,这必须建立正交的电磁场和利用磁力线与阴极靶面封闭等离子体,其中平行靶表面的 $B_{/\!/}$ 量参数设计特别重要。

磁控溅射属高速低温溅射技术;其工作气压为 0.1 Pa,溅射电压为几百伏,靶电流密度可达几十毫安,沉积速率达每分钟几百纳米至 2000 nm。

一般说来,溅射过程中放电电流 I 和溅射电压 V 的关系,即异常辉光放电的伏安特性,可用 $I = AV^n$ 表示,其中 A 是常数,n 值依溅射方法不同在相当大的范围内变化,n 值的大小主要和二次电子的状态和运动方式有关。在通常的二极溅射装置中,n 为 $1/2 \sim 1/3$;在直流磁控溅射装置中,n 为 $5 \sim 7$;在射频溅射中,取二者之间的数值。可见磁控溅射法的 n 值较大。n 值的不同反映了不同溅射方法工作参数的不同。二极溅射的 n 值很小,相对说来是高电压、小电流的工作模式;磁控溅射的 n 值较大,相对说来是低电压、大电流的工作模式。

3.6.1.2　磁场在磁控溅射过程中的作用

磁控溅射主要包括放电等离子体运输、靶材刻蚀、薄膜沉积等过程,磁场对磁控溅射各个过程都会产生影响。在磁控溅射系统中加上正交磁场后,电子受到洛伦兹力的作用而做螺旋轨迹运动,必须经过不断的碰撞才能渐渐运动到阳极,由于碰撞使得部分电子到达阳极后其能量较小,因此其对基片的轰击热也就不大。另外,由于电子受靶磁场的约束,在靶面上的磁作用区域以内即放电跑道内这一局部小范围内的电子浓度很高,而在磁作用域以外特别是远离磁场的基片表面附近,电子浓度就因发散而低得多且分布相对均匀,甚至比二极溅射条件下的还要低(因为二者的工作气体压力相差一个数量级)。由于轰击基片表面的电子密度低,使得轰击基片造成的温升较低,这就是磁控溅射基片温升低的主要机理。

另外,如果只有电场,电子到达阳极经过的路程将很短,与工作气体的碰撞几率只有63.8%。而加上磁场后,电子在向阳极运动的过程中做螺旋运动,磁场束缚和延长了电子的运动轨迹,大大提高了电子与工作气体的碰撞几率,进而大大促进了电离的发生,电离后再次产生的电子也加入到碰撞的过程中,能将碰撞的几率提高好几个数量级,有效地利用了电子的能量,因而在形成高密度等离子体的异常辉光放电中,等离子密度增加,溅射出靶材原子的速率也随之增加,正离子对靶材轰击所引起的靶材溅射更加有效,这就是磁控溅射沉积速率高的原因。此外,磁场的存在还可以使溅射系统在较低气压下运行,低的工作气压可以使离子在鞘层区域减少碰撞,以比较大的动能轰击靶材,并且能够降低溅射出的靶材原子和中性气体的碰撞,防止靶材原子被散射到器壁或被反弹到靶表面,提高薄膜沉积的速率和质量。

靶磁场能够有效约束电子的运动轨迹,进而影响等离子体特性以及离子对靶的刻蚀轨迹;增加靶磁场的均匀性能够增加靶面刻蚀的均匀性,从而提高靶材的利用率;合理的电磁场分布还能够有效地提高溅射过程的稳定性。因此,对于磁控溅射靶来说,磁场的大小及分布是极其重要的。

3.6.2 磁控溅射镀膜的特点

磁控溅射镀膜与其他镀膜技术相比,其显著特征为:

(1)工作参数有大的动态调节范围,镀膜沉积速度和厚度(镀膜区域的状态)容易控制;

(2)对磁控靶的几何形状没有设计上的限制,以保证镀膜的均匀性;

(3)膜层没有液滴颗粒问题;

(4)几乎所有金属、合金和陶瓷材料都可以制成靶材料;

(5)通过直流或射频磁控溅射,可以生成纯金属或配比精确恒定的合金镀膜,以及气体参与的金属反应膜,满足各类薄膜等多样和高精度的要求。

磁控溅射镀膜的典型工艺参数为:工作压力为 0.1 Pa;靶电压为300～700 V;靶功率密度为 $1 \sim 36 \ W/cm^2$。磁控溅射的具体特点介绍如下。

A 沉积速率高

由于采用磁控电极可以获得非常大的靶轰击离子电流,因此,靶表面的溅射刻蚀速率和基片面上的膜沉积速率都很高。

无论哪一种溅射方式,由于放电特性要受到电极的几何形状、靶材质、放电气压、磁场强度及分布特性等因素的影响,其电压-电流特性并不是一条曲线,而是一个带状区域。图 3-28 所示为不同溅射方法的靶电压 V 与放电电流 I 之间的放电伏安特性比较。

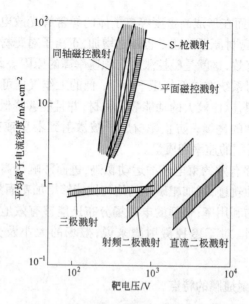

图 3-28 几种典型溅射方法的放电特性

从图 3-28 中可以明显地看出,除磁控溅射方式之外,在其他所有溅射方式中,靶的平均离子电流密度为 1 mA/cm² 左右,而在磁控溅射方式中,很容易达到 10 ~ 100 mA/cm²。在磁控溅射的工作电压范围内,其靶电流密度最大,所以沉积速率最高。磁控溅射运行压力(约 0.1 Pa)比二极溅射的工作压力低一个数量级,溅射电压降至几百伏(300 ~ 500 V),都利于提高溅射速率。

表 3-5 给出了采用平面磁控溅射镀膜技术时,各种靶材所能得到的沉积速率。和其他溅射装置相比,磁控溅射的生产能力大、产量高,因此便于工业应用和推广。

表 3-5 各种靶材平面磁控溅射镀膜的沉积速率

元素	溅射产额(原子/离子)(溅射电压为 600 V)	溅射速率/nm·min⁻¹(计算值)	沉积速率/nm·min⁻¹		备 注
			计算值	实验值	
Ag	3.40	2660	2650	2120	
Al	1.24	970	760	600	
Au	2.8	1900	2200	1700	
C	0.2		160		

续表 3-5

元素	溅射产额（原子/离子）（溅射电压为 600 V）	溅射速率/nm·min⁻¹（计算值）	沉积速率/nm·min⁻¹		备 注
			计算值	实验值	
Co①	1.36	1060		300	靶厚 <1.6 mm
Cr	1.30	1020	1000	800	
Cu	2.30	1800（实测值）	1800	1400	
Fe①	1.26	990		400	靶厚 <1.6 mm
Ge	1.22	950	770		
Mo	0.93	730	700	550	
Nb	0.65	510	500		
Ni①	1.52	1190		300	靶厚 <1.6 mm
Os	0.95	740	740		
Pd	2.39	1870	1870	1450	
Pt	1.56	1220	1260	1000	
Re	0.91	710	700		
Rh	1.46	1140	1170		
Si	0.53	410	400	320	
Ti	0.58	450	470	350	
Ta	0.62	490	470	350	
U	1.0	760	800		
W	0.6	490	470	350	
Zr	0.75	590	600		
SiO₂	0.13（1 kV）			1200	RF；2 kW
Al₂O₃	0.04（1 kV）			900	
SnO₂				3200	反应溅射 Sn

注：条件：阴极靶：127 mm×305 mm；溅射工作电压为 600 V，导体，直流溅射 6 A；介质，射频溅射 2 kW。

①铁磁材料，溅射要用特殊磁场，靶厚为 1.6 mm。

B 功率效率高

低能电子与气体原子的碰撞几率高，因此气体离化率大大增加。相应地,放电气体(或等离子体)的阻抗大幅度降低。因此,直流磁控溅射与直流二极溅射相比,即使工作压力由 10 ~ 1 Pa 降低到 10^{-1} ~ 10^{-2} Pa,溅射电压也同时由几千伏降低到几百伏,溅射效率和沉积速率反而呈数量级地增加。

为了更好地说明这一问题,利用溅射功率效率这一指标进行分析。靶的溅射速率(nm/min)除以靶的功率密度(W/cm^2),称为溅射的功率效率,这是比较溅射效率的实用指标。图 3-29 所示为几种金属靶材的溅射功率效率与入射离子能量的关系,从图中可以看出,对于大多数金属来说,离子能量为 200 ~ 500 eV 时溅射的功率效率最高,因此是溅射镀膜的最佳工艺参数。

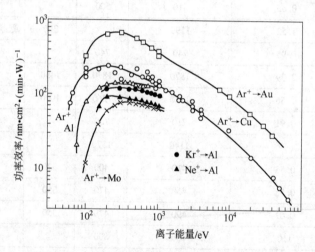

图 3-29   溅射功率效率与入射离子能量的关系

溅射功率效率的含义是:入射功率贡献给溅射的份额。其他的份额则贡献给了靶材发热、γ 光子和 X 射线发射、二次电子发射等,这些能量消耗对溅射来说可以看成是"无用功",所以功率效率越高,在同样功率输入时,溅射效率越高。图 3-29 表明,磁控溅射的靶电压一般工作在 400 ~ 600 V,正好处在功率效率最高的区间范围内,而二极溅射的靶电压为 1 ~ 3 kV,处在功率效率下降的区域。也就是说,过高的入射离子能量只会使靶过分加热而对溅射的贡献反而下降。

综合分析图 3-28 和图 3-29 可以看出,在高速磁控溅射中,靶上施加的产生放电的溅射电压使离子获得的能量能产生最大的功率密度,而且在这一电压范围内,便于输入较大的功率。靶发热、辐射和二次电子发射等"无用功"在总输入功率中所占比例很小。

C 低能溅射

由于靶上施加的阴极电压低,等离子体被磁场束缚在阴极附近的空间中,从而抑制了高能带电粒子向基片一侧入射。因此,由带电粒子轰击引起的,对半导体器件等基体造成的损伤程度比其他溅射方式低。

D 基片温度低

磁控溅射的溅射率高是因为在阴极靶的磁场作用区域以内,即靶放电跑道上的局部小范围内的电子浓度高,而在磁作用区域以外特别是远离磁场的基片表面附近,电子浓度就因发散而低得多,甚至可能比二极溅射条件下还要低(因为二者的工作气体压力相差一个数量级)。因此,由于在磁控溅射条件下,轰击基片表面的电子浓度要远低于普通二极溅射中的电子浓度,而由于入射基片的电子数量的减少,从而避免了基片温度的过度升高。此外,在磁控溅射方式中,磁控溅射装置的阳极可以设在阴极附近四周,基片架也可以不接地,处于悬浮电位,这样电子可不经过接地的基片架,而通过阳极流走,从而使得轰击被镀基片的高能电子减少,降低了由于电子入射造成的基片温升,大大地减弱了二次电子轰击造成的基片发热问题。需要注意的是,在磁控射频溅射装置中不能采用基片架悬浮方式进行溅射。从图3-30可以看出,磁控溅射方式对基片的轰击小、温升小。

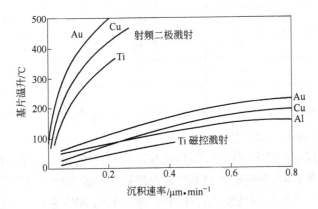

图3-30 射频二极溅射与磁控溅射的基片温升比较

影响基片温升的因素除了电子的能量经多次碰撞后丧失了部分能量以外,最关键的还在于轰击基片表面的电子浓度较低,因为电子的能量再高,若密度不够,轰击也没多少温升。因此,这是磁控溅射的基片温升相对较低的主要原因。

在溅射装置中,基片温度受到基片的入射热量、基片的热容量以及基片冷却效率等许多因素的影响。要确定其间的一般关系是非常复杂的。但是,对于确定的溅射装置和溅射方式来说,每单位面积基片上入射的热量和膜沉积速率之比(归一化的基片入射热量)却是确定的。表3-6是针对若干种靶材在磁控溅射方式中归一化入射热量的对比。如果在相同的沉积速率下进行溅射,磁控溅射方式和 RF 二极溅射相比较,前者基片入射的热量仅为后者的1/10。根据这一结果,若假定基片的放热过程仅仅由热辐射引起,在平衡状态下,磁控溅射中基片的绝对温度大约仅为 RF 二极溅射方式的60%。采用磁控溅射方式时,由于基片的温升不严重,因此对于塑料包装以及需要在光刻胶上制取薄膜再最后形成图形的工艺等(其要求基片必须保持在较低温度的场合),磁控溅射装置还是非常适用的。

表3-6 RF 二极溅射和平面磁控溅射方式中归一化的

基片入射热量 （$mW \cdot min/(A \cdot cm^2)$）

靶 材	RF 二极溅射	平面磁控溅射	
		冷模式	热模式
Cu		0.058	0.109
Al	1.099	0.105	0.238
SiO_2	4.167		0.556
In_2O_3			0.385

E 靶的不均匀刻蚀

在传统的磁控溅射靶中,采用的是不均匀磁场,因此会使等离子体产生局部收聚效应,会使靶上局部位置的溅射刻蚀速率极大,其结果是靶上会产生显著的不均匀刻蚀,靶材的利用率一般为30%左右。为提高靶材的利用率,可以采取各种改进措施,如改善靶磁场的形状及分布使磁铁在靶阴极内部移动等。

F　溅射原子的电离

进入溅射装置放电空间的溅射原子有一部分会被电离。电离几率与电离碰撞截面、溅射原子的空间密度以及与电离相关的粒子的入射频率三者的乘积成正比。按照近似关系,电离几率和靶入射电流密度的平方成正比。

G　磁性材料靶溅射困难

如果溅射靶是由高磁导率的材料制成,磁力线会直接通过靶的内部发生磁短路现象,从而使磁控放电难以进行。为了产生空间磁场,人们进行了各种研究,例如使靶材内部的磁场达到饱和、在靶上留许多缝隙促使其产生更多的漏磁、使靶的温度升高、使靶材的磁导率减少等。

3.6.3　磁控溅射镀膜工艺特性

在溅射镀膜过程中,由于靶功率与靶的溅射率呈直线正比关系,因此提高靶的功率即可提高靶的溅射速率和沉积到基体上的沉积速率。从而提高镀膜设备的工作效率。经验表明:高的溅射速率的最佳参数是提高阴极靶电压、增大靶的电流密度、选择溅射产额高的溅射气体和较高的工作真空度。

3.6.3.1　磁控溅射的放电特性

磁控溅射放电均为低压等离子体放电,各种阴极靶的放电电流-电压特性基本一致。随着放电电流的增加,放电电压均需要增高;随着工作气压的增高,放电电压下降;磁场对放电特性有影响。

磁控溅射的电流 I 和放电电压 V 的关系服从

$$I = KV^n \tag{3-5}$$

式中　K——常数;

n——大于3/2的指数,而且不同溅射靶的 n 值也有区别。

图3-31给出不同形式的溅射靶的放电特性曲线。从图中数据可计算得到:同轴圆柱靶的 n 为5~9,S-枪靶的 n 为6~7,平面靶的 n 为2~2.5。因为磁控靶的结构决定了电磁场的形态,所以同轴圆柱靶的放电特性优于S-枪靶,而S-枪靶又优于平面靶。

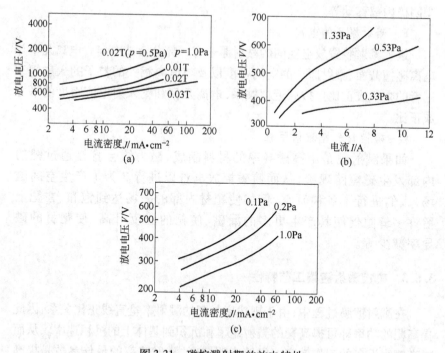

图 3-31 磁控溅射靶的放电特性
（a）同轴圆柱靶；（b）S-枪靶；（c）平面靶

3.6.3.2 磁控溅射的功率效率

溅射速率与溅射靶的靶功率密度（W/cm^2）的比值称为磁控溅射的功率效率 η'，其物理意义是溅射功率贡献给溅射速率的份额。磁控溅射的功率效率 η' 是表征溅射装置镀膜效率的重要参数，可由式(3-6)计算：

$$\eta' = R/(P/S) \tag{3-6}$$

式中　R——溅射速率，nm/min；

　　　P——放电功率（即溅射功率），W；

　　　S——靶面积，cm^2。

功率效率 η' 与离子能量、工作气压及磁场强度之间的关系如图 3-32 所示，由图可见，离子能量大于 600 eV 以后再增加溅射功率对功率效率已无贡献；工作气压在 0.3～0.7 Pa 范围内，磁场强度在 0.02～0.05 T 情况下功率效率最好，具体视靶结构形状、尺寸大小及其磁场结构决定。

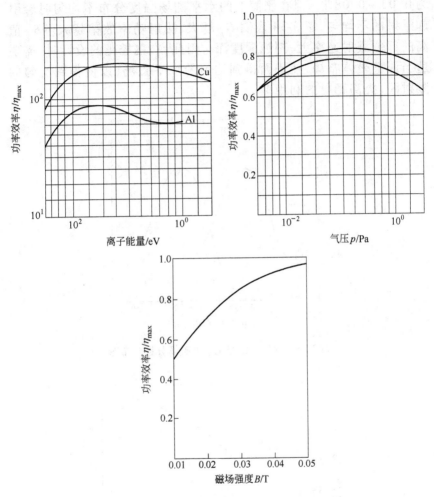

图 3-32   各种参数下的功率效率特性

3.6.3.3 磁场强度

因为靶面垂直磁场 $B_\perp$ 对磁控模型中的电子束缚不起作用,所以磁控溅射的关键参数是与电场垂直的水平磁场分量 $B_\parallel$。$B_\parallel$ 在靶面各处并不是一个均匀的值,如图 3-33 所示。设计磁控靶时,一般以最大水平磁场强度 $B_{\parallel max}$ 代替靶面的磁场强度要求。根据磁控靶的类型和大小不同,通常要求距靶平面 3 ~ 5 mm 处测得的数值为 0.03 ~ 0.08 T。但在靶面上的水平磁场强度分布不均匀时会引起溅射的不均匀,图 3-34 表明 $B_{/\!/}$ 越大,溅射功率效率越大。$B_{/\!/}$ 值高的部位溅射速率大,刻蚀深度深。因此,在磁控靶的设计时,需要适当调整磁体布局,使靶面得到均匀的水平磁场,以便得到均匀的溅射区,提高靶材的利用率。

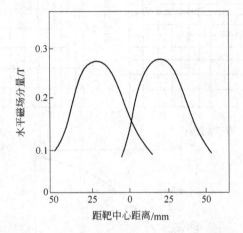

图 3-33　圆平面磁控靶水平磁场分量分布图

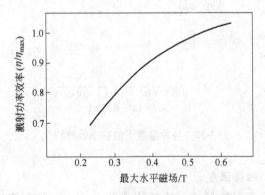

图 3-34　磁控靶溅射功率与最大水平磁场的关系曲线

磁控溅射放电的稳定性除了与磁场强度有关外,还与工作气压有关。磁场场强越高,工作气压可越低。图 3-35 给出了放电稳定区与磁场强度和气体压力的关系曲线。

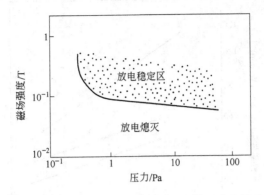

图 3-35 放电稳定区与磁场强度和气体压力的关系

3.6.3.4 沉积工作压力

在磁控溅射镀膜工艺中,合理选择沉积工作压力是十分重要的。为了提高靶的溅射效率,可加大工艺过程中的送氩量,适当提高沉积工作压力,这样既易于起辉,又可获得较大的沉积速率,但是沉积工作压力的增高会使镀膜室中的杂质增加,这对提高膜的纯度是不利的。另外,工作压力过高也会降低溅射粒子的沉积能量,对膜基的结合力和薄膜的致密性产生不利影响。因此,在磁控溅射工艺中,沉积工作压力通常选择在 $10 \sim 0.1$ Pa范围内,不宜过高。

3.6.3.5 靶-基距的选择

在磁控溅射技术制备薄膜的过程中,主要从两个方面考虑靶到基片的距离(靶-基距)对薄膜沉积的影响,一是从提高靶的功率效率、加快成膜过程方面考虑,应当选择较小的靶-基距。在小型圆平面靶溅射镀膜机中,其基片和阴极靶的尺寸都比较小,其典型的最小靶-基距大约在 $50 \sim 70$ mm。二是从对膜层的均匀性要求来看,圆平面靶溅射应选择较大的靶-基距。对真空溅射镀膜设备而言,通常最佳的膜层均匀度应该对应着最佳的靶-基距。目前在大型平面靶磁控溅射镀膜机中,所选用的靶-基距范围大致在 $90 \sim 250$ mm 之间。在溅射镀膜设备上设置可调的靶-基距装置,以便在膜的制备过程中调节靶-基距,创造既能够获得均匀膜层又有较大的功率效率的最佳工作条件,也是很有必要的。图 3-36 给出了不同靶材的功率效率与靶-基距的关系曲线。图中表明,靶的功率效率将随着靶-基距的增大而减小。

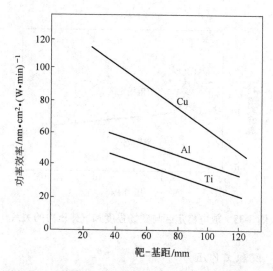

图 3-36 不同靶材的功率效率与靶-基距的关系曲线

3.6.3.6 基片直流负偏压

直流负偏压电源主要是加在被镀工件(基片)上,其作用为:

(1)可以在薄膜沉积前对基片进行轰击清洗、净化激活基片表面,以增加膜基结合力。

(2)在薄膜的沉积过程中基片表面将受到正离子的稳定轰击,清除进入膜层表面的杂质气体,以提高薄膜纯度。并在镀膜过程中清除附着力较差的沉积粒子,增加薄膜的附着力(尤其是对多弧离子镀和磁控溅射镀膜)及改变薄膜的晶体结构和性能参数。

偏压溅射技术可用于制备高纯度的单质膜和合金膜。但是,在基片上加偏压,降低了膜层的生长速度,偏压过大能够产生少量非靶材离子(主要是充入气体,如 Ar^+)的掺杂现象,因此基片偏压值应选择适当。

3.6.4 平面磁控溅射靶

3.6.4.1 平面磁控靶概述

磁控溅射靶是镀膜机的关键部件,平面磁控溅射靶是目前应用最多的溅射源,其结构简单、加工方便。在平面磁控溅射镀膜中,按靶的平面形状分为圆形平面磁控溅射靶和矩形平面磁控溅射靶。两者的差别在于靶材及靶体的形状不同,其工作原理完全相同。通常在靶材的背面安装永久磁铁或电磁铁,或二者的复合结构。为控制靶温,应采用水冷却;为防止非靶材零件的溅射,应设置屏蔽罩。靶材一般为 3 ~ 10 mm 厚的平板。

平面磁控靶的功率密度大,每平方厘米可达几十瓦,其中55% ~ 70%的功率转化为热,需要用靶的冷却水将热量带走,因此靶的冷却能力是所能施加功率的主要限制,所以对靶冷却水流速要求较高。另外,靶材与水冷背板之间的热传导也很重要。通常采用低熔点钎焊的方法将靶材焊到水冷背板(一般用紫铜)上,还可以在靶材和水冷背板之间衬上导热良好的金属箔,以减少它们之间的热阻和增加导热效果。

平面磁控溅射的典型工艺参数为:工作压强为 0.1 Pa;靶电压为 300 ~ 700 V;靶功率密度为 1 ~ 36 W/cm^2。平面磁控溅射靶功率密度大、靶电压小、工作气压低,而磁控溅射速率大。其缺点是靶材在跑道区形成溅射沟道,整个靶面刻蚀不均匀,靶材利用率只有约30%。

3.6.4.2 圆形平面磁控靶

A 圆形平面磁控靶的基本结构

圆形平面磁控溅射靶的结构如图 3-37 所示,靶的电位及磁场分布

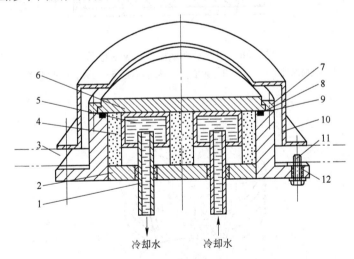

冷却水   冷却水

图 3-37 圆形平面磁控溅射靶的结构

1—冷却水管;2—极靴;3—靶座;4—环形磁铁;5—冷却水套;6—靶材;
7—压环;8,11—螺钉;9—密封圈;10—屏蔽罩;12—绝缘套

如图 3-38 所示。圆形平面靶材采用螺钉或钎焊方式紧紧固定在由永磁体(包括环形磁铁和中心磁柱)、水冷套、极靴(轭铁)和靶座等零件组成的阴极体上。通常,溅射靶接 500~600V 负电位,真空室接地,基片放置在溅射靶的对面,其电位接地、悬浮或偏压。因此,构成基本上是均匀的静电场,永磁体或电磁线圈在靶材表面建立如图 3-39 的曲线形静磁场。该磁场是以圆形平面磁控靶轴线为对称轴的环状场,从而实现了电磁场的正交和等离子体区域封闭的磁控溅射所必备的条件。由磁场形状决定了异常辉光放电等离子体区的形状,故而决定了靶材刻蚀区是一个与磁场形状相对称的圆环,其形状如图 3-40 所示。

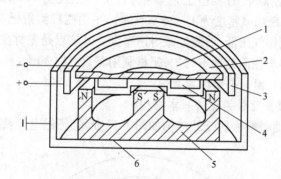

图 3-38 圆形平面磁控靶磁场示意图
1—溅射腐蚀区;2—靶;3—阳极;4—水冷阴极;5—磁体;6—屏蔽罩

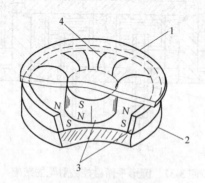

图 3-39 圆形平面磁控靶的磁力线
1—靶材;2—极靴;3—永久磁铁;4—磁力线

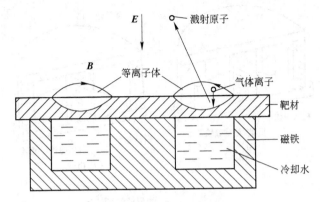

图 3-40　圆形平面靶刻蚀形状

图 3-37 中极靴(轭铁)的材料应选择纯铁、低碳钢等导磁性好的材料制成,以通过良好的引磁作用在靶表面上形成较为理想的磁场,提高溅射速率和拓宽靶的溅射区域。图中的水套作用是控制靶温以保证溅射靶处于合适的冷却状态。温度过高将引起靶材熔化或靶表面合金成分偏析溅射;温度过低则导致溅射速率下降。图中屏蔽罩的设置是为了防止非靶材零件的溅射,提高薄膜纯度,并且该屏蔽罩接地还能起着吸收低能电子的辅助阳极的作用。

B　靶的磁路结构与磁场

a　单一磁路

磁控溅射的磁场是由磁路结构和永久磁铁的剩磁(或电磁线圈的安匝数)所决定的。最终表现为溅射靶材表面的磁感应强度 B 的大小及分布。通常,圆形平面磁控溅射靶表面磁感应强度的水平分量 $B_{/\!/}$ 为 $0.02 \sim 0.06$ T,其较好值为 $0.04 \sim 0.05$ T。因此,无论磁路如何布置、磁体如何选材,都必须保证上述的 $B_{/\!/}$ 要求。磁场 B 的大小及分布可以通过测试或计算得到。

单一磁路的圆形平面磁控溅射靶永磁体布置的几种形式如图 3-41 所示。

b　组合磁路

改进磁场结构,用组合磁场代替传统的单一磁场,其目的是更有利于放电的稳定(离化率高)和增宽靶材的刻蚀区,提高靶材的利用率。

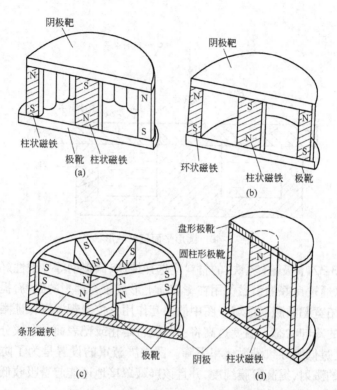

图 3-41　圆形平面靶磁铁的几种结构形式

（a）柱状磁铁；（b）环状磁铁；（c）径向磁铁；（d）轴心柱状磁铁

图 3-42 是传统磁控源的磁场结构原理图。其为单一磁路系统,磁力线的方向都是垂直于靶面的,依靠磁力线在空间弯曲,在拱形磁力线的顶部形成了平行于靶面的磁力线。在这种磁路结构中,对磁控靶源有效工作最为重要的水平磁力线仅在一个窄小的范围内,这样势必造成放电区窄,对靶的刻蚀不均匀。

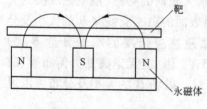

图 3-42　传统磁场结构

图 3-43 为组合磁场结构,它由两组磁场组合而成。一组与传统磁场结构一样,磁力线的发源方向以垂直于靶面为主;另一组的磁路,其磁力线的发源方向以平行于靶面为主。靶面上方空间的磁场分布就取决于这两组磁力线的矢量合成,其合成结果使磁力线平行于靶面的区域加宽,从而使

放电区加宽,对加大靶功率、增加刻蚀区域、提高靶材利用率都有利。

为了得到高沉积速率、提高靶刻蚀的均匀性和获得相对较大的膜厚度均匀范围,可以采用如图3-44 所示的永久磁体与永久磁体或电磁线圈组成复合磁路,其组合形式可以根据需要来安排。由图 3-44(c)可见,在辅助磁环

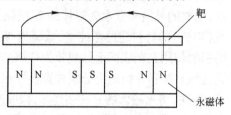

图 3-43 组合磁场结构

(磁场方向与主磁场相同)的帮助下,增大了靶表面的 $B_{//}$ 值,扩展了刻蚀区。由图3-44(d)可见,利用电磁场的磁感应强度 $B_{//}$ 值可以调节的特点,随着线圈电流大小及方向的不同,能够调节靶表面的磁场,改善圆形平面磁控溅射靶的特性,也可以扩展靶的刻蚀区、提高靶材的利用率。

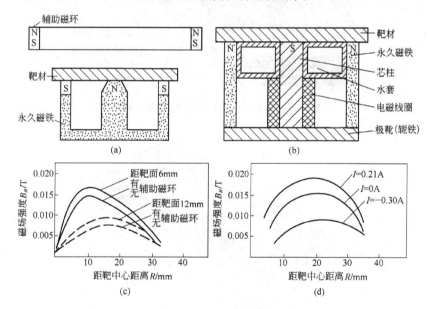

图 3-44 复合磁路及特性

(a) 辅助永久磁铁型磁路;(b) 电磁场调节型磁路;(c) 辅助永久磁铁型靶的 $B_{//}$-R 特性;(d) 电磁场调节型靶的 $B_{//}$-R 特性

3.6.4.3 矩形平面磁控靶

A 矩形平面磁控靶的基本结构

矩形平面磁控溅射靶的结构如图3-45 所示,其基本结构与圆形平面磁

控溅射靶基本相同,只是靶材是矩形的而不是圆形平面。靶材与极靴接触,靶材的外沿布置永久磁体的 N 极靴,中心靶线上布置 S 极靴。靶的极靴(轭铁)的材料应选择纯铁、低碳钢等导磁性好的材料制成,以通过良好的引磁作用在靶表面上形成较为理想的磁场,提高溅射速率和拓宽靶的溅射区域。N 和 S 极靴上分别放置极性相反的永磁体,再放一导磁的纯铁背板(轭铁)将永磁体的另一端连接,构成产生跑道磁场的整体磁路,这样,在靶面上形成一个如图 3-46 所示的封闭的环形跑道磁场。

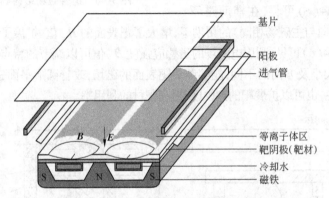

图 3-45 矩形平面磁控溅射靶结构示意图

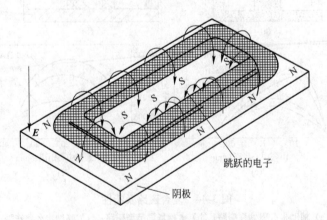

图 3-46 矩形平面磁控溅射靶的跑道

如图 3-46 和图 3-47 所示,靶的封闭环形磁场磁力线由跑道外圈穿出靶面,再由内圈进入靶面,每条磁力线都横贯跑道,并要求靶面磁场强度的水平分量峰值达到 0.03 ~ 0.08 T。阴极表面的靶厚为 3 ~ 10 mm,由溅射材料制成。其下面是水冷通道,有直冷式和间接冷却式两种。前者冷却水直接通入靶背面,后者为水冷却铜靶座,靶贴在靶座上。水冷却作用是控制靶温以保证溅射靶处于合适的冷却状态。温度过高将引起靶材熔化或靶表面合金成分偏析溅射,温度过低则导致溅射速率下降。对于非直冷式的大功率溅射,为了导热良好,靶与靶座的连接极为重要。

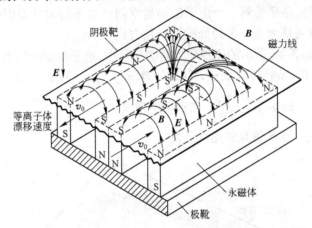

图 3-47 矩形平面磁控溅射靶的磁力线

平面磁控溅射靶,特别是工业生产用的矩形平面靶,多数采用小块永磁体拼接成一个环形的磁场。用小块永磁体拼凑磁场对于调整靶磁场的场强分布来说较为方便。在实际应用中调整靶的磁场分布是必要的,它根据磁铁的剩磁磁场强度和靶材表面溅射刻蚀深浅的分布,对靶磁场进行调整,通过调整磁场来保证溅射镀膜的均匀性。

通常,溅射靶接 500 ~ 600 V 负电位,真空室接地,基片放置在溅射靶的对面,接地、悬浮或加偏压。因此,构成了基本上是均匀的静电场。

B 矩形平面磁控靶的磁场与刻蚀分析

磁控溅射的基本原理就是以磁场来改变电子的运动方向,并束缚和延长电子的运动轨迹,从而提高电子对工作气体的离化率和有效的利用电子的能量,使正离子对靶材轰击所引起的靶材溅射更有效。

a 电子在矩形平面靶非均匀电磁场中的运动

等离子体是由大量带电粒子所组成的集合,在带电粒子之间存在着库仑力相互作用,同时,它们还受到外力场的作用。带电粒子的运动会改变电磁场的性质,而电磁场的改变反过来又要影响带电粒

子的运动。因此等离子体在电磁场中的运动是一个十分复杂的
问题。

　　因为在实际的磁控溅射装置里，**E** 和 **B** 既不是处处均匀的（都是空
间函数），也不是处处正交的，所以带电粒子是在一个非均匀的电磁场中
运动。有研究分析认为，电子在非均匀磁场中运动除了受到我们共知的
洛伦兹力外，还要受到一个由于磁场的空间分布不均匀性而引起的磁阻
力（也有资料认为是一种特殊的洛伦兹力）。

　　在如图 3-48 所示的磁控靶直角坐标系中，电子运动的受力方程为

$$F = ma = qE(x,y,z) + qV \times B(x,y,z) - \mu \nabla B(x,y,z) \qquad (3\text{-}7)$$

式中　　μ——磁矩，$\mu = \dfrac{mv_*^2}{2B}$，在磁场中守恒；

　　　　V——与 **B** 垂直的速度分量。

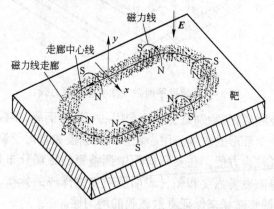

图 3-48　磁力线走廊及标准坐标系示意图

　　方程右边的前两项为电场力和洛伦兹力，第三项是磁阻力，它与磁场
的梯度成正比，但方向始终指向梯度的负向（即磁场减弱的方向），该力
总是阻碍运动电荷从弱磁场向强磁场区域的运动，因此原则上磁场是无
条件排斥运动电荷的。

　　由于磁阻力与磁场的梯度成正比，因此为了研究电荷的受力及运动，
先来分析磁场梯度。图 3-49(a) 给出了 **B** 在 x 方向的梯度曲线示意图。
可以看出，在 x 方向的磁阻力 $F(x)$ 与 x 呈近似线性关系，而方向总是指
向原点，该力与弹簧振子所受的虎克力 $F = -kx$ 相似，电荷在 x 方向的
运动是一种类简谐振动，$F(x)$ 总是使电荷向中心的弱磁场区运动，在

$x = \pm a$ 处符合一定条件的电荷,其平行于磁场的速度分量在 $F(x)$ 的阻力作用下减小到零,被反射回来朝 $x = 0$ 运动,越过中心点后,磁阻力又反向逐渐增强直至再次反射,电荷在这种镜像磁场中往复振荡。

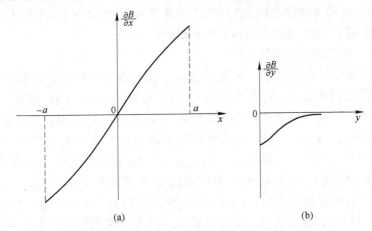

图 3-49 镜像磁场在 x 方向(a)和 y 方向(b)的梯度变化示意图

磁场的横向磁约束产生两个宏观效果:一是将大量的电子约束在磁场作用域内,保证了跑道断面内的电子密度;二是电子在约束中的螺旋振荡也延长了运动轨迹,增加了对工作气体的电离能力。磁场对电子的横向磁约束与磁力线走廊的方向无关,其约束的是一条连续、封闭的放电跑道。但是当走廊不闭合时(或缺口足够大时),电荷就会因失去横向磁约束而从缺口逃逸(当然此时的纵向磁约束也失效了),使该处的放电强度变弱甚至"断流"。其后果是使缺口处几乎没有溅射,导致总体溅射率降低。缺口越大,这种衰减现象越严重,这就是磁力线走廊必须要封闭的根本原因。

磁场 B 除了在 x 方向有梯度变化外,在 y 方向也存在梯度变化,如图 3-49(b)所示。y 向磁阻力的特点是逐渐减小而方向始终指向 y 的正向,它促使电荷逐渐竖向脱离磁约束。由此得出电子在磁控溅射中磁场作用域内三维方向的自由运动情况(即不考虑与其他粒子相互碰撞等作用)如下:

(1) x 方向(横向:跑道断面与靶水平的方向,指向内侧的为正)。围绕磁力线的在两极间的变幅螺旋往复振荡(在两极附近回旋半径最小,在走廊中心线处回旋半径最大,其本身就是 x、y、z 的三维运动)。

（2）y 方向（竖向：垂直靶面的方向，离开靶面朝外的方向为正）。恒有一个离开靶面的速度分量。

（3）z 方向（纵向：电漂移方向即 $\boldsymbol{E} \times \boldsymbol{B}$ 方向为 z 的正向）。沿磁力线走廊方向（即电漂移方向）宏观前进的并在 yz 面的摆线运动（在竖向磁阻力作用下，该摆线逐步抬高而离开靶面）。

b　靶刻蚀跑道形状分析

考察电子在镜像场中的振荡情况。假设在 $x = \pm a$ 处（即磁极处）是临界磁约束点，即电子在此区域内才被约束来回反射，即电子在 N、S 极之间来回往复振荡，但是能被约束的电子并不都是在 $x = \pm a$ 处才反射，也就是说电子的横向宏观振荡半径并不都是 a，其横向宏观振荡半径在 0 ~ a 之间变化。因此在 $x = \pm a$ 以内各处电子的密度并不相同，显然 $x = 0$ 处是所有受约束的电子运动的必经之路，电子在 $x = 0$ 处出现次数最多，在 $x = \pm a$ 处出现次数最少。但由于电子在 $x = 0$ 处速度最大，到临界约束点时速度最小，电子密度最大区域应该是在电子的最小振荡半径处（0 ~ a 之间某点）。而越往 $\pm a$ 处能到达的电子数目越少，其密度也就越小，可以认为其分布近似符合高斯分布，如图 3-50（a）所示。

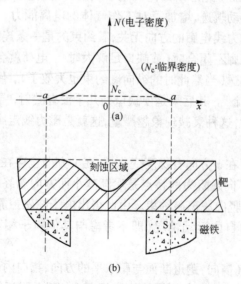

图 3-50　靶跑道刻蚀断面与靶面电子密度分布
（a）靶面上电子密度分布；（b）刻蚀断面示意图

　　每个电子的电离能力从宏观统计上看可以认为是基本相等的，因此电离出的 Ar^+ 密度的高低只与该区域内的电子密度（或者说电子的生命周期）有关。由于磁场对 Ar^+ 的影响可以忽略不计，可以认为是沿电场方向直线运动的，因此 Ar^+ 的密度对应的就是对靶材的溅射程度。由此可以得出结论，在磁控溅射中，从电子跑道的断面看，总是在跑道中心线处溅射效应最强，两边最弱，在临界约束点以外即跑道以外的广大其他区域没有溅射（实际上是电子密度低于临界值，而不能形成有效溅射）。二极溅射在标准磁控溅射工艺参数下之所以不能正常放电的原因就是因为不能形成超过临界值的电子密度。

　　因为靶磁场磁力线本身的分布并不会因靶的溅射刻蚀而有所改变，因此随着靶溅射刻蚀的加深，靶面逐渐下降，更强的磁力线露出靶面，对电子的约束力增强，使其临界约束半径减小（即约束区域变窄），于是溅射区域也随之变窄。如此长期作用下去，靶刻蚀跑道的形状自然形成如图 3-50(b) 所示的宽度连续收缩、中心加深的倒高斯分布。由于靶刻蚀深度的变化率是逐步加快的，因此对于磁场结构固定的靶（磁场与靶材之间没有相对运动）而言，大大降低了靶材的利用率。

3.6.4.4　平面磁控靶的放电特性

　　图 3-51(a) 给出了在各种工作气压下，矩形平面磁控溅射靶的放电电流-电压特性。在最佳的磁场强度和磁力线分布条件下，该特性曲线服从

$$I = KV^n \tag{3-8}$$

式中　I——阴极电流，A；

　　　K——常数；

　　　V——阴极电位，V；

　　　n——等离子体内电子束缚效应系数。

　　图 3-51(b) 给出了在恒定的阴极电流条件下，阴极电位与气压的关系曲线。此时功率 P 为

$$P = KV^{n+1} \tag{3-9}$$

式中，V、n、K 意义与式(3-8)相同。

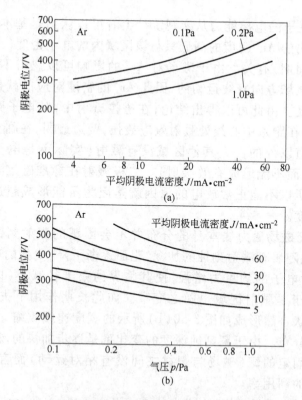

图 3-51   平面磁控溅射靶的电压、电流及气压的关系曲线

（a）不同气压下矩形平面磁控靶的电流与电压特性；

（b）恒定平均靶电流密度下磁控靶电压与气压关系

平面磁控溅射靶的阴极电压一般为 300～600 V,电流密度为 4～60 mA/cm²,沉积压力为 1.3～0.13 Pa,靶面水平磁场强度为 0.03～0.08 T,靶的功率密度为 1～36 W/cm²。

3.6.5   圆柱形磁控溅射靶

3.6.5.1   同轴圆柱环状磁体溅射靶

典型的同轴圆柱形磁环磁控溅射靶的结构如图 3-52 所示。一般构成以溅射靶为阴极,基体为阳极的对数电场,靶磁场基本上是均匀的静磁场。阴极靶材通常用无缝管材,壁厚为 5～15 mm。内孔要考虑磁体的安装和留够冷却水通道。环状磁体是同极性相邻(即 N—N,S—S)安装,在两同性极之间插入 3～5 mm 厚的纯铁垫片,其形成的磁场和磁力线形式如图 3-53 所示。通常,磁体端面剩磁要求为 0.15 T,保证靶表面的平行磁场强度 $B_{/\!/} \approx 0.03$ T。

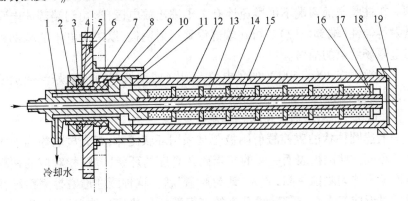

图 3-52　圆柱形磁环磁控溅射靶的结构
1—水嘴座;2,8,17—螺母;3,14—垫片;4,6,9,11,18—密封圈;5—法兰;7—绝缘套;10—屏蔽罩;12—阴极靶;13—永磁体;15—水管;16—支撑;19—螺帽

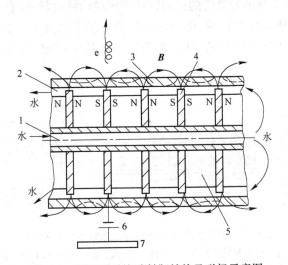

图 3-53　圆柱形磁控溅射靶结构及磁场示意图
1—进水管;2—出水管;3—靶材;4—导磁垫片;5—环状永磁体;6—靶电源;7—阳极

在每个永磁体单元的对称面上,磁力线平行于靶表面并与电场正交,磁力线与靶表面封闭的空间就是束缚电子运动的等离子区域。在异常辉

光放电中,电子绕靶表面做圆周运动,而离子不断地轰击靶表面并使之溅射,材料沉积在基片上形成薄膜。

靶结构中永磁体可以沿轴向整体上下往复运动,以便提高靶材利用率。在柱状靶面两端不可避免地有电子逃出放电区,影响到端部放电和溅射均匀性(端部效应)。可在端部设置反射阴极,以减少电子从端部逃出电磁场约束的损失。

通常靶接 400～600 V 的负电位,基片(或工件车)接地、悬浮或加偏压,构成放电场。

3.6.5.2 同轴圆柱条状磁体溅射靶

上述圆柱状的磁控溅射阴极靶是采用环状磁体,辉光放电等离子体区是环绕柱状阴极表面一圈的相当磁环高度的环状区域,相对应的柱靶表面被不均匀刻蚀一圈,成为"糖葫芦串"状。这种圆柱形磁控溅射靶在溅射时形成若干个与靶轴线垂直的有间隙的环状辉光放电区域,当镀制大面积基片时不可避免地形成厚薄相间的条纹,导致严重的膜厚不均,严重影响产品质量。

如图 3-54 所示为改进的条形磁铁磁场结构的柱状靶,它采用管形靶材内设置与靶轴线平行的、可匀速旋转的条形磁铁及整体式极靴(磁性材料制成),形成不间断的、均匀的条形辉光放电区域,使沉积镀层厚度更加均匀。

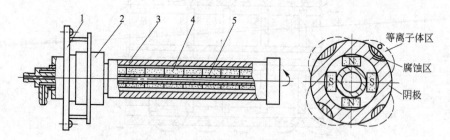

图 3-54 圆柱旋转式双面矩形磁条磁控溅射靶结构
1—靶支架;2—靶旋转机构;3—靶材;4—条形磁铁;5—冷却水管(极靴)

通过改进磁场的结构,使靶面出现"条形"跑道。磁体的布置就是把两个或三个矩形平面靶的磁体结构安排在靶管内的同心圆柱表面。永磁铁安装在极靴的定位槽内组成条形磁铁,永磁铁的组合方式是每路条形磁铁的朝向相同,即 S 极均朝内,N 极均朝外。磁力线从 N 极出发,穿过靶管,再回到极靴,即 S 极,这样在靶管圆柱面上构成了封闭的磁力线长环形跑道。把这些长环形跑道沿垂直轴向展开,实际是多个矩形平面磁控溅射靶沿轴向拼接起来。两路条形磁铁可形成两个长环形封闭跑道(4 条跑道);三路条形磁铁,则形成三个长环形封闭跑道(6 条跑道),即 6 个条带状的辉光溅射区。这样,离子轰击区域面积增大,溅射产额增多,成膜速率高。阴极靶管相对同轴磁体总成转动,起辉时达到均匀刻蚀靶面,同时获得更均匀的等离子体浓度分布。当转动极靴使之相对于靶管旋转时,则溅射区存在于 360°的圆柱面上。由于工作时是匀速旋转的,因而不但溅射更加均匀,靶材利用率也大大提高,一般的平面磁控溅射靶的靶材利用率极低(不足 20%),而这种结构靶材利用率超过 70%。

在靶的端部采用矩形连续闭合磁路连接装置,它设置在条形磁铁的两端,用来使条形磁铁的磁场在端部闭合,保证辉光放电时形成一个闭合的电子跑道,使溅射稳定进行,避免了端部的放电(拉弧)问题,靶可在较大电流密度下工作。

圆柱旋转式条形磁体磁控溅射靶的磁场结构特征是:由若干根长条形永磁体沿靶轴线方向排列成数列,从而可以产生对称分布的细长形封闭跑道。因此靶所具有的性能与平面矩形磁控溅射源基本上相同。它吸收了平面磁控溅射靶的优点,其特点是可以在靶磁场两侧的大面积平面基片上沉积出膜厚均匀的涂层。这样就解决了同轴圆柱形磁控靶由于环状磁场所引起的膜层均匀性不好的问题。同时由于这种靶具有较高的磁场强度,因此靶的沉积速率高、溅射效率也高,可在较短的时间内,在较大面积的范围内沉积成膜质优良、膜牢固度高、均匀性好的单质膜、合金膜或反应膜。为了提高靶材的利用率,在溅射镀膜过程中,通过设置在靶座上的旋转机构,使靶的圆柱筒形靶材产生匀速的旋转运动,从而可以使靶材利用率提高。

这种“条形”跑道的圆柱靶有更多的灵活形式,如果需要,柱状靶不必安装在镀膜室的中央,将靶靠近真空室壁安装,在柱状靶一侧安放一组跑道磁场,相当于一个平面靶。此时只需向真空室中央方向起辉放电进行溅射镀膜。

图 3-55 给出一种圆柱双面矩形靶横断面结构,该圆柱靶从原理

上相当于两个平面矩形磁控溅射靶。由于圆柱双面矩形靶的磁铁排列形式与同轴圆柱靶完全不同,因此它的单侧靶面刻蚀沟道是两个细长形跑道式的沟道,靶旋转的每一时刻靶面溅射刻蚀的位置不同。在溅射镀膜过程中,只要永磁体的位置不变,则圆筒形靶材上的刻蚀区相对于该磁铁系统的方位是固定的。因此,当圆筒形靶材以适当的转速旋转时,即可对靶材进行均匀的刻蚀。装配时,可调整靶的磁铁位置,使长环形刻蚀沟道对着基片方向(即使两条较短的条形永磁体正对着基片方向)。

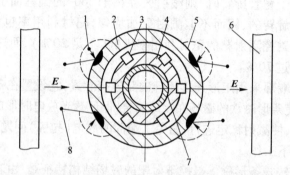

图3-55 圆柱旋转双面矩形磁控溅射靶横断面结构及溅射刻蚀示意图
1—气体离子;2—靶材;3—条形磁铁;4—磁极座;5—等离子体;
6—基片;7—冷却水管;8—溅射原子

这种靶具有较高的磁场强度,靶的溅射效率高,膜层的沉积速率也高,可以在靶两侧的大面积平面基片上沉积出均匀的膜层。同时通过旋转机构提高了靶材的利用率。靶的冷却比较充分,靶面能够承受更大功率的溅射。将它与中频双靶磁控溅射技术相结合能够显著提高生产效率,同时降低生产成本。

3.6.5.3 圆柱形磁控靶的放电特性

工作于磁控模式的放电服从 $I \propto V^n$ 关系,在此 n 为电子阱的特征指数,一般在 5～9 范围内。因此,在磁场强度合适时磁控模式的放电几乎处于恒定电压的工作状态。同轴圆柱形磁控溅射靶工作在不同气压和磁场强度下的典型 I-V 特性曲线(称外特性曲线)如图3-56所示。

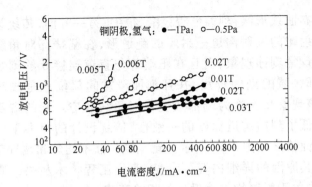

图 3-56 在各种气压和磁场强度条件下的圆柱形磁控靶的典型 I-V 特性

由图 3-56 可知,当靶的磁场强度太低时,外特性变成二极溅射类型,电压突然上升,当靶磁场强度大于 0.02 ~ 0.03 T 时,外特性稳定而平直,即电流大范围变化,但放电电压变化很小。

典型的圆柱磁控溅射靶的主要工作参数:放电电压为 450 ~ 600 V,磁场强度 $B_{/\!/}$ 为 0.035 ~ 0.06 T,压强 $p = 0.5$ Pa,电流密度 J 为 10 ~ 40 mA/cm²。

3.6.5.4 圆柱形同轴靶的阴极靶筒

阴极靶筒是用膜材制成的。靶筒材料的纯度要高且表面光洁,组织应致密。几何尺寸可根据要求设计,其内径决定靶筒自身的冷却效果,壁厚则直接限定靶表面的磁场及使用寿命。因此,在保证机械强度的前提下,通常取壁厚为 5 ~ 10 mm。

3.6.6 传统平面磁控溅射靶存在的问题

在磁控溅射具有诸多优点的同时,也存在沉积速率低、靶面刻蚀不均匀和靶材利用率低等缺点。如平面靶的靶材利用率一般只有 20% ~ 30%,致使其溅射效率也比较低。对于某些如金、银、铂等以及一些高纯度合金材料,如制备 ITO 膜、电磁膜、超导膜、电介质薄膜等膜层需要的贵重金属靶材来说,如何克服磁控溅射靶靶材利用率低、薄膜沉积不均匀等缺点就显得相当重要。

3.6.6.1 矩形平面磁控靶靶材刻蚀不均匀

矩形平面磁控溅射靶靶材刻蚀不均匀性主要体现在两个方面,一方面是在靶宽度方向上刻蚀不均匀,刻蚀形状为如图 3-57 所示的倒正态分布曲线形状,刻蚀形貌很窄、很尖;另一方面,传统设计的矩形平面溅射靶的溅射沟道呈封闭的跑道形,在靶端部对角线位置上容易出现反常刻蚀现象,而且在靶端部与直道连接处的刻蚀异常严重,而中部区域的刻蚀较浅,并且刻蚀严重的部位总是成对角线分布,因此该现象又被称为端部效应或对角线效应。靶的端部刻蚀效应大大降低了刻蚀沟道深度的一致性,传统设计的矩形平面溅射靶的端部刻蚀情况如图 3-58 所示。靶宽度刻蚀不均匀和端部刻蚀不均匀现象及其原因的详细内容可参见《真空工程技术丛书　真空镀膜设备》书中关于膜厚均匀性设计的相关章节。

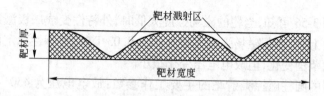

图 3-57　传统矩形平面靶的溅射刻蚀区

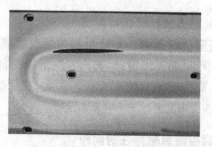

图 3-58　矩形平面靶的端部刻蚀效应

3.6.6.2　膜层沉积不均匀

薄膜厚度均匀性是衡量薄膜质量和镀膜装置性能的一项重要指标。任何一种有实际应用价值的薄膜都对膜厚分布有特定的要求,都要求所镀的膜层厚度尽可能均匀一致,有尽可能好的膜厚均匀性。

提高膜厚均匀性有多种方法,比如将溅射靶源和基片放置在合适的位置、采用旋转基片、增加遮挡机构等。对于磁控溅射镀膜,理想的磁场应该是在整个靶面范围内均匀分布,尽量增强靶面范围内各处磁场的水平分量,提高其均匀性。但在实际的经典结构中,由于阴极靶面电磁场的非均匀分布,造成等离子体密度的分布不均,最终导致靶面上不同位置的溅射速率不同、刻蚀速率不同、膜层沉积的均匀性也不好。

薄膜沉积速率主要受靶的刻蚀情况影响,靶的刻蚀与等离子体的浓度成正比关系,而等离子体浓度与空间中的磁场分布有着密切关系。因此,靶的刻蚀与空间的磁场分布有着密切关系。磁场的作用在于控制并延长电子的运动轨迹,以此增大与工作气体的碰撞几率,使等离子密度增加,溅射出靶材原子的速率也随之增加。

因此,通过改进磁路布置、改变磁场的施加方式,开发出不同结构和磁场强度的阴极磁控靶,优化等离子体分布,以获得更好的薄膜质量和更高的膜层沉积速率,是目前改善磁控溅射的膜厚均匀性、提高沉积速率的有效方法。

3.7 射频(RF)溅射

3.7.1 射频溅射镀膜原理

由于直流溅射和直流磁控溅射镀膜装置都需要在溅射靶上加上一负电位,因而只能溅射良导体,而不能制备绝缘介质膜。对于绝缘材料的靶材,若采用直流二极溅射,正离子轰击靶的电荷不能导走,造成正电荷积累,靶面正电位不断上升,最后正离子不能到达靶面进行溅射,因此对绝缘靶材需要采用射频(高频)溅射技术。

射频溅射装置与直流溅射装置类似,只是电源换成了射频电源。为使溅射功率有效地传输到靶-基板间,还有一套专门的功率匹配网络。图3-59是射频装置的结构简图。采用射频技术在基片上沉积绝缘薄膜的原理为:将一负电位加在置于绝缘靶材背面的靶体上,在辉光放电的等离子体中,正离子向射频靶加速飞行,轰击其前置的绝缘靶材使其溅射。但是这种溅射只能维持 10^{-7} s 的时间,此后在绝缘靶材上积累的正电荷形成的正电位抵消了靶材背后靶体上的负电位,故而停止了高能正离子对绝缘靶材的轰击。此时,如果倒转电源的极性,即靶体上加正电位,电子就会向射频靶加速飞行,进而轰击绝缘靶材,并在 10^{-9} s 时间内中和掉绝缘靶材上的正电荷,使其电位为零。这时,再倒转电源极性,又能产生 10^{-7} s 时间的对绝缘靶材的溅射。如果持续进行下去,每倒转两次电源极性,就能产生 10^{-7} s 的溅射。因此必须使电源极性倒转率 $f \geq 10^{7}$ 次/s,在靶极和基体之间射频等离子体中的正离子和电子交替轰击绝缘靶而产生溅射,才能满足正常薄膜沉积的需要。以上即为射频溅射技术。

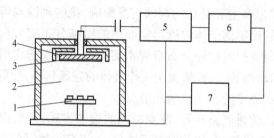

图 3-59 射频溅射镀膜装置

1—基片架;2—等离子体;3—靶材;4—射频溅射靶靶体;

5—匹配网络;6—电源;7—射频发生器

射频溅射频率的极性转换可利用射频发生器完成,射频发生器实际上就是一个 LC 振荡电路,如图 3-60 所示,射频溅射装置相当于直流溅射装置中的直流电源部分,由射频发生器、匹配网络和电源组成的。射频发生的频率通常为 10 MHz 以上,国内射频电源的频率规定多采用 13.56 MHz。在射频溅射镀膜装置的两极之间加上高频电场(13.56 MHz)后,电子在振荡的作用下的运动也是振荡式的,利用电子在射频电场中的振荡,电子吸收射频电场的能量,与 Ar 原子产生碰撞电离而获得等离子体。等离子体内电子容易在射频电场中吸收能量并在电场中振荡,因此电子与气体粒子碰撞的几率大大增加,气体的电离几率也相应提高,使射频溅射的击穿电压和放电电压显著降低,其值只有直流溅射装置的十分之一左右。由于电子与气体分子碰撞几率增大,从而使气体离化率变大,因此射频溅射可以在 0.1 Pa 甚至更低的气压下进行。

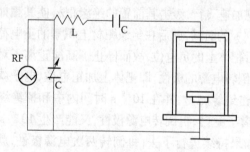

图 3-60 射频电源原理示意图

如射频电场强度为

$$E = E_m \cos\omega t \qquad (3-10)$$

式中　E_m——射频溅射装置的电场强度。

$$\omega = f/2\pi$$

式中　f——射频频率。

在真空中的自由电子,由于射频电场的作用,所受到的力为

$$F = m_e \frac{d^2x}{dt^2} = -eE_m \cos\omega t \qquad (3-11)$$

电子速度为

$$\frac{dx}{dt} = \frac{-eE_m}{m_e\omega}\sin\omega t \qquad (3-12)$$

速度比电场滞后90°,电子的运动方程为

$$x = \frac{eE_m}{m_e\omega^2}\cos\omega t = A\cos\omega t \qquad (3-13)$$

式中　A——电子运动的振幅,$A = eE_m(m_e\omega^2)$,即真空中的自由电子在交变电场作用下,以振幅为 A 做简谐运动。

由于在射频溅射条件下,其运动方向从简谐运动变为无规则的振荡运动,电子在振荡过程中与气体分子碰撞的几率增加,而电子能从电场不断吸收能量,因此,在不断碰撞中有足够的能量来使气体分子离化,即使在电场较弱时,电子也能积累足够能量来进行离化,所以射频溅射可比直流溅射在更低的电压下维持放电。

射频溅射能沉积包括导体、半导体、绝缘体在内的几乎所有材料。表3-7是常见靶材的射频二极溅射速率。

表3-7　几种材料的射频二极溅射速率　　（nm/min）

靶　　材	Au	Cu	Al	不锈钢	Si	SiO₂	ZnS	CdS
溅射速率	300	150	100	100	50	25	1000	60

如果在射频溅射装置中,将射频靶与基片完全对称配置,则两电极的负电位相等,正离子轰击靶和基片的能量和几率相同,正离子以均等的几率轰击溅射靶和基片,即使溅射粒子附着在基片上,由于产生的反溅射也会被打落下去,这样在基片表面上是不能沉积薄膜的。

在实际镀膜中,只要求靶上得到溅射,那么溅射靶电极必须绝缘,并

通过电容器耦合到射频电源上去。另一电极(真空室壁)为直接耦合电极(即接地电极),而且靶面积必须比直接耦合电极小。因此在实际应用的射频溅射装置中常采用不对称的电极结构。一个电极(基片)与机壳连接并接地是一个大面积的电极,而靶通过电容器耦合到射频电源上,靶的面积很小,远小于接地电极的面积,为小电极。连接时,把高频电极接到小电极上,而将大电极和屏蔽罩等相连后接地作为另一电极。这样,在小电极处产生的暗区电压降比大电极的暗区电压降要大得多。由于大电极的面积与小电极相比大得多,在大电极上产生的负电位很低,略低于等离子体电位,相当于二极溅射中的阳极,而且接地部分大多数是导电的,带电量很少,使轰击基片的正离子能量进一步减弱,足以使射向它的离子能量小于溅射阈能。这样,减弱了正离子轰击基体的能量,因而反溅射效应大大减弱,所以在大电极上将不会发生溅射。而靶极产生的负电位很高,接近于所加的射频电压的峰值(1000 V),相当于二极溅射中的阴极,可以很容易产生溅射效应。因而用小电极作靶,而将基片放置在大电极上,就可以实现射频溅射沉积薄膜。由于射频溅射的 Ar 压强比二极溅射低一个数量级,故可避免溅射原子被大量散射,提高沉积速率。同时,溅射粒子飞行过程碰撞几率小、能量损失少、到达基片时能量较高(通常达数电子伏),有利于提高结合强度和膜层致密性。

在射频溅射装置中,设辉光放电空间与靶之间的电压为 V_1,辉光放电空间与直接耦合电极(基片)之间电压为 V_2,S_1、S_2 分别为电容性耦合电极(溅射靶)和直接耦合电极(即基片及真空室壁等接地部分)的面积。则两电极的面积和电位有如下关系

$$\frac{V_1}{V_2} = \left(\frac{S_2}{S_1}\right)^4 \tag{3-14}$$

3.7.2　射频辉光放电特性

一般情况下,以 13.56 MHz 变化的射频周期要远小于放电空间电离和消电离的时间,这使得等离子体区来不及消电离。因此射频溅射的两电极不是交替作阳极和阴极的,而是整个空间稳定在一种不变的放电形式,在电极附近的发光情况类似于直流辉光放电中的负辉区,在中间部分则配置着与正柱区相对应的发光区。

在一定气压下,当阴、阳极间所加交流电压的频率增高到射频时,即

可产生稳定的辉光放电。射频辉光放电有两个重要的特征:第一,在辉光放电空间产生的电子,获得了足够的能量,足以产生碰撞电离,因而减少了放电对二次电子的依赖,并且降低了击穿电压。第二,因为射频电压能够通过任何一种类型的阻抗耦合进去,所以电极并不需要是导体,因而可以溅射包括介质材料在内的任何材料。因此射频辉光放电在溅射技术中的应用十分广泛。一般,在 5~30 MHz 的射频溅射频率下,将产生射频放电。这时外加电压的变化周期小于电离和消电离的时间(一般在 10^{-6} s左右),等离子体浓度还来不及变化。由于电子质量小,很容易跟随外电场从射频场中吸收能量并在场内做振荡运动,但是,电子在放电空间的运动路程不是简单的由一个电极到另一个电极的距离,而是在放电空间不断来回运动,经历很长的路程,因此,增加了与气体分子碰撞的几率,并使电离能力显著提高,从而使击穿电压和维持放电的工作电压均降低(其工作电压只是直流辉光电压的 1/10)。所以射频放电的自持要比直流放电容易得多。通常,射频辉光放电可以在较低气压下进行,例如,直流辉光放电通常在 10^{0}~10^{-1} Pa 运行,射频辉光放电可以在 10^{-1}~10^{-2} Pa 运行。另外,由于正粒子质量大、运动速度低,跟不上电源极性的改变,因此可以近似认为正离子在空间不动,并形成更强的正空间电荷,对放电起增强作用。

虽然大多数正离子的活动性很小,可以忽略它们对电极的轰击。但是若有一个或两个电极通过电容器耦合到射频振荡器上,将在该电极上建立一个脉动的负电压。由于电子和离子迁移率的差别,辉光放电的 *I-V* 特性类似于一个有漏电的二极管整流器。也就是说,在通过电容起引入射频电压时,将有一个大的初始电流存在,而在第二个半周期内仅有一个相对较小的离子电流通过,因此,通过电容器传输电荷时,电极表面的电位必然自动偏置为负极性,直到有效电流(各周期平均电流)为零。平均直流电位 V_{d} 的数值近似与所加峰值电压相等。

在射频溅射装置中,当靶总电位为 500~600 V 负电位时,等离子体约几十伏的正电位。不管基体是否接地,基体相对于辉光放电的等离子体的电位为负值,因此基体始终有离子轰击。这相当于偏压溅射,故可使薄膜质量提高。另外,还可根据需要由外部电源对基体施加偏置电压。该对地偏压在辉光放电中起到悬浮电位的作用,而等离子体电位没有变化。此时基体的总偏置电位是外加偏置电压与等离子体电位之差。如果基体正偏置,则可使等离子体电位升高,导致离子轰击溅射室壁等接地表面的加剧,因此,除了用基片正偏置来轰击清洗接地外,应避免使用正的偏置电压。

3.7.3 射频溅射装置

3.7.3.1 射频二极溅射装置

典型的射频二极溅射装置如图 3-61 所示,其结构与直流二极溅射装置相似,因此也存在沉积速率低、基体温度高和溅射均匀性差等缺点。

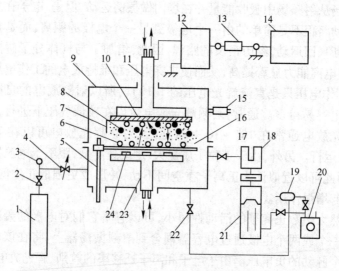

图 3-61 射频二极溅射装置

1—氧气瓶;2—减压阀;3—压力计;4—可调漏泄阀;5—挡扳;6—溅射原子;
7—暗区;8—氩离子;9—真空室;10—阴极靶;11—射频电机;12—匹配箱;
13—功率表;14—靶电源;15—真空计;16—等离子;17—主阀;18—液氮阱;
19—盖斯勒管;20—机械泵;21—扩散泵;22—预抽阀;23—基体架;24—基片

为了改善溅射的均匀性和提高溅射速率,一种改进措施是在射频二极溅射装置上增加聚束线圈,产生的聚束磁场在 0.004～0.01 T 的范围内。聚束磁场的形式如图 3-62 所示。从图中可以看到,当聚束磁场适当时,可获得图 3-62(b)形式的均匀放电。轴向聚束磁场不仅能够调节溅射区的均匀性,还是一种强化放电的有效手段,从而提高了溅射区的均匀性和溅射速率。

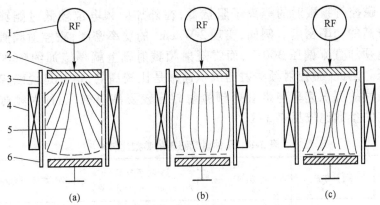

图 3-62 聚束磁场强弱造成放电区域变化示意图

(a) 发散型;(b) 均匀型;(c) 聚束型

1—射频电源;2—射频靶;3—溅射室;4—磁场线圈;5—等离子体;6—基体

3.7.3.2 磁控射频溅射装置

磁控射频溅射装置兼备了射频和磁控两种溅射技术的优点。磁控射频溅射靶与常规射频靶的结构如图 3-63 所示,各构件的功能与前面所述相同。

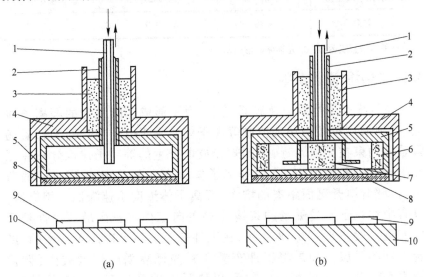

图 3-63 射频溅射电极的结构

(a) 常规射频溅射;(b) 射频磁控溅射

1—进水管;2—出水管;3—绝缘子;4—接地屏蔽罩;5—射频电极;
6—磁环;7—磁芯;8—靶材;9—基片;10—基片架

　　磁控射频溅射的等离子阻抗低,在外加射频电位较低时能够获得较高的功率密度。例如,实现 2 W/cm² 的功率密度,磁控射频溅射靶上须加直流偏压 360 V,而常规射频溅射靶上就得施加约 3600 V 电压。因此,磁控射频溅射的沉积速率是比较高的,也就是说磁控射频溅射的沉积速率与常规射频溅射相比较要高很多,几种射频溅射工艺的参数比较见表3-8。

表3-8　几种射频溅射的参数比较

靶材	溅射方式	功率密度/W·cm⁻²	功率效率 /nm·cm²·(min·W)⁻¹	靶-基体距离/cm
Al₂O₃	常规射频	1.2~2.4	5.0	3
	射频平面磁控①	3~8	5.1	7
	射频 S 枪	20~120	5.2	2.5
SiO₂	射频平面磁控②	1~9	11.0	9
	射频平面磁控②	26	9.3	4.8
	射频 S 枪	<20	10.0	3.3

　　① 基体做直线运动；② 基体做鼓形运动。

3.8　非平衡磁控溅射

　　在传统的磁控溅射镀膜系统中,为了形成连续稳定的等离子体区,必须采用平衡磁场来控制等离子体。由于电子被靶面平行磁场紧紧地约束在靶面附近,因此辉光放电产生的等离子体也分布在靶面附近。一般情况下,这种等离子体分布在距离靶面 60 mm 的范围内,随着离开靶面距离的增大,等离子体浓度迅速降低。相应地,只有中性粒子不受磁场的束缚能够飞向工件沉积区域。中性粒子的能量一般在 4~10 eV 之间,在工件表面上不足以产生致密的、结合力好的膜层。如果将工件布置在磁控靶表面附近区域内(距离靶面 50~90 mm 的范围内),可以增强工件受到离子轰击的效果。但是在距离溅射靶源过近区域沉积的膜层不均匀,膜层的内应力大,也不稳定。而且,靶基距过近也限制了工件的几何尺寸,影响膜层的性能。另外,若在复杂形状或具有立体表面的工件上沉积膜层,阴影问题比较突出。因而,传统的磁控溅射镀膜系统只能镀制结构简单、表面平整的工件。

为了解决这些问题,人们进行了长期、大量的研究,其中非平衡磁控溅射系统是较为成功的解决方案之一。非平衡磁控溅射技术是在传统磁控溅射技术的基础上发展而来的。1985 年,澳大利亚的 B. Window 及其同事首先提出了"非平衡磁控溅射"概念。其主要特征是改变阴极磁场,使得通过磁控溅射靶的内外两个磁极端面的磁通量不相等,磁场线在同一阴极靶面内不形成闭合曲线,从而将等离子体扩展到远离靶处,使基片浸没其中,使溅射系统中的约束磁场所控制的等离子区不仅仅局限在靶面附近,在基片表面也引起大量的离子轰击,使等离子体直接干涉基片表面的成膜过程,从而改善了薄膜的性能。

3.8.1 非平衡磁控溅射原理

非平衡磁控溅射靶的磁场基本结构如图 3-64(a)所示。传统的"平衡"磁控溅射靶,其外环磁极的磁场强度与中部磁极的磁场强度相等或相近,即指靶边缘和靶中心的磁场强度相同,磁力线全部在靶

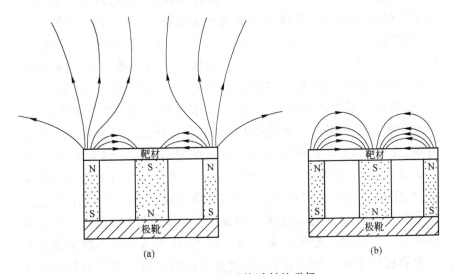

图 3-64 非平衡磁控溅射的磁场

表面闭合。一旦某一磁极的磁场相对于另一极性相反的部分增强或者减弱，就导致了溅射靶磁场的"非平衡"状态，即如果通过磁控溅射阴极的内、外两个磁极端面的磁通量不相等，则为非平衡磁控溅射靶。

普通磁控溅射靶的磁场集中在靶面附近（见图 3-64（b）），靶的磁场将等离子体紧密地约束在靶面附近，而基片附近的等离子体很弱，基片不会受到离子和电子较强的轰击。而非平衡磁控溅射阴极的磁场大量向靶外发散（见图 3-64（a）），非平衡磁控溅射阴极的磁场可将等离子体扩展到远离靶面处，使基片浸没其中。通过改变磁控靶中磁体的配置方式，有意识地增强或削弱其中一个磁极的磁通量，改变靶表面区域磁场的分布，使得对靶前二次电子和等离子体的控制发生变化，提高镀膜区域的等离子体密度，从而改善镀膜质量，即为非平衡磁控溅射。

对于普通平衡磁控溅射系统，在电子飞向被镀基片过程中，随着磁场强度的减弱，电子容易挣脱磁场的束缚，跑到真空室壁损失掉，导致电子和离子浓度的下降。在原有靶的外侧，再加一约束磁场，构成非平衡磁场，以补充镀膜区域内磁场强度的减弱。典型单靶非平衡磁控溅射系统原理和磁场分布如图 3-65 所示。在阴极靶上施加溅射电源，使系统在一定真空度下形成辉光放电，产生离子、原子等粒子形成的等离子体。在永磁铁产生的磁场、基片上施加的负偏压形成的电场及粒子初始动能作用下，等离子体流向基片。同时，在阴极和基片之间增加电磁线圈，增加靶周边的额外磁场，用它来改变阴极靶和基片之间的磁场分布，使得靶的外部磁场强于中心磁场，此时，部分不封闭的磁力线从阴极靶周边扩展到基片，电子沿该磁力线运动，增加了电子与靶材原子和中性气体分子的碰撞电离机会，使得离化率大大提高，并且将等离子体区域扩展到基片，进一步增加镀膜区域的离子浓度。因此，即使基片保持不动，也可以从等离子区得到很大密度的离子流。可见，非平衡磁控系统为溅射离子镀膜提供了宏大的电动势，特别是对镀制具有外部复合特性的膜层十分有利。

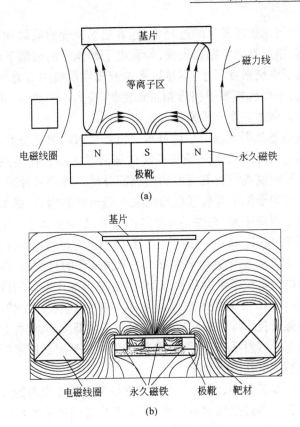

图 3-65 典型单靶非平衡磁控溅射系统

(a) 典型单靶非平衡磁控溅射系统原理；

(b) 典型单靶非平衡磁控系统的磁场分布

3.8.2 非平衡磁控溅射与平衡磁控溅射比较

非平衡磁控溅射与平衡磁控溅射的根本差异在于对等离子体的限制程度不同，两者尽管在结构设计上差别不大，但在薄膜的沉积过程中，等离子体中带电粒子的表现却大不相同。

在平衡磁控溅射沉积系统中，溅射靶表面闭合的磁场不仅约束二次电子，而且对离子也有强烈的约束作用，即交叉场放电产生的等离子体被约束在离靶表面约 60 mm 的区域内。沉积薄膜时，若基片放置在这个区域，则基片会受到高能电子和离子的轰击，这样除了对基片造成损伤等不利因素外，还会由于再溅射效应使沉积速率降低；若基片不放置在这个区域,则在电子飞向被镀基片的过程中,随着磁场强度的减弱,电子容易挣脱磁场束缚,跑到真空室壁损失掉,导致电子和离子的浓度下降,致使到达基片的离子电流密度很小,不足以影响或改变薄膜的应力状态和微观结构。因此,平衡磁控溅射很难制备致密的、应力小的薄膜,尤其是在较大的或结构复杂的表面上成膜。

非平衡磁场溅射系统可以弥补薄膜沉积区域内磁场强度的减弱,其特征是在溅射系统中约束磁场所控制的等离子区不仅仅局限在靶面附近。由于非平衡磁控溅射靶表面的磁场部分地扩展到基片表面,正交场放电产生的等离子体不是被强烈地约束在溅射靶的附近,能够导致一定量的二次电子脱离靶面,在磁场梯度的作用下,带动正离子一起扩散到基片表面的薄膜沉积区域,将等离子体区扩展到远离靶面的基片处。这样,使到达基片的离子流密度大大增加。在薄膜沉积的过程中,同时有一定数目和能量的带电粒子轰击基片表面,直接参与基片表面的沉积成膜过程,改善了沉积膜层的性能和质量。非平衡磁控溅射技术的使用,可以解决利用磁控溅射技术沉积膜层致密、成分复杂的薄膜问题,并且由此发展出各种多靶磁控溅射系统,特别是多靶闭合式非平衡磁控溅射可用于制备各种大面积优良性能的薄膜。

在溅射镀膜工艺中,沉积膜层的性质与轰击基片表面的离子有很大的关系。在非平衡磁控溅射系统中,靶与基片之间的磁场能够提供大量的低能量离子轰击。因此,在较低的工作气压(10^{-2} Pa)下,就可以在基片上得到较好的离子与原子比例的膜层。在非平衡磁控系统中,流向基片的离子及其密度与系统的放电电流以及靶至基片的距离有很大关系。实验表明,流向基片的离子流取决于系统的放电电流,与系统的放电电流成正比,薄膜的沉积速度与放电电流成比例(在电压不变情况下)。当靶的溅射速率一定时,即溅射电源的放电电压和放电电流不变时,改变附加电磁线圈的电流可以控制流向基片离子流中的离子与原子的比例。随着电磁线圈中电流的增加,磁场非平衡的程度即纵向磁场强度增加,流向基片的离子流增加。

研究结果表明,在利用非平衡磁控溅射沉积薄膜时,到达基片表面的离子流密度可以高达 10 mA/cm^2,比平衡磁控溅射高出一个数量级。能够制备致密的、内应力小的薄膜。图 3-66 给出了平衡磁控溅射和非平衡磁控溅射对等离子体的约束示意图。

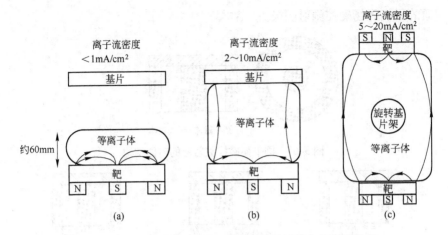

图 3-66 平衡磁控溅射和非平衡磁控溅射对等离子体的约束

（a）传统平衡磁控溅射；（b）单靶非平衡磁控溅射；（c）双靶闭合磁场非平衡磁控溅射

3.8.3 建立非平衡磁控系统的方法

建立非平衡磁控系统通常有以下几种方法：

（1）在非平衡磁控系统中，通过增加靶外围周边磁体的大小和尺寸，使得靶的外围周边磁场强于中心磁场。

（2）依靠附加电磁线圈来增加靶周边的额外磁场。

（3）在阴极和工件之间增加附加的辅助磁场，用来改变阴极和工件之间的磁场，并以它来控制沉积过程中离子和原子的比例。

（4）采用多个溅射靶组成多靶闭合非平衡磁场溅射系统。

3.8.4 非平衡磁控溅射系统结构形式

非平衡磁场的结构形式有很多，可以相对增强靶中部磁极，也可以相对增强边缘磁极。磁场的产生可以利用电磁线圈，也可以采用永磁体，或两者混合使用。

Window 根据磁控溅射阴极的磁场分布情况，以图 3-67 所示的圆平面磁控靶为例，将磁控阴极分成如图 3-68 所示的三种类型。中心部位永磁体有磁力线向外发散的为 Ⅰ 型非平衡磁控溅射阴极（见图3-68（a））；外侧永磁体有磁力线向外发散的为 Ⅱ 型非平衡磁控溅射阴极（见图 3-68（b））；而没有磁力线向外发散则称为中间平衡型（见图3-68（c）），即普通的平衡磁场磁控溅射阴极。

图 3-67　圆平面磁控溅射靶的磁体结构

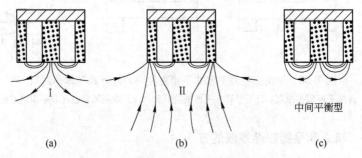

图 3-68　磁控溅射阴极磁场的三种基本分布类型

　　非平衡磁控溅射还分为单靶非平衡磁控溅射和多靶非平衡磁控溅射。多靶非平衡磁控溅射是为了弥补单靶非平衡磁控溅射的不足，并适应中、大型镀膜设备采用多个溅射靶的情况，进一步拓宽非平衡磁控溅射的应用范围而研制的。多靶非平衡磁控溅射可以从多方位同时沉积，消除阴影的影响，弥补了单靶非平衡磁控溅射的缺陷。多靶非平衡磁控系统有两种磁控靶布置方式，一种布置方式为镜像磁场结构，该结构的两个磁控靶对应的磁极相同；另一种是闭合磁场结构，该结构的一个磁控靶的 N 极对应另一个磁控靶的 S 极。

　　图 3-69（a）为在镀膜区域两边面对面地镜像放置的双靶镜像非平衡磁场溅射靶。图 3-69（b）为双靶闭合非平衡磁场溅射靶结构，该结构是采用一对极性相反的磁控溅射靶，在镀膜区域两侧面对面地放置，使得两靶纵向磁场在镀膜区域闭合，强度增加，保证电子只能在镀膜区域内沿着磁力线移动。电子离开镀膜区域后，也只能回到两个溅射靶表面附近。从原理上抑制了电子在真空室壁上的损失。图 3-69（c）为四靶非平衡闭合磁场溅射靶结构，在镀膜区域两边面对面地放置四个相邻靶磁极性相反的闭合磁场磁控溅射靶。

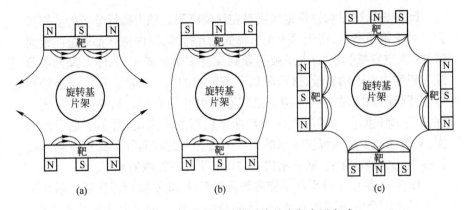

图 3-69 非平衡磁控溅射系统的多靶布置方式

图 3-70 给出了在非平衡四靶闭合磁场结构和四靶镜像磁场结构中，磁控溅射系统的磁场分布情况。比较这两种结构的磁场分布情况，可以看出两者在靶面附近的磁场差别不大，在内外磁极之间以横向磁场为主，通过对电子的紧约束，形成一个电离度很高的等离子体阴极区。区内的正离子对靶面的强烈溅射刻蚀构成了靶材中性粒子的主要输送源。在较强的外环磁极处，以纵向磁场为主，成为二次电子逃离靶面的主要通道。对于闭合磁场结构，该纵向磁场进而成为向薄膜沉积区域输送带电粒子的主要通道。

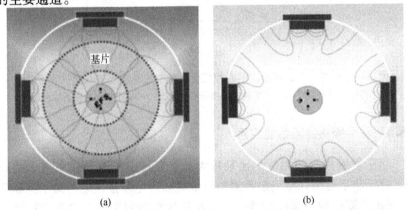

图 3-70 两种四靶非平衡磁控溅射系统的磁场分布
(a) 四靶闭合磁场溅射系统的磁场分布；
(b) 四靶镜像磁场溅射系统的磁场分布

　　闭合磁场靶对和镜像磁场靶对在薄膜沉积区域内磁场分布的差别很大。对于镜像靶对,由于两个靶磁场的相互排斥,纵向磁场都被迫向镀膜区外(真空室壁)弯曲,电子被引导到真空室壁上流失,总体上降低了薄膜沉积区内电子的数量,进而降低了该区域的离子浓度。而闭合磁场靶对在薄膜沉积区域的纵向磁场是相互吸引和闭合的。只要磁场强度足够,电子就只能在薄膜沉积区域和两个靶面之间运动,避免了电子的损失,从而增加了薄膜沉积区域的离子浓度。因此在实际的磁控溅射镀膜设备中,主要采用闭合磁场结构的多靶非平衡磁控溅射系统。

　　图 3-71 给出了分别在平衡磁场溅射系统、非平衡镜像磁场溅射系统和非平衡闭合磁场溅射系统中,所测量的基片上偏压电流的伏安特性。图中的伏安特性测量曲线表明,在两种非平衡磁场溅射系统中的基片电流比平衡磁场溅射系统依次提高了近 2 倍和近 6 倍。这反映出在非平衡磁控溅射系统的薄膜沉积区域内等离子浓度的增加。

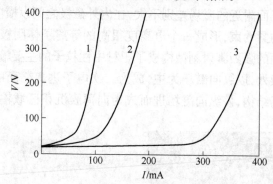

图 3-71　三种不同磁场形式的磁控溅射系统中的基片偏压电流伏安特性
1—平衡磁场溅射系统；2—非平衡镜像磁场溅射系统；3—非平衡闭合磁场溅射系统

3.8.5　非平衡磁控溅射的应用

　　非平衡磁控溅射系统的出现极大地扩展了磁控溅射镀膜技术的应用。由于非平衡闭合磁场磁控溅射系统可以产生非常理想的离子沉积环境,制备的膜层均匀、附着力好,可以在形状复杂的工件上制备比较均匀的膜层,还可以通过调节附加磁场较精确地控制等离子体中的离子/原子比,从而获得理想组分的膜层。因此,在实际应用中主要采用闭合磁场结构的非平衡磁控溅射系统。非平衡闭合磁场磁控溅射技术目前被应用在制备超硬膜、自润滑膜、各种镀膜玻璃和透明导电玻璃等薄膜的生产中。

　　非平衡闭合磁场的溅射沉积系统具有两个或两个以上的非平衡磁场磁控靶,依靠这些磁控靶组合所产生的闭合非平衡磁场来有效地增加镀膜过程中的等离子体密度,提高溅射的速率、改进薄膜质量。系统常用的基本形式有:两个相邻、磁极极性相反的磁控靶并列排列方式(见图3-72(a)、(b)),两个相对、磁极极性相反的磁控靶面对面排列方式(见图3-72(c)),四个相邻、磁极极性相反的磁控靶对称排列方式(见图3-72(d)),这种相对四靶非平衡闭合磁场溅射系统,特别适合于复杂工件的均匀沉积,尤其是在反应溅射沉积工艺中十分有效。

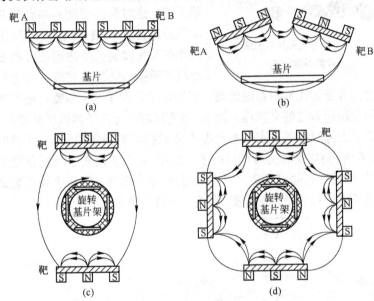

图3-72　几种常见的闭合磁场多靶系统

(a)平行对靶结构;(b)倾斜对靶结构;(c)相对对靶结构;(d)相对四靶结构

　　图3-72(d)所示的四靶封闭场非平衡磁控溅射镀膜机的工件架可实现公转和自转,纵向相对的成对磁控靶围绕可旋转的工件架排列,相邻磁控靶的磁场极性相反,磁力线是封闭的。利用这样的系统可在工件处形成高密度离子流,工件附近的溅射离子和原子的比例比从镜像结构或单个非平衡磁控靶装置得到的相应比例高2~3倍。此外,随着工件和靶之间的距离增加,闭合磁场对离子和原子比例的影响更加显著。用该装置可制备、沉积各种大面积的均匀硬质膜、润滑膜和装饰膜。

　　为满足不同工件形态和不同材料的沉积需求,还有其他多种多靶非平衡磁控溅射系统被应用。图 3-73 所示的滚筒式双靶非平衡磁场溅射系统特别

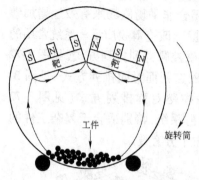

图 3-73　非平衡磁场双靶滚筒式溅射镀膜机

适合镀制小型颗粒状工件,由于工件在镀膜室中翻滚及非平衡磁场的等离子体区域扩展作用,可获得表面均匀、致密的膜层,而且对小型零件或颗粒状基体的表面镀膜可实现规模化生产。

　　图 3-74 是利用两个非平衡磁控溅射靶对背对布置构成的闭合磁场镀膜系统。通过膜层硬度和临界载荷实验以及摩擦实验表明,在该镀膜机上沉积的 TiN 膜层已经达到或者超过其他离子镀膜的效果。被镀工件上的功率密度比普通磁控溅射系统的高。镀膜结果说明了非平衡磁控溅射靶结构和闭合磁场布置的有效性。而且,镀膜区域内等离子体浓度的增加,也降低了对工件温度的要求。如在非平衡磁控溅射系统中,当工件温度只有 250℃时,仍能镀制出高质量的硬质膜层,而用普通离子镀制备硬质膜时,工件所需加热的温度要高得多。另外,闭合磁场非平衡磁控溅射靶结构在保证离子和原子比的前提下,大大延展了镀膜区域。

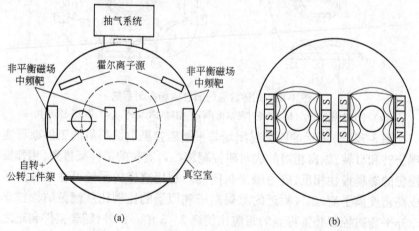

(a)　　　　　　　　　　　　　　　(b)

图 3-74　双靶对非平衡磁控溅射镀膜设备及靶磁场分布

（a）双靶对背对布置非平衡磁控溅射系统；（b）背对布置双靶对的非平衡磁场

在图 3-74(a)所示的镀膜设备中,有效镀膜区域完全包括了被镀工件,在非平衡磁场的作用下,工件的偏压会把离子均匀地吸引到表面上,有效地减轻了工件自身以及工件之间的相互遮挡,使得较大体积和较复杂结构的工件也可以得到均匀和致密的膜层。

图 3-75 所示的两种非平衡磁控镀膜设备原理与图 3-74 所示设备相同,主要用于合金、合金化合物和复合薄膜的制备。当两块靶(或多块靶)装上不同的金属靶材时,可用于制备合金薄膜。当充入反应气体,进行反应溅射沉积时,则可制备合金化合物薄膜,如碳化、氮化、氧化合金膜层等。当两块靶分别为金属和复合用材料时,则可制得复合薄膜。如采用高纯石墨靶材,还可制备出高质量的 DLC 薄膜。

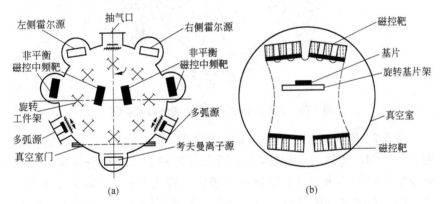

图 3-75　多功能中频非平衡磁控溅射装置
(a) 多功能四靶中频非平衡磁控溅射装置;(b) 中频非平衡磁控溅射系统

由于合金化物膜层的硬度较高,在基底结合面上形成的表面应力更大,采用非平衡磁控溅射方式可以降低膜层的内应力。在相同的工艺条件下,非平衡磁控溅射方式的离子束流密度是普通平衡磁控溅射方式的 7~8 倍。非平衡磁控溅射方式镀制的硬质薄膜具有较小的内应力。

图 3-76 所示的溅射系统是采用四对中频孪生靶形成闭合非平衡磁场的多靶溅射系统。每块靶的中间磁铁与外围磁铁上下端面的磁性与相邻靶的相反安装,靶的磁力线能够在 8 个靶系统的整体范围内闭合,构成闭合磁场。这种非平衡磁场结构比较适用于镀膜设备的镀膜区域较大(例如旋转工件架的直径较大)的情况,可以在较大

的工件尺寸范围内沉积薄膜,膜层沉积表面为回转面或形状较复杂;该系统适用于要求生产效率高,一次装工件数量较多的生产型镀膜设备,还适合于利用多靶对置放不同靶材制备合金、化合物、掺杂DLC等薄膜的真空镀膜设备。

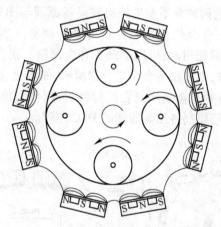

图 3-76　大型多靶非平衡闭合磁场溅射系统

图 3-77 所示的多靶非平衡磁控溅射系统是在四个非平衡磁控溅射靶的外侧再增加一个电磁激励线圈,以形成非平衡闭合磁场。这种磁场结构比较适用于镀膜设备的镀膜区域较大的情况,构成非平衡磁场的四个单靶之间距离较大,磁阻较大,虽然靶对之间在镀膜区域的纵向磁场是闭合的,但是磁场强度较弱,减弱了两靶之间的闭合磁场对电子的约束,从而使得该区域的等离子体浓度降低。在每个原有单靶的外侧增加一个电磁线圈后,增强了闭合的纵向磁场,可确保其间的磁力线相互密封,形成的磁场环绕旋转的工件架,增加了在薄膜沉积区域的离子浓度,可方便地通过附加磁场调整靶表面的磁场分布,显著提高等离子体的密度。靶面磁场的大小是由靶外部电磁线圈电流产生的附加磁场和由永久磁铁产生的固定磁场的矢量叠加决定的。电磁线圈激励电流的调节过程可以看成是优化阴极靶前横向磁场和纵向磁场场强分布的过程,调节电磁线圈电流的变化,来影响等离子体的密度分布,从而控制等离子体状态(等离子体中的离子和原子比例),而等离子体的密度是影响溅射成膜速率的关键因素,因此可以通过调节励磁电流来控制薄膜的沉积速率。该系统的缺点是溅射系统的结构和磁场控制

比较复杂。

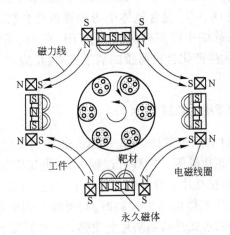

图 3-77　增强型非平衡闭合磁场多靶溅射系统

实验表明,对于非平衡闭合磁场来说,工件和靶间的距离对膜厚均匀性的影响显著。在相同工艺条件下,非平衡磁场模式下制备的薄膜相对于平衡磁场模式下制备的薄膜的膜厚分布存在较大的差异,在非平衡磁场模式下,靶与基片距离较近时(如 85 ~ 110 mm),膜厚均匀性较差;当靶基距较大时(如 155 ~ 205 mm),膜厚均匀性较好,而且随靶基距的变化不大;而在平衡磁场模式下,随着靶基距的变化,膜厚均匀性的变化很大。

3.9　反应磁控溅射

近代工程技术的发展越来越多地用到各种化合物薄膜,化合物薄膜约占全部薄膜材料的 70%。制备化合物薄膜可以用各种化学气相沉积(CVD)或物理气相沉积(PVD)方法,过去,大多数化合物薄膜采用 CVD 方法制备。CVD 技术目前已经开发了等离子增强 CVD,金属有机化合物 CVD 等新工艺。但因 CVD 方法需要高温,材料来源又受到限制,有的还带毒性、腐蚀性,污染环境以及镀膜均匀性等问题,一定程度上限制了化合物膜的制备。

采用 PVD 方法制备介质薄膜和化合物薄膜,除了可采用射频溅射法外,还可以采用反应溅射法。即在溅射镀膜过程中,人为控制引入某些活性反应气体与溅射出来的靶材物质进行反应,沉积在基片上,可获得不同于靶材物质的薄膜。例如在 O_2 中溅射反应而获得氧化物,在 N_2 或 NH_3 中获得氮化物,在 $O_2 + N_2$ 混合气体中得到氮氧化合物,在 C_2H_2 或 CH_4 中得到碳化物,在硅烷中得到硅化物和在 HF 或 CF_4 中得到氟化物等。目前从工业规模大生产化合物薄膜的需求来看,反应磁控溅射沉积技术具有明显的优势。

3.9.1 反应磁控溅射的机理

反应磁控溅射的原理如图 3-78 所示。通常的反应气体有氧气、氮气、甲烷、乙炔、一氧化碳等。在溅射过程中,根据反应气体压力的不同,反应过程可以发生在基片上或发生在阴极上(反应后以化合物形式迁移到基片上)。当反应气体的压力较高时,则可能在阴极溅射靶上发生反应,然后以化合物的形式迁移到基片上成膜。一般情况下,反应磁控溅射的气压比较低,因此气相反应不显著,主要表现为在基片表面的固相反应。通常由于等离子体中的流通电流很高,可以有效地促进反应气体原子或分子的分解、激发和电离过程。在反应磁控溅射过程中产生一股较强的由反应气体载能原子组成的粒子流,伴随着溅射出来的靶原子从阴极靶流向基片,在基片上克服薄膜扩散生长的激活阈能后形成化合物,以上即为反应溅射的主要机理。

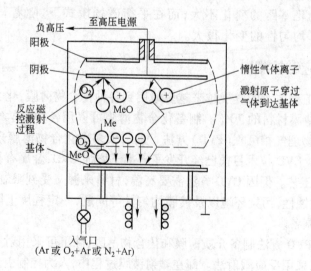

图 3-78 反应磁控溅射原理图

3.9.2 反应磁控溅射的特性

反应磁控溅射即在溅射过程中供入反应气体与溅射粒子进行反应,生成化合物薄膜。它可以在溅射化合物靶的同时供应反应气体与之反应,也可以在溅射金属或合金靶的同时供反应气体与之反应来制备既定化学配比的化合物薄膜。反应磁控溅射制备化合物薄膜的特点是:

(1) 反应磁控溅射所用的靶材料(单元素靶或多元素靶)和反应气体等很容易获得高的纯度,因而有利于制备高纯度的化合物薄膜。

(2) 在反应磁控溅射中,通过调节沉积工艺参数,可以制备化学配比或非化学配比的化合物薄膜,从而达到通过调节薄膜的组成来调控薄膜特性的目的。

(3) 在反应磁控溅射沉积过程中,基片的温度一般不太高。而且成膜过程通常也并不要求对基片进行很高温度的加热,因此对基片材料的限制较少。

(4) 反应磁控溅射适于制备大面积均匀的薄膜,并能实现单机年产量上百万平方米镀膜的工业化生产。

在很多情况下,只要简单地改变溅射时反应气体与惰性气体的比例,就可改变薄膜的性质。例如,可使薄膜由金属改变为半导体或非金属。

目前,工业上常用的采用反应磁控溅射方法制备的薄膜有:建筑玻璃上使用的 ZnO、SnO_2、TiO_2、SiO_2 等;电子工业使用的有 ITO 透明导电膜、SiO_2、Si_3N_4 和 Al_2O_3 等钝化膜、隔离膜;光学工业用的 TiO_2、SiO_2、Ta_2O_5 等。目前通用的化合物溅射成膜方式有:

(1) 某些化合物可以采用金属靶材直流反应磁控溅射合成化合物薄膜;

(2) 对于高阻靶材也可以用直流反应磁控溅射形成化合物薄膜;

(3) 对于绝缘靶材采用射频反应溅射形成化合物薄膜。

但是,反应磁控溅射沉积薄膜方法也具有很多弊端,反应磁控溅射工艺看似容易,实际工艺操作困难。主要问题有:

(1) 化合物靶体的制备比较困难,包括成分精确控制、高温高压成形、化合物和机加工性差、制造成本高。

(2) 直流反应溅射过程不稳定,工艺过程难以控制,反应不光发生在工件表面,也发生在阳极上、真空室体表面以及靶源表面,从而容易引起靶中毒(灭火)、靶源和工件表面打火起弧等现象。

(3)溅射沉积速率低,膜的缺陷密度高。

(4)射频反应溅射设备贵,匹配困难,射频泄漏对人身有伤害。电源功率做不大(10~15 kW),溅射速率更低。

3.9.3　反应磁控溅射工艺过程中的主要问题

3.9.3.1　反应磁控溅射的迟滞效应与"靶中毒"现象

在研究反应磁控溅射沉积速率与反应气体流量的关系时,通常可观察到如图 3-79 所示的迟滞现象。在一块新的金属靶的反应磁控溅射过程中,开始时仅通入纯 Ar,然后逐渐增加反应气体(O_2、N_2 等)的流量,然后测定溅射速率的变化。在反应气体通入之初,溅射速率变化并不大,几乎保持不变,其后虽然有些减少,但数值与纯氩状态下的溅射率相比减少得并不多。此时,沉积膜基本上属金属态,因此这种溅射状态称为金属模式。当反应气体达到某一临界值时,溅射速率会发生突然的跌落,从 B 降至 C,溅射速率通常下降一个数量级,此时的沉积膜呈高化合物膜。此后反应气体流量再进一步增加,溅射速率变化不大,溅射速率又呈现平稳的走势。此时的溅射状态称为反应模式。

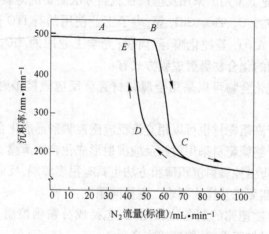

图 3-79　沉积速率与反应气体流量的关系
(靶功率为 10 kW,Ar-N_2 混合气体放电的沉积 TiN)

实验发现,这个走向的逆过程在一定区间内往返的曲线不重合,即在溅射处于反应模式状态下逐渐减小充入的反应气体流量,溅射速率不会沿曲线 C 回升到 B,而呈现缓慢回升态势;反应气体要降至更低,溅射速率再从 D 突然回升到金属模式溅射状态 E,出现"迟滞曲线"形貌,即所谓"靶中毒曲线"。

再观察在这个反应磁控溅射过程中金属靶表面的状态。在 A 点,靶面溅射区全是金属靶面,随着反应气体的增加,在 AB 段靶面开始被化合物层覆盖,但在靶面上生成化合物的速度小于被溅射出去的速度。在 AB 段,靶表面状态基本上是金属型的,溅射状态为金属模式。到了 B 点,靶面化合物的生成速度与被溅射出去的速度达到平衡,溅射状态发生急剧变化,溅射速率明显下降,而且这过程进行得很快,犹如"雪崩"发生(对应于图 3-79 中的 BC 段过程)。到了 C 点之后,靶面已被化合物层覆盖,溅射完全变成化合物类型,此后的溅射状态称为反应模式。

如上所述,直流反应磁控溅射沉积化合物薄膜时,靶面上不可避免地会形成化合物薄膜的沉积。当靶面上沉积的化合物膜具有高的绝缘性时,轰击靶面的正离子将会在这些化合物膜上逐渐积累起来,并因为无法得到中和而在靶面上建立起愈来愈高的正电位 V_p。在溅射电源输出的电位确定的情况下,靶阴极位降区的电位降随着 V_p 的升高而降低,直到 V_p 升高到等于等离子体电位时,阴极位降区的电位降减小到零,最终导致放电熄灭,溅射停止,这就是"靶中毒"现象。

在反应磁控溅射镀膜过程中发生溅射速率和沉积速率突变的原因有:

(1)在反应磁控溅射的进行过程中,通入的活性气体与靶材粒子的反应不仅发生在基片上,同时也发生在靶面上,随着反应气体流量的不断增加,在靶面上逐渐形成一层化合物薄层。此时靶面上所形成的化合物相应的溅射产额远小于纯金属靶的溅射产额,因而,此时的反应沉积速率也明显下降,甚至可以低一个数量级。

(2)化合物的二次电子发射系数一般大于纯金属,因此入射离子的很大部分能量消耗于激发化合物层的二次电子发射,并使这些二次电子加速,二次电子发射剧增,相应地,入射离子用于溅射靶材原子的能量减少很多,溅射产额随之下降。在恒流源运行模式下,增大的二次电子发射必然使靶电压自动降低,溅射速率因而随之大幅度下降。

（3）反应气体离子的溅射效率比惰性气体溅射效率低，因此反应气体参与溅射，其溅射率一般小于 Ar 气。

表 3-9 比较了金属溅射模式、过渡溅射状态和反应溅射模式的沉积速率。

表 3-9　金属溅射、过渡溅射和反应溅射模式沉积速率的比较

薄膜材料	相对沉积速率		
	金属溅射模式	过渡溅射模式	反应溅射模式
Ti，TiO_2	1.00	0.41	0.10
Sn，SnO_2	1.00	0.42	0.15
Si，SiO_2	1.00	1.40	

由于以上原因，对于保持在高溅射速率下的金属模式溅射状态而言，所得的沉积膜并非是所要求的化合物膜。在反应气体流量增加到一定数值后，金属靶进入反应模式状态，但此时靶的溅射速率又很低，而且，在此模式下难以获得所要求配比的化合物膜层。问题的复杂性还在于当进入反应模式后，减少反应气体流量，即使在原转换点也不会立即回到金属模式，而是继续减少气体流量至某一数值才会重新进入金属模式，也就是在沉积速率和反应气体流量之间存在一个非单值函数的区域，这种现象通常称为迟滞现象。同样的迟滞现象还表现在沉积速率与靶电压、靶电流等参数的关系上，例如，类似溅射速率-反应气体流量的迟滞曲线还有靶电压-反应气体流量的曲线、反应气体分压-反应气体流量曲线、溅射速率-靶电流曲线，它们都呈现迟滞曲线特征。这种迟滞现象是反应溅射的固有特性，不但在直流反应溅射下存在，而且在脉冲反应溅射下也存在。反应溅射中的迟滞效应是我们所不希望的，因为在迟滞曲线对应的过渡区内，横坐标某一个参数可能对应两种溅射模式，它与溅射过程的历史有关。若对应金属模式状态，所沉积的膜则不是所要求的化合物膜；若对应反应模式状态，虽然沉积膜是化合物膜，但是溅射和沉积速率又很低。迟滞曲线对选择既能稳定溅射同时又有高的溅射速率的工作点很有意义。

为了能够在高沉积速率下制备出重复性好的化合物薄膜，就要设法使溅射状态设定在迟滞曲线的过渡态。但是要想将工作点要稳定在过渡态非常困难，因为反应气体分压的任何波动都会导致溅射状态不是变为金属模式就是跌到过氧态的反应模式。这就需要有一个快速闭环控制系统,使得靶面处于既接近金属模式的溅射状态,而且在基片表面又能获得化学配比的化合物薄膜,并具有长期运行的工艺稳定性。

3.9.3.2 阳极消失现象

在反应溅射沉积化合物膜层时,不可避免地会在阳极表面逐渐沉积上一层绝缘的化合物薄膜,使得放电区域的低能电子越来越难以回到作为归宿的阳极,直到最终通路被完全隔断,这就是所谓的阳极消失现象。此时放电将无法进行,即使继续下去也由于电子通路阻塞而极不稳定。

图3-80是阳极消失现象过程的示意图,其过程如下:

(1)反应溅射刚开始时,阳极及阴极靶的表面是洁净的,具有较大的导电面积,从等离子体中漂移到阳极表面的电子通过接地形成回路,辉光放电是稳定的(见图3-80(a))。

(2)反应溅射继续进行,阴极四周都沉积上了绝缘镀层,逐渐缩小了裸露的阳极面积,使阳极的有效性降低了(见图3-80(b))。

(3)反应溅射进行一段时间后,在阴极和阳极四周沉积了较厚的绝缘涂层,形成"阳极消失"现象,阳极周围的逃逸电子没有去处,造成辉光放电过程变得越来越不稳定,最后导致在靶表面上带电的绝缘层引起频繁的异常弧光放电,使直流反应溅射根本不能进行(见图3-80(c))。

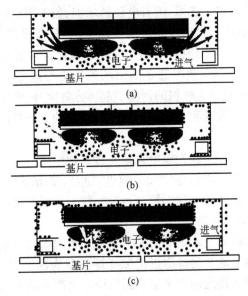

图3-80 阳极消失现象过程的示意图

总之,绝缘镀层在阳极上沉积,则电子通道消失,产生了阳极消失现象,从而改变了放电条件而导致异常弧光放电。要消除阳极消失现象,必须及时去除绝缘的颗粒在阳极上的沉积。

3.9.3.3　弧光放电

如前所述,在直流反应磁控溅射沉积化合物薄膜时,阴极溅射靶会出现靶中毒现象,即在靶面上建立起愈来愈高的正电位 V_p,而在一定的靶电源输出电位下,靶阴极位降区的电位降随着 V_p 的升高而降低,直到阴极位降区的电位降减小到零,导致放电熄灭,溅射停止。若要维持放电与溅射,只有再提高溅射电源输出电压,但是又会使靶面绝缘膜积累的电荷进一步增加,其结果是引起 V_p 进一步上升。由于磁控溅射是工作在异常辉光放电阶段。在此范围内,电压增加,电流也增加。当放电继续发展下去,一旦靶面绝缘膜上的电位足够高,以致绝缘膜中的电场强度超过了绝缘膜的击穿电压,绝缘膜将被击穿,从而引起电弧放电现象,即所谓的"打火"。在反应溅射过程中,上述弧光放电现象时有发生,严重影响到溅射沉积工艺过程。在进行正常溅射沉积中要绝对避免出现弧光放电,否则,它会使膜层产生严重的缺陷。

引起弧光放电大电流发射的机制有两类,一类是热电子发射;另一类是场致发射。前者称为热弧,随着电压的增加,轰击阴极的离子能量也随之增加,能量传递的结果可使阴极温度越来越高,而最终导致弧光放电;后者称为冷弧,它往往是电荷堆积产生强电场而进入弧光放电。在反应溅射镀膜中出现的弧光放电通常是由场致发射引起的。除了在炼靶阶段,新靶的靶面和靶体上残留的污物引起弧光放电外,堆积在靶面化合物膜层上的正离子以及堆积在阳极表面绝缘层上的电子是产生场致发射的诱因。

在反应溅射过程中弧光放电大致分为三种形式:

(1) 极间放电。阴极与(辅助)阳极之间直接击穿的弧光放电,它取决于阴极与阳极之间的结构因数和运行参数。若靶的设计正确和加工精细,原则上可避免极间放电。

(2) 阳极屏蔽罩上的绝缘镀层与靶面之间的弧光放电。在化合物溅射过程中不可避免地在阴极附近的阳极屏蔽罩表面上沉积绝缘镀层,在等离子体氛围中非接地的绝缘层表面积聚正电荷的离子与接地的金属阳极屏蔽罩构成电容,当充电达到一定水平之后,积累电荷通过等离子体对阴极或对地形成贯穿性地弧光放电。这种放电形式在化合物反应溅射过程中几乎无法避免。

（3）在阴极表面的"轨道放电"。溅射区域内被溅射的荷电绝缘颗粒由于电场及磁场的合成作用,在溅射轨道上呈现出"跳栏式"运动,当其荷电量达到一定水平时与阴极表面形成连续不断的"轨道放电"。这种放电形式在化合物溅射中也是无法避免的,而且其发生的几率远远大于前两种形式。

总之,只要在靶面上存在绝缘膜,一旦在绝缘膜上积累的电荷足够多,将导致绝缘膜被击穿,引起靶电流急剧增加,溅射空间呈现为高电流低电压的电弧放电。

靶中毒与弧光放电(打火)现象会对反应溅射薄膜沉积过程产生以下危害:

（1）它导致了溅射沉积过程的不稳定。即使在为了抑制打火,切断电源后再次激发溅射放电时,由于迟滞效应,再次启动辉光放电,溅射也回复不到打火前的工作状态。

（2）由于打火时巨大的放电电流流过靶面的击穿点,集中在靶面局部小区域（1～50 μm）,导致靶面局部瞬间被加热到很高的温度,引起靶材在击穿点附近局部熔化和蒸发甚至喷溅,造成靶面损伤,缩短了靶的使用寿命。

（3）由于打火时靶面熔化液滴在靶面高温放出气体的推动下喷溅进入基体上的沉积膜中,对沉积膜层造成损伤,导致沉积膜缺陷增加和组分变异。

3.9.4 解决反应磁控溅射工艺运行不稳定的措施

因为在反应磁控溅射中出现迟滞效应（提高反应气体流量,溅射速率大幅度下降）,或者说导致在反应气体高流量下溅射速率大幅度下降的原因是由于靶面上形成了化合物层。所以,如何使靶面处于接近金属模式的溅射状态从而保持高的溅射率,而在基片上又能够获得所要求化学配比的化合物薄膜并有较高的沉积速率是反应磁控溅射中需要解决的关键问题。由于反应溅射过程滞后效应的滞后区域非常窄,且易随靶和容器壁表面状态的改变而变化。因此,实际的最佳反应磁控溅射镀膜工艺的确定及稳定仍非易事。多年来研究人员在这方面做了大量的研究与尝试,目前比较切实可行的解决方法有以下四种。

3.9.4.1 阻塞反应气体到达靶面

在反应溅射镀膜工艺中,应使工作氩气布气管道尽量分布在靶面周围,而反应气体的布气管道则应尽可能靠近基片。这样的结构设置可以减少反应气体到达靶面。这种布局可以减弱反应气体与靶面的作用,使靶面保持在具有较高溅射速率的金属模式溅射状态,而在基片表面附近由于有较多的反应气体分子,因而有可能在基片上形成化学配比的化合物薄膜的沉积,并得到较高的沉积速率。

图 3-81 是一种阻塞反应气体到达靶面的溅射系统布局图。在靶与基片之间设置一个带网状的栅栏,提供了一个对反应气体的吸附表面,隔离了一部分反应气体到达靶面。这种栅网结构的主要缺点是需要经常拆洗以去除其表面的沉积物。另外,栅网的存在也降低了到达基片表面的溅射离子流;在栅网接地的情况下,还减弱了等离子体对基片的轰击,不利于薄膜的致密和对基片的附着。对图 3-81 所示的栅栏结构适当地进行改进,将栅网取消,但仍将反应气体布气管道与氩气布气管道分别置于基片附近和靶附近,是一种较为实用的供气方式。

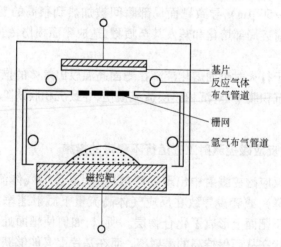

图 3-81 阻塞反应气体到达靶面的溅射系统示意图

3.9.4.2 反应气体的脉冲进气

这种技术的核心是采用向溅射室以脉冲方式充入反应气体,通过定时电路控制压电阀的通断来控制反应气体的充入。压电阀关闭时间长短的选择原则是：在靶面发生不可逆转的中毒之前，切断反应气体的注入，并保证在关闭时段内能溅射去除掉靶面上形成的化合物层。因此靶的工作状态是不断地在金属溅射模式和反应溅射模式之间来回切换，即工作在图 3-79 所示的迟滞曲线的拐点区域（BC 段）。显然，压电阀的通和断的时间不能太长，否则沉积膜将由金属膜与化合物膜交替组合而成。在氩氮气氛中用钛靶反应溅射沉积 TiN 薄膜时发现，当氮气的接入与切断时间均为 3 s 间隔的情况下，TiN 的沉积速率大致为纯钛膜沉积速率的 50%；如果保持溅射功率不变，将接入与切断时间改为 0.2 s，则 TiN 的沉积速率会提高到与纯钛的沉积速率相等。

反应气体的脉冲进气技术的主要缺点是：

（1）为了沉积具有重复获得性的、化学配比符合要求的化合物膜，事前需要做大量的工艺参数优化工作。

（2）需要连续监控与调节工艺参数。因为不可能在高的沉积速率下沉积化学配比的化合物薄膜，除非能不间断地控制充入溅射室中的反应气体的流量，以便在溅射过程中保持反应气体分压不变。否则随着溅射室中反应气体分压的不断升高，溅射将会陡降到低速率下进行，沉积膜则呈现化学配比或过化学配比性质；或者由于溅射室中反应气体分压的降低，溅射转入高速率下进行，沉积膜呈现欠化学配比的性质。

3.9.4.3 反应溅射过程的闭环控制

由上所述，在反应溅射沉积时，为了能在高沉积速率下制备化学配比的化合物薄膜，需要让靶的工作状态处在迟滞曲线的拐弯点（即过渡溅射状态），对应于图 3-79 中的 B 点。但是这通常很难做到，因为溅射室内反应气体分压的任何一点波动（例如由于真空泵抽速的波动），都会导致靶的溅射状态发生改变。对靶溅射状态的有效控制要求镀膜系统对气体流量控制的响应时间 τ 要短，一般说来，当 τ 大到几秒的量级时，控制就可能失效，因为这个时间长度也正是靶面状态发生变化所需的大致时间。控制方法的响应时间常数 τ 取决于溅射系统的设计和靶材本身的特性等。在常规的流量控制工作模式下，由于响应时间相对较长，因此靶溅射状态的转变是不可逆转的，即不可能让靶的溅射状态回复到原来的设定点上。因此需要有一种快速反馈方法来控制反应气体进入溅射室的流量，用快速反馈方法及时地自动调整和控制反应气体的流量或输入的溅射功率,则能使靶恢复到原来的工作点上。

当靶的工作状态由金属模式变为反应模式时,有许多工艺参数都将发生明显的变化,因此,原则上许多工艺过程参数都可以用作反馈信号。例如靶电压、靶电流、反应气体分压、溅射气体总压力、沉积速率、沉积膜的特性以及放电空间的等离子体的发射光谱等,因为这些参数在迟滞曲线的拐弯点都会有明显的变化。但是实际上并不是所有上述这些参数都可用来实现过程的精确控制的,将靶的工作状态控制在过渡溅射状态的方法有下列几种:

(1)等离子体发射光谱监控法(plasma emission monitor,PEM)。根据靶的某种元素(通常是金属)的原子在等离子体中由激发态退激发产生的特征光谱的强弱变化来对反应气体进行控制。

(2)质谱法。检测反应气体的分压来控制反应气体流量。

(3)利用靶中毒时的外部特征(如靶电位、靶电流、阻抗)来控制反应气体流量。

目前实用而可靠的控制反应溅射过程的闭环方法主要有两种:等离子体发射光谱监控法和靶电压监控法。后一种方法较为简单,但必须注意靶电压必须有足够的差别。

A 等离子体发射光谱监控法

等离子体发射光谱监控法(PEM)是根据放电等离子体中的某种元素(通常是金属离子)特征光谱的强弱变化来对反应气体的流量进行反馈控制。等离子体发射光谱监控系统是一种反应迅速的闭环反馈控制系统,它利用定位测得靶材等离子体的谱线强度作为反馈信号来控制反应溅射的工艺过程。它监测的信号是等离子体中靶材粒子由受激状态退化时光发射特征谱线的强度,而此信号是与溅射出的靶材粒子浓度相关联的,即与靶的溅射状态相关联。因此,在反应溅射过程中,来自放电等离子体的靶材发射光谱强度在一定条件下代表了靶材的瞬时沉积速率,并与靶材的溅射速率成正比,呈线性关系。当溅射状态发生变化时,系统会根据特征谱线强度的变化来及时调整反应气体流量,消除这一变化,实现迅速精确调整靶溅射状态的目的。

图3-82所示为PEM的闭环控制框图。如图3-83所示,等离子体光发射信号由光探头探测传至光电倍增管,光电倍增管内装有某特定波长的滤光片,经过滤光的等离子体发射特征谱线由光电倍增管转换放大为

电信号,并输入至 PEM 控制器,这一电信号就是 PEM 工作点。PEM 控制器将来自光电倍增放大器的输入信号与对应于设定工作点的预置光谱信号进行比较,并输出信号到一个具有快速响应特性的控制反应气体的压电阀上,操纵压电阀门的开启与关闭,增加或减少输入到溅射室内反应气体的馈入流量,以使溅射出来的靶材的谱线强度保持稳定。通过对等离子区中反应成分的控制,能够控制所制备薄膜的成分以及厚度、均匀性等参数,提高薄膜的质量。采用上述 PEM 的闭环控制方法,能够使反应溅射化合物薄膜的工艺维持在迟滞曲线过渡段的任意一个工作点,工艺稳定性得到了大大改善,沉积速率也得到了提高。

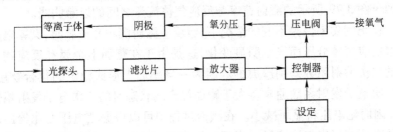

图 3-82 PEM 闭环控制框图

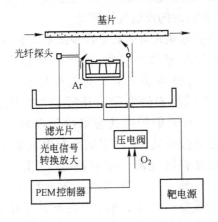

图 3-83 反应溅射沉积的 PEM 控制原理

在反应溅射过程中,来自放电等离子体的发射光谱的谱线位置取决于靶的材料、气体成分和化合物的组成,但是谱线的强度则与放电参数,即与溅射工艺过程状态有关。例如在使用 Ta 靶反应溅射沉积 Ta_2O_5 过程中,在固定氧流量的情况下,当 Ta 靶表面覆盖有氧化钽而导致溅射室内氧分压升高时,放电等离子体中的 481 nm 的 Ta 谱线的强度会有明显的减弱。根据这种放电等离子体发射谱线强度的变化就可以来调控反应溅射的工艺过程。也可以利用靶中毒时的外部特征(如靶电位、靶电流)变化来控制反应气体的流量。例如,应用靶电位或放电电流作为反馈信号比较简单实用。

B 靶电位反馈控制法

反应溅射过程中的靶电压能够反映溅射所处的工作模式,并且在临界流量附近会发生急剧的变化。实际上靶电压与反应气体流量之间也有类似于图 3-79 所示的溅射速率与反应气体流量之间的迟滞曲线。

在靶的功率保持不变的情况下,当反应溅射沉积介质膜时,其靶电压随着反应气体分压而发生明显变化,这是由于在靶面上金属和反应物之间的二次发射系数差别造成的。因为一旦靶面上形成稳定的化合物层,其二次电子发射系数通常将大于靶面纯金属状态时的二次电子发射系数值,因而靶电压将显著减小。在溅射过程中可以根据靶电压变化给出的信号来调节反应气体流量。当靶电压高于设定值时,压电阀就开大以增加进入到溅射室内的反应气体流量;当靶电压低于设定值时,压电阀就关小以减少进入到溅射室内的反应气体流量。

3.9.4.4 改变供电模式抑制靶中毒和弧光放电(打火)

要消除靶中毒和弧光放电现象,关键是抑制化合物在靶面上和阳极上的沉积,及针对绝缘层表面的充电和导致"轨道放电"的绝缘颗粒的荷电,要让它们积累的电荷有途径释放。既然弧光放电是在放电过程中发生的,对它的控制还应取决于电源。其中的一种对策就是改变电源供电运行模式,采用定期反导电的新电源运行模式,当靶面刚沉积一点绝缘膜就让离子把它溅走,当有正电荷在膜上积聚时就让负电荷把它中和。另一种方法是改变控制模式,选溅射工作点让靶面维持在金属型的状态,而沉积在基片上刚好合成所需的化合物,保持稳定高速沉积条件。

1990 年代中期,美国 AE 公司推出一种自动灭弧电源,又称 A^2K 电源。它是在普通直流电源和靶之间串接一个电感线圈,用电子开关来进行控制。当产生一次电弧或由电子开关定期中断一次电流时,则在线圈两端触发一个反向电压,并由此来释放引起弧光放电的电荷积累。这种电源也可以在原有的直流电源基础上改造而成。

图 3-84 是自动灭弧 A^2K 电源的原理简图,在直流电源和靶之间增加一个称为 SPARC-LE 部件和一个电感线圈,然后用一个脉冲开关控制器来控制电源的运行,串联电感的作用是:当出现一次弧光放电或电子开关动作(中断电流)时,在电感两端将触发一个反电势,施加一个反向电压,这个电压将释放引起弧光放电的积累电荷。溅射电压与电感触发电压约为 8∶1 的关系。例如运行中阳极电压为 500 V 时,反向电压为 62 V。如果由于弧光放电引起电压倒向的过程,则称为"自触发"运行模式。仅仅只是自触发运行模式,对整个溅射过程仍然不够稳定,如果加上电子开关定期地触发反向电压,即使偶然有弧光放电出现,其灭弧功能更加可靠。

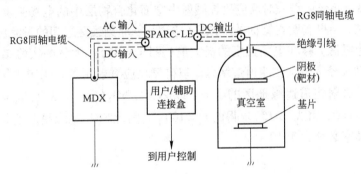

图 3-84 自动灭弧电源原理简图

3.10 中频交流反应磁控溅射

如前所述,沉积介质薄膜时,若采用一般反应溅射,阳极表面逐渐被化合物覆盖,使接地电阻越来越高,直到完全被绝缘物覆盖,导致二次电子没有去处,形成"阳极消失"现象。阳极消失现象使辉光放电阻断,放电过程变得越来越不稳定,最后导致频繁的异常辉光放电,这对成膜是非常有害的。改变溅射靶供电电源的频率可以很好地解决对弧光放电的控制、阳极消失和靶中毒现象。

3.10.1 中频交流反应磁控溅射原理

对于绝缘层来说,高频电流是可以穿透导通的。如果当阴极表面积累了一定的正电荷时,在没有引起弧光放电之前,电源产生一个反向电压,使累积在绝缘层上的正电荷及时被中和,就可抑制靶中毒和靶面打火。从绝缘膜上积累正电荷到发生击穿所需的时间 t_B 可由式(3-15)计算

$$t_B = \varepsilon_r \varepsilon_0 \frac{E_B}{J_i} \tag{3-15}$$

式中 ε_r ——绝缘膜的相对介电常数;

ε_0 ——真空的介电常数;

E_B ——绝缘膜的击穿场强;

J_i ——轰击到绝缘膜上的正离子电流密度。

显然若能够设法让绝缘膜积累的正电荷以短于 t_B 的周期通过一定的途径释放掉,就可避免靶面中毒打火。

M. Schever 等人对反应磁控溅射中靶面化合物层中的电场强度进行了研究,结果表明在靶面的刻蚀区(跑道)与非刻蚀区之间的过渡区(即跑道边缘区)存在电场强度的极大值(见图3-85)。大量的实验结果也表明打火经常发生在跑道边缘区。以硅靶反应溅射制备 SiO_2 膜为例,假如靶面溅射跑道边缘地区的 $J_i = 1 \ mA/cm^2$,SiO_2 的 $\varepsilon_r = 3.7$,$E_B = 3 \times 10^5 \ V/cm$,由式(3-15)求得的 $t_B < 100 \ \mu s$,因此 SiO_2 绝缘膜上正电荷释放的频率必须大于 10 kHz。

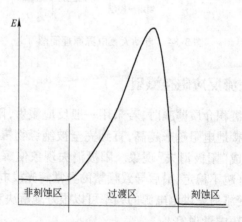

图 3-85 反应磁控溅射时靶面化合物层中的电场强度

当靶面上形成一层绝缘膜时,其对应地构成一定的电容,显然它能隔断直流而通过适当频率的交流。设在绝缘靶面上施加电位时,靶和接地构件之间的电容为 C,电压为 V,被积累的电量为 Q,则有

$$V = Q/C$$

再设，在 $\Delta t(\text{s})$ 时间内，电压变化为 ΔV，那么

$$\frac{\Delta V}{\Delta t} = \frac{\Delta Q}{C} \cdot \frac{1}{\Delta t} = \frac{\bar{I}}{C} \tag{3-16}$$

式中 $\bar{I}$——$\Delta t(\text{s})$ 时间内流过靶电极的平均电流。

在一般实验条件下，可以认为：$\bar{I}$ 为 $10^{-2} \sim 10^{-3}$ A；C 为 $10^{-11} \sim 10^{-12}$ F；如果取 $\Delta V = 10^3$ V，则 Δt 为 $10^{-5} \sim 10^{-7}$ s，也就是 100 kHz。若溅射电压只需几百伏的话，则几万赫兹就可能导通绝缘膜层。

按照上述抑制靶面中毒打火的原理，显然溅射电源电压的波形不能是直流的，而应该是交变的。从式(3-15)可以看出，交变溅射电源的频率必须大于 $1/t_B$，对于具有不同 ε_r 和 E_B 的化合物薄膜，频率通常需要大于 10 kHz。从绝缘材料靶的导通频率（几十千赫）和靶面上绝缘层击穿临界频率（>10 kHz）两个角度考虑，采用中等频率几十千赫的交流供电既可抑制打火，同时又可实现绝缘材料靶的溅射。这种采用交流电源的反应溅射称之为交流反应溅射。交流溅射的电源电压波形可以是方波或正弦波，可以是对称的，也可以是不对称的。通常将电源电压波形为对称方波或正弦波的交流溅射称为中频溅射，而将电源电压波形为不对称的矩形波的交流溅射称为脉冲溅射。

目前介于直流和射频（13.56 MHz）之间的中频脉冲电源成为化合物反应磁控溅射电源的新模式。常用的电源有：中频交流磁控溅射电源和非对称脉冲磁控溅射电源。脉冲磁控溅射一般使用矩形波电压。

中频交流磁控溅射电源的频率可选为 $10 \sim 100$ kHz，可以保证绝缘材料靶和金属靶面上的绝缘沉积层导通。对中频溅射电源频率与溅射速率的关系的研究表明，在确定的工作场强下，频率越高，等离子体中正离子被加速的时间越短，正离子从外电场吸收的能量就越少，轰击靶的正离子能量也越低，靶的溅射速率也越低。在频率为 60 kHz、80 kHz、500 kHz 和 13.56 MHz 时的溅射速率是直流溅射时的 100%、85%、70% 和 55%。S. Schiller 等人计算得出，在典型的磁控溅射工作场强（300 V/cm）的情况下，电源频率为 300 kHz 时，离子的最大动能约为 300 eV，而频率升高到 500 kHz 时，离子最大动能只有 110 eV。因此为了维持较高的溅射速率，在满足抑制靶面中毒打火的前提下，电源频率应取较低的值，一般不应高于 $60 \sim 80$ kHz。

图 3-86 为中频双靶溅射的示意图。在中频交流磁控溅射设备中，通

常采用两个尺寸大小和外形完全相同的靶并排配置,也称为孪生靶。孪生靶在溅射室中是悬浮电位安装。通常对两个靶同时供电,其脉冲电流的正负波形对称。

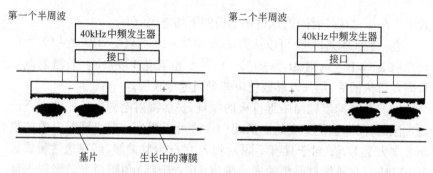

图 3-86　中频双靶(twin target)溅射系统

在中频交流磁控反应溅射过程中,抛弃了传统溅射靶的固定阳极概念,在悬浮交流电位的激励下,两个孪生靶周期性交替互为阳极和阴极,使其周期轮回溅射。如图 3-86 所示,在溅射过程中,当其中一个靶上所加的电压处于负半周时,其主要功能是作阴极,靶面处于被正离子轰击溅射状态;而另一块靶处于正电位,充当阳极,等离子体中的电子被加速到达靶面,中和了在靶面绝缘层上累积的正电荷。在下半个周期,两者的角色互换。

在每个负半周时,靶面被溅射,同时也是对靶面上可能沉积的介质层的清理过程;而每个正半周,靶面积累的正电荷被中和,因此孪生靶不但保证了在任何时刻系统都有一个有效的阳极,消除了"阳极消失"现象,而且还能抑制普通直流反应磁控溅射中的靶面中毒和弧光放电现象,使溅射过程得以稳定地进行。

构成孪生靶的两个靶在以下方面一定要严格一致:结构、材料、形状、尺寸、加工与安装精度,而且两个靶在工作中应处于同一环境条件,例如,气体压力及气体组分、抽气速率和靶电源等。

实验证实,交流电的波形对溅射工艺有影响。矩形波电流响应曲线不理想,如果匹配不合适,则电流滞后较严重。而正弦波形电源的电流响应要好得多。正弦波实现半波调节功率相对较困难,一般采用如图3-87所示的对称输出波形。现在,一般推荐的中频交流磁控溅射电源是40 kHz正弦波形,对称供电,带有自匹配网络的交流电源。

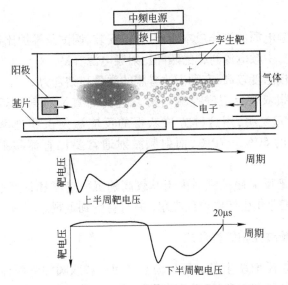

图 3-87 用于中频溅射的交流对称输出波形

3.10.2 中频双靶反应磁控溅射的特点

中频双靶反应磁控溅射法制备薄膜有许多优良性能,许多是普通直流磁控溅射或者射频溅射所无法达到的。其主要特点如下:

(1)中频双靶反应磁控溅射制备的薄膜质量高,成膜均匀性和结构特性也优于直流反应溅射法。例如,中频反应溅射所制备的绝缘膜相对于直流溅射基本无大颗粒,薄膜的缺陷密度比直流反应溅射法的少几个数量级。膜层致密程度与射频溅射成膜质量接近,完全能够满足绝大多数领域的应用需要。用扫描电镜对采用射频溅射和中频溅射所得的薄膜样品的表面形貌进行了观察,射频溅射的薄膜样品和中频溅射样品的表面都很平整,没有龟裂、针孔等缺陷。二者在放大 50000 倍的条件下得到的表面情况存在明显区别。射频溅射的薄膜样品表面有 20 nm 左右的密密麻麻的小圆丘,而中频溅射的薄膜样品的表面显得很平。

(2)中频双靶反应磁控溅射的沉积速率高。对硅靶,中频反应溅射的沉积速率是直流反应溅射速率的 10 倍,比射频溅射高 5 倍左右。

(3)中频双靶反应磁控溅射过程可稳定在设定的工作点。它既消除了"打火"现象,又能够克服直流放电状态下常出现的靶中毒和阳极消失现象。

（4）中频电源的制作成本较低，设备安装、调试及维护比射频溅射容易，运行稳定，中频电源与靶的匹配比射频电源容易。

（5）基板温度较高，有利于改善膜的质量和结合力。

（6）中频双靶反应磁控溅射可以达到与直流溅射相近的溅射速率。一些研究表明，用这种方法获得的反应溅射沉积速率能达到金属溅射速率的 60% ~ 70%，而射频溅射通常要比直流溅射低一个数量级。

中频双靶反应磁控溅射由于其较高的沉积速率和良好的工作稳定性，已经在工业化生产中得到应用，并日益受到重视。

3.10.3 中频磁控靶结构形式

中频磁控溅射孪生靶又可分为双平面靶和双圆柱靶两种结构形式。一般两个单靶紧密排列，可减少中和靶面正电荷时等离子的路径。中频磁控溅射双平面靶结构如图 3-88 所示，每个单靶的具体结构均可采用普通靶的结构，主要包括：磁铁、极靴、水冷通道、铜背板、靶材、屏蔽罩等。两个单靶采用一个中频电源，在两靶之间布进气口，通入工作气体，使靶面气体分布更集中，保证刻蚀均匀，提高沉积速率。中频磁控溅射双圆柱靶结构如图 3-89 所示。

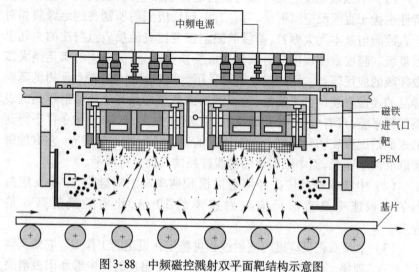

图 3-88　中频磁控溅射双平面靶结构示意图

图 3-89　中频磁控溅射双圆柱靶结构

　　如图 3-90 所示,双平面矩形中频靶的布置形式有:孪生靶左右平行放置、孪生靶左右倾斜放置和孪生靶对面放置。图 3-90(a)为中频双靶标准布置形式,适合于平板形基片的薄膜沉积;图 3-90(b)将双靶设计成相互倾斜的形式,给靶的磁场设计提供了较大的灵活性,适合沉积制备带有弧形表面的基片,还可将单靶宽度增加,使靶材有较大的存储量;图 3-90(c)为两个孪生靶在真空室内的基片架两侧面对面设置,在一个较小的空间宽度内,形成了一个沉积效率高和利于薄膜均匀成长的环境。

　　如图 3-91 所示的中频多对靶非平衡磁控溅射系统是在圆柱形镀膜室中摆放了 4 对磁控对靶,工件可以接通采用直流或脉冲负偏压,采用 4 台恒流工作模式的中频电源分别控制 4 对磁控中频对靶。在每半个脉冲周期中,磁控对靶中的一个处于负电位的磁控靶作为溅射阴极,而另一个磁控靶作为阳极。磁控靶电压在另半个周期中转换方向,瞬间阴极生成的二次电子在电场作用下加速向阳极移动,并中和在阳极表面积累的正电荷。

　　该镀膜设备适合一次性装料(基片)量较多的大批量工业生产,由于采用旋转工件架和多靶对溅射,使该镀膜设备的沉积速率较高,膜层较均匀。镀膜机的 4 对磁控靶还可以分别置放不同的靶材,用来制备合金膜或化合物薄膜。例如,可利用两个 Cr 靶和 6 个 C 靶交替溅射和共溅射得到含铬的 DLC 膜;利用 Ti 靶和 Al 靶可以得到 TiAlN 和 TiCN 薄膜。还可以利用多靶对的特点沉积多层梯度结构的薄膜。

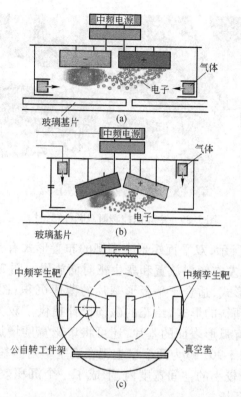

图 3-90 中频孪生双靶布置形式

（a）孪生靶左右平行放置；（b）孪生靶左右倾斜放置；（c）孪生靶对面放置

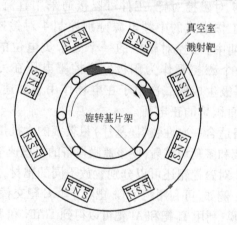

图 3-91 四对对靶构成的非平衡中频磁控溅射系统

3.10.4 中频磁控靶 PEM 控制

中频反应溅射系统最好同时采用等离子体发射光谱监控系统，并快速响应反应气体供气，使溅射过程更加稳定和反应布气更加均匀。中频磁控溅射双平面靶的 PEM 控制系统和控制原理如图3-92和图3-93所示。

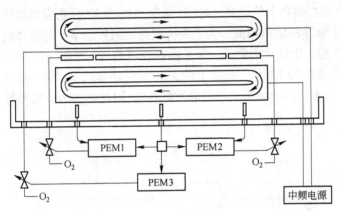

图 3-92　中频磁控溅射双矩形平面靶的 PEM 控制系统

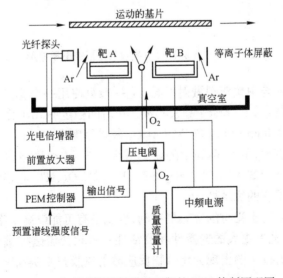

图 3-93　中频磁控溅射双平面靶的 PEM 控制原理图

3.11　非对称脉冲溅射

脉冲磁控溅射一般使用矩形波电压, 这不仅是因为用现有的电子器件采用开关工作方式可以方便地获得矩形波电压波形, 而且矩形波电压波形有利于研究溅射放电等离子体的变化过程。图 3-94 为用于脉冲溅射的矩形波电压波形, 脉冲周期为 T, 每个周期中靶被溅射的时间为 $T-\Delta T$, ΔT 为加到靶上的正脉冲时间(宽度), V^- 和 V^+ 分别为加到靶上的负脉冲与正脉冲的电压幅值。为了保持较高的溅射速率, 正脉冲的持续时间 ΔT 要远小于脉冲周期 T。为了能在较短的 ΔT 时间内完全中和靶面绝缘层上累积的正电荷, 靶面上的正电压 V^+ 不能过低, 但一般也不高于 100 V。由于所用的脉冲波形是非对称性的, 因此得名为非对称脉冲磁控溅射。

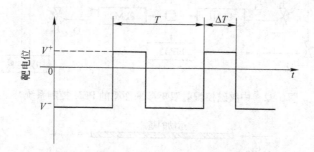

图 3-94　用于脉冲反应溅射的矩形波电压波形

脉冲溅射与中频双靶溅射不同, 它一般只使用一个靶。采用脉冲反应磁控溅射技术, P. Frach 等人实现了长时间稳定的 Al_2O_3 薄膜沉积, 沉积速率达到 240 nm/min, 制备的 Al_2O_3 薄膜厚度达 50 μm。由于成功地消除了靶的打火, Al_2O_3 薄膜中的缺陷减少了 3 ~ 4 个数量级。脉冲反应磁控溅射在沉积 SiO_2、TiO_x、TaO_x、SiN_x、DLC、Al_2O_3、ITO 等多种薄膜的过程中都显示了它的优越性。

脉冲溅射对于靶材的散热更有利, 也就是有可能以高功率脉冲供电, 因此, 溅射工艺有更大的选择性和灵活性。中频交流磁控溅射技术和非对称脉冲溅射技术的出现为化合物反应溅射成膜技术实现工业化奠定了基础。

3.12　合金膜的溅射沉积

为使溅射系统所用靶的数量减少,尽量用一个靶就能溅射沉积制取符合成分及性能要求的合金薄膜,可以采用合金靶、复合镶嵌靶以及采用多靶溅射等。

一般说来,在放电稳定状态下,按照靶的成分,各种构成原子分别受到溅射作用,溅射镀膜比真空蒸镀和离子镀的一个优越之处在于:膜层的组分和靶的组分差别较小,而且镀层组分稳定。不过,在有些情况下,由于不同组成元素的选择溅射现象、膜层的反溅射率以及附着力不同,会引起膜层和靶的成分有较大的差别。使用这种合金靶,为了制取确定组分的膜,除了根据实验配制特定配比的靶并尽量降低靶的温度之外,还要尽可能降低基片温度以便减少附着率的差别,并选择合适的工艺条件尽量减少对膜层的反溅射作用。

在有些情况下,不易制备大面积的均匀合金靶、化合物靶,这时可以采用由单元素组成的复合镶嵌靶,靶表面的构成如图 3-95 所示。其中图 3-95(d)所示的扇形镶嵌结构效果最好,易于控制膜的成分,重复性也好。从原理上讲,不仅二元合金,三元、四元等合金膜都可以用这种方法制取。

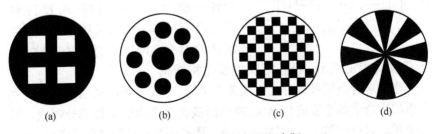

(a)　　　　(b)　　　　(c)　　　　(d)

图 3-95　各种不同结构的复合靶

(a) 方块镶嵌靶;(b) 圆块镶嵌靶;(c) 小方块镶嵌靶;(d) 扇形镶嵌靶

为在溅射膜中做出相应的成分分布,可采用如图 3-96 所示的镶嵌靶材。图中是在一块 Ti 基体靶材的刻蚀区上钻孔镶嵌 Al 材料的复合靶,用来制取 TiAlN 合金膜或化合物膜。由图中可以看出,在基片的不同位置上,膜成分是不同的,Al 材料的镶嵌位置和数量对应着确定的合金成分,因此用这种方法制取各种成分的合金或化合物膜是十分方便的。

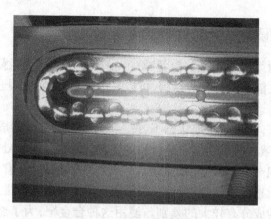

图 3-96　Ti-Al 镶嵌复合靶

多靶溅射的结构如图 3-97 所示。使基片在两个以上靶的上方转动,控制每种膜的沉积厚度为一个或几个原子层,轮番沉积,这样就能制取化合物膜。例如,有人使用 InSb 和 GaSb 靶,制得了 $In_{1-x}Ga_xSb$ 单晶膜。虽然这种装置复杂一些,但是通过控制基片的转动速度和改变各个靶上所加的电压,可以得到任意组分的膜;按照镀膜的时间,控制这些参数,可以在膜厚的方向上

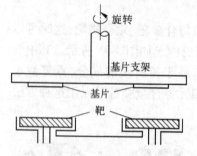

图 3-97　多靶溅射结构示意图

任意改变膜的组分,而且能获得超晶格结构。

当要求合金膜各成分之间相差很大时,一般要采用辅助阴极法。主阴极靶由合金的主要成分制成,辅助阴极靶由合金的添加成分制成。对各个靶同时进行溅射,以形成合金膜。通过调节辅助阴极靶的电流,可以任意改变合金膜中添加成分的数量。

3.13　铁磁性靶材的溅射沉积

电子信息技术的快速发展对磁性薄膜、磁性元器件产生了巨大需求,磁性薄膜和磁性元器件的制备离不开原料 Fe 、Co 、Ni 等铁磁性金属及合金。由于磁控溅射技术制备的薄膜纯度高、结构控制精确,因此,磁控溅射是沉积高质量磁性薄膜来制造磁性元器件广泛采用的方法。但是磁

溅射沉积磁性薄膜存在着铁磁性靶材难以正常溅射等问题,这一困难阻碍了高性能磁性薄膜和器件的生产与应用。

3.13.1 磁控溅射铁磁性靶材存在的问题

对于 Fe、Co、Ni、Fe_2O_3、坡莫合金等铁磁性材料,要实现低温、高速溅射沉积,采用普通的磁控溅射方式会受到很大的限制。这是由于采用上述几种材料制成的靶磁阻很低,大部分磁场如图 3-98 所示的那样几乎完全从铁磁性靶材内部通过,使靶材表面上部的剩余磁场过小,无法形成有效的电子束缚区域,不可能形成平行于靶表面的使二次电子做圆摆线运动的强磁场,使得磁控溅射不能进行。此时,磁控溅射就成为效率很低的二极溅射,使薄膜的沉积速度大大下降,基片急剧升温。

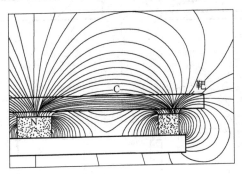

图 3-98 磁力线通过铁磁性靶材示意图
(C 为磁力线通道的中线轴)

相比普通靶材,除了磁屏蔽效应外,在溅射铁磁性材料时,等离子体磁聚现象变得更加严重。如图 3-99 所示,图 3-99(a) 中的点 1 和点 3 是磁力线通道中线轴 C 两边的点。在溅射时,由于电场和磁场共同存在,处于点 1 和点 3 位置的电子受到库仑力和洛仑兹力的作用而向磁力线通道的中线轴 C 处运动,处于点 2 位置的电子不受横向力的作用。因此,溅射时中线轴处的等离子体最多,在靶材相应位置的溅射最为激烈,溅射率也最大。这种情况在所有的靶材溅射中均存在。但是在溅射铁磁性靶材时,等离子体磁聚现象更加严重。从图 3-99 (d) 可见,由于等离子体磁聚现象,首先在磁力线通道中线处出现溅射沟道,原来从铁磁靶材内部通过的磁力线就将从沟道处外泄出来,溅射的沟道越深,外泄的磁力线越多,磁力线中轴处的磁场强度越大,从而使更多的电子在磁力线中轴处磁聚,更多的等离子体在磁力线中轴处产生,于是沟道处的溅射率就越大,最终导致沟道处的靶材更快被溅穿。由于铁磁性靶材内部通过的磁力线远远多于普通靶材,因此其磁力线外泄得更多,磁力线中轴处的磁场强度更大,沟道处的溅射刻蚀速率更快。

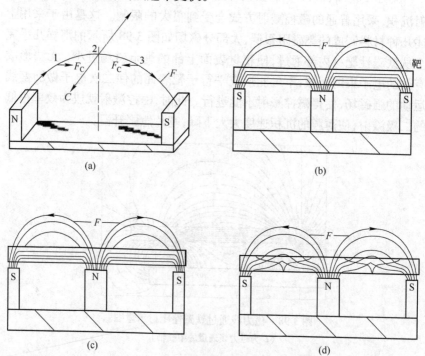

(a)　　　　　　　　　　　　(b)

(c)　　　　　　　　　　　　(d)

图 3-99　铁磁性靶材溅射时的等离子体磁聚现象
(F 为靶材表面众多磁力线的一条)
(a) 靶面上部的磁力线通道;(b) 开始溅射时的靶材磁场;
(c) 溅射一段时间之后的靶材磁场;(d) 即将刻蚀透的靶材磁场

3.13.2　磁控溅射铁磁性靶材的主要方法

由于磁控溅射铁磁性靶材的难点是靶材表面的磁场达不到正常磁控溅射时要求的磁场强度,因此解决的思路是增加铁磁性靶材表面剩磁的强度,以达到正常溅射工作对靶材表面磁场大小的要求。实现的途径主要有以下几种:

（1）靶材设计与改进；

（2）增强磁控溅射阴极的磁场；

（3）降低靶材的磁导率；

（4）设计新的磁控溅射系统；

（5）设计新的溅射阴极装置；

（6）靶材与溅射阴极装置的综合设计。

3.13.2.1 靶材的设计改进

将铁磁性靶材的厚度减薄是解决磁控溅射铁磁材料靶材的最常见方法。如果铁磁性靶材足够薄，则其不能完全屏蔽磁场，一部分磁通将靶材饱和，其余的磁通将从靶材表面通过，达到磁控溅射的要求。这种方法的最大缺点是靶材的使用寿命过短，同时靶材的利用率很低。而且薄片靶材的另一个缺点是溅射工作时，靶材的热变形严重，往往造成溅射很不均匀。

一种对铁磁性靶材进行的改进设计是在靶材表面刻槽，槽的位置在溅射环两侧（见图3-100）。这种设计的靶材适用于具有一般磁导率的铁磁性靶材，例如镍，但对具有高磁导率的靶材料效果较差。虽然靶材的这种改进增加了靶材的成本，但这种措施无需对溅射阴极进行改动，能在一定程度上满足溅射铁磁性材料的需求。

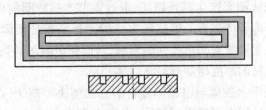

图 3-100 经过刻槽改进的靶材

图3-101 给出了一种间隙型刻槽改进靶材。该靶所用的阴极是平面磁控溅射型的。靶磁场由置于靶的铜背板下方的水冷却的永磁体产生。在两个磁极之间的中心位置处和不带靶材的阴极表面上，其磁场强度为0.145 T。靶材可以为铁、镍等导磁材料，将靶材黏在铜背板上以后，用专用刀具在靶材上沿其宽度方向切出所要求的间隙。其原理是在靶材表面上切出许多截断磁路的间隙，使得在靶材尚未达到磁饱和的条件下，通过控制间隙宽度和间隙的间隔，即可在磁性材料靶表面上产生均匀的、较大的

漏泄磁场,从而使靶材表面上能够形成正交磁场,而达到磁性材料的高速磁控溅射成膜的目的。这种磁系统可以允许磁性靶材的厚度超过 20 mm。

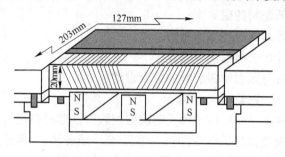

图 3-101　间隙型靶和阴极示意图

3.13.2.2　增强磁控溅射阴极的磁场

增强溅射阴极磁场的一种方法是采用高强磁体,通过强磁场饱和更厚的铁磁性靶材得到靶材表面需要的溅射磁场强度。但是高强磁铁的价格昂贵,同时采用这种方法增加靶材厚度的效果有限,而且由于强永磁体大小不能改变,这种方法会引起严重的等离子体磁聚现象。等离子体磁聚现象的产生使溅射区靶材很快消耗完而不能继续溅射,从而造成靶材利用率很低。

采用电磁线圈来产生高强磁场,通过调节电磁线圈的电流控制磁场大小来抑制等离子体磁聚。但这种方法的磁场装置复杂而且成本高,同时电磁线圈还受到溅射阴极尺寸的限制,从而使电磁场的强度受到限制,导致铁磁性靶材的厚度增加有限。

还可以采用永磁体与电磁体复合的方法解决等离子体磁聚的问题。在不同的溅射过程中调节电磁线圈,以产生大小合适的电磁场。这种方法的缺点是电磁源装置复杂,电磁线圈的使用也增加了设备成本和使用成本。

3.13.2.3　降低靶材的磁导率

由于铁磁材料均存在居里点,如果把铁磁材料加热到其居里温度之上,铁磁材料转变为顺磁材料,其磁屏蔽效应将消失,从而磁控溅射铁磁材料将得到解决。这种方法的缺点是需要一个加热装置来维持铁磁靶材温度在其居里点之上,并要对铁磁靶的温度实时监测。另外,大多数铁磁材料的居里温度非常高,在 400～1100℃ 之间,如果把靶材加热至该温

区,则可能导致无法在基片上成膜或损坏其他真空部件。另一个不利之处是大多数高性能永磁体一旦温度超过 150 ~200 ℃将产生退磁现象,而无法恢复其原有磁性。

3.13.2.4 磁控溅射系统的改进设计

A 对靶磁控溅射系统

采用对靶磁控溅射系统可以获得高沉积速率的磁性膜,且不必大幅度升高基片温度。对靶磁控溅射系统可以用来制备磁性 Fe、Ni 及其磁性合金膜。

对靶磁控溅射系统其原理如图 3-102 所示。两只靶相对安置,所加磁场和靶表面垂直,且磁场和电场平行。阳极放置在与靶面垂直部位,和磁场一起,起到约束等离子体的作用。二次电子飞出靶面后,被垂直靶的阴极位降区的电场加速。电子在向阳极运动过程中受磁场作用,做洛仑兹运动。但是由于两靶上加有较高的负偏压,部分电子几乎沿直线运动,到对面靶的阴极位降区被减速,然后又向相反方向加速运动。这样二次电子除被磁场约束外,还受很强的静电反射作用,二次电子被有效地约束封闭在两个靶极之间,形成柱状等离子体,避免了高能电子对基体的轰击,使基体温升很小。电子被两个电极来回反射,大大加长了电子运动的路程,增加了和氩气的碰撞电离几率,从而大大提高了两靶间气体的电离化程度,增加了溅射所需氩离子的密度,因而提高了沉积速率。

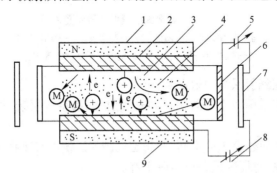

图 3-102 对靶磁控溅射原理

1—N 极;2—对靶阴极;3—阴极暗区;4—等离子体区;5—基体偏压电源;
6—基体;7—阳极(真空室);8—靶电源;9—S 极

图 3-103 为对靶磁控溅射装置示意图。由图可见,由靶两侧的

磁铁及辅助电磁线圈产生了通向磁场构成对靶磁控溅射阴极的磁路,两块靶材对向平行放置,靶材表面与磁力线垂直。溅射时,两侧靶材同时施加负电压,产生的放电等离子体被局限在两靶材之间,两侧靶材被同时溅射,基片被垂直放置于一对阴极靶的侧面。由于靶材与磁场垂直,靶材的厚度对靶材表面磁场的大小及分布影响较小,因此对靶磁控溅射技术对靶材的厚度无特殊要求,可以超过10 mm。除此之外,对靶磁控溅射的靶材溅射沟道平坦,靶材利用率高,可大于70%。

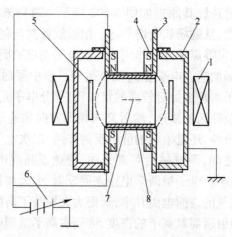

图 3-103 对靶磁控溅射装置示意图
1—辅助电磁线圈;2—阳极;3—对靶阴极;4—靶两侧磁铁;
5—基片;6—靶电源;7—放电等离子体;8—靶材

对靶磁控溅射系统的缺点是:

(1)由于采用两个对向靶材同时溅射,阴极结构复杂、加工成本高、安装难度大。

(2)与平面磁控溅射不同,对靶磁控溅射系统因其磁路开放,在周围出现漏磁现象,对周围设备产生磁干扰。

(3)因采用旁轴溅射模式,在溅射过程中,等离子体对基片的轰击较弱,影响薄膜的附着力。

B 带有中空阴极的平面磁控溅射系统

图 3-104 给出了一个在传统的平面磁控溅射系统中附加了中空阴极电子枪的溅射装置,这是一个三极装置,其中阴极为磁性阴极,中空阴极

电子源作为一个二极阴极。电子源靠近磁阴极,以使它位于阴极的边缘,但仍基本处于磁场中。中空阴极在磁场中的位置是至关重要的。从中空阴极中发射出来的电子产生额外的气体离化,由此导致在恒定电压下等离子体密度的增加。

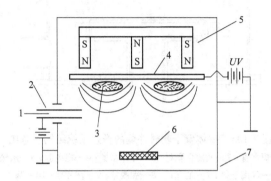

图 3-104　带有中空阴极的平面磁控溅射系统
1—Ar气入口;2—中空阴极;3—等离子体;4—阴极靶;
5—磁体;6—基片;7—真空室

C　外置磁体的溅射系统

可溅射铁磁性靶材的磁体置于靶材外侧的磁控溅射装置结构如图3-105所示。图中永磁体置于铁磁性靶材的外侧,靶材内侧是冷却水套。由于永磁体置于靶材的外侧,较少的磁体就能满足磁控溅射对磁场强度的要求,同时靶材厚度对实现磁控溅射没有影响,较厚的靶材也能进行磁控溅射。装置中磁体所处位置是等离子轰击很弱的位置,但为了防止磁体溅射对沉积的薄膜造成污染,需要在磁体表面覆盖一层与靶材成分一样的薄片。这种装置的优点是用较少的磁体就能实现较厚的铁磁性靶材的磁控溅射,而无需昂贵的高性能永磁体或电磁线圈。这种装置的缺点是:由于磁体位于靶材外侧,靶材受轰击产生的高温对磁体有不良影响,一旦温度超过150℃,有可能造成永磁体退磁失效。

D　双靶材溅射阴极靶

用于溅射铁磁性靶材的双靶材阴极溅射装置的结构如图3-106所示。这种靶溅射铁磁性靶材的思路是将传统的一块靶材分成内外两块,两块靶材中间用陶瓷片隔开,这样隔开的铁磁性靶材不能将磁体产生的

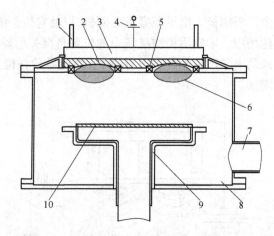

图 3-105 磁体置于靶材外侧的溅射系统结构示意图

1—冷却水管；2—铁磁性靶材；3—冷却水套；4—靶电源；5—永磁体；
6—等离子体；7—抽气口；8—镀膜室；9—基片架；10—基片

磁场完全屏蔽,使靶材表面产生满足磁控溅射要求的磁场强度。这种溅射靶的缺点是装置复杂、通用性不强、不易安装维护。

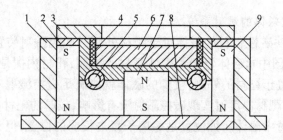

图 3-106 双靶材阴极溅射装置结构示意图

1—靶座；2—背板；3—外侧靶材；4—陶瓷片；5—冷却水管；
6—内侧靶材；7—内磁体；8—极靴；9—外磁体

3.14 离子束溅射

前述的各种溅射方法都是直接利用辉光放电中产生的离子进行溅射,并且基体也处于等离子体中,因此,基体在成膜过程中不断地受到周围环境气体原子和带电粒子的轰击,以及快速电子的轰击。而且沉积粒子的能量随基体电位和等离子体电位的不同而变化。因此,在等离子状态下镀制的薄膜,性质往往差异较大。而且,溅射条件如溅射气压、靶电压、放电电流等不能独立控制,这使得对成膜条件难以进行精确而严格的控制。

离子束溅射沉积是在离子束技术基础上发展起来的新的成膜技术。按用于薄膜沉积的离子束功能的不同,可分为两类。一类是一次离子束沉积,这时离子束由需要沉积的薄膜组分材料的离子组成,离子能量较低,它们在到达基体后就沉积成膜,又称低能离子束淀积。另一类为二次离子束沉积,离子束是由惰性气体或反应气体的离子组成,离子的能量较高,它们打到由需要沉积的材料组成的靶上,引起靶原子溅射,再沉积到基体上形成薄膜,因此,又称离子束溅射。

离子束溅射沉积原理如图 3-107 所示,由大口径离子束发生源(1 号离子源)引出惰性气体离子(Ar^+、Xe^+ 等),使其入射在靶上产生溅射作用,利用溅射出的粒子沉积在基体上制得薄膜。在大多数情况下,沉积过程中还要采用第二个离子源(2 号离子源),使其发出的第二种离子束对形成的薄膜进行入射,以便在更广范围控制沉积膜的性质,这种方法又称双离子束溅射法。

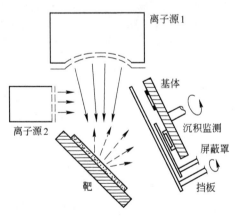

图 3-107 离子束溅射原理图

通常,第一个离子源多用考夫曼源,第二个离子源可用考夫曼源或霍尔离子源等。离子束溅射和等离子溅射镀膜相比,虽然装置较复杂,成膜速率较低,但具有以下优点:

(1) 在 10^{-3} Pa 的高真空下,在非等离子状态下成膜,因为沉积的薄膜很少掺有气体杂质,所以膜的纯度较高。

(2)沉积发生在无场区域,基体不再是电路的一部分,不会由于快速电子轰击使基体引起过热,因此基体的温升低。

(3)可以对制膜条件进行独立的严格的控制,重复性较好。

(4)适合用于制备多成分的多层膜。

(5)许多材料都可以用离子束溅射,其中包括各种粉末、介质材料、金属材料和化合物等。特别是对于饱和蒸气压低的金属和化合物以及高熔点物质的沉积等,用离子束溅射沉积比较适合。

离子束溅射技术中所用的离子源可以是单源、双源和多源。虽然这种镀膜技术所涉及的现象比较复杂,但是,通过适当地选择靶及离子的能量、种类等,可以比较容易地制取各种不同的金属、氧化物、氮化物及其他化合物等薄膜,特别适合制作多组元金属氧化物薄膜。目前这一技术已在磁性材料、超导材料以及其他电子材料的薄膜制备方面得到应用。另外,由于离子束的方向性强,离子流的能量和通量较易控制,因此也可用于研究溅射过程特性,如高能离子的轰击效应、单晶体的溅射角分布以及离子注入和辐射损伤过程等。

4　真空离子镀膜

真空离子镀膜技术(简称离子镀)是由美国 Sandin 公司开发的将真空蒸发和真空溅射结合的一种镀膜技术。离子镀膜过程是在真空条件下,利用气体放电使工作气体或被蒸发物质(膜材)部分离化,在工作气体离子或被蒸发物质的离子轰击作用下,把蒸发物或其反应物沉积在被镀基片表面的过程。

4.1　离子镀的类型

离子镀膜层的沉积离子来源于各种类型的蒸发源或溅射源,从离子来源的角度可分成蒸发离子镀和溅射离子镀两大类:

(1)蒸发离子镀。通过各种加热方式加热镀膜材料,使之蒸发产生金属蒸气,将其引入以各种方式激励产生的气体放电空间中使之电离成金属离子,它们到达施加负偏压的基片上沉积成膜。

蒸发离子镀的类型较多,按膜材的气化方式分,有:电阻加热、电子束加热、等离子体束加热、高频或中频感应加热、电弧放电加热蒸发等;按气化分子或原子的离化和激发方式分,有:辉光放电型、电子束型、热电子束型、等离子束型、磁场增强型以及各类型离子源等。

不同的蒸发源和不同原子的电离与激发的方式有多种组合,因此出现了许多种蒸发源型离子镀的方法,常见的有:直流放电式(二极或三极)离子镀、反应蒸发离子镀(电子枪蒸发或空心阴极蒸发)、高频电离式离子镀、电弧放电式离子镀(柱形阴极弧源或平面阴极弧源)、热阴极电弧强流离子镀、离化团束离子镀等几种形式。

(2)溅射离子镀。通过采用高能离子对膜材表面进行溅射而产生金属粒子,金属粒子在气体放电空间电离成金属离子,它们到达施加负偏压的基片上沉积成膜。溅射离子镀有磁控溅射离子镀、非平衡磁控溅射离子镀、中频交流磁控离子镀和射频溅射离子镀等几种形式。

按膜材原子被电离时的空间位置又可分成普通的离子镀和离子束镀。前者一般指在膜材蒸发源与基片之间的空间气体放电并让膜材原子被电离。后者一般是指从离子源发射出来的离子束在基片上沉积,它的离子是在专用的离子源内电离产生,不是在蒸发源与基片之间的空间中被电离的。

从有无反应气体参与镀膜过程以及其沉积产物分类,又可分为真空离子镀和反应离子镀。真空离子镀是指在镀膜过程中只有惰性气体而没有反应气体参与,沉积产物就是膜材本身。而反应离子镀则指在镀膜过程中,除惰性气体外还有反应气体参与(如 N_2、碳氢类气体、O_2 等),反应气体在放电空间也会被电离激发,并在基片表面与膜材的原子、离子进行反应,以反应产物形式沉积在基片上成膜(如 TiN 等)。反应离子镀已获得广泛应用。

4.2 真空离子镀原理及成膜条件

4.2.1 真空离子镀原理

真空离子镀的原理如图 4-1 所示。真空室抽至 $10^{-3} \sim 10^{-4}$ Pa,随后通入工作气体(Ar),使其真空度达到 $1 \sim 10^{-1}$ Pa,接通高压电源,在蒸发源(阳极)和基片(阴极)之间建立起一个低压气体放电的低温等离子区。基片成为辉光放电的阴极,其附近成为阴极暗区。在负辉区附近产生的工作气体离子进入阴极暗区被电场加速并轰击基片表面,可有效地清除基片表面的气体和污物。随后,使膜材气化,蒸发的粒子进入等离子区,并与等离子区中的正离子和被激发的工作气体原子以及电子发生碰撞,其中一部分蒸发粒子被电离成正离子,大部分原子达不到离化的能量,处于激发状态。被电离的膜材离子和工作气体离子一起受到负高压电场加速,以较高的能量轰击基片和镀层的表面,并沉积成膜。由于荷能离子的轰击可贯穿沉积膜成核和生长的全过程。因此,离子镀成膜过程中所需的能量完全是靠荷能离子供给,而离子的能量是在电离碰撞以及离子被电场加速中获得的,这与蒸发镀的能量是靠加热方式获得的截然不同的。

在离子镀膜的过程中,荷能粒子参与或干预了整个镀膜过程。膜材气化粒子来源于蒸发和溅射,而膜材粒子的电离则发生在膜材与基片之间的气体放电空间。处于负电位的基片表面受到等离子体的包围,在镀膜前受到工作气体正离子的轰击溅射,清理了表面。在镀膜过程中始终受到工作气体离子和镀料离子的轰击溅射,致使沉积与反溅共存。

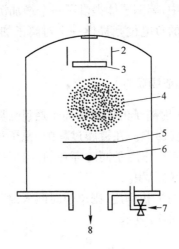

图 4-1　真空离子镀原理图

1—接负高压;2—接地屏蔽;3—基板;4—等离子体;
5—挡板;6—蒸发源;7—充气阀;8—真空系统

　　离子镀技术的一个重要特征是在基片上施加负偏压用来加速离子,增加和调节离子的能量。负偏压的供电方式,除传统的可调直流偏压技术外,还有高频脉冲偏压技术。脉冲偏压的频率、幅值、占空比可调,有单极脉冲,也有双极脉冲。脉冲偏压技术的引入使偏压值与基片温度参数可分别控制。

　　在基片上施加负偏压可产生更大的电场力使等离子体中部分正离子加速到达基片上轰击和沉积。即利用气体放电产生等离子体,通过碰撞电离,除部分工作气体电离外,使膜材原子也部分电离,同时在基片上加负偏压,可对工作气体和膜材的电离离子加速增加能量,并吸引它们到达基片;一边轰击基片,一边沉积,这对膜的品质、性能均有较大改善。这是离子镀技术的突出特点。

　　由上述可见,离子镀技术的实施必须具备三个条件:一是有一个气体放电空间,工作气体部分地电离产生等离子体;二是要将膜材原子或反应气体引进放电空间,在其中进行电荷交换和能量交换,使之部分离化,产生膜材物质或反应气体的等离子体;三是在基片上施加负电位,形成对离子加速的电场。

在离子镀膜过程中,等离子体提供了一个增加沉积原子(团)的离化率和能量的源。基片的负电位则提供一个对离子加速的电场,借以补给和调节离子的能量。

4.2.2　真空离子镀的成膜条件

离子镀成膜时,入射离子的能量和离子通量对膜的成核与生长以及膜的结构和性能有重要影响。在镀膜过程中,原子和离子的沉积与离子引起的反溅所产生的剥离作用是同时存在的,当沉积作用超过溅射剥离作用时,才能发生薄膜的沉积。

只考虑蒸发原子的沉积作用,则单位时间入射到单位基片表面上的金属原子数 n 可用式(4-1)表示

$$n = R_v \frac{10^{-4} \rho N_A}{60M} \tag{4-1}$$

式中　R_v——沉积原子在基体表面上的成膜速率,$\mu m/(cm^2 \cdot min)$;

　　ρ——沉积膜材的密度,g/cm^3;

　　M——沉积原子的摩尔质量,g/mol;

　　N_A——阿伏加德罗常数,$N_A = 6.029 \times 10^{23} mol^{-1}$。

对于 Ag($M = 107.88$ g/mol,$\rho = 10.49$ g/cm^3),当蒸发速率为 1 $\mu m/min$时,$n = 9.76 \times 10^{16}(cm^2 \cdot s)^{-1}$。

式(4-1)中未考虑溅射剥离作用,如考虑离子轰击的剥离效应,则应引入溅射率的概念。如果轰击基体的是一价正离子,测得离子流密度为 J_i,则每秒内轰击基体表面的离子数 n_i 为

$$n_i = \frac{10^{-3} J_i}{1.6 \times 10^{-19}} = 6.3 \times 10^{15} J_i \tag{4-2}$$

式中　1.6×10^{-19}——价正离子的电荷量,C;

　　J_i——入射离子形成的电流密度,mA/cm^2。

一般假定入射离子都具有反溅剥离能力,则由式(4-1)和式(4-2)可知,在离子镀中,要想沉积成膜,必须使沉积效果大于溅射剥离效果,即成膜条件为

$$n > n_i \tag{4-3}$$

通常,n_i 中应包括有附加气体所产生的附加气体的离子数,还应考

虑入射离子的能量,它才最终决定反溅射的几率。

离子能量以500eV为界,分为高能和低能。离子镀通常是采用低能离子轰击。离子能量低于200eV,对提高沉积原子的迁移率和附着力、对表面弱吸附原子的解吸、改善膜的结构和性能有益。若离子能量过高,则会产生点缺陷,使膜层形成空隙和导致膜层应力增加。

离子镀时,每个沉积原子由入射离子获得的能量(平均值),称为能量获取值 E_a(eV):

$$E_a = \frac{\Phi_i}{\Phi_a} E_i \tag{4-4}$$

式中　E_i——入射离子的能量,eV;

　　Φ_i / Φ_a——离子到达比,是指轰击膜层的入射离子通量 Φ_i 与沉积原子通量 Φ_a 之比。

一般情况下,在 E_a 低于1eV时,膜层的结构和性能没有任何变化,而 E_a 为 5~25eV 时膜层的结构和性能则发生显著变化。实验数据表明,在某些能量条件下,$n < n_i$ 也能成膜。由于反溅射的关系,离子到达比越高,则成膜速率越低。

4.3　等离子体在离子镀膜过程中的作用

4.3.1　放电空间中的粒子行为

在离子镀和离子束沉积技术中,放电等离子体为沉积原子(或原子团)提供了一个增加其能量和离化率的能量源。因此该等离子体增强了可以影响薄膜生长和性能的物理过程和化学过程。

在离子镀膜过程中,放电等离子体的作用为:

(1)在被蒸发的膜材粒子与反应气体分子之间产生激活反应,增强了化合物膜的形成。

(2)改变薄膜生长动力学,使其组织结构发生变化,导致薄膜的物理性能的变化。

由离化粒子组成的等离子体具有一定的能量,为激发沉积粒子到较高的能量水平提供了必要的激活能,因此使沉积具有特定性能的薄膜变得更加容易,速率更快。并且,等离子体中具有一定能量的正离子的轰击,对薄膜的微观结构和物理性能具有重要影响。所以,应尽量开发出新的离子镀膜沉积装置,使基片处于密集的等离子体中,以便实现基片上具有较大的离子流。特别是基片面积大、形状复杂且靶-基距又较大时,等离子体密度及其对基片的包围程度是非常重要的。

假设轰击离子将全部能量都转移给沉积膜层原子,由式(4-1)和式(4-2)可知每个沉积膜层原子的能量 $E_p(eV)$ 为

$$E_p = \frac{eU_i n_i}{n} = \frac{M_r J_i}{R_v} eU_i \times 6.3 \times 10^{-3} \qquad (4-5)$$

因此可得离子流密度 $J_i(mA/cm^2)$ 为

$$J_i \approx 159 \frac{R_v \rho E_p}{M_r e U_i} \qquad (4-6)$$

式中　M_r——膜层原子的相对平均摩尔质量,g/mol;

　　　R_v——沉积原子在基体表面的成膜速率,$\mu m/(cm^2 \cdot min)$;

　　　ρ——膜层的平均密度,g/cm^3;

　　　eU_i——离子能量,eV;

　　　E_p——沉积膜层原子能量,eV。

在离子镀中,要想制备致密的高质量的薄膜并能控制薄膜的微观结构,到达基片的离子通量和能量起着决定性作用。因此,离子镀膜工艺条件必须满足如下的三个基本条件:

(1) 在基片附近要有足够高的离化率。

(2) 到达基片的离子流密度 $J_i \geq 0.77 \, mA/(cm^2 \cdot s)$。

(3) 膜材粒子的流通量要满足 $n > n_i$。

在放电空间中,工作气体(如 Ar)的行为是多样的,一些气体原子 G 与电子碰撞而电离,并受基片前负电位电场加速到达基体表面。被加速的离子又可能与其他中性原子发生电荷交换

$$G_1^+ + G_2 \rightarrow G_1 + G_2^+$$

产生高能中性原子(激发态)和离子,这些粒子可能一起到达基体表面或被中和。高能的中性粒子或激发态原子 G^* 也可能被基片(负电位)反射,当它们到达基体表面时,由于溅射产生了二次电子发射 e 和表面溅射粒子 S。所产生的二次电子被基片前的阴极位降加速,与气体原子碰撞产生电离,维持放电。表面溅射粒子 S 在空间受到散射返回基片,也可能与电子或介稳态原子碰撞产生电离(潘宁电离):

$$S + G^* \rightarrow S^+ + G + e$$

它们被加速后返回负电位基片或飞出阴极区,沉积在系统的其他地方。

在沉积薄膜时,由蒸发源发出来的中性原子 M 在向基片方向运动的过程中,其中一部分在通过等离子体区时,由于与电子、激发态原子 G^* 碰撞而电离成正离子 M^+ 或者与工作气体的离子 G^+(例如 Ar^+)碰撞交换电荷:

$$G^+ + M \rightarrow M^+ + G$$

成为正离子。这些 M^+ 在电场作用下加速向基体运动,并且能量不断增加。在到达基体之前如果与电子相碰撞,或与放电气体原子 G 以及蒸发粒子 M 碰撞产生电荷交换,而本身变为具有较高能量的中性原子。

在普通的离子镀过程中,传递给基体的能量中,离子带给的仅占 10%,而中性粒子所带给的占 90%。在离子镀过程中沉积粒子小部分是高能离子,大部分是高能中性粒子,而离子和中性粒子的能量取决于基体上的负偏压。

4.3.2 离子镀过程中的离子轰击效应

在离子镀过程中离子参与了沉积成膜的全过程,它的最大特色就是离子轰击基片引起的各种效应。其中包括:离子轰击基片表面、离子轰击膜-基界面以及离子轰击生长中的膜层所发生的物理化学效应。

4.3.2.1 离子轰击基片表面所产生的各种效应

离子轰击基片表面会有以下效应发生:

(1)离子溅射对基片表面产生清洗作用。这一作用可清除基片表面上的吸附污染层和氧化物。如果轰击粒子能量高,化学活性大,则可与基片发生化学反应,其产物是易挥发或易溅射的。

(2)产生表面缺陷。轰击离子传递给晶格原子的能量 E_t 决定于粒子的相对质量,其值为

$$E_t = \frac{4M_i M_p}{(M_i + M_p)} E \qquad (4\text{-}7)$$

式中　M_i——入射粒子的质量;

$\quad\quad M_p$——基片原子的质量;

$\quad\quad E$——入射粒子的能量。

若入射粒子传递给基片原子的能量超过离位阈能(约 25eV)时,则晶

格原子就会产生离位并迁移到间隙位置中去,从而形成了空位和间隙原子等缺陷。这些缺陷的凝聚会形成位错网络。尽管有缺陷的聚集,但在离子轰击的表面层区域仍然保留着极高的残余浓度的点缺陷。

(3) 破坏表面结晶结构。如果离子轰击产生的缺陷是充分稳定的,则表面的晶体结构会被破坏,从而变成非晶态结构。同时,气体的掺入也会破坏表面结晶的结构。

(4) 改变表面形貌。无论对晶态基片还是非晶态基片,离子的轰击作用都会使表面形貌发生很大的变化,使表面粗糙度增加。

(5) 离子掺入。低能离子轰击会造成气体掺入到表面和沉积膜之中。不溶性气体的掺入能力决定于迁移率、捕集位置、温度以及沉积粒子的能量。一般来说,非晶材料捕集气体的能力比晶体材料强。当然,轰击加热作用也会引起捕集气体的释放。

(6) 温度升高。轰击粒子能量的大部分变成表面热能。

(7) 表面成分发生变化。溅射及扩散作用会造成表面成分与整体材料成分的不同。表面区域的扩散会对成分产生明显的影响。高缺陷浓度和高温会增强扩散。点缺陷易于在表面富集,缺陷的流动会使溶质偏析并使较小的离子在表面富集。

4.3.2.2　离子轰击对膜-基界面的影响

当膜材原子开始沉积时,离子轰击对膜-基界面会产生如下影响:

(1) 物理混合。因为高能离子注入,沉积原子的被溅射以及表面原子的反冲注入与级联碰撞现象,将引起近表面区膜-基界面的基片元素和膜材元素的非扩散型混合,这种混合效果将有利于在膜-基界面间形成"伪扩散层"。即膜-基界面间的过渡层,厚达几微米,其中甚至会出现新相。这对提高膜-基界面的附着强度是十分有利的。

采用直流二极型离子镀时,银膜与铁基界面可形成 100 nm 厚的"伪扩散层"。磁控溅射离子镀在铜基片上镀铝膜时可形成 $1 \sim 4$ μm 厚的"伪扩散层",而且基片的负偏压越高,这种混合作用越大。

(2) 增强扩散。近表面区的高缺陷浓度和较高的温度会提高扩散率。由于表面是点缺陷,小离子有偏析表面的倾向,离子轰击有进一步强化表面偏析的作用并增强沉积原子和基片原子的相互扩散。

由于这种作用,离子镀还能使金属材料表面合金化。例如,利用磁控溅射离子镀技术在碳钢(Q235)基片上沉积铝膜时,当基片偏压为

-1500 V 时,薄膜中出现了 Al_3Fe_4 和 Al_5Fe_2 相;当基片偏压为 -2000 V 时,薄膜中出现了 $Al_{13}Fe_4$、Al_5Fe_2 以及 AlFe 三个相。

（3）改善成核模式。原子凝结在基片表面上的特性是由它的表面的相互作用及它在表面上的迁移特性所决定的。如果凝结原子和基片表面之间没有很强的相互作用,原子将在表面上扩散,直到它在高能位置上成核或被其他扩散原子碰撞为止。这种成核模式称非反应性成核。即使原来属于非反应性成核模式的情况,经离子轰击后,基片表面可产生更多缺陷,增加了成核密度,从而更有利于形成扩散-反应型成核模式。

（4）优先除掉松散结合的原子。表面原子的溅射决定于局部的结合状态。对表面的离子轰击更有可能溅射掉结合较为松散的原子。这种效果在形成反应-扩散型的界面时更为明显。例如,通过溅射镀膜的方法在硅片表面上沉积铂,而且再溅射掉过量的铂,从而可以获得纯净的铂-硅膜层。

（5）改善表面覆盖度,增强绕镀性。由于离子镀的工作气压较高,蒸发或溅射的原子受到气体原子的碰撞使散射作用增强,产生了良好的镀膜绕镀性。

4.3.2.3 离子轰击在薄膜生长中的作用

通常,沉积的薄膜材料和块状材料具有完全不同的性质和特性,这些不同的性质和特性可包括小晶粒尺寸、高缺陷浓度、较低的再结晶温度（对金属而言）、较低的屈服点（对非金属和玻璃而言）、较高的内应力、亚稳态的结构和相组分以及化学成分上的非化学配比特性（对化合物膜而言）等。

在离子镀过程中,离子对膜层的轰击作用可能影响到膜的形态、结晶组分、物理性能和许多其他特性:

（1）离子轰击作用能清除柱状晶提高膜层致密度。轰击和溅射破坏了柱状晶生长条件,转变成稠密的各向异性结构。如采用直流二极型离子镀铝膜,基片的负偏压为零时,铝膜断口为粗大的柱状晶组织,随基片负偏压的增高,柱状晶逐渐消除,当偏压为 3 kV 时,柱状晶可完全消除。利用磁控溅射离子镀在铜基片上沉积铝膜时,其铝膜断口及表面微观组织形貌的观测结果表明:基片负偏压小于 1000 V 时,膜层是粗大的柱状晶;当负偏压高于 1000 V 时柱状晶消除。这是因为随着基片负偏压的增高,轰击基片的离子能量也将增加,增强了高能离子对基片的轰击和溅射作用,从而破坏了粗大的柱状晶的形成条件,代之而形成的是均匀的颗粒状晶体。

(2) 改变沉积层的生长动力学,有利于化合物镀层形成。离子轰击可以提高沉积粒子的激活能,膜材粒子与反应气体激活反应,活性提高,在较低温度下即可形成化合物,甚至可出现新亚稳相等,从而改变了膜层的组织结构和性能。

(3) 对膜层内应力的影响。离子轰击对膜层的残余应力有较大影响。通常,蒸发镀膜的膜层具有拉应力,而溅射沉积薄膜具有压应力。由于在沉积过程中的离子轰击强迫原子处于非平衡位置,因此必然增加其应力或增强扩散和再结晶等松弛应力。尽管人们希望沉积的薄膜有较小的残余应力以获得较强的附着力,但是在某些情况下,压应力对膜层可以起到有益的作用,原因在于处于压缩状态下的材料裂纹不易扩展,因而比自由状态下的材料具有更强的抗破坏能力。

(4) 提高金属材料的疲劳寿命。离子轰击在基体表面产生压应力和使基体表面得到强化。试验表明,采用磁控溅射离子镀分别在 Q235A 钢上镀铝、钛、不锈钢及铬后,疲劳寿命可提高 1 倍至几倍。这是因为在离子镀过程中,高能粒子轰击基片使基片表面产生压应力和使基片表面合金化,从而强化了基片表面。

4.4 离子镀中基片负偏压的影响

离子镀中的基片可以采取不同的连接方式,使其处于不同的电位。一是接地,与机壳等电位,定为零电位,它相对等离子体约负几伏。二是使基片悬浮,相对等离子体负十几至几十伏。负的电位可以把等离子体中一部分正离子拉到基片上轰击和沉积。三是在基片上施加负电位几十至几百伏、几千伏,产生更大的电场力使等离子体中部分正离子加速到达基片上轰击和沉积。调节施加基片上的负偏压,建立不同的等离子鞘电位从而使离子获得不同的能量:

(1) 等离子体鞘。基片(工件)放进等离子体云中,不与等离子体直接接触。基片与等离子体之间隔了一层电中性被破坏了的薄层,是一个负电位区,称等离子体鞘,或称鞘层。在等离子体与容器壁之间,放置在等离子体中的任何绝缘体表面或插入等离子体中的电极近旁都会形成鞘层。因为轰击基片的离子的能量部分或大部分是在离子鞘内获得的,所以在离子镀中调节离子鞘的电位很重要。

（2）悬浮基片处的鞘层。将绝缘体插入等离子体中,由于等离子体内离子质量远比电子质量大,若二者热运动的动能相等,则电子的平均速度远大于离子的平均速度,所以在绝缘体刚插入等离子体的瞬间,到达其表面的电子数比离子数多得多,电子过剩,从而使绝缘体表面出现净负电荷积累,即绝缘体表面相对于等离子体区呈负电势。这个负电势将排斥向绝缘体表面运动的后续电子,同时吸引正离子,直到绝缘体表面的负电势达到某个确定值,使离子流与电子流相等为止。这时绝缘体表面电位趋于稳定,与等离子体电位之差也保持定值。此绝缘体称悬浮基片,此稳定电势叫悬浮电位,它是一个负电位,约 -10 V。悬浮基片与等离子体的交界处形成一个由正离子构成的空间电荷层,这就是悬浮基片的等离子鞘。

（3）施加负偏压的导电基片近旁的鞘层。将导体插入等离子体中并施加负偏压 V_s,导体基片电位负于等离子体电位 V_p,那么在带负电位的导体基片近旁形成的电场将吸引离子并同时拒斥电子,以致最终成为离子密度大于电子密度,随着电场的增强,将会在距基片（负电位）一定距离的范围内形成由离子构成的空间电荷层,形成了带负偏压的导电基片的等离子鞘。图4-2为真空环境下,等离子鞘的简单模型。

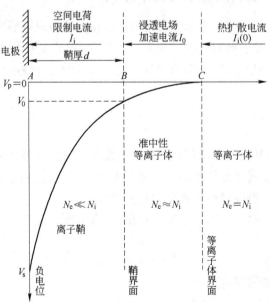

图4-2 等离子鞘模型及其电位分布

在带负电导体基片表面近旁形成三个区,即离子鞘区、准中性等离子体区和外面的等离子体区。从 C 点的界面开始,受导体负电位 V_s 的影响越来越显著,形成负电场,但还不是太强,离子和电子的浓度仍然相近,通常把这一部分称为准中性等离子体区。从 B 界面开始靠近基片区,电位梯度急剧增大,形成很强的负电场。受此强电场作用,大部分电子被排斥形成正离子鞘。稳定的离子鞘在 V_0 处开始

$$V_0 = kT_e/2e$$

即相当于电子温度一半的界面处开始,若导体基片的负电位增加,离子鞘的厚度 d 也随之逐渐增大。等离子体区内的离子进入中性区后,受到渗透电场加速,离子电流急剧增大,通过 B 点鞘层界面进入鞘内,继续被电场加速,在此区域内几乎全部是离子,成为空间电荷限制电流。

$$离子流 \propto \sqrt{(V_s - V_0)^3}$$

调节施加到基片上的负偏压,建立不同的加速离子的离子鞘电位使离子获得不同的能量,实现离子轰击清洗工件表面或离子参与成膜等。

4.5 等离子镀的离化率与离子能量

离子镀区别于蒸发镀和溅射镀的许多特点均与放电等离子体中的离子和高能中性粒子参与镀膜过程有关。因此,被蒸发膜材粒子和反应气体分子的离化率及膜层表面的能量对沉积薄膜的各种性质都能产生直接影响。

4.5.1 离化率

某物质的离化率是指被电离的原子数占该物质全部总蒸发原子数的百分比,是衡量离子镀特性的一个重要指标。特别是在反应离子镀中尤其重要,因为它是衡量活化程度的重要参数。

在真空镀膜技术中,一般考虑单组分,离化率定义为

$$\alpha = \frac{n_i}{n_a + n_i} = \frac{n_i}{n} \tag{4-8}$$

式中 n_i——离子密度;

n_a——中性粒子密度;

n——等离子体云的密度。

4.5.2 中性粒子和离子的能量

离子镀过程中还涉及中性粒子和离子的能量。中性粒子具有的能量 W_a 主要取决于加热蒸发的温度,其值为

$$W_a = n_a E_a \qquad (4-9)$$

式中　n_a——单位时间沉积到单位面积上的中性粒子数;

　　　E_a——蒸发沉积粒子的动能。

$$E_a = \frac{3}{2} k T_a$$

式中　k——玻耳兹曼常数;

　　　T_a——蒸发物质的温度。

此外,中性粒子在放电空间飞行时,还会受到电子、工作气体离子和分子的碰撞,如有能量交换,其能量值会有变化。

轰击离子传递的能量 W_i 主要由阴极(基片)加速电压决定,其值为

$$W_i = n_i E_i \qquad (4-10)$$

式中　n_i——单位时间内对单位面积轰击的离子数;

　　　E_i——离子的平均能量。

$$E_i \approx e V_i$$

式中　V_i——沉积离子的平均加速电压。

4.5.3 膜层表面的能量活化系数

由于荷能离子的轰击,基片表面或膜层上粒子能量增大和产生界面缺陷使基片活化,而膜层也是在不间断活化的状态下凝聚生长,膜层表面的能量活化可用能量活化系数 ε 度量,即

$$\varepsilon = \frac{W_a + W_i}{W_a} = \frac{n_a E_a + n_i E_i}{n_a E_a} \qquad (4-11)$$

式中　n_a, E_a——分别为单位时间、单位面积上所沉积的中性粒子数及其动能;

　　　n_i, E_i——分别为单位时间、单位面积上所轰击的离子数及其平均能量。

这个系数是增加离子作用后的凝聚能与单纯蒸发时的凝聚能的比值。由于 $E_a = 3/2 k T_a$, $E_i = e V_i$,因此可得

$$\varepsilon = \frac{eV_i}{\frac{3}{2}kT_a}\frac{n_i}{n_a} + 1 \tag{4-12}$$

式中 n_i/n_a——镀膜表面上沉积粒子的电离度,其与离化率 α 有关系式 $n_i/n_a = \alpha(1-\alpha)$。

由于 n_aE_a 通常比 n_iE_i 低得多,因此能量活化系数 ε 可近似表达为

$$\varepsilon = 6 \times 10^3 \frac{V_i}{T_a}\frac{n_i}{n} \tag{4-13}$$

式中 T_a——绝对温度,K;

n_i/n——离子镀过程中的离化率。

由此可见,在离子镀过程中,由于基片负偏压(离子加速电压) V_i 的存在,即使离化率 α 很低,也会影响表面能量活化系数。假定蒸发源的膜材温度为 2000 K,则其在电子束蒸发镀中蒸发原子平均能量约为 0.2eV;溅射镀产生的中性原子平均能量约为几个电子伏;而在离子镀中,入射离子能量取决于基片负偏压,典型能量为 50～5000eV。各种不同镀膜方法所能达到的表面能量活化系数 ε 值见表 4-1。由表 4-1 可见,在离子镀过程中,即使离化率较低也能提高 ε 值。可以通过改变 n_i/n 和 V_i,使 ε 值提高 2～3 个数量级。

表 4-1 不同镀膜技术的表面能量系数

镀 膜 技 术	能量系数 ε	参 数	
蒸发镀	1	蒸发粒子的能量 $E_v \approx 0.2eV$	
溅射镀	5～10	溅射粒子的能量 E_v 为 1～10eV	
离子镀	能量系数 ε	离化率 $(n_i/n)/\%$	平均加速电压 V_i/V
	1.2	0.1	50
	3.5	1～0.01	50～5000
	25	10～0.1	50～5000
	250	10～1	500～5000
	2500	10	5000

图 4-3 是在蒸发温度 $T_a = 1800$ K 时,能量系数 ε 与离化率 n_i/n 和 V_i 的关系。由图 4-3 可见,能量活化系数 ε 与加速电压的关系在很大程度上受离化率的限制,因此提高离化率非常重要。为了提高离子镀的能量

活化系数必须提高离子镀设备的离化率,离子镀技术的发展过程就是其离化率不断提高的过程。几种离子镀设备的离化率见表4-2。

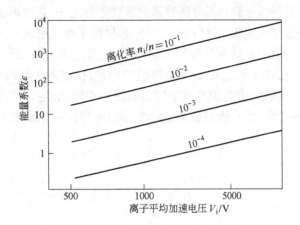

图4-3　能量系数与离化率和加速电压的关系

表4-2　几种离子镀装置的离化率

离子镀装置	Mattox 二极型	射频激励型	空心阴极放电型	电弧放电型
离化率(n_i/n)/ %	0.1~2	10	22~40	60~80

4.6　离子镀膜工艺及其参数选择

离子镀要获得符合性能所要求的薄膜,就必须使沉积的薄膜具有合适的成分和组织结构及其膜-基结合力。可以利用前述的离子轰击效应对成膜过程各环节的有利影响来实现。离子镀影响成膜的主要因素是到达基片的各种粒子(包括膜材原子和离子、工作气体的原子和离子、反应气体的原子和离子)的能量、通量和各通量的比例。此外,还有基片的表面状态和温度。实施的手段关键是调控粒子的等离子体浓度和能量以及基片温升。不同的离子镀技术和设备产生和调控等离子体的机制是有所不同的,下面仅就影响成膜的工艺参数进行讨论。

4.6.1　镀膜室的气体压力

对于普通离子镀,镀膜室的气体压力就是工作气体的气压;对于反应离子镀,镀膜室的气体压力是指工作气体分压和反应气体分压之和。镀膜室气体压力是决定气体放电和维持稳定放电的条件,它对蒸发膜材的粒子的碰撞电离至关重要。因此,镀膜室气体压力是建立等离子体、调控等离子体浓度和各种粒子到达基片的数量的重要参数之一,它也影响着沉积速率。气压还会影响成膜的渗入量。另外,膜材粒子在飞越放电空间时会受到气体粒子的散射。随着气体压力值的增加,散射也增加,既可提高沉积粒子的绕镀性,使工件正反面的涂层趋于均匀,也有利于镀层的均匀性。当然,过大的散射会使沉积速率下降。如图 4-4 所示,随着气体压力的增加,沉积速率先增大,待达到最大值后随之减小,存在一个最佳气压值。

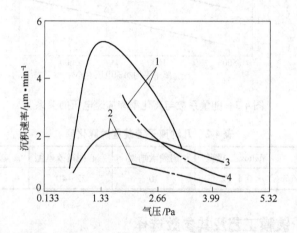

图 4-4 平板形基片电子束蒸发离子镀过程中沉积速率
与 Ar 气压力之间的关系曲线

(蒸距为 140 mm;工作电压为 2000 V)

1—正对蒸发源的基片表面;2—背对蒸发源的基片表面;3—镀金膜,
蒸发功率为 7.2 kW;4—镀不锈钢(304)膜,蒸发功率为 6 kW

4.6.2 反应气体的分压

在反应离子镀中,一般通入工作气体和反应气体的混合气体。例如,要沉积 TiN,除蒸发膜材 Ti 外,还会通入 $Ar + N_2$ 混合气体,以工作气体 Ar 稳定放电,以 N_2 与 Ti 进行反应生成 TiN。除控制 $Ar + N_2$ 总气压外,还应调节 Ar 与 N_2 的比例。在恒定压力控制时,只调节 N_2 的分压,在恒流量控制时,调节 Ar 和 N_2 的流量比例。N_2 的分压(或流量)高低会影响合成反应产物的化学计量配比,它们可以生成 TiN、TiN_2、Ti_2N 或 Ti_xN_y,也会影响生成各种不同反应产物的比例,最终会影响膜的硬度和颜色。特别对反应离子镀合成 $TiAlC_xN_y$ 等多元化合物,反应气体涉及 N_2、O_2、CH_4 等,它们的分压(流量)都必须有精确和灵敏的调控,同时还要配合合理的反应气体的均匀布气系统,才能获得良好的成膜效果。

4.6.3 蒸发源功率

蒸发源功率提高,则膜材蒸发率增加,一般而言,膜的沉积速度也相应增加。蒸发源功率对蒸发速率的影响比较直接,但蒸发粒子达到基片之前需飞越放电空间,要受到空间气体粒子的碰撞、散射,受到空间电场的吸引和拒斥,到达基片后会受到反溅和反应,成膜过程又会受到界面应力、膜生长应力、热应力的影响。因此,蒸发源的功率对沉积速率的影响不那么直接。

调控蒸发源功率最主要的目的是以最快速度得到最好质量的沉积薄膜。质量好的膜层可能要在适当的成核生长速度下成膜,因此要调控合适的蒸发功率来进行离子镀过程。

当阴极电弧源的功率过高时,易产生大而多的"液滴",从而会导致膜层表面粗糙,不光亮。因此,要限制蒸发功率,但过低的蒸发功率和等离子体浓度,又会影响成膜的速率,甚至会影响膜层厚度的增长。因此,合理的选择蒸发源的功率是十分必要的。

4.6.4 蒸发速率

在离子镀中,当蒸发速率增大时,沉积在基片上的未经散射的中性膜材原子数随之增大。并且,蒸发的膜材原子倾向于沉积在正对蒸发源的基片表面,因此导致基片上膜厚的均匀度降低。所以,当离子镀的蒸发速率增大时,工作气体压力等工艺条件也应随之变化,以保证膜厚的均匀性。

4.6.5 蒸发源和基片间的距离

蒸发源和基片之间的最佳距离对不同的离子镀技术和装置是不同的。确定最佳蒸距实际是划定最佳镀膜区域,它涉及最有效的等离子体区、蒸发源蒸发粒子浓度、几何分布、蒸发源的热辐射效应以及膜层的沉积速率和均匀性要求等。

　　随着蒸发源与基片间距离的增加,由于膜材粒子在迁移过程中的碰撞几率增大,导致膜材粒子的离化率和散射率也增大,因此提高了基片上膜厚的均匀性。一般来说,平面靶磁控溅射离子镀的靶-基距为 70 mm,平面圆靶阴极电弧离子镀的靶-基距为 150～200 mm,在此区域内有较高的沉积速率和膜层品质。增加靶-基距可改善基片的正、背面膜层厚度的均匀性,但沉积速率会相应下降,离子能量也会受到损失。例如,图 4-5 给出的空心阴极蒸发离子镀在图示的工艺条件下,基片正、背面涂层厚度比与蒸发源和基片间距离的关系曲线。由图 4-5 可以看出,适当增加蒸距可提高离子镀膜均匀性,当蒸距增加到一定时,基体正面与背面的膜厚之比达到 1。

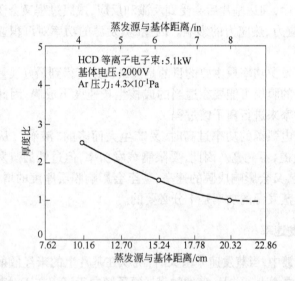

图 4-5　基体正、背面涂层厚度比与蒸发源和基体间距离的关系

4.6.6　沉积速率

　　沉积速率与蒸发源功率、蒸距、气体压力、膜材种类及尺寸等许多因素有关。在电子束蒸发源的离子镀中,在蒸距和气体压力保持不变的情况下,电子束功率是影响沉积速率的主要因素。图 4-6 给出了 e 形枪电子束离子镀时各种材料在不同电子束功率下的沉积速率。图中曲线是在蒸距为 165 mm,气压为 1～4 Pa 范围内测得的。由图可见,膜材不同,其

电子束功率对沉积速率影响的程度也不同。如镁,只要电子束功率稍有变化就会引起沉积速率很大的变化。钨的特性则相反,即使在很大的电子束功率下也只能获得很低的沉积速率。

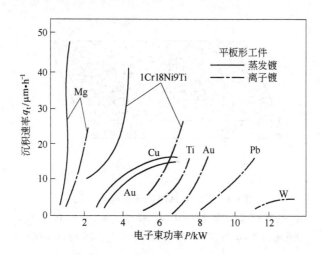

图 4-6　不同膜材的沉积速率与电子束(蒸发)功率的关系
(膜材直径 φ25.4 mm;电子束偏转角 270°)

电子束的加热功率由电子束的电压和放电电流决定,如果将电子束的电压恒定,则沉积速率可以通过放电电流来控制。

4.6.7　基体的负偏压

基体的负偏压促使膜材粒子电离并加速,赋予离子轰击基片的能量,膜材粒子在沉积的同时还具有轰击作用。负偏压增加,轰击能量加大,膜由粗大的柱状结构向细晶结构变化。细晶结构稳定、致密,附着性能好。但过高的负偏压会使反溅射增大,沉积速率下降,甚至会因轰击造成大量的缺陷,损伤膜层。负偏压一般取 -50 ～ -200 V。高的基片偏压(>600 V)用于轰击清洁基体的表面,溅出附着在基体表面上的污染物、氧化物等,获得离子清洁的活性表面。

4.6.8　基体温度

基体温度是影响离子镀膜层晶体组织结构的重要因素,不同的基体温度可以生长出晶粒形状、大小、结构完全不同的薄膜涂层,涂层表面的粗糙度也完全不同。在离子镀膜过程中,在其他条件保持不变的情况下,膜层组织结构随基体温度的变化模型如图4-7所示。

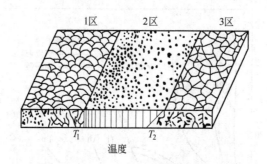

图 4-7 不同基体温度下的涂层结构

1 区—金属 $< 0.3 T_\mathrm{m}$,氧化物 $< 0.26 T_\mathrm{m}$;2 区—金属 $(0.3 \sim 0.45) T_\mathrm{m}$,
氧化物 $(0.2 \sim 0.45) T_\mathrm{m}$;3 区—金属 $> 0.45 T_\mathrm{m}$,氧化物 $> 0.45 T_\mathrm{m}$

在基体温度比较低时,沉积原子的表面迁移率小,核的数目有限,由核生长成为锥形微晶结构。这种结构不致密,在锥形微晶之间有宽约几十纳米的纵向气孔。结构中位错密度高,残余应力也大。这种结构称为"葡萄状"结构,即图4-7中的1区。

基片温度升高,沉积原子的表面迁移率增大,结构形貌开始转变到过渡区,即晶界微弱的紧密堆积的纤维状晶粒,然后转变为图4-7中的2区。

基片温度再升高,柱状晶的尺寸随凝聚温度升高而增大,结构呈现等轴晶形貌,即图4-7中的3区。

对于纯金属和单相合金,T_1 是镀层组织结构从 1 区转变到 2 区的转变温度,T_2 是从 2 区转变到 3 区的转变温度。金属的 T_1 是 $0.3 T_\mathrm{m}$;氧化物的 T_1 是 $(0.22 \sim 0.26) T_\mathrm{m}$,$T_2$ 是 $(0.4 \sim 0.45) T_\mathrm{m}$($T_\mathrm{m}$ 是镀层的熔点,K)。

应指出:第一,镀层组织结构由一个区转变到另一个区的变化不是突然的,而是平缓的,因此转变温度不是绝对的;第二,不能在各种沉积物中都找到所有各区。例如,在纯金属镀层中 1 区不占优势,但在复杂的合金、化合物或高气压下得到的沉积物中却很明显。而高熔点材料中却很少见到 3 区。

基体温度低,属 1 区,涂层表面粗糙。当基体温度升高到 2 区和 3 区时,涂层的晶粒结构较小,涂层表面光滑。1 区和 2 区的涂层密度低,晶粒疏松,耐蚀性差。为了得到良好的组织结构,可将基体温度升高到 T_2 以上,或采用低气压和高偏压方法。

在离子镀过程中,基体表面温度一般在室温至 450℃ 范围内。表面温度的高低主要取决于要求得到何种膜层组织结构,因为离子轰击能量在基片表面进行能量交换,所以还要考虑在镀膜过程中离子轰击引起的温升,特别在轰击清洗阶段。因此要考虑基体(工件)材料的热导率、热容量,特别是工件尖角、薄刃受轰击的局部温升是否导致退火,还要考虑蒸发源的辐射热的影响。

基片温度、气体压力和功率密度对沉积薄膜结构的影响如图 4-8 所示。图中表明,高放电功率密度和低气压可产生致密平整的薄膜结构,而高气压和低功率密度会产生粗糙的柱状晶体结构。

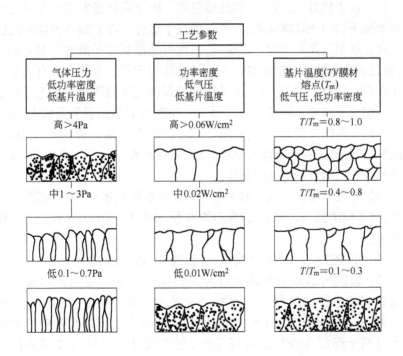

图 4-8　离子镀工艺参数与薄膜结构的关系

4.7　离子镀的特点及应用

4.7.1　离子镀的特点

离子镀与蒸发镀、溅射镀相比的最大特点是荷能离子一边轰击基片与膜层，一边进行沉积。荷能离子的轰击作用产生一系列的效应，具体如下：

(1) 膜-基结合力(附着力)强，膜层不易脱落。由于离子轰击基片产生的溅射作用，使基片受到清洗、激活及加热，去除了基片表面吸附的气体和污染层，同时还可去除基片表面的氧化物。离子轰击时产生的加热和缺陷可引起基片的增强扩散效应，提高了基片表面层组织的结晶性能，提供了合金相形成的条件。较高能量的离子轰击还可出现离子注入和离子束混合效应。

(2) 绕镀性好，改善了表面的覆盖度。由于膜材蒸发原子在压力较高的情况下(≥1 Pa)被电离，其蒸气的离子或分子在它到达基体前的路程上将会遇到气体分子的多次碰撞，因此可使膜材粒子散射在基片的周围，而且被电离的膜材粒子也将在电场的作用下易于沉积在具有负电位基体表面的任意位置上，那么离子镀就可以在基体的所有表面上沉积上薄膜。而这一点蒸发镀是无法达到的。因此，在普通的真空蒸镀中，如果蒸发达到较高的气压时，会造成蒸气相在空间成核，结果会以细粉末的形式沉积；而在离子镀的气体放电中，气相成核的粒子将呈现负电位，从而会受到处于负电位的基体的排斥。

(3) 镀层质量好。由于离子轰击可提高膜的致密度、改善膜的组织结构，使得膜层的均匀度好、镀层组织致密、针孔和气泡少，因此提高了膜层质量。

(4) 沉积速率高，成膜速度快，可镀制 30 μm 的厚膜。

(5) 镀膜所适用的基体材料与膜材范围广泛。适用于在金属或非金属表面上镀制金属、化合物、非金属材料的膜层。如在钢铁、有色金属、石英、陶瓷、塑料等各种材料的表面镀膜。由于等离子体的活性有利于降低化合物的合成温度，离子镀可以容易地镀制各种超硬化合物薄膜。

4.7.2 离子镀技术的应用

由于离子镀具有上述特点,因此其应用范围极为广泛。利用离子镀技术可以在金属、合金、导电材料,甚至非导电材料(采用高频偏压)基体上进行镀膜。离子镀沉积的膜层可以是金属膜、多元合金膜、化合物膜;既可镀单一镀层,也可镀复合镀层,还可以镀梯度镀层和纳米多层镀层。采用不同的膜材、不同的反应气体以及不同的工艺方法和参数,可以获得表面强化的硬质耐磨镀层、致密且化学性质稳定的耐蚀镀层、固体润滑镀层、各种色泽的装饰镀层以及电子学、光学、能源科学等所需的特殊功能镀层。目前,离子镀技术和离子镀的镀层产品已得到非常广泛的应用。表4-3 给出了适用于不同基片材料上的离子镀膜及其用途。

表4-3 离子镀膜的特点及用途

膜层类别	膜层材料	基片材料	膜层特性及应用
金属膜	Cr	型钢、软钢	抗磨损(机械零件)
	Al、Zn	钛合金、高碳钢、软钢	防腐蚀(飞机、船舶、汽车)
	Pt	钛合金	抗氧化、抗疲劳
	Ni	硬玻璃	抗磨损
	Au、Cu、Al	塑料	增加反射率,装饰
	Au	镍、镍铬铁合金	滑润
	Au、W、Ti、Ta	钢、不锈钢	耐热(排气管、汽车、飞机发动机)
	Ag、Au、Al、Pt	硅	电接触点,引线
合金	Al、青铜	中、高碳钢	滑润(高速转动件)
	Co-Cr-Al	镍合金、高温合金	抗氧化
	不锈钢	塑料	装饰
非金属	B	钛	抗磨损
	C	硅、铁、铝、玻璃	防腐蚀
	P	镍铬合金、不锈钢	润滑
化合物	TiN	各种钢	防腐蚀,抗磨损(机械零件、工具)
	AlN	Mo	抗氧化
	CrN	Al	抗磨损
	Si_3N_4	Mo	抗氧化
	TiC、VC	Mo	抗磨损(超硬工模具)

离子镀技术特别适用于沉积硬质薄膜。离子镀硬质耐磨镀层作为超硬抗磨损保护膜广泛应用于刀具、模具、抗磨零件。常用膜系包括 TiN、ZrN、HfN、TiAlN、TiC、TiCN、CrN、Al_2O_3 等,此外,还有更坚硬的类金刚石

（DLC）、TiB_2 和碳氮（CN_x）膜。离子镀制备的主要硬质化合物膜系的性能见表4-4。

表4-4   离子镀的主要硬质化合物膜层的特性

膜层材料	膜层颜色	硬度 HV/N	耐温 /℃	电阻率 / $\mu\Omega \cdot cm$	传热系数/ $W \cdot (m^2 \cdot K)^{-1}$	摩擦系数 μ_k	层厚/μm
TiN	金黄	2400 ±400	550 ±550	60 ±20	8800 ±1000	0.65 ~0.70	2 ~4
TiCN	红棕/灰	2800 ±400	450 ±50		8100 ±1400	0.40 ~0.50	2 ~4
CrN	银灰	2400 ±300	650 ±50	640	8100 ±2000	0.50 ~0.60	3 ~8
Cr_2N	深灰	3200 ±300	650 ±50				2 ~6
ZrN	亮金	2200 ±400	600 ±50	30 ±10		0.50 ~0.60	2 ~4
AlTiN	黑	2800 ±400	800 ±50	4000 ~7000	7000 ±400	0.55 ~0.65	2 ~4
AlN	蓝	1400 ±200	550 ±50				2 ~5
MnN	黑		650 ±50				2 ~4
WC	黑	2300 ±200	450 ±50				1 ~4
W-C: H	黑/蓝灰	900 ~1400	350 ±50		7600 ±1000	0.15 ~0.30	1 ~5
DLC		3000 ~4000				0.10 ~0.20	1 ~2
纳米多层 TiN/AlN		4000					

被镀基体材质包括高速钢、模具钢、硬质合金、高级合金钢等。镀层厚度一般为 2.5 ~5 μm。镀膜产品包括钻头、铣刀、齿轮刀具、拉刀、丝锥、剪刀、刮面刀片、铸模、注塑模、磁粉成形模、冲剪模、汽车的耐磨件以及医疗器械等。这些超硬镀层大大提高了工模具的抗磨损能力,延长了使用寿命(如 TiN 涂层麻花钻头,使用寿命可提高 3 ~10 倍),降低了生产成本,提高了加工精度。

上述膜系各有特点,可按不同的工况选用不同的膜系。此外,低摩擦系数的低磨损膜系有 MoS_2 和掺金属的类金刚石膜(Me-C: H),如 W-C: H 和 WC-C 等,属于固体润滑膜,往往把它们镀在超硬膜的顶层,组成低摩擦抗磨损多层膜,可以进一步提高某些切削刀具的使用寿命。特别适用于某些难加工材料的切削加工。近年来,又出现了利用纳米多层结构超硬效应的膜系,如 TiAl/AlN、TiN/TiAlN、TiN/W_2N、TiCN/TiN 等。纳米多层膜镀层多用在刀具与耐磨件上,其性能比单层膜优越,如 TiN/AlN 纳米多层膜,每层厚只有几纳米至十几纳米,两者交叠可达数百层,硬度HV可达4000。

离子镀技术还广泛用于其他功能膜的制备,比如微型磁头的DLC保护膜、陀螺仪用轴承的干式固体润滑膜(MoS_2,DLC)、各种磁性膜系及通讯和电子器件的功能膜等。

4.8 直流二极型离子镀装置

直流二极型离子镀装置如图4-9所示。采用电阻加热式蒸发源,利用基片和蒸发源两电极之间的辉光放电产生离子,在基片上施加 1~5 kV 负偏压对离子加速,沉积成膜。当真空室抽至真空度为 10^{-4} Pa 后,充入工作气体(Ar),使真空室内气压为 0.5~5 Pa,基片加 1~5 kV 负偏压,放电功率为 1.5~5 kW,蒸发源和真空室体接地。在满足着火条件下,蒸发源与基体之间产生辉光放电。由于基片处于负电位,因此在基片前面形成阴极位降区和负辉区,在基体与蒸发源之间形成低温等离子体区。蒸发源产生的金属蒸气原子在向基体运动过程中,与高能电子产生非弹性碰撞,使部分蒸气原子电离,产生离子。离子在阴极位降区加速,其能

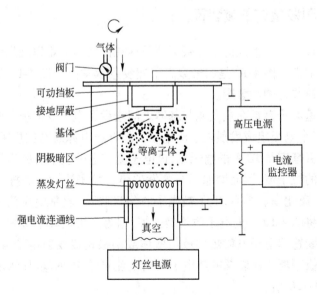

图4-9 直流二极型离子镀装置

量高达 10~1000eV,轰击基体表面。当离子的沉积速率大于反溅射速率时,即可在基体表面沉积成膜。由于气体压力较大,对 Au、Ag、Cu、Cr 等熔点在 1400℃以下的金属膜材,多采用电阻加热蒸发源;对熔点更高的膜材需采用电子束蒸发源。为了保证电子枪工作所需的高真空条件,利用压差板将电子枪室与离子镀室分开并采用两套真空系统是必要的。

在直流二极型离子镀中,放电空间的电荷密度较低,阴极电流密度仅为 0.25~0.4 mA/cm² 左右,故离化率较低,一般只有千分之几,最高也只有 2% 以下。但由于基体上所加的负偏压较高,阴极暗区的电场强度可达 10^6 V/cm,离子或高能粒子所带能量可达 $10^2~10^3$ eV,因此膜层可获得较高的附着力。同时,又在 1 Pa 压力下镀膜,粒子的平均自由程大约为几个毫米,粒子可受到充分散射,可以从各个方向入射到基体上,从而导致膜层均匀。其缺点是由于轰击粒子能量大,对形成的膜层有剥蚀作用,并引起基片温升,膜层呈柱状晶结构,使得膜层表面较粗糙及成膜速度慢。此外,由于辉光放电电压与离子加速电压不能分别控制和调节,因此镀膜的工艺参数较难控制。

4.9 多阴极型离子镀装置

多阴极型离子镀改进了二极型离子镀在低气压下难以激发和维持辉光放电的缺点。图 4-10 是四极型离子镀装置示意图。图 4-11 是多阴极方式离子镀装置的示意图。

四极型离子镀是在蒸发源与基体之间增设了电子发射极和收集电子的阳极,两个电极组成发射电子流电场。经低压电源通电加热阴极灯丝,可发射数百毫安至 10 A 的电子流,该电子流在电子收集极的作用下垂直穿过蒸发的粒子流,因而增加了与蒸发的膜材粒子流发生碰撞电离的几率,提高了离化率。其后,电子被电子收集极收集,收集电压为 200 V 以下。如果将图 4-10 中的电子收集极去掉,则为三极型离子镀装置。三极型离子镀装置的电子发射热阴极与室体或阳极构成发射电子流的流场。三极或四极型离子镀装置的热电子发射电流可达 10 A,基片的电流密度可提高 10~20 倍。

在图 4-11 的多极型离子镀装置中,基片作为主阴极,在其旁边设置几个热电子发射极,即热阴极,利用其发射的热电子促使其他粒子(其中包括膜材粒子)电离。实际上是在热阴极与阳极间维持等离子体放电,因此,多极型离子镀具有主阴极与阳极间的着火电压低和放电状态可以控制的优点。除此之外,由于基片负偏压不高,既减少了高能粒子对基片的轰击效应,也克服了二极型装置基片温升高的缺点。而且,因为热阴极位于基片四周,所以改善了粒子绕镀性,提高了膜层的均匀性。

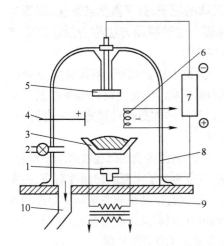

图 4-10　四极型离子镀

1—阳极;2—进气口;3—蒸发源;4—电子
吸收极;5—基体;6—电子发射极;
7—直流电源;8—真空室;9—蒸
发电源;10—真空系统

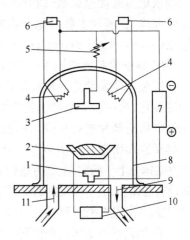

图 4-11　多阴极离子镀

1—阳极;2—蒸发源;3—基体;4—热电子
发射阴极;5—可调电阻;6—灯丝电源;7—直
流电源;8—真空室;9—真空系统;
10—蒸发电源;11—进气口

多极型离子镀也称为热电子增强型离子镀,实际上属于弧光放电产生等离子体。其特点是:

(1) 依靠热阴极灯丝电流和阳极电压的变化,可以独立控制放电条件,从而可有效地控制膜层的晶体结构、颜色和硬度等性能。

(2) 主阴极(基体)所加的维持辉光放电的电压较低,减少了能量过高的离子对基片的轰击作用,使基片温升得到控制。

(3) 工作气压低于二极型离子镀,镀层光泽而致密。

多阴极型离子镀的工作气压只需 0.1 Pa,基片放电电压只需 200 V。多阴极离子镀的放电电流大,放电电流变化范围宽。基片放电电压不高,基片温升低,受离子轰击的损伤小。多阴极配置在基体周围,扩大了阴极区,改善了绕镀性。多阴极型的离化率可达 10% 左右,可进行活性反应离子镀。

4.10 活性反应离子镀(ARE)装置

在离子镀过程中,将 O_2、N_2、CH_4 等反应气体导入镀膜室,利用各种不同的放电方式使金属蒸气和反应气体的原子、分子激活或离化,以促进其化学反应,在基片上获得化合物膜层。这种镀膜方法称为活性反应离子镀法(activated reactive evaporation,ARE)。

ARE 离子镀装置增设了一个数十伏正电压的探极,使其吸引空间电子。在探极与蒸发源之间形成放电等离子体。从而使膜材蒸发加速离子化和活性化,进一步完成所需的反应。基片的加热通过加热器来进行,并可用热电偶对基片进行准确的测温和控温。

典型的 ARE 装置如图 4-12 所示。这种装置的蒸发源通常采用 e 形枪。真空室结构分上下两室,上室为蒸镀室,下室为电子束源的热丝发射室,两室之间设有压差孔,电子枪发射的电子束经压差孔偏转聚焦在坩埚中心使膜材加热蒸发。采用这种枪既可加热蒸发高熔点金属,又为激活金属蒸气粒子提供了电子,为高熔点金属化合物膜的制备提供了良好的热源。

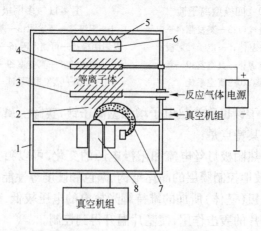

图 4-12 ARE 离子镀装置

1—真空室;2—膜材蒸发粒子流;3—散射环;4—探测极;

5—烘烤装置;6—基片;7—电子束;8—坩埚

在坩埚与基体之间设有探测极和反应气体散射环,实用上二者可合二为一,称为活化电极圈,通常施加 30 ~ 80 V 正电压,最高可达 200 V 左右。其值取决于导入气体的分压和探测极的位置以及电子枪的功率等。

ARE 的工艺过程如下:开始抽真空,同时对基片烘烤除气,使蒸发前的本底真空度维持在 6.67×10^{-3} Pa 或更高些。然后,通过充气阀向真空室充入 Ar 气,使工作压力达到 1 ~ 0.1 Pa 后接通基体电源,使基片带有 $-1 \sim -3$ kV 的负偏压,对基片表面进行离子溅射清洗,约 5 ~ 10 min 后恢复本底真空度。这时即可接通电子枪电源,对膜材进行熔化除气,而后通过充气阀充入反应性气体,使镀膜室压力达到 $10^{-1} \sim 10^{-2}$ Pa。这时电子枪室的真空度应维持在 10^{-2} Pa 以上。接通探测极电源,不断增高电压,直至真空室内能观察到稳定的辉光,或在探测极电源中能看到稳定的电流为止,即可打开挡板在基片上沉积化合物镀层。

选择不同的反应气体,可得到不同的化合物镀层,例如碳化物镀层应充入 CH_4 或 C_2H_2,氮化物镀层应充入 N_2(应导入微量氢气或氨气以防膜材氮化),氧化物镀层应充入氧气等。ARE 技术获得 TiC 和 TiN 镀层的反应过程为:

$$2Ti(蒸气) + C_2H_2(气体) \xrightarrow{\text{电离}} 2TiC(沉积镀层) + H_2(气体)$$

$$2Ti(蒸气) + N_2(气体) \xrightarrow{\text{电离}} 2TiN(沉积镀层)$$

若要得到复合化合物镀层,可使用混合气体;要获得均匀的膜层,也可以在不改变反应气体配比的情况下,适当充入定量的氩气增加其绕镀性借以达到膜层均匀的目的。

低压等离子沉积离子镀(low pressure-plasma deposition, LPPD)是 ARE 法的改进,不增设探极,而是直接把数十伏的直流正压或交流电压施加到基片上,基片仍采用加热器加热,温度也容易控制。

各种离子镀装置均可以改装成 ARE 装置。因此,ARE 的种类较多,如图 4-13 所示,其特性见表 4-5。

ARE 的特点是:

(1) 基片加热温度低。与常规化学气相沉积(CVD)法相比,可在低温下获得良好的镀层,即使对要求附着强度很高的高速刀具、模具等超硬镀层,也只需加热到550℃左右即可,很适宜精密零件的镀层,无需担心变形。甚至高熔点金属化合物也可以在低的基体温度下进行合成和沉积。

（2）可在任何基体上制备薄膜。这是离子镀的一大特性,即不仅在金属上,而且在非金属(玻璃、塑料、陶瓷等)上均能制备性能良好的膜层,并可获得多种化合物膜。

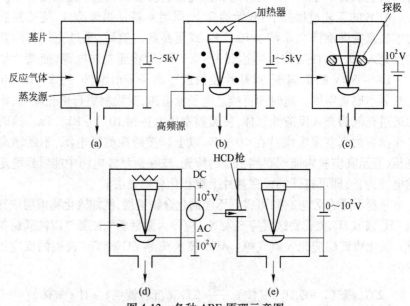

图 4-13 各种 ARE 原理示意图

（a）普通型;（b）高频型;（c）探极型;（d）LPPD 型;（e）HCD 枪型

表 4-5 各种 ARE 特征

离子镀类型	放电方式	基片电压 /V	特 征
普通 ARE	负高压电场	$-10^2 \sim -10^3$	温度难以控制,可大型化
高频 ARE	高频电场	RF	温度难以控制,离化率高
探极 ARE	探极正电压	探极 +10	温度可以控制,可大型化
低压等离子蒸发镀	DC 或 AC 加于基片	+10	温度容易控制,可大型化
HCD 枪反应离子镀	HCD 电子束	$0 \sim -10$	温度难以控制,离化率高

（3）沉积速率高。ARE 的沉积速率至少比溅射沉积速率高一个数量级。以沉积 TiC 为例,电子枪功率为 3 kW、Ti 的蒸发速率为 0.66 g/min,C_2H_2 气体压力为 6.67×10^{-2} Pa,蒸距在 240~150 mm 时,其沉积速率可达 3~12 μm/min,因此可制备厚膜。

（4）化合物的生成反应和沉积物的生长是分开的,而且可分别独立控制。反应主要在探测极和蒸发源之间的等离子区内进行,因而基体的温度可调。

(5) 清洁无公害。与化学镀相比,工艺中不使用有害物质,也无爆炸危险。

ARE 法的缺点是用来加热膜材的电子束同时用来实现对膜材蒸气以及反应气体的离化。这对某些需要高质量的薄镀层来说,不能达到要求。为了克服这一缺点,可在 ARE 装置上附加一个电子发射极(增强极),使该电极发射的电子促进和增强膜材蒸气和反应气体的活性反应。这种强化 ARE 装置如图 4-14 所示。该发射极所发射的低能电子,在受探测极吸引过程中,由于产生与膜材蒸气粒子以及反应性气体的碰撞电离,增强离化,因此可以对金属蒸发和等离子体的产生两个过程进行独立的控制,从而可实现低蒸发功率(例如 0.5 kW 以下)和低蒸镀速率的活性反应蒸镀工艺。

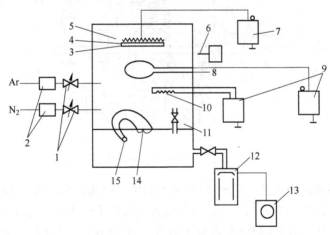

图 4-14 强化 ARE 装置示意图

1—充气阀;2—流量计;3—基片;4—基片座;5—加热器;6—热电偶;7—直流电源;8—探测极;
9—直流电源;10—强化电极;11—控制阀;12,13—抽气系统;14—坩埚(膜材);15—电子束源

4.11 射频放电离子镀装置

4.11.1 射频放电离子镀装置原理及特点

射频放电离子镀装置如图 4-15 所示。这种离子镀的蒸发源采用电

阻加热或电子束加热。蒸发源与基片间距为 20 cm,在两者中间设置高频感应线圈。感应线圈一般为 7 匝,用直径 3 mm 的铜丝绕成,高 7 cm。射频频率为 13. 56 MHz,射频功率一般为 0. 5 ~ 2 kW。基片接 0 ~ 2000 V 的负偏压,放电的工作压力约为 10^{-1} ~ 10^{-3} Pa,只有直流二极型的 1% 。

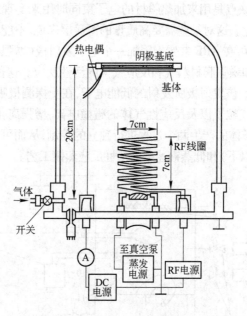

图 4-15   射频放电离子镀装置

镀膜室内分成三个区域:以蒸发源为中心的蒸发区、以感应线圈为中心的离化区和以基片为中心的离子加速区和离子到达区。通过分别调节蒸发源功率、感应线圈的射频激励功率、基片偏压等,可以对三个区域进行独立的控制,从而有效地控制沉积过程,改善了镀层的物性。

射频离子镀除了可以制备高质量的金属薄膜外,还能镀制化合物薄膜和合金薄膜。镀化合物薄膜采用活性反应法。在反应离子镀合成化合物薄膜和用多蒸发源配制合金膜时,精确拂节蒸发源功率并控制物料的蒸发速率是十分重要的。

在感应线圈射频激励区中,电子在高频电场作用下做振荡运动,延长了电子到达阳极的路径,增加了电子与反应气体及金属蒸气碰撞的几率,这样可提高放电电流密度。正是由于高频电场的作用,使着火气体压力

降低到 $10^{-1} \sim 10^{-3}$ Pa,即可在高真空中进行高频放电。因而,以电子束加热蒸发源的射频离子镀不必设置差压板。

射频离子镀的特点是:

(1) 蒸发、离化和加速三种过程可分别独立控制。离化是靠射频激励而不是靠加速直流电场激励,基体周围并不产生阴极暗区。

(2) 射频离子镀在 $10^{-1} \sim 10^{-3}$ Pa 高真空环境下也可稳定放电工作,离化率高,可达 $5\% \sim 15\%$,提高了沉积粒子的总能量,改善了镀层的致密度和结晶的结构。因此,制备的镀层表面缺陷及针孔少,膜层质量均匀致密,纯度高,质量好。尤其对制备氧化膜和氮化膜等化合物膜十分有利。

(3) 易进行活性反应离子镀,合成化合物和对非金属基体沉积具有优势。

(4) 基片温升低,操作方便,易于控制。

射频离子镀的不足之处是:

(1) 由于在高真空下镀膜,沉积粒子受气体粒子的碰撞散射较小,绕镀性较差。

(2) 射频辐射对人体有伤害,必须注意采用合适的电源与负载的耦合匹配网络,同时要有良好的接地,防止射频泄漏。另外,要有良好的射频屏蔽,以减少或防止射频电源对测量仪表的干扰。

4.11.2　射频放电离子镀中若干问题的探讨

4.11.2.1　离化率

射频放电离子镀的离化率约介于直流放电型和空心阴极放电型之间,射频放电在射频电极和接地的真空室之间进行。射频电极有线圈式、网状电极式等,后者阻抗稳定、匹配方便、放电可在更高的真空度下进行,而且离化率高,反应更充分。在实际应用的装置中,要对线圈的直径、圈数、线圈的形状、位置、导线的直径、材质以及水冷状况等进行仔细的选择和调节,以达到最好的离化效果。

4.11.2.2　基体的温升

由于射频放电离子镀具有特定的放电方式和较高的真空度,因此基片温升的主要原因不是气体离子的轰击,而是类似于普遍真空蒸镀那样由于蒸发源的热辐射和沉积原子的凝结热所致。故射频放电离子镀可在较低的温度下,并适于在耐热性较差的塑料制品基片上沉积薄膜。

图 4-16 是在射频放电离子镀膜过程中玻璃基片的温升随时间变化曲线,其中 A 是没有射频激励,只有蒸发源坩埚加热,仅由辐射热产生的基片温升;B 和 C 分别为 80 W 和 150 W 的射频激励功率,在确定的蒸发速度下基片的温升,其中加速电压保持不变,均为 500 V。尽管随加速电压升高造成蒸发粒子动能增加会使基片温度上升,但针对不同的目的,通过对射频功率、加速电压等进行调节,可以有效地控制基片的温升。当然如果制备较厚的膜($10 \sim 20 \ \mu m$),由于放出的凝结热多,而且蒸镀时间长,基片受蒸发源的辐射热多,势必造成基片更高的温升,遇到这种情况应采取措施对基片进行冷却。

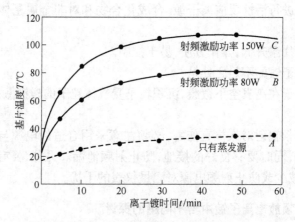

图 4-16 射频放电离子镀基体温度随时间的变化
(工作压力为 9.3×10^{-2} Pa;蒸发速率为 0.6 nm/s;加速电压为 500 V;基片为玻璃)

4.11.2.3 绕镀性

因为在离子镀过程中,离子在整个蒸发粒子中所占的比例较低,受基片负偏压的影响时,对基片的绕镀效应影响有限,所以离子镀具有较好绕镀性能的主要原因是由于其工作压力较高和膜材粒子的散射效应较大。例如在直流二极型离子镀中,其工作压力约为 1 Pa,分子自由程为 5 mm,蒸发原子沉积到基片表面之前,受到气体分子多次碰撞产生散射作用的结果。对射频离子镀而言,由于其工作压力较低,在 10^{-2} Pa 以下,几乎和普通真空蒸发镀相类似,其蒸发粒子很少受到气体分子的碰撞呈直线运动,因此产生的绕镀效果很差,这是该方法的一个缺点。因此,在离子镀装置中设计安装专门的工件旋转机构,以保证获得均匀的膜层厚度是必要的。

4.11.2.4 镀层的附着强度

一般说来,镀层的附着强度决定于基片及膜层的材料、基片的表面质量、基片表面的预处理、蒸发粒子到达基片时的初始动能、氩离子对基片表面的轰击以及基片温度等。

在射频放电离子镀中,氩离子对基片不产生轰击作用,也不对膜层产生溅射刻蚀作用。为获得良好的附着性,要控制加速电压、工作气压和基片温度。实验表明,在射频放电离子镀中,影响附着强度最主要的因素是射频电压,射频电压为 $1 \sim 2$ kV 时所获得的附着力最好。

4.11.2.5 射频离子镀的反应性

射频离子镀的反应性和 ARE 及空心阴极放电(HCD)法相类似,在射频放电离子镀装置中,采用反应性气体如 O_2、N_2、C_2H_2 等代替 Ar,可制备相应金属的氧化物、氮化物、碳化物等膜层。影响镀层性能的因素是反应气体分压、控制电离状态的 RF 电源功率、基片偏压和基片加热温度等。受影响的镀层性能包括显微硬度、膜厚、附着力、膜层结晶状态、颜色和表面状态等。

4.12 空心阴极离子镀

空心阴极放电(hollow cathode discharge,HCD)离子镀是在空心热阴极弧光放电技术和离子镀技术的基础上发展起来的一种沉积薄膜技术,它是活性反应离子镀(ARE)中应用较广泛的一种镀膜方法,主要应用于装饰镀膜和刀具镀超硬膜工业生产。空心阴极放电分为冷阴极放电和热阴极放电两种,在离子镀中通常采用热空心阴极放电。

4.12.1 空心阴极辉光放电

两平行板阴极置于真空容器中,当满足气体点燃电压时,这两个阴极会产生辉光放电,在两个阴极前都形成阴极位降区和负辉区。阴极位降区的厚度为 d_k,它是维持辉光放电不可缺少的区域。若将阴极位降区厚度与负辉区宽度之和定义为阴极放电长度 d_0。当两平行板阴极间距离 $d_{k_1-k_2} > 2d_0$ 时,两个阴极位降区互相独立,互不影响,并有两个独立的负辉区,正柱区则共用。但当两阴极靠近至 $d_{k_1-k_2}<2d_0$ 时(或气压降低,d_0 增大,也有同样效果),两个负辉区合并,此时,从阴极 k_1 发射出的电子在 k_1 的阴极位降区被加速,当它进入阴极 k_2 的阴极位降区时,又被减速,并被反向加速后返回。如果这些电子没有产生电离和激发的话,则它们将在 k_1 和 k_2 之间来回振荡,这样就增加了电子和气体分子的碰撞几率,可以引起更多的激发和电离过程,使电流密度和辉光强度剧增,这种现象称为空心阴极效应。

图 4-17 是空心阴极效应发生时负辉发光强度增加的图解说明。图 4-17(a)是普通辉光放电情形,图 4-17(b)是发生空心阴极效应时的情形。在后一情况下,由于两个平板阴极互相靠近,各个阴极附近的负辉相互叠加,合而为一,发光强度成倍增加。

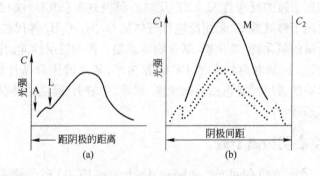

图 4-17　空心阴极放电负辉发光强度
(a) 普通辉光放电;(b) 发生空心阴极效应时

如果阴极是空心管,则空心阴极效应更加明显。图 4-18 为阴极辉光放电的光强度分布,靠近管壁的是阿斯顿暗区,从管壁向管中心方向顺次出现的是阴极辉区、阴极暗区和很强的负辉区。图 4-19 为管状阴极内部的辉光分布情况,图 4-20 为管状阴极管内辉光放电时的电位和光强分布。

空心阴极放电点燃时所需的最低电压叫点燃电压。当低于点燃电压时,放电不能发生。点燃后,使放电管内保持一定电流所需的电压叫维持电压。点燃电压与放电管内部因素有关(如阴极材料性质、表面状态、阴极与阳极之间的距离、载气纯度、种类、气压等),也与外部条件有关(例如,若用一高频火花放电靠近管,则点燃电压就会明显下降)。

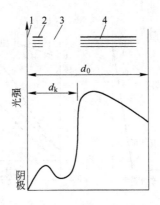

图 4-18 阴极辉光放电的光强分布

(d_0 为阴极放电长度)

1—阿斯顿暗区;2—阴极辉区;3—阴极暗区;4—负辉区

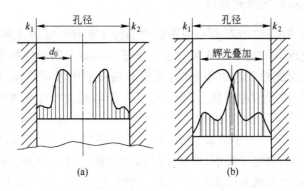

图 4-19 阴极管内辉光放电的情况

(a) $d_{k_1-k_2} > 2d_0$,辉光不叠加;(b) $d_{k_1-k_2} < 2d_0$,辉光叠加

管状空心阴极放电满足下面的共振条件时,可获得最大的空心阴极效应:

$$2df = v_e$$

式中　d——圆管的内径;

　　　f——电子在空心阴极间的振荡频率;

　　　v_e——电子通过等效阴极被加速获得的速度。

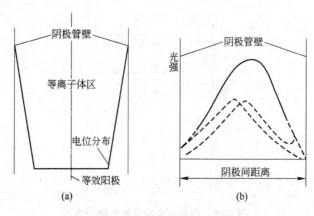

图 4-20   管状阴极放电管内的电位和光强分布

(a) 电位分布;(b) 光强分布

4.12.2   空心阴极弧光放电

通过研究实践发现,空心阴极放电通常工作在正常辉光放电区和异常辉光放电区。但是如果电源电压高于某一临界点所对应的电压,而放电电流又未受到镇流电阻限制时,则空心阴极放电很可能经过"电弧放电过渡区"向电弧放电转化。众所周知,直流电弧放电的主要特点是:有很大的电流密度和很小的阴极位降,并且通常在阴极表面上还会出现一个发强光的亮点——阴极斑,电弧放电就是靠它维持的。炽热的"阴极斑"产生强烈的热电子发射,中和了阴极附近的一部分空间电荷,降低了阴极位降,导致直流电弧放电的形成。此时,电子从阴极的发射和它对阳极的轰击比起正离子对阴极的轰击强,因而直流电弧放电的阳极温度总是高于阴极的温度。

如图 4-21 所示,用高熔点金属钽(或钨)管作阴极,坩埚作阳极,待真空室抽至高真空后,钽管中通过氩气,首先用数百伏电压点燃气体产生阴极辉光放电。由于空心阴极效应,钽管中电流密度很大,大量的氩离子轰击钽管管壁,使钽管温度升高至 2300K 以上,钽管发射大量热电子,放电电流迅速增加,电压下降,辉光放电转变为弧光放电。这些高密度的等离子电子束受阳极吸引到达阳极,使坩埚中的膜材加热熔化并蒸发,这就是空心阴极离子镀设备中所采用的空心阴极电子枪(HCD)的工作原理。

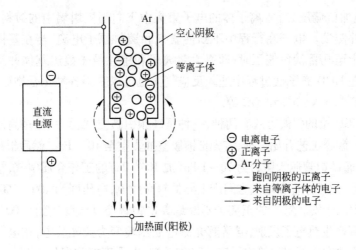

图 4-21　空心阴极放电原理图

4.12.3　空心阴极放电离子镀设备

4.12.3.1　空心阴极离子镀工作原理及结构

空心阴极离子镀膜设备的整体结构及其工作原理如图 4-22 所示。设有聚焦线圈的水冷 HCD 枪内的空心钽管是电子发射源(负极),盛有蒸发材料的水冷坩埚是蒸发源(正极),被镀件装在坩埚上方的工件转架

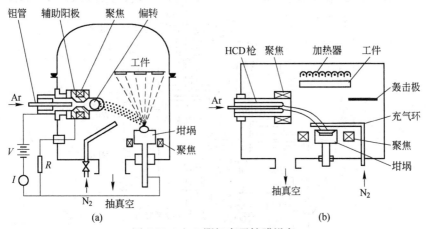

图 4-22　空心阴极离子镀膜设备

(a)磁场与电场垂直;(b)磁场与电场平行

上(施加负偏压)。等离子体的电子束集中飞向阳极坩埚中的镀料,使其熔化并蒸发。电子在行程中不断使氩气和镀料原子电离,当在基体上施加几十至几百伏负偏压时,即有大量离子和中性粒子轰击基体并沉积成膜。在 HCD 离子镀过程中通入反应气体也可以获得各种化合物镀层,如 CrN、TiN、AlN、CrC 和 TiC 等。

HCD 枪的引燃方式有两种,一种是高频引弧方式,另一种是高压引弧方式。镀膜工艺开始之前,首先把镀膜室抽真空至 10^{-3} Pa。然后根据引弧方式,通过钽管通入压力为 $10 \sim 1$ Pa(或 10^{-1} Pa)的工作介质氩气,接通引弧电源,此时钽管和坩埚之间产生异常辉光放电,电压降为 $100 \sim 150$ V,电流达到几十安。氩气的正离子不断地轰击钽管使其温度达到 $2300 \sim 2400$ K,钽管产生热电子发射,异常辉光放电立刻转变为弧光放电,在电场和聚焦磁场的作用下引出等离子束,经 90° 偏转,电子束打到聚焦的靶上。靶的金属(例如 Ti)在高密度的电子束轰击下迅速熔化蒸发,当室内通入反应气体氮气时便在工件上沉积 TiN 膜。同时给被镀工件施加负偏压,钛蒸气和氮气在等离子体中被电离,在负偏压的作用下以较大的能量沉积在工件表面形成牢固的 TiN 镀层。由于 HCD 法的电离效率高,根据对称共振型碰撞电荷交换原理,产生大量的高能中性金属粒子撞击工件表面,对工件的热贡献较大,约占 30%,这对膜的成核与生长也十分有利。

HCD 离子镀设备有 90° 和 45° 偏转两种形式,分别如图 4-23 和图

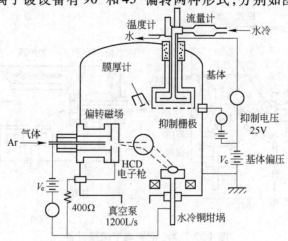

图 4-23　90°偏转型 HCD 电子枪离子镀装置示意图

4-24所示。90°偏转型可减少铜管受金属蒸气的污染,加大沉积面积。90°偏转型HCD离子镀设备由水平放置的HCD枪、水冷铜坩埚、基板和真空系统组成。

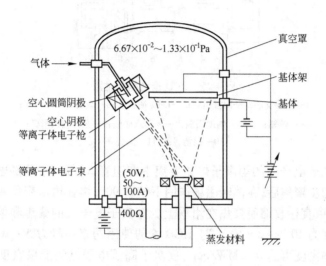

图 4-24　45°偏转型 HCD 电子枪离子镀装置示意图

4.12.3.2　HCD枪结构及工作特性

基于4.12.3.1节所述的HCD枪的工作原理而制成的HCD枪结构如图4-25所示。图中空心阴极是一直径为3~15mm,壁厚为0.5~3mm,长度为60~80mm的钽管。钽管收成小口,使氩气经过钽管和辅助阳极流进真空室时能维持管内的压强在几百帕,而真空室的压强在1.33Pa左右。工作时,在阴极钽管和辅助阳极之间加上数百伏的直流电压引燃电弧,产生异常辉光放电。中性的低压氩气在钽管内不断被电离,氩离子又不断地轰击钽管表面,当钽管温度上升到2300~2400K时,钽管表面发射出大量的热电子,辉光放电转变成弧光放电。此时,电压降至30~60V,电流上升至一定值维持弧光放电。图4-25中的HCD枪装有一个LaB_6制成的主阴极盘,它由钽管加热,在远低于钽的熔点时就具有很强的电子发射能力,从而可以保护钽管免受过热损伤,并使放电电流最高可达250A左右。

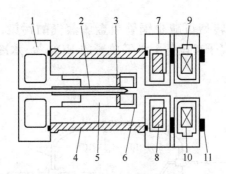

图 4-25 HCD 枪结构示意图

1—阴极支座;2—阴极钽管;3—LaB_6 阴极盘;4—玻璃管;5—钢管;

6—钨帽;7—第一辅助阳极;8—环形永磁铁;9—第二辅助阳极;

10—磁场线圈;11—陶瓷环

弧光放电产生的等离子体主要集中在钽管口,等离子体的电子经辅助阳极初步聚焦后,在偏转磁场作用下偏转 $90°$,再在坩埚聚焦磁场作用下,电子束直径收缩而聚焦在坩埚上。等离子电子束的聚焦和偏转磁场感应强度为 $10^{-3} \sim 2 \times 10^{-2}$ T。HCD 枪的使用功率一般为 $5 \sim 10$ kW,电子束功率密度可达 0.1 MW/cm^2,仅次于高压电子枪的能量密度($0.1 \sim 1$ MW/cm^2)。蒸发熔点在 $2000℃$ 以下的高熔点金属时,由于工作气压高,因此这种蒸发源的热辐射严重,热效率低些。

当气体在阴极管内流向处于较高真空的阴极口时,气体压力与管内径之积 pd 逐渐减小。对于某一气体流量,阴极管内总有某一位置,其电离平均自由程与管的内径相近,这时的放电与空腔阴极放电类似,放电产生的辐射、正离子、亚稳态原子几乎都被阴极管本身截获,从而使阴极管加热至 2400 K,产生热电子发射。另外,因为阴极离子鞘非常薄(约 3×10^{-5} cm),故形成了非常强的表面电场强度($E \approx 10^6$ V/cm),导致电子的场致发射。此外,离子轰击阴极会产生一些二次电子。所有这些电子使管内气体高度电离,这样的阴极管就成为等离子体源。在管外,阴极维持着密度较管内低的等离子体,管外电离有助于维持管外的等离子体。电子通过管外等离子体到达阳极。每个气体分子在离开阴极口前都经过几次"电离—碰撞阴极表面被中和—电离"的过程。

实践证明,HCD 枪采用辅助阳极引束技术是较适用的。当钽管阴极中已为热电子发射等离子体放电状态时,在阴极内外气压差及高密度、高速度带电粒子的条件下,HCD 枪具有很强的等离子体喷射效应。因此,此时只要施加上主电源,即使关掉辅助阳极的引束电源,电子束流也可流出 HCD 枪口至镀膜室中,维持 HCD 枪蒸发源继续工作。

4.12.3.3 HCD 离子镀的特点

HCD 离子镀的特点有:

(1)离化率高,高能中性粒子密度大。HCD 电子枪产生的等离子体电子束既是镀料汽化的热源,又是蒸气粒子的离子源。其束流具有数百安和几十电子伏能量,比其他离子镀方法高 100 倍。因此 HCD 的离化率可达 20% ~ 40%,离子密度可达 $(1 \sim 9) \times 10^{15}$ ($cm^2 \cdot s$)$^{-1}$,比其他离子镀高 1 ~ 2 个数量级。在沉积过程中还产生大量的高能中性粒子,其数量比其他离子镀高 2 ~ 3 个数量级。这是由于放电气体和蒸气粒子在通过空心阴极产生的等离子区时,与离子发生了共振型电荷交换碰撞,使每个粒子平均可带有几电子伏至几十电子伏的能量。由于大量离子和高能中性粒子的轰击,即使基片偏压比较低,也能起到良好的溅射清洗效果。同时,高荷能粒子轰击也促进了基-膜原子间的结合和扩散,以及膜层原子的扩散迁移,因而,提高了膜层的附着力和致密度,可获得高质量的金属、合金或化合物镀层。

(2)绕镀性好。由于 HCD 离子镀工作气压为 1.33 ~ 0.133 Pa,蒸发原子受气体分子的散射效应大,同时金属原子的离化率高,大量金属离子受基板负电位的吸引作用,因此具有较好的绕镀性。

(3)HCD 电子枪采用低电压大电流作业,操作安全、简易,易推广。

4.13 真空阴极电弧离子镀

4.13.1 概述

真空阴极电弧离子镀简称真空电弧镀(vacuum arc plating)。如采用两个或两个以上真空电弧蒸发源(简称电弧源)时,则称为多弧离子镀或多弧镀。它是把真空弧光放电用于蒸发源的一种真空离子镀膜技术,它与空心阴极放电的热电子电弧不同,它的电弧形式是在冷阴极表面上形成阴极电弧斑点。

真空阴极电弧离子镀的优点是:

(1)蒸发源为固体阴极靶,从阴极靶源直接产生等离子体,不用熔池,电弧靶源可任意方位、多源布置以保证镀膜均匀。

（2）设备结构较简单,不需要工作气体,也不需要辅助的离子化手段,电弧靶源既是阴极材料的蒸发源,又是离子源;而在进行反应性沉积时仅有反应气体存在,气氛的控制仅是简单的全压强控制。

（3）离化率高,一般可达60%～80%,沉积速率高。

（4）入射离子能量高,沉积膜的质量和膜-基结合力好。

（5）采用低电压电源工作,较为安全。

（6）可以沉积金属膜、合金膜,也可以反应合成各种化合物膜(氮化物、碳化物、氧化物),甚至可以合成 DLC 膜、C-N 膜等。

缺点是:沉积时从靶表面飞溅出微细液滴,冷凝在所镀膜层中使膜层的粗糙度增加。目前,已经研究了许多有效的方法,减少和消除这些微滴。

真空电弧离子镀技术已广泛用于涂镀刀具、模具的超硬保护层,膜系包括 TiN、ZrN、HfN、TiAlN、TiC、TiNC、CrN、Al_2O_3、DLC 等,镀层产品包括刀具、工模具等。在仿金和彩色装饰保护膜层方面,膜系包括 TiN、ZrN、TiAlN、TiAlNC、TiC、TiNC、DLC、Ti-O-N、T-O-N-C、ZrCN、Zr-O-N 等,彩色膜系有枪黑、乌黑、紫、棕、蓝、绿、灰等。

近年来,已有很多新的技术运用在真空阴极电弧离子镀装置和工艺中,促使电弧镀技术和产品都有很大的发展。在电弧靶源方面除小圆靶外,发展了大面积矩形靶和柱弧靶。靶的磁场控制方面,有永久磁铁、可动永久磁铁和电磁铁可调磁场控制。在电源方面发展了各种逆变电源和脉冲电源技术,如逆变弧电源、脉冲偏压电源、脉冲弧电源等。在减少和消除阴极电弧的微滴喷溅方面,开发了各种磁过滤技术。此外,将各种新技术与电弧技术的结合发展了电弧与溅射技术的结合、电弧与各种离子源结合,以适应高质量产品的镀膜技术。

多弧离子镀的应用面广,实用性强,特别在刀具、工模具和不锈钢板等材料的表面上镀覆装饰及耐磨硬质膜层等方面发展最为迅速。

4.13.2 真空阴极电弧离子镀原理

4.13.2.1 真空阴极电弧放电

当阴极受到大量高速正离子轰击而被加热到高温时,因阴极产生显著的热电子发射,从而使等离子体放电中的阴极位降降低,放电电流增大。该阴极位降只需保持阴极区能量(即电流与阴极位降的乘积),即足以使阴极维持电子热发射所需要的温度,就可维持弧光放电。

A 阴极弧光放电的机理

在阴极电弧放电中,只有那些温度最高、电场最强或逸出功最低的微小区域才发射电子。因此,人们可看到真空电弧在阴极表面有一圈圈闪动的耀眼辉光,它是由一个或数个不连续、很小且极亮的辉光斑点(称为阴极辉点或阴极斑点)的生成—熄灭,再移位生成—再熄灭的一系列快速过程的弧斑轨迹而形成的一系列的电弧过程。P. Siemroth 等人研究结果认为阴极斑点面积为 $100 \sim 200 \ \mu m^2$,一个弧斑内存在若干个微弧(约10个),每个微弧斑为 $10 \sim 30 \ \mu m$,微弧斑之间相隔一至几个自身尺度的距离,微弧斑有 $1 \sim 5 \ \mu s$ 的寿命,在寿命期中,比较稳定,几乎不变动,当微弧斑在燃烧期或熄灭后,新微弧斑可在弧斑内部或在其边缘区产生,看起来阴极弧斑在阴极表面像做跳跃式移动。

微弧斑即是强烈的电子发射区。同时每发射约十个电子也发射一个金属原子,而且约以高达 $1000 \ m/s$ 的速度发射金属蒸气。由于热电子发射和场致发射共同作用的结果,使得弧斑区内的阴极微弧电流密度高达 $10^4 \sim 10^8 \ A/cm^2$,同时也具有非常高的功率密度($10^{16} \ W/m^2$)。因此,阴极弧斑是电子、金属离子、金属蒸气和液滴的发射源。这种阴极电弧的弧斑区发射电子、金属离子、金属蒸气和液滴的弧光放电机制,目前较多采用图 4-26 所示的一种模型进行说明。

图 4-26 的模型描述如下:当引燃电极与阴极接触后分离的瞬间,由于收缩区的作用,使阴极原接触区温度升高,金属内部的自由电子运动速度加大,当它有足够的能量克服表面逸出功和克服金属表面外空间电荷构成的偶电层所做的功时,电子则克服金属表面的束缚而向空间发射,同时,也有一定比例的金属原子蒸发,热电子与这些金属原子非弹性碰撞使之电离成正离子,这些在靠近阴极表面弧斑的前方产生正离子堆积形成了离子空间电荷层(离子云),由于离子云距阴极表面很近(约 $10 \ \mu m$),且离子云处对阴极的电位相对于整个电弧电压很高(见图 4-26(a)),因而,在正离子空间电荷层与阴极表面之间形成很强的电场,为轰击阴极的正离子提供了足以加热阴极的轰击能,此强电场对金属表面内部的电子有强烈的拖拉作用,即通过量子力学的隧道效应,引发大量电子的场致发射,生成稳定的高电流密度、高能量密度的电子流。与此同时,高能量密

度促使阴极弧斑局部快速升温并形成微熔池,产生夹杂微液滴的大量金属材料蒸发。由于阴极材料的大量蒸发,蒸发处留下一灼坑,该处尖端消失,且因其正离子空间电荷层被冲散,所以场强下降,不能引发弧光放电。由于放电电流的降低,导致鞘层位降升高,必然在另外一处,即逸出功低或尖端处引发新的弧放电。随着正离子鞘层的不断冲散,阴极灼坑和阴极辉点会不断地变动位置,该变动完全是随机的。真空电弧放电的过程如图 4-27 所示。引发电弧放电前后的阴极表面局部尖端或微凸处的形状如图 4-28 所示。在直流放电电压(通常为 20 V)下,尖端发射的电流密度可达 $10^6 \sim 10^7$ A/cm^2。

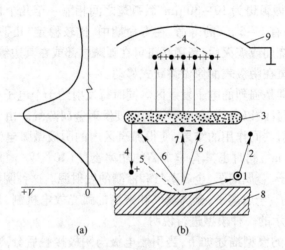

图 4-26　电弧产生的机理

1—金属熔滴;2—中性原子;3—正离子云;4—离子流;
5—弧斑;6—金属蒸气;7—电子;8—阴极;9—阳极

B　宏观颗粒的产生

在电弧源蒸发过程中,阴极电弧会从弧斑区内发射出颗粒或微滴。对于金属阴极,弧斑区存在微熔池;会喷射出液滴,对于石墨阴极,也一样会从弧斑喷射出颗粒。在采用真空多弧离子镀技术制备的 TiN 膜上存在大小不一的颗粒,尺度在零点几微米到上百微米,以细小颗粒居多,形状多为圆形。一般认为是熔融的物料从阴极微熔池喷射出来,在空间成球状,碰到基体上呈圆的扁平凸起凝固物。研究表明,颗粒的成分与阴极材料相同。

阴极发射的颗粒不但降低了膜层的光洁度,难以获得高质量的装饰膜和获得在光学和电子学上应用的膜层,而且膜层的颗粒也破坏了膜的连续性和均质性,因此在多弧离子镀工艺中尽量减少宏观颗粒的产生是十分必要的。

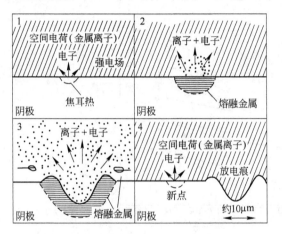

图 4-27　真空阴极电弧放电过程机理

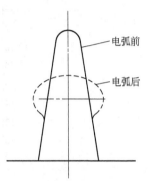

图 4-28　引发电弧放电前后阴极表面尖端形状

C　真空阴极弧光放电特性

真空阴极电弧放电是处在低气压下的电弧放电,它虽然也属于弧光放电工作状态的范畴,但因为是处在低气压下的电弧放电,因此具有一些特殊的现象:

(1) 小电流(<10 kA)阴极真空电弧(即侵蚀阴极的真空电弧)按其阴极辉光区形态的差异可分成两类电弧运行模式,一种是分立电弧,其特点是放电集中在烧蚀面上的若干微区内,即阴极斑点。另一种是分散电弧,其放电均匀分布在整个烧蚀面上。

目前广泛应用的真空阴极电弧源属于分立电弧运行模式。分立电弧的阴极斑点数量与电弧电流、阴极材料种类和轴向磁场有关。

(2) 真空电弧电压随电流的增加而上升,具有正的伏安特性。这点与高气压下的电弧正好相反。图 4-29 是一些金属真空电弧伏安特性曲线(应注意这里是电流不大于 700 A 的情况,其实电弧电压增加并不大)。图 4-30 给出铜电极更大弧流范围时的伏安特性,I 阶段时,电流在 0 ~

1000 A 之间,电弧电压几乎不随电流变化。这时电流较小,阴极斑点不多。实际上是一些独立的小电弧并联燃烧,阴极前方的等离子体区的电压基本上不随电流变化而变化。Ⅱ、Ⅲ阶段不在应用范围,不做讨论。

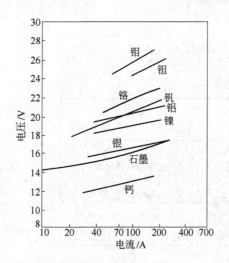

图 4-29 真空电弧的伏安特性

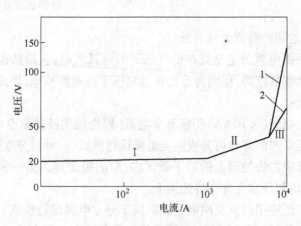

图 4-30 铜电极伏安特性曲线

4.13.2.2 电弧离子镀装置及工作过程

图 4-31 为多弧离子镀原理示意图。真空室中有一个或多个作为蒸发离化源的阴极以及放置工件的阳极(相对于地处于负电位)。蒸发离

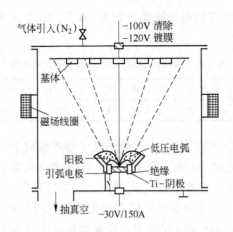

图 4-31 阴极电弧离子镀工作原理示意图

化源可由圆板状(或其他形状)阴极、圆锥状阳极、引弧电极、电源引线极、固定阴极的座架、绝缘体等组成。阴极有自然冷却和强制冷却两种。绝缘体将圆锥状阳极与圆板状阴极隔开。在蒸发离化源周围放置磁场线圈。引弧电极安装在有回转轴的永久磁铁上。磁场线圈有两个作用:

(1) 无电流时,引弧电极被弹簧压向阴极。当线圈通电时,作用于永久磁铁的磁力使轴回转,引弧电极从阴极离开,此瞬间产生火花,并实现引弧。

(2) 增强弧光蒸发源产生的离子束做定向运动。

电弧被引燃后,低压大电流电源将维持圆板状阴极和圆锥状阳极之间弧光放电过程的进行,其电流一般为几安至几百安,工作电压为 10 ~ 25 V。在阴极电弧放电时,阴极表面产生许多高度明亮的阴极斑点。它们是不连续而随机运动的,尺寸和形状也是多种多样、易变的。阴极斑点实际上是一团高温、高压、体积小、紧挨阴极表面的、迅速而随机运动的高密度等离子体,含有大量的一价及高价离子,向空间扩散。多个斑点发射出的等离子体流在阴、阳之间汇合成等离子体云。

阴极表面斑点电流最大值称为斑点的特征电流。其大小取决于阴极材料,具体值见表 4-6。当电弧电流加大时,阴极斑点数将随之增加;一个斑点熄灭时,其他斑点会分裂,以保持电弧放电的总电流。以铜的阴极斑点为例:斑点直径为 1 μm,特征电流为 100 A,斑点在阴极表面的迁移速度为 100 m/s,斑点的电流密度为 $10^6 \sim 10^8$ A/cm^2。斑点的表面温度(理论平均值)为 4030 K,斑点的表面蒸气压(理论平均值)为 3.5 MPa,

斑点与阴极表面之间的电位降落距离为 $10^{-8} \sim 10^{-9}$ m,斑点区电子密度为 $10^{20} \sim 10^{21}$ m^{-2}。

表 4-6 不同阴极材料表面斑点的平均电流

阴极材料	铋	镉	锌	铝	铬	钛	铜	银	铁	钼	碳	钨
斑点平均电流/A	3~5	8~10	20	30	50	70	75	60~100	60~100	150	200	300

从弧光辉点放出的物质,大部分是离子和熔融粒子,中性原子的比例为 1%~2%。阴极材料如是 Pb、Cd、Zn 等低熔点金属,离子是一价的。金属熔点越高,多价的离子比例就越大。定向运动的、具有能量为 10~100eV 的蒸发原子和离子束流可以在基体表面形成具有牢固附着力的膜层,而且可以达到很高的沉积速率。通常在系统中还设置磁场,使等离子体加速运动,增加阴极发射原子和离子的数量,提高束流的密度和定向性,减少微小团粒(熔滴)的含量,因而提高了沉积速率、膜层质量以及附着性能。如果在工作室中通入所需要的反应气体,则能生成膜层致密均匀、附着性能优良的化合物膜层。

如图 4-32 所示,多弧离子镀可以设置多个电弧靶源。为了获得好的绕镀性,可独立控制各个电弧靶源。这种设备可用来制作多层结构膜、合金膜和化合物膜。

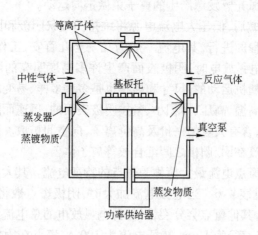

图 4-32 多个电弧蒸发靶源离子镀设备示意图

4.13.2.3　电弧放电等离子体参数

电弧放电等离子体的参数主要有电子温度 T_e、电离强度 α_e、电场强度 E、带电粒子密度 $n_i(\approx n_e)$ 及等离子体电位 V_i 及阳极电流 I_a。

A　等离子体电位 V_i

首先做如下假设：

（1）除电荷层外，等离子体中 $n_i = n_e = n$；

（2）带电粒子的速度分布符合麦克斯韦分布；

（3）电荷层厚度小于电子平均自由程，即电荷层内不发生电离碰撞；

（4）测试探针不发射电子。

利用探针法测得等离子体中探针的特性曲线如图 4-33 所示。其中 I_p 为探针电流，$-V_p$ 为探针相对于阳极的电位。由图可见，在 C 处两种空间电荷都不存在，所以 C 点电位 V_C 就是该处等离子体相对于阳极的电位，即 $V_C = -17.8\text{ V}$。

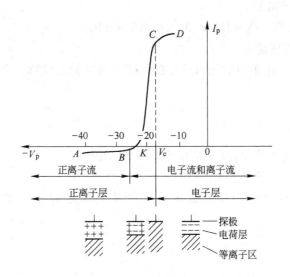

图 4-33　探针的特性曲线

B　电子温度

电弧放电等离子体中电子温度 T_e 可由式(4-14)求得

$$\frac{1}{\left(\dfrac{eV_i}{kT_e}\right)^{1/2}} \cdot \exp\left(\frac{eV_i}{kT_e}\right) = 1.16 \times 10^7 \, C_1^2 (p_0 R)^2 \tag{4-14}$$

式中　V_i——气体的电离电位；

k——玻耳兹曼常数；

p_0——折合到0℃时的气体压力；

R——室体径向半径；

e——电子电荷量；

C_1——常数。

$$C_1 = \left(\frac{C_2 \sqrt{V_i}}{\lambda_{e0} K_i p_0}\right)^{1/2} \tag{4-15}$$

式中　λ_{e0}——气压为133 Pa，温度为0℃时电子在气体中的平均自由程；

K_i——离子迁移率；

C_2——常数。

对于 Ar 气，$C_2 = 1.2 \times 10^{-2}$，$C_1 = 5.3 \times 10^{-2}$。

C　电离强度 α_e

每个电子在单位时间内产生的平均电离碰撞次数称为电离强度，其值为

$$\alpha_e = 600 \frac{C_2}{\lambda_{e0}} \frac{p_0 V_i}{\sqrt{\pi m_e}} (2kT_e)^{1/2} \exp\left(-\frac{eV_i}{kT_e}\right) \tag{4-16}$$

式中，m_e 为电子质量，其余符号与式(4-14)相同。

D　带电粒子密度 n_i

圆筒形放电室中弧光放电等离子体的带电粒子密度 n_i 可由式(4-17)计算

$$n_i = n_\infty J_0\left(\frac{2.406}{R} r\right) \tag{4-17}$$

式中　r——距圆筒轴的径向距离；

R——圆筒半径；

$J_0\left(\dfrac{2.406}{R} r\right)$——零阶贝塞尔函数值。

$$n_\infty = \frac{I_a}{\pi R^2 e (K_e + K_i) E} \tag{4-18}$$

式中 I_a——阳极电流；

E——等离子体轴向电场强度；

K_e, K_i——分别为电子和离子的迁移率。

E 阳极电流 I_a

电弧放电阳极电流 I_a 可由式(4-19)计算：

$$I_a = 2.33 \times 10^{-6} \frac{S}{d-vt} V_a^{3/2} \qquad (4-19)$$

式中 S——等离子体面积；

d——阴、阳极间距离；

v——等离子体膨胀速度，一般 v 为 $(2 \sim 3) \times 10^6$ cm/s；

V_a——阴、阳极电位差；

t——时间。

4.13.3 真空多弧离子镀设备的组成

目前应用的真空阴极电弧离子镀设备多采用多个阴极电弧靶源(简称电弧蒸发源或多弧源)，因此通常将这种离子镀设备称为多弧离子镀设备。目前，这种设备主要用于工模具镀膜，如荷兰 Hamer 公司的 HIC1200 设备，其镀膜室直径为 1200 mm，高 1000 mm，设置多个矩形平面电弧蒸发源，可在 650 kg 重的模具上沉积 TiN 膜层。现仅就实际生产中所用的多弧离子镀膜设备的基本结构组成介绍如下。

4.13.3.1 阴极电弧蒸发源

A 电弧蒸发源的基本结构及其技术要求

a 电弧蒸发源的基本结构形式

阴极电弧蒸发源有多种形式和结构，具体如下：

(1) 形状尺寸。圆靶直径一般为 60~100 mm；通常矩形靶长 1000~1500 mm；柱状靶直径为 70~100 mm，长度为 100~130 mm。

(2) 磁体与结构。磁体有固定永磁体与运动永磁体两种。圆靶的磁体有圆柱形和环形；柱状靶有直线安排磁体和螺旋线安排磁体。另有电磁铁结构，磁场强弱与磁场分布均可调，可以控制弧斑运动轨迹。

(3) 引弧机构。分机械触发式和高频脉冲放电非接触式。机械触发式是靠引弧电极与阴极表面接触，由于阴极和引弧电极之间在大电流回路内，在两个电极迅速通断的一瞬间，引起大电流脉冲放电，因放电区局部高温而引燃电弧放电。高频脉冲放电触发式是在阴极附近放置电极，在电极上加脉冲高压，通过极间放电进行引弧。

（4）冷却方式。由于电弧工作的稳定性与阴极蒸发表面的温度有关，温度越低越稳定，而且还会减少能量消耗。因此应对阴极采取强制冷却措施，通常采用水冷。水冷分直冷式和间接冷却式。

b 对电弧蒸发源的技术要求

在正常镀膜气压下（5×10^{-1} Pa），靶电流的可调范围较大（如以直径60 mm 圆形钛靶为例，靶电流范围为 35～100 A），而且在靶电流低（靶电流下限）时能稳定弧的运动；在高真空下（10^{-3} Pa），可正常稳弧；磁场可调，靶面弧斑线细腻，弧斑线向靶心收缩且向靶边扩展运动均匀，靶面刻蚀均匀。

经过多年来的实践，近期先进的电弧离子镀设备已把早期的集离子轰击清洗、工件加热与镀膜三种功能于一体的一弧多用方式进行了功能分离，只保留镀膜功能，其他功能由更合理的装置承担。因为利用电弧蒸发源配高负偏压进行离子清洗，不但在工件表面上会留下许多宏观颗粒，增大了表面粗糙度，而且在轰击清洗过程中，会产生闪弧现象，若抑制闪弧措施不当，就会烧伤工件。如有的电弧离子镀设备配有专用的无灯丝离子源、以 Ar 离子束进行离子清洗，可克服上述缺点。采用电弧蒸发源发出膜材离子轰击工件表面进行加热，由于能量是在表面交换，对于异型工件，不同部位其表面/体积比不同，其瞬时温升是不同的，加热不均匀，特别是刀的刃口、小工件等更容易过热退火，不好控制。现在大都采用发热管辅助加热。电弧蒸发源因为离化率高、粒子能量高、固体靶没有熔池、沉积速率高、成膜附着力和致密度好，所以用于镀膜仍然是其主要的优势。

B 电弧蒸发源的结构分类

真空电弧离子镀蒸发源的发生特性是：在宏观上是平面蒸发源，而在微观上却是 2π 立体角的点蒸发源；放电电流中有磁场力和电场力的作用问题；有大液滴膜材沉积问题；蒸发源无方位限制等问题。其结构形式分类如下。

a 圆形平面电弧蒸发源

圆形平面电弧蒸发源是应用最广泛的电弧源，图 4-34 给出一种典型的圆形平面阴极电弧靶源结构示意图。

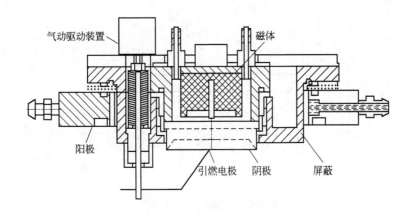

图4-34　圆形平面电弧源结构示意图

　　阴极电弧源包括控弧磁体(或线圈)、水冷阴极靶座、阴极靶、弧引燃机构、辅助阳极、阳极、止弧圈以及阴极电源等。辅助阳极是导磁材料制成的,它与阳极有适当的电位差。

　　阴极靶为被镀膜材,通过源座安放在真空室壁上。屏蔽罩是为防止漏弧而引入的,选用高温绝热材料,壁厚为 1～3 mm,它与阴极外表面距离为 1～3 mm。蒸发源与真空室壁用绝缘套绝缘,并通过密封圈实现真空密封。冷却系统中有水冷管和冷却底座,进气系统中有充气管和气管座,引弧采用触发电极,它与靶电源相连接,为使弧斑均匀分布而设置永磁体,以便能在电弧放电区内加入磁场。

　　靶材的电位一般为 −20 V,磁体用于控制放电中的电子,防止其逃逸,引弧点燃极由其拖动机构(气动或电动)拖动而实现引发电弧放电。当引弧极与靶材分离的瞬间,因为接触电阻很大,局部发热而产生电弧火花。该火花中含有密度很高的电子和离子,气体在这些电子和离子的作用下将迅速形成热电子或强电场弧光放电。

　　因为放电电弧实质上是电子束,即同向平行电流,故其受相互斥力而散焦,如图 4-35 所示,所以阴极辉点集中在靶材表面外环部位的几率较大。因此,目前电弧源表面刻蚀不均匀,常常呈现中央凸起状,如图中虚线所示。当阴极辉点发生在靶材外缘的挡圈斜面上时,其电流 I_3 受斜面径向推力作用,使辉点向中心转移,从而提高了稳弧性和靶材刻蚀均匀度。

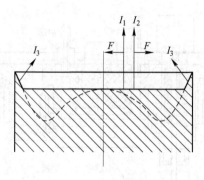

图 4-35   电弧源电流受力图

阴极辉点平均直径为 0.1 mm,电流密度可达 $10^5 \sim 10^7 \text{ A/cm}^2$。阴极辉点的数量一般与放电电流成正比。每个辉点电流是常数,而且与阴极材料有关。常用阴极材料阴极辉点的平均电流可见表 4-7。

表 4-7   不同阴极材料阴极探点的平均电流   （A）

阴极材料	铋	镉	锌	铝	铬	钛	铜	银	铁	钼	碳	钨
辉点电流	3~5	8	20	30	50	70	75	60~100	60~100	150	200	300

实践证明,阴极辉点在靶材表面上的迁移速度可达 150 m/s,且多在靶材外环部位迁移。因此在靶材表面建立适度的法向磁场可迫使阴极辉点产生径向运动。如果靶材边缘处的法向磁场较强,其对阴极辉点的聚焦作用会更有效。这种增加磁场控制功能的电弧镀蒸发源称为可控电弧蒸发源。

b 环形平面电弧蒸发源

环形平面电弧蒸发源的结构如图 4-36 所示。采用线圈的励磁电流在铁芯中产生的磁场来实现弧光放电的稳弧及控制阴极辉点的运动。

该电弧源的阴极辉点在环形平面靶材表面上旋转,其特征如下:

（1）与靶材表面平行磁场增加时,可提高辉点旋转速率,并且稳定在接近靶材外缘的环带上转动;

（2）随着电弧电流的增加,辉点旋转速率也增加;

（3）电弧电压与平行磁场成比例地增加;

（4）在较强磁场和提高主弧电流时,阴极辉点发生分裂。当主弧电流不小于 150 A 时,众多辉点轨迹覆盖整个靶材表面。

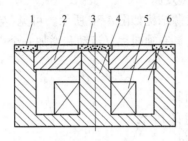

图 4-36　环形平面电弧源结构示意图

1—压环;2—靶材;3—压板;4—铁芯;5—线圈;6—水冷套

c　矩形平面电弧蒸发源

矩形平面电弧镀蒸发源的靶材面积和电弧电流较大,是多辉点同时放电的电弧源。为了稳定电弧放电,采用磁场控制阴极辉点的运动。矩形平面电弧镀蒸发源的结构如图 4-37 所示。

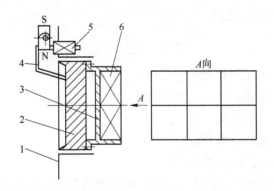

图 4-37　矩形平面电弧源结构示意图

1—屏蔽罩;2—靶材;3—水冷座;4—引弧极;5—引弧极线圈;6—永磁体或电磁线圈

矩形平面电弧蒸发源的引弧极通常采用电磁线圈驱动,使其与靶材接触并立即切断电流,用复位弹簧使引弧极与靶材脱离而引发电弧。

矩形弧源通常采用数个磁场线圈,利用其线圈电流的相位差使靶材表面磁场强度构成一个封闭的循环,以使阴极辉点在整个靶材表面上迁移,这样可以保证靶材的均匀刻蚀。

d 圆柱形电弧蒸发源

圆柱形电弧蒸发源结构如图4-38所示。可见,与常规圆柱形磁控溅射靶的区别仅为磁场具有轴向往复运动和增加一个引弧电极。

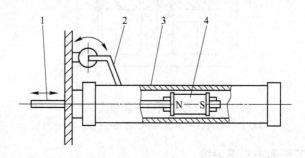

图 4-38 圆柱形电弧源结构示意图
1—磁场拖动机构;2—引弧电极;3—柱靶源体;4—磁体

如果将圆柱形电弧源视为无限长均匀带电圆柱体,且不考虑空间电荷效应,则其电位分布为

$$V = V_b - \frac{Q}{2\pi\varepsilon_0}\ln\frac{r}{R_b}\qquad(4\text{-}20)$$

式中 V_b——电弧源柱面电位,一般 $V_b = -20$ V;

Q——电弧源柱面上的电荷量;

R_b——电弧源柱面半径;

ε_0——真空介电系数;

r——空间距轴线的半径。

磁场拖动机构使磁场往复运动,这样使阴极辉点在绕柱面高速旋转的同时随磁场沿柱面往复运动。只要磁场移动速度均匀,则电弧源柱面的刻蚀就是均匀的。

适当提高磁场强度可使阴极辉点运动速率加大,但是过强的磁场会使引弧困难。对于直径为 60 ~ 70 mm 的圆柱形电弧源。最佳柱表面平行磁感应强度为 0.005 ~ 0.006 T,磁铁柱面中心部位的磁感应强度的最佳值约为 20 mT。

e 旋转式圆柱形风弧蒸发源

在旋转式圆柱形磁控溅射靶上增加引弧机构,即构成了旋转式圆柱形电弧蒸发源,如图4-39所示。阴极辉点沿靶材柱面轴向运动,由于靶材绕轴旋转,因此阴极辉点在整个靶材表面运动,导致靶材的均匀刻蚀。

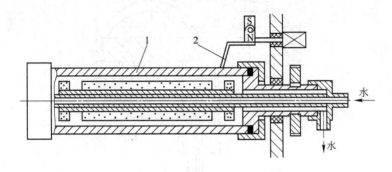

图 4-39 旋转式圆柱形电弧靶

1—旋转式圆柱磁控溅射靶;2—引弧机构

如果采用永磁体系统旋转而靶材固定的形式,阴极辉点沿靶材表面做螺旋线状运动,也可导致靶材均匀刻蚀。

f 圆形平面可控电弧蒸发源

圆形平面可控电弧蒸发源的原理如图4-40所示。其磁场由静止的外磁环和往复运动的中心磁柱构成。靶材上方的磁场可分解为水平磁场 $B_{//}$ 和垂直磁场 $B_{\perp}$。$B_{//}$ 束缚部分电子并使其做圆周运动,致使阴极辉点做圆周运动。$B_{\perp}$ 迫使做圆周运动的电子做径向运动,导致阴极辉点的径向运动。利用拖动机构改变中心磁柱的位置,即改变靶材上方的磁场 $B_{//}$ 及 $B_{\perp}$,因此可以控制阴极辉点的运动轨迹。

在水平磁场 $B_{//}$ 作用下,蒸发源主束电流 I_z 所受的周向力 F_{τ} 为

$$F_{\tau} = I_z \times B_{//} \tag{4-21}$$

在此周向力 F_{τ} 作用下产生周向电流 I_{τ},水平磁场 $B_{//}$ 对 I_{τ} 产生一个指向靶材(如图4-40中 A 点)的稳弧力 F_z,即

$$F_z = I_{\tau} \times B_{//} \tag{4-22}$$

周向电流 I_{τ}(见图4-40中 C 点)在垂直磁场 $B_{\perp}$ 的作用下,产生散焦的径向力 F_r 为

$$F_r = I_{\tau} \times B_{\perp} \tag{4-23}$$

因其方向指向外缘,故有散焦作用。

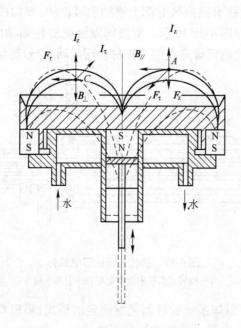

图 4-40 圆形平面可控电弧源结构示意图

若中心磁柱在图中实线位置,因 $B_{//}$ 增大,$B_\perp$ 减小,导致稳弧力 F_τ 增大、散焦力 F_τ 减小,放电时刻蚀靶材中央部位。若中央磁柱在图中虚线位置时,则刻蚀靶材的外缘部位。因此,采用合适的永磁体和适当频率往复运动的中央磁柱,就可以实现阴极辉点在靶材上的径向扫描。

g 阳极真空电弧蒸发源

阳极真空电弧蒸发源是利用高速电子和负离子对阳极靶材的轰击,使其局部过热汽化,形成阳极辉点,蒸发出来的靶材粒子在基片上沉积成膜。

阳极电弧源是个点蒸发源,其蒸发出来的金属粒子被电子电离并形成等离子体放电。该等离子体具有自聚焦作用,因此,阳极真空电弧具有稳定放电的特点,且可以有效地消除大液滴的喷射。

4.13.3.2 真空系统

镀膜室的形式和尺寸要适合镀膜的工件数量和种类(工具镀或装饰镀)。大中型镀膜机一般采用立式侧开门形式,方便装卸工件。极限真空度应达到 5×10^{-4} Pa,由于设备的生产效率受真空系统抽气速率的影响,因此真空系统要配有足够大的抽气能力。真空室及系统的漏气率是必须保证的指标,行业标准规定的最大漏气率为不大于 1×10^{-3} Pa·L/s。该指标与镀膜过程中大气渗入污染镀膜室气氛的程度关系密切。

4.13.3.3　负偏压系统

负偏压系统可采用直流偏压和脉冲偏压两种电源。直流偏压电源应具有自动快速熄灭闪弧的功能,在 0～1000 V 范围内连续可调,并且应具有预置和自动升压功能。脉冲偏压电源有单极性和双极性,频率一般为 30 kHz,占空比可调。偏压电源应具有足够的功率容量、耐电冲击、元器件可靠等功能。偏压系统的抑制闪弧能力是镀膜质量的关键性指标。

4.13.3.4　供气方式

由于抽气速率的波动、工作气体和反应气体的消耗、镀膜室壁和结构件及工件的放气等原因可导致真空室内的气压不断变化。为了获得稳定的镀膜气氛环境,不断地、及时地向镀膜室内补给工作气体和反应气体是十分必要的。目前常用的供气模式可分为恒压力和恒流量两种供气模式:

(1) 恒压力供气。采用自动恒压控制仪配压电阀供气。如果只有一种气体,就控制气体总压力。如果是两种气体,其中一种气体通过针阀流量计或质量流量计预置流量输入到镀膜室内,形成本底室内分压(随时间会有波动),气压不足部分,由另一种气体通过恒压强控制仪和压电阀输入补充,达到预置气压值。其实,总气压是稳定的,两种气体的分压值是变化的。或者说一种气体是恒流量输入,另一种气体以非恒流量输入来弥补系统由各种因素引起总压力偏离预置工作压力的差额。

(2) 恒流量供气。采用质量流量计(或针阀流量计),一路或多路供气。各路设定流量值,即供入镀膜室的气体流量和流量比例是固定的,但由于系统抽气速率变化和气体反应消耗快慢不同,在炉内的各种气体的分子数目(分压)和比例也不是恒定的。

上述两种供气模式实际上都不能精确地控制炉内参加反应的气体分子数目(分压)和比例。理想的供气模式应当保证真空室内总压力不变,同时室内各气体分压比例也不变。为此可以用计算机程序控制来实现这一供气模式。

4.13.3.5　烘烤加热系统

目前多采用加热管辅助加热。加热管除安排在炉中央外,也还分布在炉壁附近。烘烤加热一方面使工件均匀地升温,另一方面有利于系统解吸杂质气体,净化真空环境。

4.13.3.6 测温系统

一般是将铠装热电偶固定在炉内某个位置上测温,所显示的温度是该位置的环境温度,不一定反映工件的实际温度。

在镀膜过程中测量工件的表面实际温度是比较困难的,但监控工件表面实时温度又非常必要,因为基片温度是影响成膜质量的重要因素。红外非接触式测温仪通过观察窗直接对工件测量是一种技术方案,但要测准需考虑以下若干条件:

(1) 选用精确可靠的仪器;

(2) 仪器显示的温度是仪器测量斑区(直径为 2~3 mm)的平均温度;

(3) 仪器有足够快的响应时间;

(4) 仪器具有瞬时温度(最大值和最小值)的显示与储存功能;

(5) 所测工件最高温升位置面积足够大,且运动速度合适;应使运动中的工件被测温部位,在仪器的响应时间内,始终落在仪器测量斑区内,这样仪器测出的温度才准确。

除了形状简单且体积较大的工件外,小的异型工件要满足上述条件比较困难。

国外已有公司采用较特殊的热电偶测温装置。热电偶可以固定在工件表面,热电偶引线通过旋转轴引出,这部分引线固定在轴上随轴一起转动,在引线的引出端通过类似电刷的机构与固定在炉底盘上的两个导电环接触,把热电信号输送到测温仪显示。这种结构较复杂,但测量数据较为可信。

4.13.3.7 工件架及其运动方式

工件架设计时要考虑真空室中的温度场、电场和等离子体的分布,为了镀膜的均匀应采用多维灵活转动的支架和夹具,能充分利用真空室内的有效空间。工件架一般采用立式比较方便,且要求支架承受力大。

工件架的运动方式有公转、公自转和三维转动:

(1) 公转。工件架大转盘绕中心轴转动。

(2) 公自转。工件架是分立在大转盘上的多个小转盘,小转盘绕自身中轴旋转,又随大转盘绕设备中心轴公转。

（3）三维转动。在公自转的基础上，在小转盘上的各个工件自身也转动。

多维运动更有利于镀膜的均匀性，但装置复杂且装载量较小。

4.13.3.8 冷却系统

长时间运行的设备其镀膜室应采用不锈钢的夹层水套，内有控制水流方向的导流水道，保证充分均匀冷却。在潮湿气候地区，应考虑设置冷热供水切换系统，在开炉门前供温水，以防炉壁结露。

4.13.3.9 保护系统

应有冷却水失压警示和保护装置，电弧蒸发源短路警示。真空测量仪表与放气阀连锁，真空系统合理程序的连锁，高电压的安全保护以及电气系统的可靠保护。

4.13.4 真空阴极电弧的控制

控制阴极电弧运动的目的是：

（1）维持稳定的电弧运行。

（2）控制弧斑的运动轨迹，使靶面均匀烧蚀。

（3）控制弧斑在组合靶某区域内驻留时间，蒸发出指定的阴极材料成分。

（4）减少颗粒（液滴）发射。

4.13.4.1 电弧放电的"电压最小值"原则

阴极电弧放电会自动选择电弧电压最小的通路，因此可以用屏蔽非烧蚀面来限制电弧。常用 BN 之类的表面能低、二次电子发射系数小的耐高温惰性材料或处于悬浮电位的屏蔽电极来限弧。

4.13.4.2 磁场与弧斑相互作用

磁场对弧斑运动有强烈的作用，它影响放电的稳定性、弧斑运动速度和方向。实验发现，磁场可对弧斑运动产生如下作用。

A 后退运动

在小电流真空电弧中，在一个平行于阴极表面的磁场（$B_{/\!/}$）下，弧斑的运动垂直于 $B_{/\!/}$，并与电流力方向相反，即背离安培定律方向运动（也有称后退运动或反向运动），如图 4-41 所示。要注意，这与在大气条件下，电弧在横向磁场作用下沿着与洛伦兹力正好相反的方向运动。目前还没有令人满意的理论解释。R. Erttirk 等人认为，不是电流力推动现存的弧斑点"后退"运动,而是新产生的弧斑在反电流力方向出现。如图 4-41 所示,一个永久磁铁装在电弧阴极的后面,磁力线穿透阴极靶,它使带电电极的电弧受到霍尔力的作用。同时,由于电子碰击金属蒸气产生离子,在阴极表面约一个平均自由程的距离处,这些离子的积聚形成正的离子云,它们再次被阴极吸引,它们向阴极表面运动时受到霍尔力的作用,在弧坑附近发生环状偏转,在电流力反方向出现新的冲击点,该处被局部加热,又发射出电子,于是产生一个新的电弧斑区,不断重复这个过程,最后,产生电弧斑沿着圆形轨道反电流力方向旋转运动。

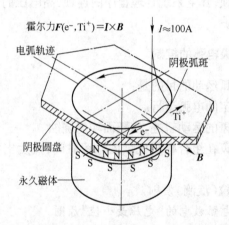

图 4-41 在穿过磁场的阴极平面上电弧斑运动示意图

B 锐角运动

当磁场与阴极表面斜交时,阴极斑点并不是在垂直于 $B_{/\!/}$ 的方向上运动,而是从垂直于 $B_{/\!/}$ 方向又向磁场与阴极平面成锐角方向偏离一定的角度方向运动,即在反向运动上还叠加一个漂移运动。漂移运动的方向指向磁力线与阴极表面所夹的锐角区域。由上述规律,进行阴极弧源设计时,有两种形式:一是在阴极表面形成环拱形磁场(见图 4-42(a)),根据反向运动原理和锐角法则,电弧将沿着磁力线与阴极表面的交迹做环绕运动,并向中心漂移。调整磁力线的形状可以将阴极斑点限制在某一区域内。二是改变阴极的形状,使磁场与阴极的非烧蚀面斜交,通过漂移运动使电弧转移至烧蚀面(见图 4-42(b))。

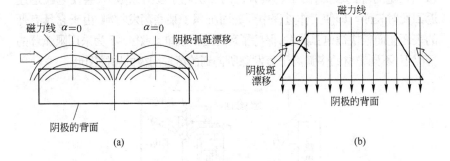

图 4-42　磁场控制电弧斑点的两种表现形式

4.13.4.3　稳定阴极放电措施

在多弧离子镀膜工艺中,设法稳定阴极靶面弧光放电过程,防止杂质气体对蒸镀室的污染、消除从阴极发射表面飞溅的微小团粒(熔滴)对获得高质量的膜层是十分重要的。

阴极放电辉点以很高的速度做无规则的运动,常常因此而跑向阴极发射表面以外的部位。这一现象尤其易发生在初始放电阶段,发射表面的氧化物等杂质的存在诱发了放电过程的不稳定,导致杂质气体的产生,因此限制和控制阴极弧点的运动成为问题的关键。可采取以下措施稳定放电过程。

A　在阴极非发射表面周围设置屏蔽

屏蔽可以起到约束阴极辉点于阴极发射表面的作用。它一般可以选用高温绝缘材料或类似纯铁等导磁材料制成,其壁厚一般为 2~3mm,与阴极保持间隙约 1~3mm。这种方法简易可行,但在弧光放电过程中,在阴极附近的局部区域,气体平均自由程会明显下降,使电弧仍有可能进入屏蔽件内而造成熄弧,甚至损坏阴极。

B　在阴极系统外设置电磁线圈

在阴极系统外设置一个电磁线圈构成外加磁场,其结构如图 4-43 所示。带电粒子在磁场中运动时一般总是绕着磁力线旋转,好像被磁场捕捉住一样。因此这种磁场线圈产生的磁场对阴极表面反射的粒子束流起约束作用,达到稳弧的目的。

C　采用限弧环稳弧

图 4-44 是一种限弧环的结构,它可以较好地维持弧光放电的稳定性。限弧环材料的二次电子发射系数和表面能均应比蒸发阴极材料低。这样,电

弧一旦跑向环的表面,由于它具有低的二次电子发射系数值,会使电弧迅速返回发射表面。即使工作过程中环表面沉积了某些蒸发材料,由于它具有低的表面能而很快被电弧蒸发,保持了环原有的功能。图4-45为采用限弧环的情况下,不同靶材的多弧离子蒸发源所得到的蒸发阴极的腐蚀图形。

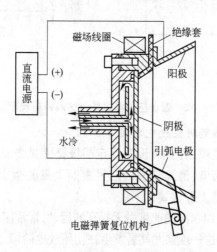

图 4-43　强制冷却的电弧离子镀蒸发源

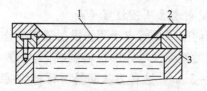

图 4-44　一种限弧环的结构
1—阴极蒸发表面;2—限弧环;3—阴极体

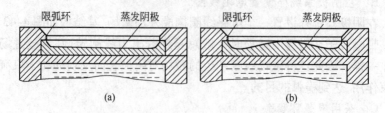

图 4-45　采用限弧环后蒸发阴极的腐蚀图形
(a)蒸发阴极为非导磁材料;(b)蒸发阴极为导磁材料

4.13.5 大颗粒的抑制与消除

在传统的真空电弧镀中,阴极弧源在发射大量电子及金属蒸气的同时,由于局部区域的过热而伴随着一些熔化的金属液滴的喷射。液滴直径一般在 10 μm 左右,大大超过离子的直径。当这种大颗粒随同等离子体流一起到达被镀工件表面时,会使镀层表面粗糙度增加、镀层附着力降低并出现剥落现象和镀层严重不均匀等现象。人们一直努力设法消除这些颗粒,解决这些问题的方法可分两类:一是抑制大颗粒的发射,消除污染源;二是采用大颗粒过滤器,通过控制大颗粒的运动,将其从等离子体流中过滤掉,使之不混入镀层之中。

4.13.5.1 从阴极电弧发射颗粒的机制入手减少甚至消除颗粒的发射

主要解决方法有:

(1) 降低弧电流。降低弧电流可减弱电弧的放电,缩小弧斑区数目,即缩小微熔池面积,可以减少微滴的发射。但同时也降低了蒸发速率和沉积速率。一般国产阴极电弧源设计正常工作弧流为 50 ~ 60A,此时发射的微滴已相当可观。现在生产的弧流在 30A 以下稳定运行的弧源,微滴现象有所改善。

(2) 加强阴极冷却。阴极弧源有两种冷却方式:直接冷却和间接冷却阴极靶体。对于后者,水是冷却铜靶座,靶座连接阴极靶体,冷却效果差些,但安全可靠,不会漏水。前者冷却水直接冷却靶体,冷却效果好些,但一定要有可靠的水封。加强冷却阴极也是让弧斑区热量快些导走、缩小熔池面积,从而减少液滴发射。

(3) 增大反应气体分压。实验证明提高氮分压有明显细化和减少颗粒的效果。其机制还不清楚,有人认为氮分压高时,在弧斑区附近靶面上易生成氮化物沉积,氮化物熔点高,可缩小灼坑尺寸,抑制液滴生成;也有人认为在微熔池上方高气压会影响液滴的发射生成条件和分布。不过,沉积 TiN 时,氮分压是影响膜的相构成和膜的颜色的重要参数,不能任意调节,否则会顾此失彼。

(4) 加快阴极弧斑运动速度。这是驱动斑点快速运动,使其在某点的驻留时间缩短,从而降低局部高温加热的影响,减小熔池面积,降低微滴的发射。一般采用磁场控制弧斑运动。在阴极靶后面装置一磁块,利用平行靶面的磁场分量与弧斑作用,推动弧斑在靶面旋转运动,磁场越强,旋转越快。沉积 TiN,此法可减少微滴,但不会全部消除。若对熔点低的金属阴极,则效果不佳。

(5) 脉冲弧放电。阴极电弧源连接弧脉冲电源,那么阴极弧放电为非连续的,时有时无,有人认为这是利用脉冲式弧放电来限定阴极弧斑的寿命,从而减少微滴。不过,实际看到的弧脉冲频率是低频的(零至几百赫兹),此频率的周期远比已测定的弧斑寿命长,看来,这似乎用间歇放电让阴极得到更有效的冷却来解释减少微滴更合理。

4.13.5.2 从阴极等离子流束中把颗粒分离出来

主要解决方法有:

(1) 高速旋转阴极靶体。日本 G. H. Kang 等人利用旋转电弧靶的离心作用消除电弧蒸发的微滴,当靶速高达 4200 r/min 时,TiN 薄膜表面微粒所占面积为 0.075%。

(2) 遮挡屏蔽。在阴极弧源与基片中间摆放挡板,使从弧源飞出的微滴受挡板屏蔽不能到达基片,而离子流束通过偏压的作用绕射在基体上。这是比较简单的减少微滴的方法,但以牺牲沉积速度为代价。遮挡板的设计和摆放应当以阴极电弧源发射微滴角分布为依据,既要有效挡住微滴,又要尽量少牺牲沉积速率。

(3) 磁过滤。采用弯曲型磁过滤管方法是最彻底消除微滴的方案。图 4-46 所示为磁过滤弧源的一种典型结构图。它包括一个电弧阴极、阴极磁场线圈及一套磁过滤装置。从阴极表面发射的等离子体经磁偏转管进入镀膜室,而微粒由于是电中性或者荷质比较小,因而不能偏转而被滤掉,用磁过滤管电弧源可获得低能高离化度等离子束,并可以完全消除微滴。当然,要损失相当比例的沉积速率。过滤式真空电弧离子镀膜设备结构及工作特性详见 4.13.5.3 节。

4.13.5.3 过滤式真空电弧离子镀膜技术

A 过滤式真空电弧离子镀膜机结构形式

典型的过滤式真空电弧离子镀设备结构如图 4-47 所示。其核心结构是一个 Aksenov 过滤器。它是一个具有螺旋管电磁线圈的不锈钢或石英弯管。电磁线圈提供控制等离子体流运动的外加磁场,该磁场方向是沿管的轴向方向。这一弯管是该技术区别于传统真空电弧离子镀膜的显著标志。它的作用一方面是过滤和阻挡宏观颗粒,另一方面则是引导离

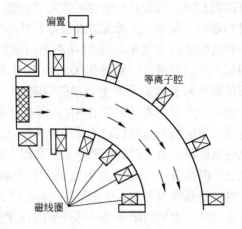

图 4-46 弯管磁过滤装置

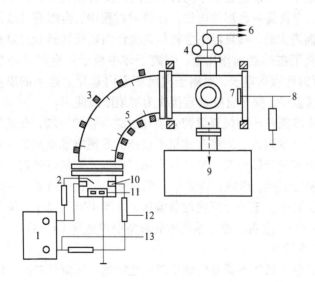

图 4-47 过滤式真空电弧离子镀膜装置结构示意图

1—电源;2—触发器;3—电磁线圈;4—真空规;5—过滤弯管;6—接控制与记录系统;

7—基底;8—离子流测量;9—真空系统;10—阳极;11—阴极;

12—弧电压测量;13—弧电流测量

子进入镀件所在的沉积室。其设计的合理程度将对过滤效果及离子的传递效率产生关键的影响。其中一个准则就是要尽量减小电子在管道中的运动，以建立一个足够强的空间电场来引导离子向沉积室方向加速运动。设计时线圈所产生的外磁场一般在 0.005 ~ 0.02 T 范围内。这一相对较弱的磁场不可能对离子的运动产生直接的影响，而它却可以对管道内等离子体流中的电子产生强烈的约束作用，从而在管道中建立一个很强的加速空间电场。该电场对过滤器离子传递效率起决定作用。

在过滤式真空电弧离子镀设计时还要考虑到虽然大部分宏观颗粒将被排斥在管道之外，但也有一小部分发射角较大的颗粒将进入弯管内部。它们因与带电粒子碰撞而荷电，并在某些方向上得到加速。得到加速的宏观颗粒与管壁碰撞之后的结果是一部分吸附在管壁，而另一部分则被管壁反射。如果对其反射方向不加以控制，它们将随同离子流一起进入沉积室，从而影响过滤效果。因此，在弯管内部有可能进入沉积室的反射轨道中，应设置若干个挡板，以阻挡反射颗粒进入沉积室内。一般情况下，弯管具有悬浮的电位。在镀膜过程中，当螺旋管线圈所产生的磁场逐渐增大时，其悬浮电位将从负极性向正极性转变。这种极性的转变正反映了在外磁场作用下，等离子体中粒子的空间分布发生了改变，即弯管内壁吸附电子，而离子向沉积室内基片上运动的事实。但在有些过滤装置中，整个管壁被直接作为接地阳极使用。

背面水冷圆柱形阴极弧源靶安装在过滤弯管的一端，在其发射面的前方有一个环状阳极。阳极在这里不仅作为直流电弧放电的一极，而且起到了一个等离子体流引出喷口的作用。两极之间的电弧被一个接触式的电动触发针引燃，形成自持放电。沉积室安装在弯管的另一端，被镀工件可置于其中。工件上可施加负偏压，以利于吸引离子，偏压范围一般在 100 ~ 500V 左右。整个系统本底真空要求达到 10^{-4} Pa。

B 工作特性

阴极真空电弧的本质是燃烧于两极之间的金属蒸气电弧。电弧被引燃之后，放电将集中在阴极表面的阴极斑点区域。阴极斑点具有很高的电流密度（约 10^7 A/m^2 左右）和极高的温度。由于场致发射和热电子发射的双重作用，阴极斑点将发射出大量的电子。同时由于热的作用而使阴极斑点区和阴极金属材料熔化并蒸发。蒸发后的金属蒸气在阴极前方约一个自由行程区，被电子离化。对大部分金属来说，其离化率高达

90% 以上。因此，称这一区域为电离区。同时，由于电子迁移率高，将比离子先离开这一区域，从而在电离区留下一个正的空间电荷层。为保持等离子体的准中性，在阴极前势必形成一个势垒。该势垒阻滞电子而加速离子，使离子加速离开这一区域，进入过滤弯管。而在弯管内部，由于外磁场的作用，电子受到强烈的约束，将发生绕弯管轴线的振荡。电子的强烈振荡，将在弯管内部产生一空间电场。该电场使离子的运动得到约束与控制，使之以一定轨道向沉积室运动，从而保证离子的传递效率及离子具有足够的能量。

阴极在发射电子的同时，也将伴随着宏观颗粒的发射。其发射原因部分是由反射离子引起的。由于离子运动的随机性，一部分离子将向阴极表面运动。当反射离子与阴极表面熔化金属液池相碰撞时，将其能量传递给液池。当这一能量足够克服液池表面张力时，将导致液滴的喷射。统计分析表明，大部分颗粒都以较小的发射角（与阴极表面的夹角）离开阴极。因此，它们都将被排斥在过滤弯管之外。但也有小部分发射角较大的颗粒随同等离子体流一起进入弯管内部。此时由于弯管内挡板的作用，宏观颗粒将被阻挡，最终不能混入镀层中，起到充分过滤的效果。真空电弧离子镀的优势在于离化率高、离子能量高及镀膜速率高。在加上过滤弯管之后是否会影响这些指标的关键取决于离子在过滤器中的传递效率。

对于传递效率，首先应当计算出过滤弯管内电子在外磁场作用下引起振荡而产生的空间电场的标量电位分布。该电场将对离子运动起到控制作用，使离子沿一定轨迹运动。考虑离子在空间电场下的运动方程，即可从理论上计算出离子在管道内的运动轨迹。一般来说，可以做到离子运动轨迹被约束在沿管道的轴线方向上时，离子传递效率可达到80%以上。

4.13.6 负偏压对膜沉积过程的影响

4.13.6.1 直流偏压

真空阴极电弧离子镀一般配置直流负偏压电源。它的正极接镀膜室壳（接地阳极），其阴极连接在基片（工件）上。其负电压从 0 ~ -1000 V 可调，构成对阴极电弧源（靶）和电弧放电等离子体负电位。正是带负偏压基片在等离子体中，基片表面附近的等离子鞘层对镀料离子实施加速，补给和调节离子能量,提高了离子对基片和膜层的轰击效应,增强了膜层的附着力和致密性,改善了膜层结构和性能。

实际应用的电弧离子镀的直流偏压电源,一般应具有较宽的可调负电位范围,它既要在较低的负电位(-50 ~ -300 V)进行镀膜,又要在较高负电位(-600 ~ -1000 V)对工件进行轰击清洗。同时,直流偏压电源应具有较好的化解镀膜与离子轰击时的"闪弧"功能。一种可行的技术方案是把将形成大弧所积累的电荷分解成多个基片表面能承受的"小弧"释放,这样就能保证不会因闪弧而使膜层质量降低以及工件报废。

4.13.6.2　鞘端效应与狭缝屏蔽

在镀膜实际操作中,工件面积有限,鞘端效应不可忽视。被镀工件往往不是规则形状,它们放在等离子体中并被施加负偏压后,在工件的边沿、凸出部位等曲率半径小的部位也会形成与它们形状相似的离子鞘,与工件的曲率半径大的工件部位比较而言,前者单位面积对应的离子鞘将表面相对要大些,而且这些部位场强较大,因而这些部位更容易获得离子流。在工件的小孔、狭缝区,如果其尺度与离子鞘层厚相近,则在小孔及狭缝开口处的离子鞘将产生屏蔽效应,使离子很难进入小孔和狭缝内。

4.13.6.3　脉冲负偏压

负偏压在离子镀中有举足轻重的作用。借助直流偏压诱发离子和调节离子能量去轰击基体表面,基体的温度与直流偏压值有强烈的依赖关系。往往基体材料有一温度允许高限,而最大允许偏压值也取决于工艺条件。在许多镀膜生产中, -50 ~ -300 V 的偏压不能提供足够的离子能量对表面进行有效的轰击,于是在直流负偏压基础上叠加脉冲负偏压技术应运而生。

叠加脉冲偏压最大的特点是基体温度与施加的脉冲偏压值可分开控制。在镀膜时,脉冲偏压可调范围在 5% ~ 10% 之间,这意味着是一种非连续的低能离子脉冲式轰击。在脉冲截止时,属常规的直流偏压镀膜工艺,有足够时间进行材料表面和内部热均衡。在脉冲轰击时,仅仅对基片温度有小小的提升,因此可以在预定的基体温度下施加或高或低的脉冲偏压,即在工艺参数和工艺控制中多了一个自由度。叠加脉冲负偏压赋予离子较高的能量,高能离子辅助镀膜可提高表面吸附原子的迁移率、增加表面缺陷密度、提高成核速度、使表面有更多的杂质原子解吸并促进表面原子位移。图 4-48 表示用离子轰击沉积膜时基体表面的基本过程。这些效应的结果是:降低基体镀膜温度可有效控制工件温升,增加了膜的致密度,改善了膜-基界面的结合力,抑制了柱状膜的生长,改善了织构,降低了膜的残余应力,提高了硬度,还有报道说增加了沉积速率(因为高频脉冲提高了基体附近的等离子体密度),减少了微滴(脉冲电场作用下的高能离子击碎镀层上的大颗粒,改善了膜层的表面形貌)。

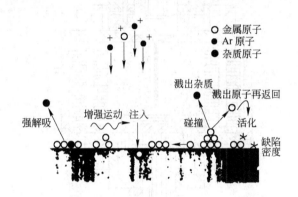

图 4-48 离子轰击沉积的基本过程

4.14 热阴极强流电弧离子镀

图 4-49 为热阴极强流电弧离子镀装置的示意图。在离子镀膜室的顶部安装热阴极低压电弧放电室,热阴极用钽丝制成,通电加热至发射热电子,是外热式热电子发射极,低压电弧放电室通入氩气。热电子与氩气分子碰撞,发生弧光放电,在放电室内产生高密度的等离子体。在放电室的下部有一气阻孔与离子镀膜室相通,放电室与镀膜室形成气压差,在热阴极与镀膜室下部的辅助阳极(或坩埚)之间施加电压,热阴极接负极,辅助阳极(或坩埚)接正极,那么,放电室内的等离子体中的电子被阳极吸引,从枪室下部的气阻孔引出,射向阳极(坩埚)。在沉积室空间形成稳定的、高密度的低能电子束,它起着蒸发源和离化源的作用。

沉积室外上下各设置一个聚焦线圈,磁场强度约为 0.2 T,上聚焦线圈的作用是使束孔处的电子聚束。下聚焦线圈的作用是对电子束聚焦提高电子束的功率密度,从而达到提高蒸发速率的目的。轴向磁场还有利于电子沿沉积室做圆周运动,提高带电粒子与金属蒸气粒子、反应气体分子间的碰撞几率。

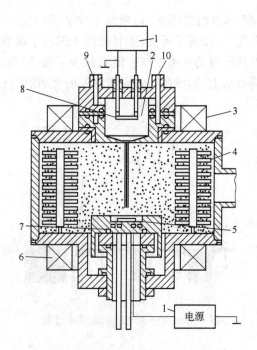

图 4-49 热阴极强流电弧离子镀装置

1—热灯丝电源;2—离化室;3—上聚焦线圈;4—基体;5—蒸发源;6—下聚焦线圈;
7—阳极(坩埚);8—灯丝;9—氩气进气口;10—冷却水

这种技术的特点是一弧多用,热灯丝等离子枪既是蒸发源又是基体的加热源、轰击净化源和膜材粒子的离化源。镀膜时先将沉积室抽真空至 1×10^{-3} Pa,向等离子枪内充入氩气,此时基体接电源正极,电压为 50 V。接通热灯丝,电子发射使氩气离化成等离子体,产生等离子体电子束,受基体吸引加速并轰击基体,使基体加热至 350℃,再将基体电源切断加到辅助阳极上,基体接 –200 V 偏压,放电在辅助阳极和阴极之间进行,基体吸引 Ar^+,被 Ar^+ 溅射净化。然后,再将辅助阳极电源切断,再加到坩埚上,此时电子束被聚焦磁场汇聚到坩埚上,轰击加热镀料使之蒸发。若通入反应气体,则与镀料蒸气粒子一起被高密度的电子束碰撞电离或激发,此时,基体仍加 –100 ~ –200 V 偏压,故金属离子或反应气体离子被吸引到基体上,使基体继续升温,并沉积膜材和反应气体反应的化合物镀层。

该技术的特点是放电室在高真空下(约 1 Pa)起弧,对镀膜室污染小。由于高浓度电子束的轰击清洗和电子碰撞离化效应好,TiN 的镀层质量非常好。我国在 20 世纪 80 年代曾对用空心阴极离子镀、电弧离子镀、热阴极强流电弧离子镀镀制的麻花钻镀层做评比,结果表明,用热阴极强流电弧离子镀镀制的麻花钻头使用寿命最长。该技术用于工具镀层质量最具优势,采用多坩埚可镀合金膜和多层膜。

缺点是可镀区域相对较小,均匀可镀区更小,通常只有 350 mm 高的均镀区。用于装饰镀生产不太适宜。但经过设备改进后,可扩展可镀区域,用于高档工件的镀膜中。

目前利用热阴极强流电弧蒸发源可以实现电弧蒸发、离子镀、溅射、混合 PVD 和等离子辅助 CVD。主要的沉积膜系有 TiN、TiCN、TiAlN、CrN、CrC、TiAlN + WC/C、WC/C、DLC 和金刚石等。

4.15　磁控溅射离子镀

磁控溅射离子镀(MSIP)实际上是偏置连接的磁控溅射镀,简称溅射离子镀(sputtering ion plating,SIP)。

在磁控溅射离子镀中,工件可以有三种连接电的方式:接地、悬浮和偏置。镀膜机的机壳一般都接地并规定为零电位。工件接地就连接机壳,工件相对等离子体的电位约负几伏。悬浮是将工件与阳极(机壳)和阴极绝缘,让工件悬浮在等离子体中,工件与等离子体之间靶层电位降达数十伏。工件受到数十伏的离子轰击足以产生多种有益的效应。偏置是在工件上加上数十至数百伏的负偏压(负偏压为零时即接地)。

采用以上三种电连接方式,工件相对于等离子体都处于负电位,其负电位值从接地的几伏到悬浮的数十伏乃至偏置的数伏到数百伏。由此可见,在磁控溅射过程中,无论工件如何与电连接,工件都会受到能量不等的离子的轰击。

4.15.1　磁控溅射离子镀的工作原理

磁控溅射离子镀的工作原理如图 4-50 所示。真空室抽至本底真空 5×10^{-3} Pa 后,通入氩气,维持在 0.133 ~ 0.0133 Pa 之间。在辅助阳极和阴极磁控靶之间加 400 ~ 1000 V 的直流电压,产生低气压气体辉光放电。氩气离子在电场作用下轰击磁控靶面,溅出靶材原子。靶材原子在飞越放电空间时,其中一部分被电离,靶材离子经基片负偏压(0 ~ – 3000 V)的加速作用,与高能中性原子一起在工件上沉积成膜。

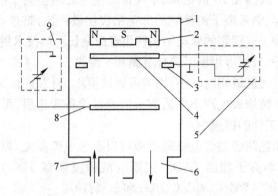

图 4-50　磁控溅射离子镀装置原理简图

1—真空室;2—永久磁铁;3—磁控阳极;4—磁控靶;5—磁控电源;6—真空系统;
7—Ar 充气系统; 8—基体;9—离子镀供电系统

磁控溅射离子镀是把磁控溅射和离子镀结合起来的技术。在同一个装置内既实现了氩离子对磁控靶(镀料)的稳定溅射,又实现了高能靶材(镀料)离子在基片负偏压作用下到达基片进行轰击、溅射、注入及沉积过程。

磁控溅射离子镀可以在膜-基界面上形成明显的混合界面,提高了附着强度;可以使膜材和基材形成金属间化合物和固溶体,实现材料表面合金化,甚至出现新的相结构。磁控溅射离子镀可以消除膜层柱状晶,生成均匀的颗粒状晶结构。

4.15.2 磁控溅射偏置基片的伏安特性

磁控溅射离子镀的成膜质量受到达基片上的离子通量和离子能量的影响。离子必须具有合适的能量,它决定于在放电空间中电离碰撞能量交换以及离子加速的偏压值。离子还要有足够的到达基片的数量,即离子到达比。在离子镀中实用工艺参数就是工件的偏置电压(偏压)和偏置电流密度(偏流密度)。偏流密度 J_s(mA/cm^2)与离子通量成正比,即

$$J_s = 10^3 e\Phi_i \tag{4-24}$$

式中 Φ_i——入射离子通量,$(cm^2 \cdot s)^{-1}$;

e——电子电荷 $1.6 \times 10^{-19}C$。

磁控溅射偏置基片的伏安特性可分两类,如图 4-51 所示。

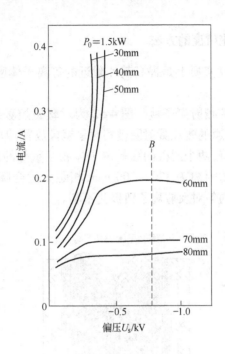

图 4-51 磁控溅射偏置伏安特性曲线

第一类为恒流特性。这时靶-基距较大,基片位于距靶面较远的弱等离子区内。其特点是:最初偏流是随负偏压而上升,当负偏压上升到一定程度以后,偏流基本上饱和,处于恒流状态。这时偏流为受离子扩散限制的离子流(即离子扩散电流)。

第二类为恒压特性。这时靶-基距较小,基片位于靶面附近的强等离子区内,偏流为受正电荷空间分布限制的离子电流(即空间电荷限制离子电流)。其特点是:偏流始终随负偏压的上升而上升。当负偏压上升到一定程度,例如 200 V 以后,处于恒压状态。

对于磁控溅射离子镀,要求偏压和偏流可独立调节,且要求偏流稳定,这些都只有在恒流工作状态下才能实现。对于不同的靶结构、不同的靶功率、不同的基片大小、不同的镀膜室结构而言,产生恒流状态的偏置基片伏安特性是不同的。

要使沉积速率达到实用的要求,必须使偏流既独立可调,又有较大的密度。

4.15.3　提高偏流密度的方法

提高偏流密度实质上是提高基片附近的等离子体密度,目前有以下几种方法:

(1)对靶磁控溅射离子镀。图4-52为对靶磁控溅射离子镀的示意图,它是由两个普通的磁控溅射阴极相对呈镜像放置,即两者的永磁体以同一极性相对对峙,两个阴极的强等离子体相互重叠的区域是工件的镀膜区。镜像对靶的距离为 120 ~ 200 mm,相距太远会降低等离子密度。等离子体密度不均匀对反应离子镀极为不利。

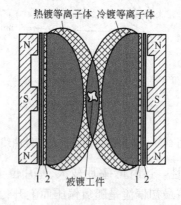

图 4-52　镜像对靶布置

1—阴极;2—靶

(2)添加电弧电子源。图4-53(a)为热丝电弧放电增强型磁控溅射,其原理与三极溅射阴极相似。图4-53(b)为空心阴极电弧放电增强型磁控溅射阴极。

(3)对电子进行磁场约束和静电反射。图4-53(c)所示的溅射阴极利用同处于负电位的两个靶面相互反射电子,磁场的作用是将电子约束在两个靶面之间。在溅射阴极的阴极暗区和负辉区中,磁力线与电子力是平行的,不存在由正交磁场引起的 $E \times B$ 漂移。电子绕磁力线螺旋前进,一旦接近靶面即被静电反射,于是在两个靶面之间振荡,从而将其能量充分用于电离。这种阴极实质上是采用静电反射提高等离子密度的二极溅射阴极,并非磁控溅射阴极。

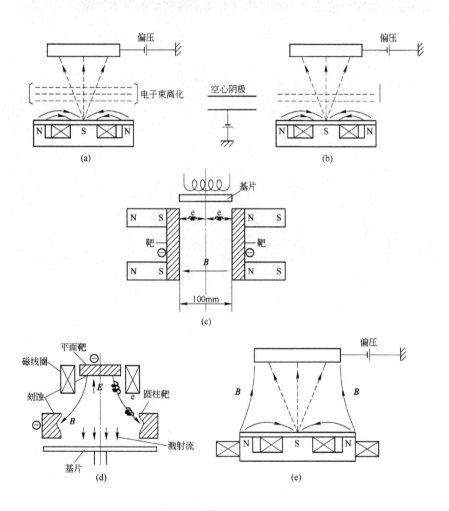

图 4-53 提高等离子体密度的五种磁控溅射阴极

图 4-53(d)是静电反射对靶阴极的另一类型,它与上述平面对靶阴极的差别在于采用环形靶材替换其中一个平面靶材。

（4）非平衡磁控溅射阴极。图 4-53（e）为 Ⅱ 型非平衡磁控溅射阴极，其磁力线将等离子体引向基体，可以满足溅射离子镀的要求。其缺点是径向均匀性较差。

采用非平衡磁控溅射阴极同时对电子进行磁场约束和静电反射，这是磁控溅射离子镀技术中赖以提高等离子体密度的基本措施。

5 真空卷绕镀膜

5.1 概述

卷绕镀膜是应用物理气相沉积的方法在柔性基体上连续镀膜的技术。在柔性基体表面镀膜有两种功用:一是功能性,二是装饰性。所谓功能性就是在塑料薄膜、纸、金属带、布等柔性基体上利用不同的镀膜方式镀上半导体膜、金属膜、绝缘膜、光学多层膜等薄膜,不仅可以提高其表面硬度、力学强度和耐水性能,还可以增加耐油性和耐溶剂性、提高耐老化性,使其具有导电性、反射性、吸收性、绝缘性、阻隔性以及防止静电等,从而使这些柔性材料具有一些特殊功能。例如,用于制造触摸屏、电容器、X 射线设备(如镀 TCO、铝、铜、银、锌、铅等)、汽车贴膜(阳光控制膜),建筑贴膜(Low-E 膜)。或因形成金属或陶瓷膜,从而阻止水和溶剂侵入,不被化学药品所腐蚀,便于焊接等。所谓装饰性就是利用各种金属和光学膜的光泽和颜色使其更加美观大方、经久耐用,扩大了其使用范围。如在塑料表面镀金属和介质膜可使塑料具有强烈的金属或介质反光层,制成反光镜、辐射散热器(如镀铝、铬、介质膜);也可使塑料获得类似金属制品的外观,进行装饰(如镀银、铝、铬等)。

常见的真空卷绕镀膜设备按其工作原理可分为:蒸发卷绕镀膜、磁控溅射卷绕镀膜和组合式卷绕镀膜。其中蒸发卷绕镀膜又分为电阻加热蒸发、感应加热蒸发和电子束加热蒸发三种;磁控溅射卷绕镀膜分为直流溅射和中频反应溅射两种;组合式卷绕镀膜分为电阻蒸发和磁控溅射组合、电阻蒸发和电子束蒸发组合、电子束蒸发和磁控溅射组合等多种形式,如图 5-1 所示。

真空卷绕镀膜设备按其用途可分为:装饰膜卷绕设备、包装膜卷绕设备和功能膜卷绕设备。功能膜卷绕镀膜设备生产的薄膜种类繁多,又可细分为:电容器膜(分为镀铝、镀铝-锌、镀银-锌-铝等)、防伪膜、功能性阻隔膜、阳光控制膜、减反射和高反射膜、光学膜、光伏膜、音膜、显示膜、TCO 导电膜、泡沫镍镀膜、防辐射布镀膜等。

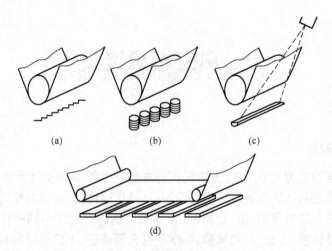

图 5-1　卷绕镀膜分类

（a）电阻加热蒸发；（b）感应加热蒸发；（c）电子束加热蒸发；（d）磁控溅射

　　目前真空卷绕镀膜技术运用在各个行业里。在实际应用中,以电阻加热蒸发的真空卷绕镀膜设备居多。这种设备主要应用于镀铝、锌等低熔点金属材料,其镀膜速度多为 300 ~ 500 m/min(电容器薄膜镀铝可达800 m/min 以上），因此生产效率非常高。应用感应蒸发原理及磁控溅射原理的真空卷绕镀膜设备在相关领域生产并大量运用。基于大功率电子束加热蒸发原理的真空卷绕镀膜设备在市场应用也很广泛。近几年由于镀膜工艺的发展,在市场上出现了组合式的卷绕镀膜设备和连续多室卷绕镀膜设备。

5.2　蒸发卷绕镀膜

5.2.1　蒸发卷绕镀膜特性

　　蒸发卷绕镀膜就是指在柔性基材表面通过真空卷绕镀膜技术蒸镀一层或多层薄膜。蒸发卷绕蒸镀金属薄膜示意图如图 5-2 所示。

　　作为真空蒸镀用的薄膜基体材料应符合真空蒸镀工艺的特殊性,因此薄膜基体须满足以下几个条件:

　　（1）薄膜基体表面必须光滑平整、厚度均匀,无严重缺陷,无孔洞、僵块、过多的黑黄点和晶点。

　　（2）耐热性好。基体必须能耐受蒸发源的辐射热和蒸发物的冷凝潜热。熔点低的材料不适宜直接真空镀铝。

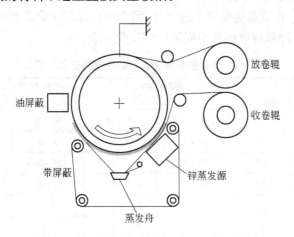

图5-2 蒸发卷绕镀膜示意图

（3）基体材料应疏水，从薄膜基体上产生的挥发性物质要少；对吸湿性大的基体材料，在蒸镀前要进行干燥处理。含有空气的微孔材料，如泡沫塑料以及在镀膜中会挥发或放出气体或有机物的材料不特殊处理是难于进行真空镀膜的。含水分或挥发性成分多的材料，在高真空下会因失去水分而发生表面皱褶、强度降低、变脆等问题，这些材料只能采用间接蒸镀法，例如纸、玻璃纸等材料。

（4）对蒸镀层的黏结性良好。对于 PP、PE 等非极性材料，蒸镀前应进行表面处理以提高镀层的附着性和牢固度。

（5）被蒸镀薄膜的熔点要高，否则在镀膜材料蒸镀上去时易发生熔化，例如 LDPE、LLDPE、EVA 等熔点过分低的树脂薄膜不能直接用于真空蒸镀，而只能采用间接蒸镀技术。

真空金属化的薄膜不但保持了与基材相同的力学性能，同时具备了一些新的优良特性，主要体现在以下几方面：

（1）优良的导电性。除金属带外，柔性基材多数是不导电的，但在不导电的基材上镀很薄的金属或 TCO（透明导电）就可以使其具有导电性，通过控制膜厚和掺杂可以改变电阻值，使之用于不同的工业领域。

（2）高阻隔性。金属化的薄膜极大地提高了阻隔性，具有优异的阻氧、阻水、避光性、防紫外线和红外线的功能。用电子束蒸发法在无毒塑料上镀 SiO_2 介质膜也具有上述功能，因此被广泛用于食品包装和微波炉包装物。各种基材镀铝前后阻隔性的变化见表 5-1。

表 5-1　各种基材镀铝前后的阻隔性变化情况

基　材	厚度/μm	透湿度(40℃) /g·(m²·d)⁻¹		透氧度(20℃,0.1 MPa) /cm²·(m²·d)⁻¹	
		未　镀	已　镀	未　镀	已　镀
PE	25	16~18	1.2	7~8	0.8~1.0
CPP	25	15~20	1.1~1.4	20~30	2~3
BOPP	18	6~10	1.3~1.5	5~8	0.4~0.8
PET	12	46	1.2~1.4	3.3	0.3
	25	26	0.6~1.0	2.8	0.4
BOPA	25	130~200	1.0~10.0	0.03	0.01

（3）一定的电磁屏蔽性。镀导电性好的金属或化合物膜有电磁屏蔽作用，如镀铝薄膜达到一定厚度后，就具有一定的电磁屏蔽性。在聚酯薄膜表面采用真空蒸镀的方法镀上 40~50 nm 厚的铝膜，因铝膜有良好的导电性而形成了材料的电磁波屏蔽功能。镀 60 nm 铝膜的薄膜材料在 50 Hz 附近的屏蔽值为 75 dB，即屏蔽了 99.9% 的电磁波，显示了优秀的抗电磁性，最高频率时仍显示了 50 dB 的高屏蔽效果。

蒸发卷绕镀膜根据蒸发源加热方式的不同分为：电阻蒸发、感应蒸发和电子束蒸发卷绕镀膜，其比较见表 5-2。

表 5-2　各种蒸发源加热方法的比较

蒸发源的加热方法	电阻加热法	感应加热法	电子束加热法
蒸发源	蒸发舟(槽),坩埚	高频线圈+陶瓷坩埚	电子枪+水冷铜坩埚
适用的蒸发物	Al,Ag,Ni,Cr,Cu	Al,Cu,Ag	Al_2O_3,SiO_x,In_2O_3, Si,Ta,Ni,Fe,Ti
蒸发速度的稳定性	稳　定	稳　定	稍不稳定
加热开始到蒸发的时间/min	5	10	10
从蒸发源发出的气体	少	少	无
粒子的运动能量/eV	0.1~1	0.5~1	0.1~2
可操作性	比较容易	比较容易	比较难

续表 5-2

蒸发源的加热方法	电阻加热法	感应加热法	电子束加热法
蒸发源的结构	简 单	稍复杂	复 杂
操作成本/元	1	0.5~0.6	0.4
初始成本(设备)/元	1	1.9	2.0
消耗电能/kW	1	0.75	0.5
消耗冷却水/L·min^{-1}	1	1.25	0.8

5.2.2 电阻加热蒸发卷绕镀膜

电阻加热蒸发卷绕镀膜是在高真空条件下,以电阻加热方式使金属或非金属材料熔融汽化,在柔性基材的表面附着而形成复合薄膜的一种工艺。实际工艺操作中,把丝状或片状的高熔点金属(如 W、Mo、Ta 等)或其他难熔导电材料(如石墨、氮化硼等)做成适当形状的蒸发源,其上装有待蒸发材料,通以低电压、大电流,蒸发源发热而加热被蒸镀材料使其蒸发;或把镀料放入 Al_2O_3 和 BeO 等坩埚中进行间接加热蒸发。此法主要用于低熔点金属或化合物,如金、银、铜、锌、铬、铝等,其中用得最多的是铝。

5.2.2.1 原理

电阻加热蒸发卷绕镀膜原理如图 5-3 所示。将卷筒状的待镀薄膜基材装在真空蒸镀机的放卷辊上,薄膜穿过导向辊和镀膜冷鼓卷绕在收卷辊上。抽真空,使蒸镀室中的真空度达到 4×10^{-2} Pa 以上,加热蒸发舟或蒸发坩埚使高纯度的金属或化合物在汽化温度下融化并蒸发。启动薄膜卷绕系统,当薄膜运行速度达到设定数值后,打开蒸发源水冷挡板使气态金属或化合物微粒在移动的薄膜基材表面沉积、冷却,即形成一层连续而光滑的金属或化合物膜层。通过控制蒸发材料的蒸发速度、薄膜基材的移动速度、在线电阻或光学监测装置以及蒸镀室内的真空度等来控制镀层的厚度,一般电容器镀铝层厚度为 25~50 nm。

5.2.2.2 镀膜设备与工艺

蒸发卷绕镀膜设备根据蒸镀工艺可分为连续式、半连续式和间歇式三种,因设备结构不同还可分为:单室、双室和多室卷绕镀膜设备。

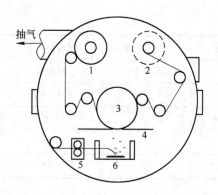

图 5-3 电阻加热蒸发卷绕镀膜原理图
1—收卷辊;2—放卷辊;3—镀膜鼓;4—挡板;5—送丝机构;6—蒸发源

A 连续式真空蒸发卷绕镀膜设备及工艺

连续蒸镀设备的关键是被蒸镀的基材膜卷放在真空蒸镀室外面,可以很方便地自动翻卷、换卷,它同真空室通过气锁或者动力泵室的密封缝隙使基材进出蒸镀室。由于基材的放卷和已蒸镀薄膜的收卷是在常压的动力泵室完成的,因气锁有良好的密闭性,故可以连续地进行蒸镀,而不会影响高真空室中的真空度。

连续真空蒸发卷绕镀膜设备一般配备两室至多室的供给室、处理室、蒸镀室和取出室,它们之间相互隔开又互相关联,其设备简图如图 5-4 所示,设备的放卷和收卷在真空蒸镀装置外,真空蒸镀机的前后配有涂覆机,可以进行上底涂和上面涂,这样可以实现连续化流水线生产。

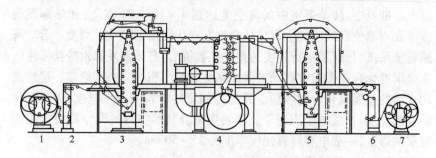

图 5-4 连续式真空蒸发卷绕镀膜设备
1—放卷装置;2—储料装置;3—底漆涂覆装置;4—真空蒸镀装置;
5—面层涂覆装置;6—出料装置;7—收卷装置

a 卷绕系统

连续式真空蒸镀设备的卷绕系统贯穿整个生产流程,比较复杂。薄膜从放卷辊按照一定的穿膜路线通过冷却鼓绕至收卷辊上。整个卷绕系统由多个调速电机驱动,并使薄膜被设定的张力收紧在各卷辊上。无论哪一个卷绕系统,各个卷辊的转速都以镀膜鼓的速度为参考。每个电机都有很宽的调速范围,根据张力和走膜情况自动调节转速保证薄膜以恒张力和恒定的镀膜速度通过蒸发源。卷绕和驱动系统与真空室门连体,安装在一个由电机驱动的行走车上,随门一起开合。通常还把装卸膜的吊车固定在行走车的框架上。

一般卷绕系统都由放卷辊、展平辊、镀膜鼓、导向辊、张力辊、枢轴臂、收卷辊等组成。放卷和收卷辊都是主动辊。展平辊防止张力对膜产生纵向褶皱,是从动辊,有单面弯曲的橡胶辊,它的弯曲程度和弯曲面可以调节;还有分段式的金属展平辊(德国专利)。镀膜鼓是主动的,通常直径都比较大,而且表面光洁度要求高达镜面水准,鼓是夹层结构靠旋转接头与一套冷却加热系统相连接,在镀膜时通入载冷剂水与乙二醇混合液(也有用 R11 作载冷剂的),冷却至 $-15\sim20$℃,带走蒸发源对薄膜产生的辐射热,镀膜结束开真空室门之前需将鼓的载冷剂加热至室温,避免冷鼓在暴露大气时结霜结露,载冷剂靠 R22 制冷剂冷却。大部分设备都有后冷却辊,进一步冷却镀膜后的薄膜,有的设备还有预冷却辊。导向辊是从动辊,起引导薄膜作用。张力辊是主动辊,至少两个,放卷和收卷侧各有一个。放卷张力控制由放卷轴、张力控制器、驱动器、电机、张力传感器、放大器、减速器、张力锥度控制等组成。张力传感器检测到膜的张力,经过放大器放大送入张力控制器,在张力控制器中与张力设定值比较,再对比较的差值进行锥度控制,输出控制信号,经过电源驱动作用到放卷轴,形成张力的闭环控制。也可以反过来由收卷张力控制,通常是由辅助夹辊提供的,辅助夹辊可以是收卷机的一部分或置于薄膜进入收卷装置之前。这一张力必须充分保证收卷时料卷不出现伸缩,但也不能过大而造成芯轴压裂或中心辊负荷过重。通常,中心驱动收卷装置上的张力从中心到外部是逐渐减小的,这是为了对料卷直径变化的补偿。在对收卷装置的张力进行调节时,其张力必须保持在薄膜正割模量的 0.5% 或以下,以避免在薄膜中产生过余应力。如此低的张力的原因之一是薄膜在卷绕进入料卷时并没有处于平衡态。当薄膜结晶和冷却时,尺寸发生变化并产生应力。在控制要求不高的情况下,还有最简单的张力控制是用气浮辊或弹簧辊,张力控制通常与纠偏机构联动。枢轴臂也是平衡臂,多以收、卷张力辊为轴心,由张力辊、导向辊、展平辊、电阻测量辊等组成,安装在收卷侧,用光电开关控制摩擦传动电机与收卷辊做接触式或间隙式收卷。

整个卷绕系统可以从真空室一端移出来,以便装卸膜卷和进行清洁。

b 真空室及真空系统

通常用隔板把真空室分隔成镀膜和卷绕等两个以上区域,每个区域都有一套独立的真空抽气系统。镀膜区域的工作真空度为 $4 \times 10^{-2} \sim 5 \times 10^{-2}$ Pa,卷绕区域的工作真空度为 2 Pa 左右。由于带材放气量大,因而卷绕室真空度要求较低,一般选择大抽速的油增压泵或机械增压泵为主泵;蒸发镀膜室真空度要求高,多以油扩散泵为主泵,罗茨泵及旋片泵或滑阀泵组成前级抽气机组。

柔性基材在大气下较易吸附水气,因此在镀膜过程中会因真空环境及受热的关系而有释气的现象。释气会造成镀膜时成膜气氛的不稳定,使得镀膜工艺参数不易控制。为了将释气的影响减至最低,卷绕镀膜机的一个重要特点是在卷绕室中安装低温冷凝装置(冷阱)来捕集水蒸气,这在相对湿度大的环境,含水量高的条件下尤为重要。低温冷凝装置由两部分组成:压缩机和冷凝器。冷凝器有板式或管式安装在卷绕室内壁,冷却介质是液氮或氟利昂,冷凝温度为 $-75 \sim -180$℃。冷凝温度在 -140℃ 以下,单台抽速可达到每秒几十万升。冷凝面积根据真空室的容积和膜卷的放气量计算结果而定,大设备和多室设备通常选用双路或多台美国产的 POLYCOLD。另外卷绕镀膜设备是间歇性工作的,必须选用带回温系统的低温冷凝装置。还有一种办法就是镀膜前先将柔性材料在专用的真空干燥机内展开,同时加热除气。

c 蒸发源系统

蒸发系统以镀铝为例,由蒸发舟夹座(电极)、蒸发变压器、蒸发舟、铝线盘支架、铝线输送电机等组成。蒸镀时蒸发舟被固定在夹座上进行加热,正常生产时蒸发舟的温度为 1300~1400℃,高纯度的铝线由输送电机将其连续送到蒸发舟上并被汽化。连续式卷绕镀膜机的送料电机安装在蒸镀室外,通过传动轴与镀膜系统衔接,因此,对密封的要求相当高。

绝大多数蒸发卷绕真空镀膜机都采用低电压、大电流加热氮化硼蒸发舟,连续送金属丝熔化蒸发的工作原理。工作时根据镀膜宽度决定通电加热的蒸发舟数目。在蒸发舟下方装有"抽屉式托盘",供收集金属残渣。蒸发舟有不同的给电和安装方式,倾向于采用端面夹紧方式固定,交错排列,以保证镀膜均匀性。

镀铝时蒸发源的温度高达 1300℃ 以上,对电阻加热来说,如不采取冷却措施,加热电极易因熔化而损坏,柔性薄膜基材易受辐射热而皱缩或烧毁,因此,要靠低温冷鼓冷却薄膜,用冷水机冷却蒸发源的加热电极。膜与冷鼓的包角要足够大才能保证没有相对滑动和冷却效果。冷水机的出水温度低于 15℃ 才能保证电极不损坏。从观察窗透过闪频观察器可以看到所有蒸发舟的加热和金属丝熔化蒸发状况。

镀膜鼓下方装有水冷镀膜挡板,防止没有被膜覆盖的地方镀上膜不好清理,还有一个作用是通过调整镀膜窗口的大小改变镀膜幅宽。蒸发源上面的水冷快门是气动的,在正常镀膜时自动打开,镀膜结束后自动关闭。

d 电气控制系统

电气控制装置是真空镀膜的指挥系统,其参数可设定也能自由调节。系统的自动控制包括全套真空抽气机组自动开启、关闭,自动镀膜过程的启动和停止,镀层厚度控制,在线方阻测量,驱动电机的摩擦补偿,断膜后 3 s 内急停,报警及数据记入和处理等。工艺过程采用 PLC 实时监控。

设备的部分组件还有自己的控制系统,如驱动收放卷轴、镀膜鼓、张力辊的电机变频器,各个蒸发舟电源的可控硅控制器和供镀膜鼓的冷却加热机组控制等。

e 控制台和观察窗

机外控制台面上安装有手柄、按键和多种显示、记录仪表,在控制台上就可以实现全过程的自动程序控制。镀膜室外壳有多种观察窗,能对镀膜过程中蒸发部分、展平辊部分、收卷部分等处进行直接清晰地观察。

f 镀膜工艺

根据连续式真空蒸发卷绕镀膜设备的配置,可将生产工艺分为以下几步:

(1)表面预处理。基材表面预处理的目的在于清洁基材表面、增加基材尺寸的稳定性、强化镀膜时基材与薄膜之间的附着性、增加基材表面的硬度或是形成降低水氧气渗透的阻绝层等。常见的处理方式有：真空加热干燥法、紫外光臭氧处理（UV-ozone treatment）、电晕法（corona discharge）、等离子体辉光放电法（plasma treatment）、离子束轰击（ion beam bombardment）等。前三种处理方法是离线式，在特定的处理装置上处理后再进镀膜室；后两种处理方法是在线式，即在放卷辊和镀膜鼓之间加辉光放电装置或条形离子源预处理后进入镀膜区。

对于 BOPP、CPP、PE 等非极性塑料薄膜，电晕处理法应用比较普遍。电晕放电是把电解质材料包覆在接触被处理薄膜的辊筒上，在电极棒与接地极之间施加一定的高压产生电晕放电，气体电离产生的离子和电子中和了基材上的静电。辊筒上包覆电解质，避免了电晕放电变成电弧放电。基材薄膜经过表面电晕处理，可在其表面形成氧化层，增大基材薄膜与蒸镀涂层之间的结合力。表面处理可赋予塑料薄膜或片材特殊的性能，在提高材料与油或胶黏剂的黏结能力方面更是特别重要。

（2）上底漆。当材料具有储气（惰性气体或蒸气）特性或含有一定比例的挥发性物质时，如各种增塑剂及化学试剂等，将严重影响镀膜效果。首先应在该基材表面涂底漆，以填塞和封闭柔性基材上的微孔，杜绝其吸收或放出气体，避免对真空度和镀层质量的不利影响；其次，是为了消除材料表面上的微小不规则物和缺陷，使镀层平滑光洁。

底涂可以使用天然橡胶、各种乳胶以及合成树脂等。总的说来，所用底漆应符合下列要求：

1）对基材无显著的刻蚀作用，而彼此间应有良好的附着力；

2）形成的漆膜既不应有任何残余的挥发物，也不会被塑料中的增塑剂所伤害；

3）漆膜应有良好的光泽和柔曲性。

（3）真空蒸镀薄膜。薄膜基材经过干燥处理后，方可进行真空镀膜，其操作过程与一般镀件镀膜操作相似，即：基材放卷→粗抽真空→离子轰击（或其他处理方法）→抽高真空→加热蒸发源→送金属丝→真空蒸镀→冷却→测厚（测方阻）→展平→收卷、取出。

（4）上面漆（或胶层）。面漆是施于金属镀膜上的一种彩色或透明的保护性涂层。它的第一个作用是封闭金属膜层中可能存在的针孔，以提高其防潮湿、耐腐蚀、抗氧化、耐摩擦的能力,故也称为膜层加固。面漆的第二个作用是染色,一般要求与镀层有良好的附着力,透明度高,若不涂表层,则还要求耐磨性好。另外,还可在金属镀膜与各种承印材料之间涂覆一层热熔性黏合剂,即胶层。

(5)覆膜。对表面要求高和不可以涂面漆的柔性材料,镀膜后要进行覆膜的保护措施。覆膜在专用的手动或自动覆膜机上进行。

(6)分切。根据使用要求,需将宽幅的膜分切成所需要的幅宽和卷径。用多刀分切机切长幅,用其他分切机还可以切小块和不规则形状。

(7)转移法。由于纸等柔性材料放气量大、表面不光滑、不易镀膜,可先将所需要的膜层镀在涂有脱膜剂的塑料薄膜上,膜卷出镀膜室后在另一台机上将两种材料面对面压合(可适当加温),再将塑料膜剥离,就将膜层转移到另一种材料上了,塑料基膜还可以反复多次使用。

上述工艺过程是真空卷绕镀膜的通用工艺,可根据不同的要求自行调节具体步骤。

连续式工艺的优点是:

(1)生产效率比较高,不需要重新启动抽高真空所需的时间;

(2)涂布质量较高,针孔比较少;

(3)成本比较低,由于节省了重新启动泵抽到高真空消耗的能量,因而能耗低。

最大缺点是设备投资大,而且需要专门的设计,维修保养要求技术高。

B 半连续式真空蒸发卷绕镀膜设备

a 单室半连续卷绕镀膜机

单室半连续真空蒸发卷绕镀膜机适用于幅宽较窄的带状基体的镀膜,其镀膜室的结构如图5-5所示,主要由真空室体、卷绕机构、膜材蒸发源、水冷挡板、送丝机构、真空系统及控制系统等组成。室体为卧式钟罩结构,由活动的门板和钟罩组成。钟罩上设置观察窗,以便观看内部工作状况。底板上安装卷绕机构、送丝机构、蒸发源(坩埚或电阻加热蒸发舟)及挡板等构件。卷绕机构由放卷辊、收卷辊、镀膜鼓、导向辊、张紧辊及带状基体组成。送丝机构由膜材丝盘、输送挤压辊和电机组成。

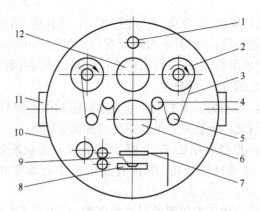

图 5-5 单室半连续真空卷绕镀膜机结构示意图
1—照明灯;2—放卷辊;3—基带;4—导向辊;5—张力辊;6—镀膜鼓;7—挡板;
8—坩埚;9—送丝机构;10—室体;11—观察窗;12—抽气口

其镀膜流程如下:当真空系统将镀膜室抽至工作真空度后,加热蒸发源至预定的蒸发温度,启动送丝机构和卷绕机构,连续将膜材丝送至蒸发源加热汽化蒸发并且沉积在镀膜鼓表面包绕的带状基体上成膜。由于膜材丝和基体的连续恒速运动,实现了均匀膜厚的连续镀膜。当基体全部由放卷辊转移到收卷辊上时,镀膜工艺结束,停机。

单室卷绕镀膜机的抽气系统只有一套真空泵组,多以扩散泵为主泵,罗茨泵及旋片泵或滑阀泵组成前级抽气机组。真空系统的操作控制分为手动和自动两种形式,在真空控制台上设有触摸屏真空系统模拟显示和复合真空计,以便于对真空系统进行操作和对真空度进行监测。

系统的真空阀门均采用电磁和气动传动机构,具有反应迅速、动作准确、便于自动控制和操作、使用可靠等优点。真空系统采用 PLC程序控制模式,触摸屏显示系统的详细工作状况和过程,保证工作安全性。

b 双室半连续单面卷绕镀膜机

双室半连续单面卷绕镀膜机适用于幅宽较宽的带状基体的单面镀膜,其镀膜室的结构如图 5-6 所示。从放卷到收卷半连续地运作,高真空卷绕镀膜系统的设计基于双室原理。

由于单室半连续真空蒸发卷绕镀膜机的卷绕室和镀膜室同为一室,

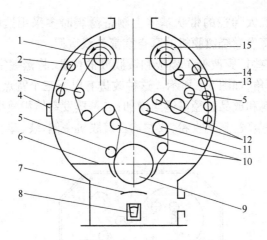

图 5-6　双室半连续单面卷绕蒸发镀膜机

1—放卷辊;2—照明灯;3—导向辊;4—观察窗;5—展平辊;6—隔板;7—挡板;
8—蒸发源;9—镀膜鼓;10—张力检测辊;11—冷却辊;12—铜辊;
13—烘烤装置;14—卷径跟踪辊;15—收卷辊

真空系统也只要一套,膜卷在真空室内展开的过程中会放出大量的吸附气体,其主要成分是不易被真空泵抽走的水蒸气。镀膜过程中受到蒸发源的热辐射,还会释放出大量的气体,致使镀膜区的工作压力很难达到高真空,膜层质量和生产效率受到很大影响。因此为了提高镀制此类薄膜的生产效率和质量,常由隔板将真空室分为上下两室,上室是材料收、放卷绕室,下室是镀膜工作室。由于上室中被镀材料的放气量较下室大,因此这两个真空室在镀膜操作过程中的气体压力都不相同,所配置的真空抽气机组的种类也不相同。上、下两室各有自己的主抽气泵,前级真空机组或单独,或接至一个共用的泵组,以得到所需的压力。达到工作压力时,待蒸镀材料以可调的速度从放卷辊经各卷绕轴在镀膜冷鼓上暴露于蒸发器镀膜,最后送至收卷辊。

　　如图 5-6 所示,镀膜室和卷绕室分别采用各自的真空系统抽空,两室之间用隔板隔开靠狭缝相连,用以通过基体并保证两室间的压差。由于待镀基材暴露在镀膜工作室内的部分很少,因而对镀膜室的真空度影响很小。这样一来,可以保证镀膜室的真空度较高,而卷绕室的真空度较低,一般镀膜室的真空度 $p < 2.5 \times 10^{-2}$ Pa,卷绕室压力 $p \approx 1$ Pa。另外,材料蒸发时对卷绕机构的污染也减少,保证了卷绕系统的长期顺利运转。

因此在宽幅度、大卷径的带状基体上制备薄膜时多采用这种设备结构。目前,大中型蒸发卷绕镀膜机的真空室都是双室型。

近年来有些厂家改变了隔板和镀膜鼓的位置,将蒸镀室布置在整个真空室的右下角,如图5-7所示。这种改进有以下三个特点:一是卷绕室体积加大,原料和成品卷径可适当增加;二是蒸发室体积减小有利于抽真空和清理残留金属;三是收卷、放卷均在镀膜机一侧,装、卸卷操作者可减少行走距离。

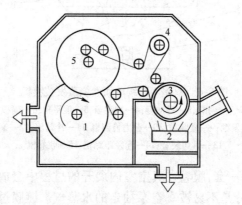

图 5-7 特殊结构卷绕镀膜机示意图

1—放卷辊;2—蒸发源;3—镀膜鼓;4—张力辊;5—收卷辊

C 双室半连续双面卷绕镀膜机

双室半连续双面真空蒸发镀膜机的结构如图5-8所示。配置和结构与双室半连续单面卷绕镀膜机基本相同,就是多了一个镀膜鼓,一套蒸发系统和几个导向辊。好处是膜不用出镀膜室翻面就可以在两面同时镀膜,膜层质量容易得到保证,节省时间和材料。缺点是设备复杂、体积加大,由于是双面镀膜,因此工艺调试难度大。这种镀膜机可广泛用于有机泡沫等柔性卷材表面制备的导电薄膜、金属化织物等多种功能性薄膜。

5.2.3 电子束加热蒸发卷绕镀膜

随着薄膜技术的广泛应用,采用电阻加热蒸发已不能满足蒸镀难熔金属和氧化物材料的需要,电阻加热方法的局限性一是来自坩埚、加热体以及各种支撑部件所可能带来的污染;二是电阻加热法的加热功率或温

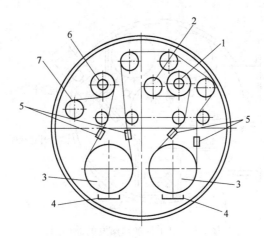

图 5-8 双室半连续双面卷绕镀膜机示意图
1—放卷辊；2—覆膜收卷辊；3—温度调节鼓；4—蒸发源；5—在线检测装置；
6—收卷辊；7—收卷覆膜辊

度也受到了一定的限制。因此电阻加热法不适用于高纯或难熔物质的蒸发。电子束蒸发方法正好克服了电阻加热方法的上述两个不足，因而它已成为蒸发法中高速沉积高纯物质薄膜的一种主要的加热方法。但电子束蒸发方法是间接蒸发，需用大功率的电子枪，镀膜温度比普通蒸发的高，因此设备较为昂贵，且较为复杂。如果采用电阻加热蒸发能获得所需要的薄膜材料，则一般不使用电子束蒸发。

5.2.3.1 工作原理及特点

电子束加热蒸发的原理是热阴极发射的电子在电场作用下，成为高能量密度的电子束，轰击加热水冷铜（或其他材料）坩埚中的被蒸发材料，使其融熔汽化并在柔性基材表面成膜。图 5-9 为电子束加热蒸发的原理图。电子束加热蒸发装置通常包括一个发射电子的热阴极（电子枪）、加速电子束的高压和使电子束聚焦的装置，并以蒸发材料为阳极。

电子束加热蒸发的优点：

（1）电子束加热比电阻加热具有更高的能量密度，材料表面局部区域可达到 3000 ~ 6000℃ 高温，能量密度约 $104 ~ 109 \ W/cm^2$，可以蒸发高熔点金属及化合物材料，如 W、Mo、Al_2O_3 等，并可得到较高的蒸发速率。

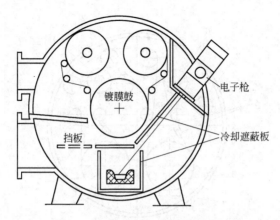

图 5-9 电子束加热蒸发的原理图

（2）被蒸发材料置于水冷铜坩埚内，可避免坩埚对材料的污染，可制备高纯薄膜。

（3）电子束蒸发粒子动能大，有利于获得致密、结合力好的膜层。

（4）调节电子束的加速电压和束电流可方便而精确地调节与控制蒸发温度、蒸发速率。改变磁场的大小与方向，可使电子束流在材料表面边移动边加热，因而蒸发材料的装容量可较大，适用于工业生产上的应用。

电子束加热的缺点：

（1）装置结构较复杂，设备价格较昂贵。

（2）若蒸发源附近的蒸气密度高，电子束流和蒸气粒子之间会发生相互作用，电子的能量将散失和轨道偏移。同时引起蒸发材料蒸气和残余气体的激发和电离，会影响膜层质量。

（3）多数化合物由于电子轰击而部分分解，因此不适用于大多数化合物的蒸镀。

另外，当加速电压过高时所产生的软 X 射线对人体有一定伤害，应加以注意。

电子束蒸发已被广泛用于制备各种薄膜材料，如 $MgFe_2$、Ga_2Te_3、Nd_2O_3、$Cd_{1-x}Zn_xS$、Si、$CuInSe_2$、$InAs$、$Co-Al_2O_3$ 金属陶瓷、$Ni-MgF_2$ 金属陶瓷、TiC、NbC、V、SiO_2、SnO_2、TiO_3、$In-Sn$ 氧化物、Be、Y、$ZrO_2-Sc_2O_3$ 等，尤其是光学镜片镀膜和在金属带上镀膜应用较多。电子束蒸发也可用于制备高温超导薄膜。

5.2.3.2 设备结构与配置

电子束加热蒸发卷绕镀、感应加热蒸发卷绕镀与电阻蒸发卷绕镀的设备结构及配置大致相同,主要区别体现在加热方式,即蒸发源的不同,因此这里对于与电阻蒸发卷绕镀重复的内容不再赘述。

电子束加热蒸发源包括水冷铜坩埚和电子枪:

(1)坩埚。根据镀膜材料的选择,一般采用铜制水冷,作为阳极。对于电子束蒸发,不同蒸发物需要采用不同类型的坩埚以获得所要达到的蒸发率。对于活性材料,特别是活性难熔材料的蒸发,坩埚的水冷是必要的,如蒸发难熔金属、钨以及高活性材料(如钛)。通过水冷,可以避免蒸发材料与坩埚壁的反应,由此即可制备高纯薄膜。坩埚布局采用在膜宽方向上交错直线分布设计,做到蒸发源在镀膜鼓轴线方向上全幅宽覆盖,实现膜层的均匀一致性要求。

(2)电子枪。在电子束蒸发系统中,电子束枪是其核心部件。根据电子束的轨迹不同,电子枪可分为几种:直射式电子枪、环形枪(电偏转)和 e 形枪(磁偏转)。电子枪的具体结构见第 2 章相关内容。

5.2.4 感应加热蒸发卷绕镀膜

感应加热蒸发是将装有蒸发材料的坩埚放在高频螺旋线圈的中央,线圈中通以高频电流使蒸发材料(若蒸发材料为介质,则需采用导电材料制作坩埚以进行间接加热)在高频电磁场的感应下,产生强大的涡流损失和磁滞损失(指对铁磁体),致使蒸发材料升温,甚至汽化蒸发,如图 5-10 所示。高频电源采用的频率为一万至几十万赫兹,输入功率为几至几百千瓦,可通过调节高频电流的大小来改变材料的加热功率。

在感应加热源中,坩埚的上部分厚度较小,以便在这一区域的耦合足够强,使迁移到这里的被蒸镀的金属材料完全被蒸发。坩埚的下部则较厚,以控制耦合程度,使涡流和飞溅达到最小。由于耦合是在线圈和蒸发物之间进行,这使得射频加热制备的薄膜具有局限性,而且为了达到有效的耦合,将线圈和样品在真空系统内摆正位置是比较困难的。

感应加热蒸发法主要用于铝的大量蒸发,坩埚与高频感应线圈不接触,在线圈中通过高频电流使蒸发材料中产生电流。如果蒸发料块小,感应线圈和蒸发料之间有效耦合所需的频率就要高一些。即蒸发料一块有几克重时,可用约 10～500 kHz 的频率;而一块蒸发料只有几毫克重时,则必须用几兆赫的频率。

蒸发源一般由水冷铜管制成的高频线圈和石墨或陶瓷(如氧化镁、氧化铝、氮化硼等)绝缘体坩埚组成,如图 5-11 所示。

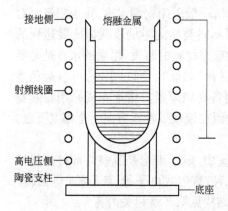

图 5-10 感应蒸发加热的工作原理

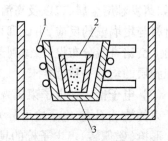

图 5-11 高频感应加热蒸发源
1—水冷感应线圈;2—蒸发材料;3—双层坩埚

这种蒸发源有如下特点:

(1) 可采用较大的坩埚一次装料而无需送料机构,不会因堵丝而停机,运行时间长,适用于某些连续蒸发大型镀膜设备上。

(2) 由于高频感应电流直接作用在蒸发材料上,因而盛装材料的坩埚处在较低的温度,可降低坩埚材料对薄膜造成的污染和热量损失。

(3) 蒸发源的温度均匀稳定,镀料较少飞溅,如采用图 5-11 所示的坩埚形状,可避免熔融蒸发料的溢出。

(4) 蒸发速率大,可比电阻蒸发源大数倍。

高频感应加热蒸发的缺点是:

(1) 虽然加热线圈制作简单,但需要配备较复杂和昂贵的高频发生器。

(2) 设备笨重,感应线圈在真空室内占了相当大的位置,而且增加了真空系统的抽气负荷。与电阻蒸发设备相比其真空系统的配置也相应增大。

(3) 如果线圈附近的压力上升到超过 1.33×10^{-2} Pa 时,高频电场就会使残余气体电离,功率损耗;若把坩埚开口端附近的线圈与接地端子连接,则有助于防止放电。

（4）高频发生装置必须屏蔽,以防止外界干扰和射频辐射。

目前,高频感应加热蒸发工艺主要应用在制备铝、铍和钛膜。例如,采用 BN 或 BN/TiB$_2$ 复合坩埚,在钢带上连续真空镀铝、在塑料和纸上镀铝等已取得了令人满意的效果。

5.2.5　蒸发卷绕镀的应用

蒸发系列卷绕镀膜设备主要用于塑料、布、纸、钢带等带状材料表面真空蒸镀薄膜,作为食品的金属化包装材料、反光材料、保温隔热材料、表面装潢材料、电气材料以及各种标识、标签、商标等装饰材料。产品广泛应用于包装、装潢、印刷、纺织、食品、防伪、卷烟、电子工业等领域。如卷烟行业的"金银"盒纸、酒类标签纸、食品包装纸、其他标签用纸和高温作业的工作服等。

电介质薄膜材料镀金属膜后可以制造电子工业的电容器。由于薄膜电容器很容易达到小体积高容量,因此发展很快。此领域对真空卷绕镀膜技术的应用要求更为严格。体积的缩小要求基材更薄,其基材厚度一般为 1.2~9 μm。国内电容器厂家多用 4~8 μm 的 PET 和 BOPP 薄膜。其中由于电学性能的影响,BOPP 薄膜的应用又占总量的 90% 以上。电容器薄膜镀层多为纯铝和锌-铝,银-锌-铝复合镀层也有应用。锌薄膜电容的自愈合能力很强,因此得到普遍应用。但锌膜在空气中极易氧化,需要镀防护层才能够存放。另外,锌与基片材料附着性能较差,一般添加少量的银、铝、锡、铜等可提高附着性能。

透明塑料薄膜先在涂布机上涂覆各种颜色或花纹,然后再进卷绕镀膜机镀铝,出来后的视觉效果极为亮丽美观,可以用富丽堂皇来形容,是极好的包装材料、烫金材料、装潢装饰材料。其典型应用是各种彩色拉花、糖果包装、金银丝等。金银丝用于制造布料、台布、手工艺品、帘布面料等装饰用材料。基材最常用的是聚酯膜,镀膜材料多用铝。在高级装饰的应用中也使用金、银直接在 PET 基材上镀膜,做高档工艺品如金画、金书、包金玫瑰、金银工艺画框等。塑料薄膜的金属化处理还用于压光膜,它用于塑料制品、纸、人造革等表面热压印,可以得到具有金属光泽的彩色图案。镀膜材料主要是铝,要求耐蚀性高时则用镍或铬,压光膜的底层涂料要求使用脱膜的石蜡类材料,然后再涂覆透明树脂层,镀膜的表层涂料应采用适用性广的感热性黏结剂,以便热压时适用多种材料表面的热压印。热压印应用面很广,如图书、烟盒、标签、产品的装饰图案等均可采用。

5.2.5.1 真空镀铝工艺

塑料薄膜表面真空镀铝是应用最早也是最常见的一种蒸发卷绕镀膜工艺。纳米级厚度的铝膜牢固地附着在柔软的塑料基膜上,因其优良的耐折性和良好的韧性,很少出现针状孔和裂口,无柔曲、龟裂现象,所以阻隔性也更为优越,这对包装敏感和易失味的食品以及保持外观美是很重要的。

传统的铝箔和铝丝均采用 99.5% 纯度的电解铝,经压延成箔或挤压成条,其厚度和直径只能做到微米量级。铝箔因强度不够,必须再与纸或其他柔性材料进行复合制成铝箔纸或铝箔塑料等,用于制作纸质电容器和各种包装材料。这种制作方法工艺复杂、劳动强度大、能源消耗和材料浪费严重、制造成本高昂。自从节能环保的真空镀膜技术问世后,完全取代了这种笨重的传统工艺。技术的进步带来了工艺上的革命。

真空镀铝膜既有良好的观赏性,又有保香性、隔水、隔气、隔热、隔紫外光性、导电性、抗静电性、电磁屏蔽等功能,而且原材料获取容易、制造成本低、综合包装性能好。真空镀铝膜被大量应用于食品如快餐、点心、肉类、农产品等的真空包装,香烟、药品、酒类、化妆品等的包装以及商标材料。由于真空镀铝的优良性能和纳米级的厚度,彻底改变了传统电容器本来面貌。各种民用、军用、工业用的电容器的体积越来越小、形状越做越复杂、工艺越来越简单、成本越做越低。

常用的真空镀铝的基材有:聚酯(PET)、聚丙烯(PP)、聚酰胺(PA)、聚乙烯(PE)、聚氯乙烯(PVC)、双向拉伸聚丙烯(BOPP)、未拉伸聚丙烯(CPP)、聚碳酸酯(PC)、玻璃纸(PT)等塑料薄膜和纸张类。塑料薄膜基材中由双向拉伸聚酯薄膜(BOPET)、双向拉伸聚酰胺薄膜(BOPA)、BOPP 三种基材生产的镀铝薄膜具有极好的光泽和附着力,是性能优良的镀铝薄膜,大量用作包装材料和烫金材料。镀铝 PE 薄膜的光泽度较差,但成本较低,使用也较广。以纸基材形成的镀铝纸比铝箔(纸)的复合材料更薄而价廉,其加工性能好,印刷中不易产生卷曲,不留下折痕等,主要用作香烟、食品等内包装材料以及商标材料等。

塑料薄膜的镀铝工艺一般采用直镀法，即将铝层直接镀在基材薄膜表面。真空镀铝薄膜如图 5-12 所示。BOPET、BOPA 薄膜基材镀铝前不需进行表面处理，可直接进行蒸镀。而 BOPP、CPP、PE 等非极性塑料薄膜，在蒸镀前需对薄膜表面进行电晕处理或涂布黏合层，使其表面张力达到 38 ~ 42 mN/m 或具有良好的黏合性。蒸镀时，将卷筒薄膜置放于真空室内，关闭真空室抽真空。当真空度达到一定（4000 ~ 400 Pa 以上）时，将蒸发舟升温至 1300 ~ 1400℃，然后再把纯度为 99.9% 的铝丝连续送至蒸发舟上。调节好放卷速度、收卷速度、送丝

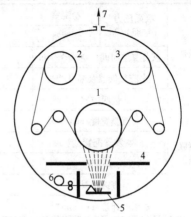

图 5-12　真空镀铝示意图

1—镀膜鼓；2—放卷辊；3—收卷辊；4—挡板；
5—坩埚；6—送丝机构；7—抽真空

速度和蒸发量，开通冷却源，使铝丝在蒸发舟上连续地熔化、蒸发，从而在移动的薄膜表面冷却后形成一层光亮的铝层即为镀铝薄膜。

镀铝薄膜生产工艺流程：基材放卷→抽真空→加热蒸发舟→送铝丝→蒸镀→冷却→测厚→展平→收卷。

表5-3 为采用某公司生产的蒸发卷绕式镀膜机真空镀铝的工艺参数。

表 5-3　真空镀铝的工艺参数

	基 体 材 料	PET:12 ~ 60 μm；CPP:25 ~ 60 μm；PVC:20 ~ 60 μm；BOPP:20 ~ 60 μm
卷膜条件	最大宽幅/mm	1100,1350,1670,2050
	最大卷径/mm	φ700
	卷芯直径/mm	φ75(3 in),φ152(6 in)
	常用卷绕速度/m·min^{-1}	100 ~ 400
	最大卷绕速度/m·min^{-1}	450
	张力控制方式	直接张力检测，自动控制方式
	张力控制范围/N	25 ~ 250,50 ~ 400,50 ~ 500,50 ~ 500
	主辊冷冻温度/℃	-15 ~ 20

真空条件	极限压力（空载）/Pa	卷绕室	1.3×10^{-1}
		蒸镀室	5×10^{-3}
	恢复真空时间（空载）/min		$\leq 8(10^5 \sim 7 \times 10^{-2} Pa)$
	水蒸气低温泵温度/℃		$-120 \sim 20$
蒸镀条件	镀膜方式		单面镀膜
	镀膜宽度/mm		1100,1350,1670,2050
	蒸发器配置/组		12,15,16,20
	蒸发功率/kW·组$^{-1}$		10
	蒸镀材料		$\phi 1.5$ mm 铝丝（纯度 99.98%）
	送铝丝速度/m·min^{-1}		<3

5.2.5.2 真空镀铝的关键因素

真空镀铝的关键因素有：

(1) 真空度。真空镀铝中应特别注意真空度，真空度达不到时镀层由于氧化而呈黑色，严重时不能使用。装件前应认真清洗真空室，一般是用吸尘器彻底吸除粉尘，并用无水乙醇或丙酮擦洗干净。

(2) 蒸发舟温度。蒸发舟若处于正确温度范围，蒸发舟凹槽的大部分会被薄薄的一层铝液覆盖。若温度过高，铝液所覆盖的面积会大大减少，同时可以看到铝滴由高处滴下；若温度过低，凹槽内会积聚过多的铝液，甚至会流到夹具上，或者铝丝不熔化。一般舟温控制在 1450 ~ 1500℃ 之间。

(3) 蒸发速度。快速蒸镀能减少氧化机会，并且镀层平滑，镀银蒸发附着速率应在 10 nm/s 以上，最好达 30 nm/s 以上。就蒸发舟的稳定性及使用寿命而言，最佳蒸发速率是 0.35 g/(cm² · min)。对常用的 105 mm ×20 mm ×10 mm 规格的蒸发舟，其凹槽大小为 75 mm × 15 mm × 2 mm，假如有效面积为 80%，则最佳蒸发率就是：0.35 × 7.5 × 1.5 × 80% = 3.15(g/min)。

(4) 冷却。一卷蒸镀完毕，应关闭送铝，等待大约 30 s 后，所有残铝都蒸发掉，再关闭电源。这样容易清洁蒸发舟表面。然后，再等 2 min，使蒸发舟冷却，再开真空阀门，这样可防止表面氧化。

(5) 铝丝纯度。至少要求为 99.7%，但要特别注意其含铁量。铁杂质会和蒸发舟发生反应,生成低熔点熔渣,增加腐蚀,阻止液铝铺展。

5.2.5.3 镀铝膜层性能检验与检测

镀铝薄膜通常应用于具有阻隔性或遮光性要求的包装上使用,因此,镀铝层的厚度和表面状况以及附着牢度的大小将直接影响其上述性能。因此,镀铝膜的检验主要体现在厚度、镀铝层牢度和镀铝层的表面状况等方面。

A 镀铝层厚度及厚度均匀性的测量

由于真空镀铝薄膜的镀铝层非常薄,因此不能用常规的测厚仪器检测其厚度,通常在线可以通过电阻测量辊测量表面电阻、测量透过镀层的光密度和测量镀层的高频涡流感应电流等三种方式现实。离线用四探针电阻仪或欧姆表测量表面电阻。

a 电阻法

电阻法是利用欧姆定律来对镀铝层的厚度进行测量,根据欧姆定律 $R = \rho L/S$,单位面积镀铝薄膜的电阻值越小,其镀铝层的厚度越厚,反之则越薄。

电阻法检测镀铝层的厚度用表面电阻来表示,单位是 Ω,数值越大说明镀铝层厚度越薄,一般真空镀铝薄膜的表面电阻值为 $1.0 \sim 2.5\ \Omega$,国家标准 GB/T 15717—1995《真空金属镀层厚度测试方法 电阻法》对这一方法进行了详细的规定。

此法简单实用,一般镀膜刚下卷时,铝层表面氧化少,测量更准确。

检验仪器用 NAG 型电阻测量仪测量膜厚。

b 光密度法

光密度(OD)定义为材料遮光能力的表征,以光线透过镀铝膜的密度来衡量,它用透光镜测量。光密度没有量纲单位,是一个相对数值,通常仅对镀铝薄膜和珠光膜进行光密度测量。用光密度计量镀铝层厚度的优点是方便、准确,且测量结果不易受表面氧化层的影响。

检验仪器用 YLMS-P 型电阻测量仪测量镀膜均匀度 OD。厚度均匀性必须在平均值的 2 个 δ 范围内。

光密度是入射光与透射光比值的对数或者说是光线透过率倒数的对数。计算公式为

$$OD = \lg 10(入射光/透射光) \quad 或 \quad OD = \lg 10(1/透光率) \quad (5\text{-}1)$$

通常镀铝膜的光密度值为 $1 \sim 3$(即光线透过率为 $10\% \sim 0.1\%$),数

值越大镀铝层越厚,表5-4是 OD 值、方阻值和铝层厚度对照表。随着光密度的增大,各种透过率(包括透湿度、透氧率、紫外光及可见光透过率)显著下降,光密度大于 2.5 的镀铝薄膜具有优良的阻隔性能。国外有关资料把镀铝薄膜分为薄型和厚型两种,光密度小于 2.0 的属于薄型,一般用来包装货架寿命少于 30 天的食品;光密度大于 2.5 的属于厚型,用于包装吸潮食品、调味品以及其他敏感食品。

表 5-4 *OD* 值、方阻值和铝层厚度对照表

光密度 *OD* 值	方阻值 Ω	铝层厚度/nm
1.6	3	32
1.8	2.7	36
2.0	2.35	40
2.2	2.05	44
2.4	1.8	48
2.6	1.55	52
2.8	1.3	56
3.0	1.0	60

c 高频感应涡电流法

它是一种非接触式的测量,每一个蒸发舟对应安装一个涡电流探头,根据镀膜厚薄不同而引起涡电流变化产生原理进行测量,这样不仅可以测量膜厚,还和每个蒸发舟的供电加热系统、送丝电机传动系统组成回路,从而调节每个蒸发舟的加热温度及蒸发速度来改变镀膜厚度。

B 均匀性检测

在镀膜刚下卷时,通过测量膜卷的电阻来检查厚度均匀性。检验方法:在膜卷横向每隔 25 mm 取一个测量点,用电阻测量仪分别测出方块的电阻值,取其算术平均值,即为该试祥的镀层电阻,还可计算其电阻值上、下偏差和电阻层电阻偏差,实际就是反映了镀铝层的均匀度,见式(5-2)~式(5-4)。局部镀层加厚时,加厚区域排除在外。

$$R_{cp} = \frac{\sum R}{n} \tag{5-2}$$

$$\delta_{max} = \frac{R_{max} - R_{cp}}{R_{cp}} \tag{5-3}$$

$$\delta_{\min} = \frac{R_{cp} - R_{\min}}{R_{cp}} \tag{5-4}$$

式中　R_{cp}——镀铝层的表面方阻平均值;

　　　$\delta_{\max}$——镀铝层平均度上偏差,%;

　　　$\delta_{\min}$——镀铝层平均度下偏差,%;

　　　R——样品测试值;

　　　n——样品个数。

C　镀铝层附着牢度的检测

镀铝层牢度通常的检测方法是胶带检测法,即将长 15 ~ 20 cm,宽 1.27 ~ 2.54 cm 的 3M Scotch 胶带贴合在镀铝薄膜的镀铝层上并将其压平,然后以均匀的速度将胶带剥离,观察并估计镀铝层被剥离的面积,面积小于 10% 为一级、小于 30% 为二级、大于 30% 为三级。

胶带检测法只是一种定性的检测方法,只适合于一般的定性比较,如果镀铝层的附着牢度超过胶带的黏结力,则分别不出镀铝层附着牢度的差别。现在常用的定量检测方法是在一定的温度、压力和时间下,用 EAA 薄膜(厚度为 20 ~ 50 μm,AA 含量一般在 9% 左右)与镀铝膜的镀铝层进行热封,将热封后的样品裁成 15 mm 宽,在拉力试验机上进行剥离试验,观察并记录剥离力的大小以及镀铝层被剥离的面积。

D　外观检验

镀铝薄膜的外观检验主要包括如下方面的内容:

(1)针孔(溅射点)。镀铝时如蒸发舟的温度控制不良或送丝点的位置不好等情况会造成铝液发生溅射,如溅射的铝液打到薄膜上会在薄膜上形成小的针孔,镀铝薄膜上的针孔过多会造成薄膜阻隔性能的下降。一般情况下允许镀铝薄膜的针孔数量为 2 ~ 3 个/m²。

(2)镀空线(轨道线)。用卷绕式真空镀膜机生产镀铝薄膜时,如基材薄膜在蒸镀区有皱褶,则折叠在里面的薄膜就不会有铝层附着,从而在镀铝薄膜上形成线状的铝层较浅的区域被称为镀空线。镀空线主要在 CPP、PE 等性质较软的基材薄膜上产生。

(3)镀铝面刮伤(划痕)。这种现象主要是由于镀铝薄膜在运转过程中,镀铝层被导辊上的异物损伤造成。

5.2.5.4　镀铝薄膜的注意事项

注意事项有以下几点:

（1）当真空室处于大气压力时加热蒸发舟,蒸发舟会氧化,导致使用寿命缩短,因此,必须等蒸发舟冷却暗淡,且温度降低,才可导入大气。

（2）当镀铝时断膜,镀膜鼓上会镀上一层铝,较难清除,这时须快速关闭镀铝电源和盖板。

（3）生产前检查铝丝是否充裕。

（4）用钢丝刷彻底清除蒸发舟上残余铝,不然,残留铝会影响下一次操作时的铝扩散。同时,小心清扫挡板和观察窗。

（5）每次操作结束后要清理铝丝进料喷嘴,否则喷嘴会被铝丝和残留铝堵塞,导致铝丝进给不畅。

（6）镀铝时,真空室的压力不应该发生明显变化。假如变化,可能是以下两个原因引起的:

1）漏气(主要为传动轴的密封部分)和漏水(水冷系统);

2）排气系统故障。

（7）电极和水冷系统的铜管须用耐热胶布缠绕保护,假如胶带脱落,须立即重新包好,否则铝镀在上面会导致漏电等问题。

（8）为防止冷却水接头难以拆卸,需用铝箔缠绕水接头。

（9）当大量铝蒸发到镀铝遮板上,使得镀膜鼓与镀铝板间空隙变小(5 mm 以下),需清除残余铝,使空隙保持在 5 mm 左右。同时,应注意保护镀膜鼓免受划伤。

（10）根据作业宽度调节使用的蒸发舟。

5.3 磁控溅射卷绕镀膜

磁控溅射也被称为阴极溅射,溅射源被称为靶或阴极。与蒸发镀膜不同,它是直接镀膜法,靶材就是镀膜材料,无需加热源和坩埚融化材料,是固态升华镀膜。因此靶可以任意位置和角度安装,不受场地限制;镀膜材料选择范围宽,只要是能做成靶材的材料都可以用溅射法镀膜。磁控溅射镀膜没有热源因此也被称为低温镀膜,在不耐温的柔性材料上镀膜,这种方法是极佳的选择。

5.3.1 工作原理与特点

磁控溅射卷绕镀膜是采用磁控溅射(直流、中频、射频)方法把各种金属、合金、化合物、陶瓷等材料沉积到柔性基材上,进行单层或多层镀膜。如图 5-13 所示,将柔性基材置入磁控溅射卷绕镀膜室中,当靶材是金属和合金等导体时,只要充入工作气体(氩气),镀膜真空室接地并与阳极相连,阴极装置靶材并与负极相连。磁控溅射是在溅射装置中设置磁场以控制电子运动方向,束缚电子运动轨迹,从而提高工作气体的电离几率并有效利用电子能量,提供大量的轰击靶材的正离子,形成高密度的等离子区,正离子轰击靶材产生溅射,溅射粒子的中性靶原子在基片上沉积而成膜,如图 5-14 所示。

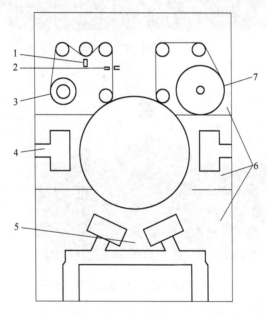

图 5-13　磁控溅射卷绕镀膜结构示意图
1—反射率监测传感器;2—透过率监测传感器;3—收卷辊;4—单靶磁控溅射系统;
5—双靶磁控溅射系统;6—独立真空室;7—放卷辊

荷能粒子轰击固体表面,引起表面各种粒子,如原子、分子或团束从该物体表面逸出的现象称"溅射"。在靶阴极馈入直流(或高频、中频)电源后,电场使气体电离,所产生的电子在磁场束缚下,在靶附近做螺旋运动,提高氩气的离化率;电离后的氩气正离子轰击阴极靶材,使靶材粒子以原子或分子态的形式溅射沉积在柔性基材表面。

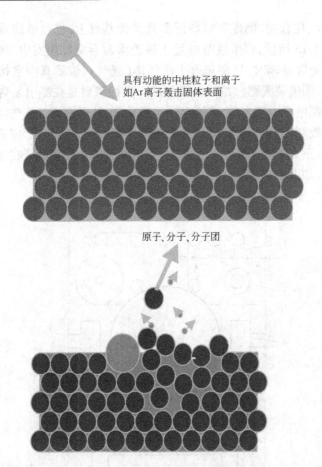

具有动能的中性粒子和离子
如Ar离子轰击固体表面

原子、分子、分子团

图5-14 磁控溅射卷绕镀膜过程示意图

镀化合物和非金属材料通常要采用反应溅射，所谓反应溅射就是在溅射过程中，使金属或其他材料与通入的气体在等离子体作用下，发生化学反应生成化合物。如与氧气化合生成氧化物、与氮气化合生产氮化物、与乙炔反应生成碳化物、或同时通入乙炔和氮气生成碳氮化物等。因此反应溅射除充入工作气体(氩气)外，还要根据工艺要求分别充入不同的反应气体(氮气、氧气、乙炔、氢气、甲烷、混合气等)。反应溅射的阴极通常采用平面或柱状双阴极，用中频电源溅射沉积成膜。非金属和陶瓷材料多采用平面阴极，用射频溅射电源沉积成膜。在需要同时镀多层膜而且既有金属膜又有化合物膜的情况下，最好分隔成多个镀膜室，如

图 5-13 所示,分别抽气隔离反应气体,保证每层膜的成分纯正,还可以防止金属靶氧化。

磁控溅射卷绕镀膜设备与蒸发卷绕镀膜设备比,生产效率较低、设备成本高,这是由镀膜原理所决定的。但磁控溅射具有镀膜温度低、可任意位置安放多个靶连续镀多层膜、镀膜材料适应范围宽、膜层厚度可控、细腻、均匀、附着牢固等优点。可用磁控溅射方法在柔性基材上镀制各种介质膜,如 SiO_2、Si_3N_4、Al_2O_3、SnO_2、ZnO、Ta_2O_5 等;金属和合金膜如 Al、Cr、Cu、Fe、Ni、SUS(不锈钢)、$TiAl$ 等;用 ITO、AZO 等陶瓷靶可镀透明导电膜;用多层光学膜结构镀 AR 减反膜、HR 高反膜、AR + ITO 高透导电膜、低辐射 Low-E 和阳光控制膜等。主要用于汽车、火车、轮船等前挡及玻璃门窗的贴膜,建筑门窗及幕墙贴膜,防静电和电磁贴膜,装饰贴膜和包装膜,太阳能暖房贴膜,电加热器膜,防霜雾透明膜,FPD 平板显示用透明电极膜,在金属带上镀光学多层膜做薄膜太阳能电池等。如 ITO 透明导电膜可以作为冷发光材料,在棉布表面镀上 SiO_2 可制成防电磁辐射的防护服,镀 Ni 的海绵烧制后可做镍氢电池,镀上多种材料的基材可做电子书、柔性显示器件。磁控溅射卷绕镀膜技术由于覆盖领域广泛,虽然比蒸发卷绕镀膜技术起步晚,但发展极为迅速,在未来的高科技领域和环保节能领域将大有可为。

5.3.2 设备结构与配置

磁控溅射卷绕镀膜设备一般由不锈钢真空室体、卷绕系统、冷温媒装置、充气系统、平面或柱状磁控溅射源、电源、真空系统、水冷系统、在线检测装置、电控部分及其辅助装置等组成。

真空室由隔板将室体分成双室或多室。双室多为上下结构,一般上室为卷绕室,下室为溅射室,如图 5-15 所示。多室结构如图 5-16 所示,分为放卷室、前处理室、镀膜室、多个独立靶室、在线膜层性能监测室和收卷室。磁控溅射卷绕镀膜设备的真空系统采用多台无油分子泵作主泵,大型设备还沿用扩散泵为主泵,在靶室上装有分子泵隔离气体,前级由多套真空机组构成。同蒸发卷绕镀膜设备一样用大抽速的主泵加 POLYCOLD 深冷吸附抽气系统(制冷温度 -120℃ 以下)对卷绕室抽气。

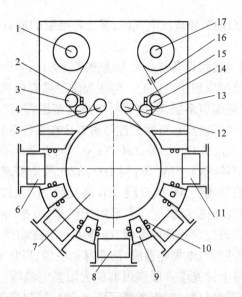

图 5-15 多功能双室磁控溅射卷绕镀膜设备示意图

1—放卷辊;2,15—张力检测器;3,14—导向辊;4,13—张力辊;5,12—展平辊;

6,11—中频靶;7—镀膜鼓;8—直流靶;9—隔离槽;

10—布气管;16—实时监控探头;17—收卷辊

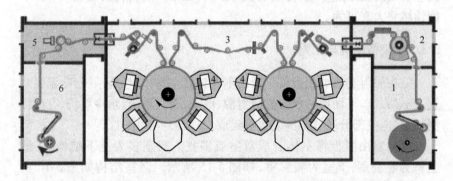

图 5-16 德国冯·阿登纳的多室磁控溅射卷绕镀膜设备结构示意图

1—放卷室;2—前处理室;3—镀膜室;4—多个独立靶室;5—在线薄层性能监测室;6—收卷室

如图 5-17 所示,由于多层镀膜的需要,溅射室中一般设置多个靶室及磁控溅射靶,以实现多层膜系的镀制。例如在柔性基材上镀制低辐射 Low-E 膜,最简单的单银 Low-E 膜系也要镀四层:两层介质膜和两层金属膜,因此必须采用卷绕式多靶位连续镀膜。根据要求一般可以设置多个靶室,并围绕镀膜鼓设置多个直流磁控溅射靶和多对孪生中频磁控溅射靶。靶室的数量由具体的镀膜工艺决定,例如,对于 TiO$_2$-Ag-TiO$_2$ 膜系,至少需要三个隔离靶室五个靶位。孪生中频磁控溅射靶主要完成介质膜的镀覆;直流磁控溅射靶主要实现金属(合金)层和过渡层的镀覆,从而实现柔性基材上介质膜-金属(合金)-过渡层-介质膜膜系的镀制。

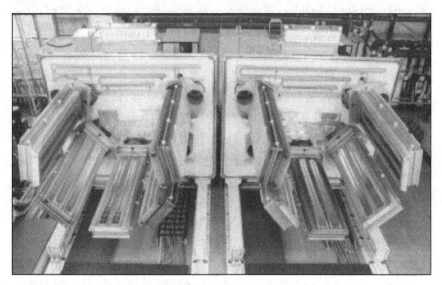

图 5-17　德国冯·阿登纳磁控溅射卷绕镀膜设备多靶结构实物照片

低辐射 Low-E 膜系 PET-SnO$_2$(40 nm)-Ag(10 nm)-NiCrO$_x$(1.5 nm)-SnO$_2$(40 nm),各层要求界面清晰,其中金属层 Ag 是功能膜,务必不能氧化,因此气氛的控制和隔离成了镀膜机设计的关键问题。在比较复杂的真空室中,靶间距较小,可在每两个磁控溅射靶之间设置隔离槽,如图 5-15 所示,该隔离槽设有抽气孔与靶室相通,并由单独的真空机组通过隔离槽对靶室抽气。这样,减少了抽气装置对靶室内气氛的影响,使工作气体气流分布更加均匀,从而提高了膜层的质量。隔离槽与镀膜鼓之间的距离不大于 10 mm,每一磁控溅射靶配有独立的工艺气体布气管,使得各靶室之间不串气,可顺利实现多层膜的连续镀制。隔离槽上排成一排的抽气孔,其大小从抽气端起依次呈几何级数逐渐增大。在每一隔离槽与镀膜鼓之间还设有挡板,该挡板主要作用是遮挡基材薄膜,使得卷绕的膜层在经过挡板覆盖的区域时,不会有镀膜形成,从而进一步保证了各膜层之间的界面清晰。同时,每个隔离槽上设置冷却水管。由于磁控溅射靶长时间工作会加热隔离槽,致使隔离槽热量积累后急剧升温,辐射热导致基材薄膜变形,因此隔离槽上设置冷却水管是很必要的。

卷绕系统与蒸发镀膜设备基本相同,被镀柔性基材在收、放卷辊的牵引驱动下,从放卷辊依次通过辊系的各个辊,最后卷绕在收卷辊上。张力辊对柔性基材膜施加张力,并通过张力检测器进行闭环恒张力控制;展平辊使膜层尽可能包覆在镀膜鼓上;导向辊可以导引膜的走向;镀膜主辊即镀膜鼓,配备了一套快速高效的 $-15 \sim 35℃$ 冷冻/回温循环装置,可根据工艺要求选择与调节温度,该装置可以在镀膜过程中使镀膜鼓冷冻至 $-15℃$ 以下,以冷却被镀的薄膜基材,不致过热变形,该装置在镀膜结束后还可以将镀膜鼓升温至 $25℃$ 以上,使回复大气时镀膜鼓不结露。

卷绕系统驱动装置中,采用进口的张力传感器和张力控制器来实现收、放卷卷绕张力的闭环控制,以确保卷绕过程中基体材料运行张力的稳定。配有闭路循环数字式直接张力检测控制系统,实行卷材张力的自动控制,可以根据卷材的性质不同设定并控制其张力值。

对镀层的监控方面,通过在收卷辊和放卷辊侧分别设置实时监控探头来测量膜层光学性质和电阻值。对有透过率要求的膜层,检测仪器可以实时监测膜层的可见光透射率;对于不透明的厚金属膜用反射率或晶控仪检测;对于有电导率要求的膜层采用电阻测量仪监控,从而精密控制镀膜全过程,可实现多层连续镀膜。在卷绕镀膜过程中,分别监控各层膜厚度是很难实现的,并且监控系统十分复杂。而通过监控膜层的最终光学性能,能反映各膜层厚度情况,以便能随时有效地调整工艺改变膜层厚度,使之达到所需功能要求。

真空系统设备配备快速可靠组合式的高真空抽气系统,具有抽气速度快、排气量大、真空度高的优良性能。真空系统的各种抽气操作均采用人机界面和 PLC 自动控制,以实现全部抽气过程的自动操作。整机真空室气体压力采用全自动压强控制仪来控制。

充气系统中工作气体 Ar 采用质量流量计和控制器经布气管均匀导入;反应溅射镀膜时,除需要充工作气体外,可以根据工艺要求输入 $2 \sim 3$ 种反应气体,反应气体要通过流量计和压电阀配合导入,才可精确控制各种气体的进气量。

表 5-5 为某公司生产的磁控溅射卷绕镀膜设备的主要性能指标。

表 5-5 磁控溅射卷绕镀膜设备的主要性能指标

真空室尺寸/mm × mm × mm		2420 × 1400 × 1880	2420 × 1600 × 2400
卷膜条件	基体材料	PET, 12 ~ 100 μm	
	最大宽幅/mm	1200	
	最大卷径/mm	$\phi 400$	
	卷芯直径/mm	$\phi 75$	
	卷绕速度/m·min^{-1}	1 ~ 5	
	主辊温度/℃	− 15 ~ 25	
	卷绕张力/N	25 ~ 250	
真空条件	极限压力(清洁空容器)/Pa	10^{-4}	
	恢复真空时间(清洁空容器)/min	$\leq 15(10^5 ~ 7 \times 10^{-3} Pa)$	
	深冷吸附系统制冷温度/℃	− 120 ~ 25	
溅射条件	阴极形式	矩形	
	阴极数量/个	5	7
	阴极电源	国产直流电源1套;进口脉冲直流电源4套	国产直流电源1套;进口脉冲直流电源6套
蒸镀条件	膜层厚度/nm	金属膜8 ~ 15;介质膜20 ~ 50	
	膜层均匀性/%	± 5	
	膜层方阻/Ω	5 ~ 500	
	可见光透射率/%	20 ~ 80	
	红外反射率/%	35 ~ 90	
冷却水耗量/m³·H^{-1}		60	
最大耗电量/kW		165	185

5.3.3 直流磁控卷绕镀膜

直流磁控溅射卷绕镀膜是利用直流磁控溅射技术,在柔性基体上用卷绕方式镀膜。在卷绕镀膜设备上,直流磁控溅射可以用于柔性卷材表面镀制高品质金属薄膜等。采用磁控溅射方法与蒸镀法相比,具有温度低、热辐射小、粉尘少、无坩埚或蒸发舟材料污染、均匀性好等优点。它大大降低了金属原子对薄膜的热辐射,避免薄膜产生热形变甚至烫伤以至于降低薄膜品质。经比较,采用磁控溅射技术对金属化薄膜的耐电压性能影响不大于 30 V/μm(直流),即薄膜的耐压性明显提高,保证了电容器用金属化薄膜的高品质。

直流磁控溅射卷绕镀膜使用的靶主要有直流平面靶和直流圆柱靶两种:

(1)平面磁控溅射靶,特别是长方形或条形的大型平面磁控靶,相对于真空室的尺寸来说,可以看成是一个线源,只要工件垂直于条形靶平移,在一定宽度上均匀性就有了保证。这样发展出很多种类的连续生产型设备,使溅射镀膜技术走向了大规模生产的阶段。

(2)柱状靶工作稳定、靶材利用率高、沉积速率快、靶功率高、镀膜效率高、溅射均匀、膜的附着力好。已广泛应用于工业生产。

平面磁控溅射靶和柱状靶的结构形式详见第 3 章相关内容。

5.3.4　中频磁控卷绕镀膜

中频磁控卷绕镀膜是利用中频磁控溅射技术来实现卷绕镀膜的方法。中频交流磁控溅射通常采用两个尺寸大小和外形相同的靶并排布置或相对摆放,称为孪生靶。将双极脉冲中频电源的两个输出端连接到两个靶上,如图 5-18 所示。两个磁控靶交替地互为阴极、阳极,即当其中有一个磁控靶处于负电位作为溅射阴极时,而另一个磁控靶作为阳极,在这瞬间阴极产生的二次电子被加速到阳极,以中和在前一个半周积累在这个绝缘层表面的正电荷,因此尽管经过长期运行,在阴极周边沉积了很厚的绝缘层,但是由于溅射效应,这个靶的刻蚀部位仍然具有良好的导电性能,阴极和阳极的作用始终十分明显。因此,等离子体的电导率与周围环境无关,放电非常稳定。对于工业应用而言,目前脉冲电源的形状主要是正弦波和矩形波两种。一般来说,对于频率较高的电源,正弦波比较容易匹配,而且效率较高。

低辐射膜系的典型结构是介质膜-金属(合金膜)-过渡层-介质膜。在介质膜的制备过程中,使用一般直流靶溅射速率小,工作不稳定,在工作一段时间后,靶表面和真空室内其他部件上就会覆盖一层绝缘薄膜,导致阳极消失现象。为了解决这些问题,可使用中频磁控溅射工艺,保证了长期稳定高效地进行反应镀覆介质膜层。

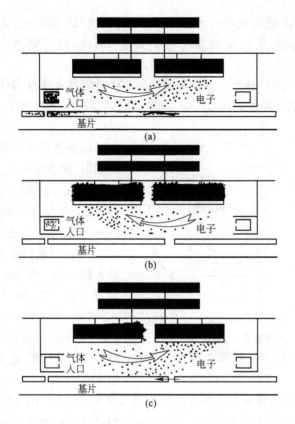

图 5-18 中频双靶磁控溅射卷绕镀膜过程示意图

5.3.5 磁控溅射卷绕镀膜的应用

目前,利用磁控溅射卷绕镀膜可实现在多种柔性基材上的真空卷绕镀膜,如各种棉纺织品、有机聚酯泡沫、PET、PEN、PC 塑料等高分子材料、化纤布、无纺布、矿物纤维布、薄型金属或其他柔性复合卷材等表面制备的导电薄膜、金属化织物。可用作电磁屏蔽或防静电材料,或用于制备包装薄膜、电容薄膜、ITO 薄膜、汽车贴膜和建筑贴膜等多种功能性薄膜。

5.3.5.1 磁控卷绕塑料 ITO 膜

ITO 膜所具有的透明、导电、吸收紫外线、反射红外线、硬度高、耐磨、耐化学腐蚀等特点,已经广泛地用于民用建筑玻璃、汽车、场(电)致发光器件以及军品应用领域。而塑料 ITO 膜与玻璃 ITO 膜相比,具有柔软、可卷曲性,可做成柔性显示器和电子书等。因此,拥有更加广阔的应用前景。

在 PET、PVC 等柔性基材表面镀制 ITO 透明导电薄膜,采用的设备如图 5-19 所示。设备配有 O_2、Ar 两路气体,共设有三个溅射靶,靶材为 In-Sn 合金。

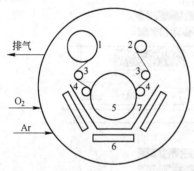

图 5-19   塑料 ITO 膜磁控卷绕示意图

1,2—收、放卷辊;3—弹簧辊;4—导辊;

5—镀膜鼓;6—溅射靶;7—氧气管

设备的技术参数和性能指标如下:镀膜室尺寸为 1000 mm × 900 mm, 极限压力为 5 × 10^{-3} Pa,恢复真空时间不大于 15 min(从大气抽至 3 × 10^{-2} Pa),有效镀幅为 500 mm,最大卷径为 250 mm,溅射压强为 1 ~ 10^{-1} Pa,溅射电压为 −300 ~ −600 V,镀膜速度为 0.2 ~ 5 m/min,ITO 膜方阻为 200 Ω, ITO 膜透光率不小于 80%。

ITO 膜的成膜条件:本底真空抽至 2.9×10^{-2} Pa, O_2 分压为 1.5×10^{-1} Pa,Ar 分压为 6.0×10^{-1} Pa,缠绕辊加热机组温度为 112℃,溅射真空度为 7.0×10^{-1} Pa,三靶电压均控制在 −325 V,电流为 2.1 A,卷膜速度为 1.5 m/min,ITO 膜透光率大于 80%。

在塑料 ITO 膜磁控溅射卷绕镀膜机及其镀膜工艺过程中应注意以下问题:

(1)薄膜卷绕传动系统必须是可逆的。因为薄膜必须在真空状态下低速除气,所以为了除气充分,需正反几遍进行。卷绕沉积 ITO 膜本身是一种低速低效成膜,假如镀一遍后仍嫌电阻率大,应可以镀第二遍。

(2)必须解决开卷后的去气问题。开卷后的真空度要维持在 5 × 10^{-2} Pa 或更低,因此,扩散泵机组是必须的。开卷过程必须对薄膜进行烘烤除气,薄膜基材的烘烤温度应低于其软化温度,通常在 100℃ 左右,这个温度正是铟、锡氧化反应所必需的氧化温度。

(3)必须很好解决溅射靶阴极杆的绝缘屏蔽问题。

（4）In、Sn 靶材混合要均匀，纯度要好，从而可以避免在溅射过程中的因杂质掺杂而打火，保证 ITO 膜的成膜质量。

（5）氧气管路的分布位置、形状以及通气针孔的分布，直接影响镀制出的 ITO 膜的透光性、方阻大小和方阻的均匀性。

关于供气方式，有两种方式可供选择。第一种把 Ar、O_2 两路气体在真空室外按比例先混合（如在混合罐中进行），将混合气输入靶表面。第二种方法则是将 Ar、O_2 两种气体分两路单独输至靶表面和等离子区，单独分别控制两种气体的流量。第一种方法两种气体比例不好控制，储气罐还必须加搅拌器，第二种方法的优点是氩气管与氧气管的气孔数、流量以及离靶表面的高度都便于单独调节。一般来说，采用第二种供气方式，效果比较好。

（6）靶材如果采用铟-锡合金，则氧化反应中的通氧量与氧化温度难以控制。靶材最好直接用氧化铟锡靶。

随着技术的进步，ITO 薄膜的生产设备和工艺都有很大的提高。如图 5-20 所示，现在卷绕镀膜设备一般配备两对中频双靶用来镀 SiO_2 膜，两个直流靶溅射沉积 ITO 膜。并且 ITO 已经不再用 In、Sn 合金靶材，而是用烧结的 ITO 陶瓷靶，使塑料 ITO 膜的成膜技术、产品质量和产量都有了飞跃的发展。

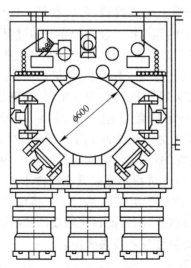

图 5-20　PET 镀 ITO 膜磁控卷绕示意图

近年来触摸屏的应用势如破竹,使 ITO 薄膜的身价倍增,给卷绕镀 ITO 薄膜带来了无限的生机。在加硬的 PET 上镀高阻 ITO 膜已经不能满足当前高画质、高清晰度的要求,减反射的 AR 加高阻 ITO 薄膜将成为以触摸屏为代表的显示领域关键材料的主流,而且风靡的速度势不可挡。AR 加 ITO 卷绕镀膜技术跨越了光学薄膜和导电薄膜两大领域,对卷绕镀膜设备和卷绕成膜技术提出了更高的要求。

5.3.5.2　海绵导电化

真空磁控溅射技术是海绵卷导电化处理非常行之有效的方法,也是目前国际上最先进的工艺方法。它可以解决采用化学镀或涂导电胶的方法在海绵镍中产生微量元素污染的问题,提高了电池充电次数和使用寿命,同时又可以消除原方法产生的环境污染。其产品的主要特点是泡沫镍杂质少、面电阻小、抗拉强度好等,为做体积小、容量大的高性能镍-氢,镍-镉电池提供了必要的条件,是其他导电方法无法比拟和替代的。

A　真空磁控溅射海绵卷绕镀膜的工艺过程

泡沫镍的制造过程是用双面卷绕镀膜设备(单面镀膜设备要镀两次),利用磁控溅射真空镀膜技术,在泡沫塑料的两面同时镀上一层金属镍,而且镍金属要覆盖到海绵内层网泡上使海绵导电化,然后用电镀的方法在具有导电性的海绵上大量镀镍,最后在氢气的保护下还原,烧掉海绵,就可以得到网格状的泡沫镍。使海绵导电的过程如下:将具有一定宽度的带状海绵卷放置在放卷辊上,通过卷绕机构让海绵在无拉伸状态下匀速穿过磁控溅射区,传送到收卷辊上,将镀好的海绵卷起来。真空室达到一定的真空度(1.0×10^{-2} Pa)时,充入氩气,在磁控溅射靶(磁控溅射靶采用镍靶材)上加一定的直流电压($-500 \sim -600$ V),使充入真空室内的氩气电离,Ar^+ 在正交电磁场的作用下轰击镍材,被溅射出来的镍原子均匀沉积在被镀的海绵体上,使海绵成为导电体,从而完成海绵的导电化处理。由于整个导电化过程是在高真空条件下进行,因此通过真空磁控溅射方法可以获得优质的电镀用基材。值得注意的是镍是强磁性材料,对磁场有很强的屏蔽作用,因此在靶的设计和制造上要采取相应的措施,而且在更换靶材时要注意不要被夹伤。

B　系统控制方案

由于泡沫镍采用聚酯海绵作为骨架材料,泡沫镍的储能量就取决于海绵空隙尺寸的大小和多少。为了保证泡沫镍的空隙率,海绵在磁控溅射镀膜过程中必须保持空隙的大小一致,也就是海绵不能产生形变。海绵被镀膜后已不是柔性体,而是金属网体。当它受到的拉伸或压缩超过镍的弹性变形范围后,网格就会断裂造成导电不连续。因此,在整个镀膜过程中要求海绵不能受任何外力,即牵引、收卷、放卷的线速度必须一致。

海绵自身具有良好的压缩和拉伸特性,当拉伸量达到300%时仍能复原,在厚度方向压缩75%仍能复原,海绵还有很大的弹性拉伸系数,由于上述原因,如采用张力传感器控制就很难保证镀膜的镍网不被拉裂。

系统控制方案采用牵引、收卷、放卷线速度相同组成无拉伸卷绕系统,结构如图5-21所示。在这套系统中,收卷传动的力矩是逐渐增加的,而放卷的传动力矩在逐渐减小。对电机而言,它的转矩是动态变化的。在本系统中,牵引传动和收、放卷传动均采用带PG矢量控制的变频器进行实时控制。线速度补偿器把收卷和放卷线速度与牵引线速度的微差值通过光电隔离器输入给PLC,由PLC对收卷、放卷变频器电机的转数进行微调,从而实现动态速度补偿,使牵引、传动和收、放卷保持线速度一致。

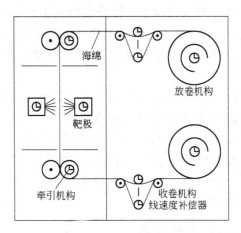

图 5-21 海绵导电化系统原理图

5.3.5.3 低辐射卷绕镀膜 ITO-Ag-ITO 膜系的透过率监测

三层膜的低辐射卷绕镀膜工艺采用 ITO-Ag-ITO 膜系,为保证低方阻

(5 ~ 10 Ω)、高红外反射率(> 90%)、高可见光透过率(78% ~ 85%),三层膜的光学匹配非常重要,对三层膜的几何厚度要严格控制。例如第一层介质膜为 20 nm 或 40 nm,第二层介质膜为 20 ~ 45 nm,金属层 Ag 控制在 10 ~ 15 nm。

在低辐射卷绕镀膜 ITO-Ag-ITO 三层膜系工艺中,由于最终目标是高红外反射率、高可见光透过率,因此只有透过率参数能直接反映最终产品光学特性,具有较强的可行性。根据工艺要求及技术状况,同时监控膜面不同位置,如 470 nm、560 nm、620 nm、650 nm、880 nm、1310 nm 光波长下镀膜产品透过率,从而考察镀膜产品的透过率-波长关系、横向均匀性、纵向均匀性(透过率-时间关系)、监控生产过程产品质量及工艺稳定性。同时可以根据透过率变化,及时调整工艺参数,保证产品性能稳定。

不像平板式镀膜设备一端进基片,另一端出镀膜产品,卷绕镀膜设备需等待该批全部镀膜完毕才能取出(生产过程抽至高真空约 4 h,镀膜 6 ~ 20 h)。不可能及时对镀膜产品进行镀膜质量分析,尤其在工艺调试阶段,只能凭经验进行调试,很盲目,只有等样品出来后再事后分析。对于多层复合膜系,最佳工艺点确定困难,更谈不上工艺带宽的研究。因此通过在线监控并及时进行镀膜参数校正具有重要意义。在线监控方法较多,如等离子辉光监控适合于反应镀中控制溅射率与工艺气体成分的最佳匹配,晶体振荡频率变化测膜厚,1/4 波长计数测膜厚,透过率监控等。

透过率监控仪是对接收的光电信号进行采样,转换后获得透过率。在卷绕镀膜设备设计时,专门为透过率监控仪设计了传感器安装支架及进出真空室的接线端子。为保证传感器不受溅射物污染,传感器安装支架被置于镀膜室外的收料辊之前。为保证工程施工,传感器被安置在专门加工的 M12 的铜螺杆内,再安装在传感器支架上。真空室内部接线采用低放气率的航空导线。

5.4   高速 EB-PVD 卷绕镀膜

EB-PVD 镀膜方法是一种具有高沉积速率的超大面积镀膜技术。工业上的应用如太阳能薄膜、光学膜、电解质膜和催化膜等。光学上的应用包括抗反射膜、彩虹膜和文档或产品上的防伪膜(比如全息膜系)等。在电解质膜(比如基于化合物的锂膜)和催化膜(比如氧化钛膜)的应用领域,与其他可供选择的技术(比如射频溅射)相比,反应 EB-PVD 被作为更高的沉积速率的卷绕镀膜技术。高速 EB-PVD 卷绕镀膜原理如图 5-22 所示,其系统示意图如图 5-23 所示,其设备结构为:卷绕系统独立在室体右侧,室体的左边有着处理部件和隔间,大功率轴向电子枪被倾斜布置,卷材由冷却辊引导着通过不同的处理步骤。利用这种方式,卷材通过脱气室和装备着磁控源的处理室以及装备着双坩埚系统的电子束蒸发室时,其卷绕速度范围为 1 ~ 1000 m/min。在电子束蒸发室安装了一个巨大的双坩埚系统、一个大功率电子束装置、一个开放的磁偏转系统、一个反应气体的进气组件、保护屏和一个在蒸发调节过程中关闭着的快速挡板。坩埚系统能在两个方向运动,第一个方向是沿卷材方向的纵向,这使

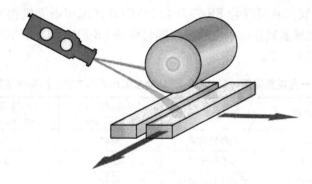

图 5-22　高速 EB-PVD 卷绕镀膜原理图

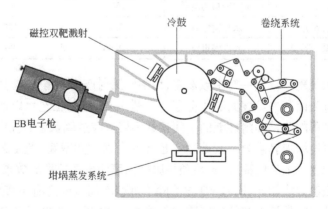

图 5-23　高速 EB-PVD 卷绕镀膜系统示意图

得可以在不破坏真空的情况下更换坩埚;第二个方向是卷材的截面方向,这能够保证蒸发材料的大面积烧蚀。这种蒸发原理特别适合于升华和半熔化材料,如氧化硅、Cr 和其他氧化物的蒸发。

卷材的金属化(电容器和屏蔽层镀膜)和在卷材上进行无机氧化物镀膜(传输屏蔽)在一段相当长的时间内是高速 PVD 卷绕镀膜的传统应用领域。通常,卷材的金属化用热蒸发来实现,而无机氧化物镀膜是通过反应 EB-PVD 或者低速 PE-CVD 来进行沉积。

在太阳能应用领域,要用塑料卷材或金属带材部分地替代玻璃基底,这就需要有效率地沉积各种膜层,比如 TCO 膜、吸附膜和增强屏蔽膜,以便使用"卷对卷"的循环方式生产出工业品质的太阳能电池产品。通常用溅射的方法镀制 TCO 膜,用热蒸发方法或者 EB-PVD 方法镀制吸附膜(比如 CIS 膜),利用联合 EB-PVD 和 PE-CVD 来沉积由无机物和有机物共同组成的屏蔽膜系。一些重要镀膜材料的 EB-PVD 动态沉积率和特定能量消耗见表5-6。

表 5-6   一些重要镀膜材料的 EB-PVD 动态沉积率和工艺中的特定能量消耗

镀膜材料	坩埚类型	动态沉积率 /nm·m·min^{-1}	特定能量消耗 /kW·h·kg^{-1}
铝(Al)	热陶瓷坩埚	50000	7
银(Ag)	热石墨坩埚	42000	3
氧化硅(SiO$_x$)	不加冷却的坩埚	24000	20
铬(Cr)	不加冷却的坩埚	15000	12
铝(Al)	水冷铜坩埚	3500	120
氧化钛(TiO$_x$)	水冷铜坩埚	2000	80

在预处理室设置一对中频双靶,用中频溅射产生等离子体,用它们来活化卷材表面和去除表面的水分子。更进一步,溅射工艺可以用来沉积一个非常薄的改善黏附性能的中间接触膜层。在过氧状态的反应溅射有时会一再地增加黏附力。后处理室也装有一对中频双靶,此工艺用来中和已沉积卷材上的电荷,改善最顶层膜表面可能出现的平滑效果。

与溅射方法相比,EB-PVD 方法除了沉积率高以外还有更多的优点,比如更低的能量消耗和低的镀膜材料成本。EB-PVD 工艺的基底热负荷与溅射情况相比要低得多。这样既有优点也有缺点,缺点在于凝结粒子的移动性更低并且取决于残余气体条件,有时会缺少致密的层;优点是可以在显著高的膜基厚度比下实现沉积。

5.5 组合式的卷绕镀膜设备

5.5.1 电阻蒸发与磁控溅射组合式卷绕镀膜设备

电阻蒸发与磁控溅射组合的卷绕镀膜设备采用电阻蒸发和磁控溅射源可以实现单面多层卷绕沉积多种功能薄膜。如图5-24所示,系统装有DC磁控溅射装置和电阻蒸发舟,可以溅射磁性和非磁性材料,金属和反应镀膜可以在一个反应气体环境下镀膜。蒸发舟设计是用来蒸发 Cu、Ag、Au、Al 等低熔点金属,基材预先通过辉光等离子体放电处理,恒温的基材与冷却加热鼓系统同方向运动,机器可以在自动和手动模式下工作。

图 5-24　电阻蒸发与磁控溅射组合的卷绕镀膜图片

5.5.2 电弧蒸发与磁控溅射组合式卷绕镀膜设备

电弧蒸发与磁控溅射组合的卷绕镀膜设备与高速 EB-PVD 卷绕镀膜设备的功能、用途、优缺点等基本相同,在结构上也是将电弧蒸发镀膜室与磁控溅射镀膜室分隔成独立的镀膜室。如图5-25所示,卷绕系统设置4个张力辊,采取四段张力控制。其镀膜工艺流程如下:放卷—加热—第一段张力控制($t1 \sim t2$)—辉光放电前处理—第二段张力控制($t2 \sim t3$)—溅射镀膜—电弧镀膜—第三段张力控制($t3 \sim t4$)—加热—膜厚测量—收卷。

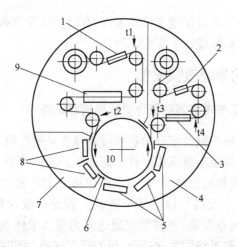

图 5-25　电弧蒸发与磁控溅射组合的卷绕镀膜设备

1,3—加热器;2—膜厚测量传感器;4—电弧蒸发镀膜室;5—电弧蒸发源;
6—隔离密封;7—溅射镀膜室;8—磁控溅射靶;9—辉光放电(前处理);
10—转鼓;t1～t4—4 段张力控制(张力辊)

　　与电阻蒸发源所不同的是电弧蒸发源与磁控溅射靶用的都是固体靶材,镀膜源的安装位置比高速 EB-PVD 卷绕镀膜设备灵活,可节省镀膜室空间。

5.6　卷绕镀膜设备的主要部件

5.6.1　卷绕系统

　　卷绕系统主要由直流电机传动的放卷辊、收卷辊、镀膜鼓、导向辊、张力测量(控制)辊、展平辊以及电阻测试辊等部件组成,如图 5-26 所示。它的作用是按照一定的速度和张力将基材薄膜输送到镀膜区进行镀制后,再将已镀膜的基材薄膜收卷成筒状卷膜。通过控制薄膜卷绕的速度、张力以及展平辊的角度等工艺参数,可以避免产生皱纹而得到收卷整齐的膜卷。

　　卷绕系统应设计先进、加工精密,可采用四电机矢量变频器驱动、恒张力同步卷绕系统。卷绕系统收卷采用自动跟踪摆臂装置和实时控制可调弧形辊,通过卷绕工艺软件控制整个卷绕过程。其转动部分采用滚动轴承,导向辊表面镀铬,而且辊表面的粗糙度要求在 2 μm 以下。由于马达是低惯性,能使卷径为1 m、质量为1 t的卷料,开机后20 s达到工作速度,停机后10 s即可以制动。

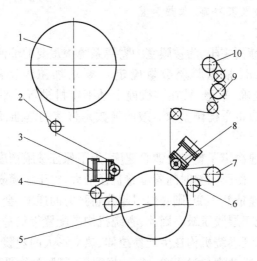

图5-26 真空镀膜机卷绕系统的结构简图

1—放膜辊;2—放膜过渡辊;3—放膜张力测量辊;4—放膜展平辊;5—主辊;6—收膜方阻测量辊;
7—收膜张力辊;8—收膜张力测量辊;9—收膜展平辊;10—收膜辊

由于在真空环境中,材料的摩擦系数大,材料变形复杂,因此卷绕机构需配置带状镀膜基体的张力和速度控制机构,保证卷绕机构在生产易拉伸、热变形大的塑膜,如聚乙烯、聚氯乙烯时,在镀膜速度为600 m/min时,塑膜卷绕平整、不起皱、不跑偏。

基材薄膜从放卷辊送出,经过卷绕系统的导向辊、张力辊、展平辊、卷径跟踪辊、镀膜鼓、电阻测试辊以及冷却辊等主要部件,最后缠绕在收卷辊的卷芯上。这一系列的辊合称辊系,在不同的设备上辊系的具体配置也不同。双室镀膜机比单室镀膜机复杂,辊系也更复杂。

A 导向辊

导向辊主要起改变薄膜走向的作用。不同的设备导向辊的位置与数量是不同的。导向辊利用主驱动辊的驱动力,经齿形皮带驱动各个导向辊。各相同直径辊的速度基本相同,前后导向辊之间速度增加量小于0.1%。停机时为了保证导向辊与收卷辊之间的薄膜维持张紧状态,每个导向辊的端部都装有一个电磁离合器。当主驱动辊停止转动时,离合器就会制动导向辊,使其快速停止转动。每个导向辊在装机前要通过静平衡试验,辊的平衡不好会造成跑偏现象。

B 镀膜鼓及其冷却/加热装置

a 镀膜鼓

镀膜鼓是镀覆主辊,为镀膜室的卷绕系统中重要的部件,直径一般为 $\phi 400 \sim 2000$ mm(根据膜层数量确定),要求加工精密高,表面抛光 0.4 μm,传动准确、平稳,鼓在装机前上动平衡机进行动平衡试验,直径较大的鼓两端自带平衡调整块。鼓的转数是带速的基准,和带材不应有相对摩擦。

镀膜鼓转速决定了整机的镀膜速度,为了保证镀膜精度,该速度应尽可能保持稳定。薄膜收卷时随着母卷直径增大,由于镀膜鼓转速恒定,如果收卷辊的转速依然不变,则必然引起收卷张力的递增,会造成膜卷内松外紧,外层膜把里层膜压皱。因此,卷绕机构需配置带状基体的张力和速度控制机构,保证卷绕机构在生产易拉伸、热变形大的塑膜,如聚乙烯、聚氯乙烯时,在镀膜速度超过 300 m/min 情况下,基膜卷绕平整、不起皱、不跑偏。

镀膜鼓旋转驱动系统是使其能够平稳运转、达到预期工作速度的重要保证。它由高精度、宽调试的直流电动机(或交流变频调速电机),能消除振动、减小传动间隙的涡轮减速器及弹性联轴节、皮带、不带齿的行星摩擦辊等组成。有的设备在镀膜鼓的主轴上还安装电磁制动器,用于进一步提高镀膜鼓的传动平稳性。这些传动的零部件都安装在镀膜鼓的一侧,可随镀膜鼓一起升降及平移。主鼓的电机轴上可装数码盘或其他的计数装置,便于机器实时记录镀膜长度,为全程工艺自动控制提供方便。

b 镀膜鼓的冷却/加热装置

镀膜鼓配备了一套高效的真空镀膜专用低温制冷循环系统及加热回温装置,在辊中间的鼓面夹层通载冷剂(冷媒),用于在镀膜时将镀膜鼓表面冷却至所需要的温度($-20 \sim -35$℃)。鼓和膜之间要靠足够大的包角和紧密接触进行热交换带走膜的辐射热,以冷却被镀的基体材料,防止薄膜受热变形。有些塑膜蒸镀后一次冷却达不到要求,必须加装二次后冷辊,辊身表面温度为 -15℃。据资料报道,也有采用气体制冷的冷却辊,辊身表面温度可达 -35℃。对于温敏性高的塑膜不但不能冷却反而要加温,鼓的加温靠一套油加热装置,用热油取代进入主鼓夹层的载冷剂,这时镀膜辊表面温度要达到25~80℃。油加热装置安装在卷绕行走车上,用真空动密封旋转接头与鼓转轴相连,进出管路都装有测控温热电偶,确保工艺要求的工作温度。

卷绕镀膜机所用的 LSB 型冷却/加热装置的技术规格与性能见表5-7。冷却/加热回温装置由载冷循环系统和制冷循环系统两部分组成,其结构如图5-27所示。载冷循环系统与镀膜鼓连接,由循环泵、加热器、膨胀筒、载冷剂、热交换器、温度测量、进出镀膜鼓的密封旋转接头和金属波纹管等组成。制冷循环系统由压缩机、冷却器、膨胀阀、干燥过滤器、制冷剂和高低压测量仪表等组成。制冷剂和载冷剂在热交换器中进行热交换,制冷剂通常采用 R502 或 R22,是冷却载冷剂的,常用载冷剂有氟利昂 R11 或乙二醇和水混合的冷却液。蒸镀时由制冷循环系统将循环液冷却至所需要的温度,通过管道输送至镀膜鼓内,在蒸镀过程中对基材进行冷却。来自于蒸发源的辐射热由载冷剂带出镀膜室,在热交换器中被制冷剂冷却后由循环泵打入镀膜鼓,这样循环往复。

表5-7 卷绕镀膜机所用的 LSB 型冷却/加热装置的技术规格与性能

型 号	LSB-150-RS	LSB-200-RS	LSB-300-RS
制冷量/$W \cdot h^{-1}$	16500	21000	30000
加热功率/kW	40	60	80
冷却温度/℃	$-15 \sim -20$		
加热温度/℃	$20 \sim 25$		
制冷电流/A	25	30	40
加热电流/A	70	110	140
制冷工质	R502/R22		
冷却时间/min	$\leqslant 10$		
加热时间/min	$\leqslant 5$		
载冷剂	442 溶液		
体积/mm × mm × mm	$1100 \times 1650 \times 1500$	$1100 \times 1650 \times 1500$	$1200 \times 1750 \times 1600$
电 源	三相 380 V/50 Hz		
冷却方式	冷却水冷却		

图 5-27 冷却/加热回温装置

镀膜结束打开真空室门之前,制冷循环系统不工作,加热器开始工作,将载冷剂加热至室温(或设定温度),通过循环泵打入镀膜鼓。镀膜鼓加热到室温或设定温度后,才可以充气打开真空室门,否则镀膜鼓在低温下暴露大气,会在鼓表面形成露珠或结霜。如果处理不好无法进行下一次连续镀膜,因为霜和露在真空中挥发成水蒸气,水蒸气不易被设备的真空泵抽走(除非使用低温泵),无法再次镀膜。

C 冷却辊

镀膜后,薄膜表面温度较高,如果靠空气进行自然冷却并立即卷到收卷辊上,有可能引起产品出现或多或少的变形。因此,收卷过程中往往还需要经过 1~2 个与主鼓的光洁度相同的冷却辊。冷却辊和其他辊筒一样都要经过动平衡处理,其内表面经过机械加工,内部设有夹套,有的冷却辊内夹套上还焊有螺旋形或平直的导流片。夹套内通入冷却循环水,将薄膜表面的热量带走。

冷却辊的两端装有锥形滚柱轴承,为了适应轴的热胀冷缩的需要,冷却辊的驱动端是固定不动的,另一端则可以有小量的轴向滑移。

D 卷径跟踪辊

在收卷辊卷芯的前面都装有一个可以改变位置的跟踪辊(也称接触辊或压紧辊)。该辊与母卷之间的距离或对母卷表面施加的压力是自动调节的,起到自动调节收卷压力和防皱的作用。此外,收卷薄膜时,薄膜与卷芯或外层薄膜与内层薄膜之间都有一定的夹角,在高速收卷的状况下,夹角间的空气很容易被带入膜层中间,使母卷变松。因此,借助跟踪辊对母卷施加一定的压力、及时排除膜层间的空气,也是设置跟踪辊的另一个目的。图5-28是三种跟踪辊的结构。

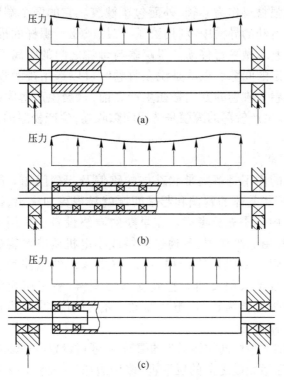

图 5-28 三种薄膜收卷机跟踪辊的结构示意图

图5-28(a)是最常见的跟踪辊。辊筒为直管状,两个轴端均有一个汽缸,可以同步推动跟踪辊平移。这种跟踪辊结构简单、易于加工、成本低,适用于窄幅收卷机。对于宽幅收卷机,由于跟踪辊两端的压力大,中间的压力小,膜间的空气排除效果不够理想。母卷中空气含量可

达 18%。

图 5-28(b)跟踪辊有一个长的芯轴,芯轴上安装许多滚动轴承,外面是橡胶辊套。芯轴两端施加的压力可以较均匀地分布在轴上各点,这种跟踪辊可以使母卷中的空气含量减至 12%。

图 5-28(c)是一种新型跟踪辊,这种辊有两个短的芯轴分别装在两端,中间用包胶辊套连成一体,短芯轴上安装滚动轴承分担施加的压力,可以将母卷中空气含量减至 8.5%。

跟踪辊的材料要求质量轻、刚性好。目前,基本上都是采用铝合金或碳纤维增强材料作为芯轴,外面包覆橡胶。它的两个端轴的轴承座装在可直线运动的导槽中,利用液压、气压或驱动螺杆的推动力,使跟踪辊相对于卷芯做平行移动。跟踪辊与母卷之间的距离可以是零,也可以保持一定的间隙。也就是说在收卷时可以选用接触收卷,也可以选用间隙收卷。收卷的方式是在生产之前,根据生产薄膜的品种预先确定。通常,生产较薄的薄膜是选用间隙收卷,生产较厚的薄膜则选用接触收卷。

E 展平辊

展平辊的作用是解决带状基体的跑偏及起褶问题。随着卷绕速度的提高,带状基体的跑偏和起褶问题就显得更加突出,因此在卷绕机构的设计中应予充分考虑。在早期的卷绕设备上采用放卷辊两侧设置挡板、使用橡胶弯辊,且通过机械或小电机调节弯辊的弯曲面及可浮动式导辊调偏机构等结构,可以防止基体的跑偏和起褶。现在的蒸发卷绕设备采用收卷装置微动移动调偏,装有在线电阻测量的调偏装置以张力辊为轴、由电机带动。有手动机械调偏和光电跟踪自动调偏两种方法。

在走膜时产生纵向拉伸引起的褶皱,可通过设置展平辊展平薄膜,防止起褶。位于镀膜鼓之前的展平辊(多用边缘展平辊)用来防止基材薄膜蒸镀时在镀膜鼓上产生滑动,从而保证膜能很好地贴合在镀膜鼓表面,防止膜与周围导辊产生速度差。可用手动气阀控制该辊的压上与放松,但一定要在膜静止时进行。在收卷部位配备的展平辊(多用香蕉形展平辊)位于跟踪辊之前,可防止薄膜在收卷前产生皱纹。

展平辊的种类很多,目前较新的技术是德国专利的分段金属展平辊。图 5-29 为真空卷绕系统中常用的五种展平辊。

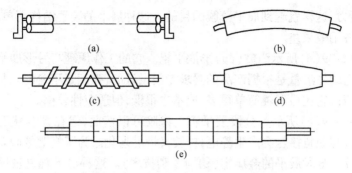

图 5-29 薄膜展平辊的结构示意图

(a) 边缘展平辊；(b) 弓形展平辊；(c) 左右螺纹展平辊；

(d) 鼓(凸)形展平辊；(e) 分段展平辊

图 5-29(a)为边缘展平辊。这种展平辊通常是装在镀膜鼓之前，置于薄膜的两个边缘，每边各设一组，每组由两个约 $\phi 50$ mm $\times 100$ mm 的短辊组成，其中一个辊放在薄膜通道的下方，一个辊放在薄膜的上方。两个辊的轴线相互平行并与薄膜运行的垂直方向保持一定的夹角（夹角可以任意调节）。工作时，两辊压靠在一起，辊子被薄膜带动旋转，于是在薄膜两侧产生一个横向扩展的张紧力，从而实现展平薄膜的目的。两个辊子的外缘是由金属或橡胶制成的，芯轴上装有滚动轴承。两组辊之间的横向距离可根据薄膜幅宽用人工任意调节。需要注意的是工作前必须利用手动或利用气动的方法将上压辊打开，当薄膜进行收卷、拉紧后，再放下上压辊，夹住薄膜。

图 5-29(b)所示为弓形(香蕉形)展平辊。这种展平辊通常安装在收卷部分的跟踪辊(接触辊)之前。这种展平辊外形像一条香蕉。它有一根弓形的芯轴，轴上套有许多尺寸相同、间距相等、轴向对称的滚动轴承。轴承之间用螺旋弹簧片隔开。轴承外面是与轴同样的弓形薄壁筒，外面包覆橡胶。弓形辊芯轴的两个轴端都装有球面轴承。工作时芯轴固定不动，橡胶外套利用传动皮带驱动使其旋转并与薄膜的横向倾斜接触，倾斜的角度可以通过扭转芯轴进行无级调节。弓形展平辊的弓形量为 0.5 ~ 20 mm。薄膜在辊上的包角为 30° ~ 90°。

图 5-29(c)所示为左右螺纹展平辊。这种展平辊是带左右螺纹的金属辊，其螺棱较宽、螺距较大、槽深较浅、螺纹对称、表面镀铬。它的工作原理是当薄膜与旋转螺纹的螺棱接触时，倾斜螺棱会对薄膜施加一个横

向扩展力,这样就起到展平薄膜的目的。这种展平的装置结构简单、成本低,但使用效果差。

图 5-29(d)所示为鼓(凸)形展平辊。它的工作原理与弓形展平辊一样,但它的弓形量是根据产品的要求专门设计的,弧度是不变的。从加工制造来看,它比弓形辊简单得多,成本也很低,但适应性较差。

图 5-29(e)所示为分段展平辊。橡胶可以弯曲,但在真空状态下放气量大,与塑料接触会产生静电,橡胶又极易老化。为了规避橡胶辊的弊端,开发了分段展平的金属辊(德国专利技术)。这种展平辊是轴固定而筒旋转,筒以奇数分成数段,根据幅宽确定段数。筒以轴的中心为定位点,依次减小直径。筒的材料要轻软,通常采用铝合金表面经阳极氧化处理,筒的表面和边缘光洁,过渡平滑。筒靠轴承紧固在轴上,筒的转动灵活且要相互同步,每个筒的静平衡都要做得非常好,与膜不能产生任何相对滑动。

F 收放卷轴

收卷和放卷轴结构和作用相同,众所周知,膜卷是缠绕在纸质或塑料的核芯上,核芯是空心的,用于穿轴固定膜卷。常用的核芯与轴紧固有两种方法:机械涨紧轴和气体涨紧轴,就是将轴与核芯的内壁紧固,避免松脱造成飞车。

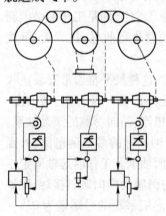

图 5-30 速度控制原理图

5.6.2 速度控制和张力控制

5.6.2.1 速度控制

带状基体的线速度恒定是保证膜厚均匀的首要条件。卷绕系统带材的速度控制多数采用以电流控制为主的速度恒定控制,速度都可以根据产品的要求,事先设定、自动调节。速度的控制原理图如图 5-30 所示,控制精度可达 1%。

5.6.2.2 张力控制

薄膜张力控制在卷绕镀膜设备中是一个关键问题。张力控制同膜的跑偏、暴筋、起皱等现象均有关系。收卷过紧,薄膜容易产生皱纹;张力不足,带入膜层的空气量过多,薄膜容易在卷芯上产生轴向滑移、严重的错位,以致造成无法卸卷。张力控制的不稳定甚至会使膜断裂或缠绕到其他辊子上,因此必须具有良好的张力控制系统以保证膜层质量。由于收、放卷辊的卷径在传动过程中是变化的,随着卷材收卷卷径越来越大,而放卷卷径越来越小,因此张力控制具有一定的难度。

卷绕系统的张力控制子系统具有张力自动检测、闭环自动反馈、张力预设、在线显示、断膜保护等功能。张力控制采用数字张力控制系统实现卷膜张力的自动控制,可以根据卷膜的性质与厚度的不同,设定并控制其张力值。能以镀膜鼓为核心,形成一个线速度可调、张力可调、过压过流、断膜保护、断膜报警的稳定系统,使得卷绕速度高并且运行平稳,保证镀膜的质量。

A 张力预设

薄膜收卷前,需要针对薄膜的性能及选用的收卷方式,设定收卷张力的大小。通常,设备张力调节的范围约为 100 ~ 600 N。

B 张力自动检测、反馈

通常,不同直径下的张力值在收卷之前要预先输入计算机内,在生产过程中,操作人员再根据薄膜收卷情况随时进行调节。卷绕镀膜系统中的自动检测、反馈的实现主要有如下两种方式。

a 电流反馈式张力控制

电流反馈式张力控制原理框图如图 5-31 所示。

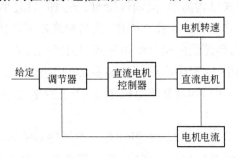

图 5-31 电流反馈式张力控制原理框图

收卷辊的辊轴受的力矩为:

$$T = FD/2 \tag{5-5}$$

式中 T——卷材力矩;

F——卷材张力;

D——卷材卷径。

由于随着卷材的收取,收卷辊卷径不断增大,即 D 增大,而张力 F 一般要求不变,因此随着收卷卷材卷径 D 的增大,如果张力 F 不变,卷材制动力矩 T 就相应增大。

而直流电机的转矩公式为:

$$T_D = C_T \Phi I_a \tag{5-6}$$

式中 T_D——直流电机转矩;

C_T——转矩常数;

Φ——磁通量;

I_a——电枢电流。

由式(5-5)和式(5-6)可知,随着收卷径 D 的增大,引起卷材力矩 T 增大,直流电机的拖动转矩 T_D 也增大,其电枢电流 I_a 也增大,因此将 I_a 作为反馈送至调节器,随着卷径 D 的增大,相应增大直流电机控制器的电流输出以增大直流电机输出的力矩,使张力 F 保持不变,放卷过程的控制同收卷过程相反。这就是电流反馈式张力控制法。

在电流反馈式张力控制中,其张力通过张力辊检测,采用计算机计算变化中的放卷、收卷卷径,对直流电机进行电流补偿调节,可以实现 1 kg 以上的张力值调整。

这种控制方式结构简单,但调试困难,张力值的大小需由人来判断,要求具有一定操作经验的操作工操作,最高卷绕速度可达 200 m/min。

b 带有张力传感器的全自动闭环式张力控制方式

在卷绕机构中,对于生产很薄的易变形的塑膜,由于其张力值较低,控制要求高,可以使用四台直流电机驱动,用于放卷、收卷、张力辊和镀膜鼓的传动。

如果设备的要求精度高,采用带有张力传感器的张力控制系统可实现真正意义上的恒张力控制。在收、放卷侧各用一台张力马达驱动两个张力辊,卷材的张力由张力辊两端轴承下方的张力检测传感器检测,检测数据转换成张力信号反馈回张力控制器,由张力控制器经运算后控制收、放卷辊电机的转速,从而实现卷材的恒张力控制。如图 5-32 所示,张力辊是一个主传动的包胶辊或碳纤维辊,使用前必须在高于最大生产速度的 12.5 倍的速度下进行动平衡处理。

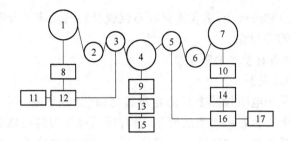

图 5-32 恒张力控制示意图

1—放卷辊;2,6—导辊;3,5—张力辊;4—镀膜鼓;7—收卷辊;8—制动器;9—镀膜鼓电机;
10—收卷辊电机;11—放卷侧张力给定;12,16—张力控制器;13—镀膜鼓电机
控制器;14—收卷辊电机控制器;15—速度给定;17—收侧张力给定

该方法实现简单,但目前国内的张力检测传感器,张力控制器从精度、可靠性等方面还不能达到卷绕控制方面的要求,同国外产品有较大的差距。在卷绕式镀膜机中使用较多的有日本三菱及美国蒙特福的产品,用他们公司生产的张力检测传感器,张力控制器控制交流变频调速器、直流电机控制器或制动器都很容易,可实现卷材的恒张力控制,该张力控制器还具有许多卷绕控制中所需的功能,张力可直接显示,操作容易,但成本较高。

C 张力补偿

薄膜收卷时,薄膜的收卷张力在以下情况下会发生明显的变化:收卷工位转换时;将薄膜切断、薄膜转换到新的卷芯表面、卷径突然变化时;牵引机的速度有明显的变化时,各系统的转动惯量不同。收卷过程中张力变化必然影响换卷的平稳过渡,经常出现换卷断膜的现象。因此,在薄膜的张力控制系统内,也必须设有张力补偿装置,用以实现软启动、软停止,防止收卷的薄膜出现皱纹。

5.6.3 蒸发系统

蒸发系统由蒸发源夹座(电极)、蒸发源、送丝机构等组成。蒸镀时蒸发源被固定在夹座上进行加热,正常生产时蒸发源的温度为 1300 ~ 1400℃,高纯度的线材由输送电机将其连续送到蒸发源上并被汽化。

5.6.3.1 蒸发源(蒸发舟)

蒸发源常采用顶夹式安装,蒸发源材料的选择应考虑三个问题:蒸发源材料的熔点和蒸气压,蒸发源材料与镀膜材料的反应以及镀膜材料对蒸发源材料的湿润性。

A 常用膜材所用的蒸发源

a 铝的蒸发源

蒸发器采用电阻加热方式的金属氮化物(如氮化硼)蒸发舟。蒸发舟采用端面夹紧装置和连续送铝丝结构,可通过频闪观察器观察。整个镀膜鼓屏蔽是铝蒸发器组件的一部分,可以摆至检修位置方便地调整镀膜宽度和清洁。

b 铝-锌的蒸发源

锌与塑料薄膜的结合力较差,因此用铝膜作过渡层,铝蒸发源同上述介绍。锌蒸发采用辐射加热炉作蒸发源,锌坩埚是条状矩形的,一次投料,用喷嘴板得到均匀或加厚边的镀膜。辐射加热炉的温度通过温度计、变压器和可控硅控制。

c 银-锌-铝的蒸发源

银层很薄,主要解决锌与基膜的附着力问题,因此采用细长的不锈钢管作蒸发器,在蒸发方向开一长条口。锌-铝蒸发源同上述介绍。

另外,蒸发源如使用不当,极易造成使用寿命下降。因此安装和使用过程中应注意的问题介绍如下。

B 蒸发源(蒸发舟)的安装

蒸发源的安装要注意以下几个问题:

(1) 蒸发舟与夹具的接触要紧密,以保证有良好的电接触。过松易引起电火花,损坏蒸发舟;但也不能过紧,否则蒸发舟被加热时,无法膨胀伸缩,会出现弯曲现象。

(2) 安装新舟前,要清理干净凹槽。

(3) 铜夹具一定要保持平行,不能错位,防止舟扭曲。

(4) 使舟的进铝端略高,有利于铝液流动。

(5) 定期更换铜夹具。

(6) 垫在当中的石墨纸不可多余出来,一定要剪掉。

C 新蒸发舟的初次使用

蒸发舟首次使用时相当于对舟进行一次退火,进行得充分可以减小在制造过程中所产生的机械应力和各种陶瓷成分黏合时的微细裂缝,有利于提高蒸发舟的强度。

此外,熔融在待蒸发金属(如铝)中的杂质会在舟槽中浓缩而在熔池周边形成结壳,这种结壳限制熔池的大小,它一旦形成是很难清除的。因此蒸发舟的工作温度适宜且尽量低,并尽量扩大周边面积,使铝熔池尽可能大,这样既可得到横向均匀性好的镀铝膜,又能延长它的使用寿命。

有资料表明,在首次使用蒸发舟时所确定的下述工艺过程是较为理想的,不但提高了横向膜层均匀性,而且延长了蒸发舟的使用寿命:

(1) 将蒸发舟正确夹紧,夹上石墨纸,确保接触良好。

(2) 铝丝管送丝点调至蒸发舟的中心点。

(3) 设定加热时间为 720 s,送丝速度为 800 mm/min,卷绕速率为 5 m/s,加热电压调至 95%。

(4) 压强不大于 4×10^{-2} Pa 后加热,在 720 s 后达到设定加热电压,并在此电压下继续 3 min。注意真空度应达 4×10^{-2} Pa 以上,才可加热蒸发舟,否则舟表面会氧化、脱皮。

(5) 缓慢把加热电压调至 85% 左右,开始间断送丝尽量使熔融的铝在槽内形成最大的熔池,但无溢流和飞溅,铝在熔池内得到充分的蒸发。新舟凹槽中铝液铺展情况尤为关键,第一次未被覆盖到的部分,以后也很难再被覆盖。

首次使用后,每周期注意清洁金属残渣和晶状物,尽可能降低蒸发温度,保持铝熔池最大,延长蒸发舟的使用寿命。膜卷长度短,开、关机频繁,蒸发舟所经历的加热、冷却次数也就越多,舟使用寿命缩短。

D 蒸发舟的镀料飞溅问题

产生镀料飞溅的主要原因如下(以铝为例):

(1) 在蒸发舟槽内熔融的铝太深,产生沸腾,大铝滴从各个方向射出。

(2) 熔融的铝溢流至蒸发舟端部或在较旧的沟槽中沸腾(见图 5-33)。

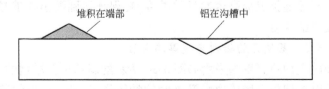

图 5-33 熔融的铝在舟中的渣层

（3）铝丝在某处与地短路,造成铝丝和舟之间接触产生放电使铝从各个方向射出。

（4）铝丝的纯度太差。

对于上述原因（1）和（2）,可通过如下办法解决:

（1）调整送丝速度,减少在蒸发槽内的熔铝量。

（2）调整送铝点位置至中心,防止在端部堆积和侧流。

（3）暂时升高温度,使铝液蒸发后再降低温度以延长蒸发舟的使用寿命。

对于产生飞溅的原因（3）和（4）,可通过防止铝丝与周围屏蔽堆积的铝层与铝丝短路,并采用纯度达99.99%的铝丝即可。

E 蒸发舟的腐蚀问题

金属铝在固态时非常稳定,但是熔融的铝在蒸发工艺所需的温度下会产生较强的腐蚀性,仅有少数几种材料能经受这种腐蚀。铝在氮化硼蒸发舟中熔化后,铝丝表面的氧化铝会对氮化硼产生较强的腐蚀,结果使蒸发舟结构中的氮化硼减少,使蒸发舟出现凹槽状的腐蚀缺陷,影响了蒸发舟的使用寿命。

铝丝表面的氧化铝和其他微量金属成分（杂质）在舟槽表面浓缩,减少了熔池周边面积,这时如果要保持铝蒸发速率不变就需要提高蒸发舟温度以弥补表面熔池的不足。温度增加又将加速杂质和结构材料的反应速率,从而使腐蚀加剧,降低蒸发舟的寿命。

对于腐蚀问题,可通过以下办法解决:

（1）尽可能选择同批号的蒸发舟以保持同一电阻率,同时选择致密性好、密度高的蒸发舟,因其颗粒间的间隙少,可减少铝液渗透腐蚀氮化硼的机会。

（2）保持每周期清洁槽周边的晶状物,防止因杂质在熔池周边的结壳而减少熔池面积。

（3）尽可能推迟提高蒸发舟的温度,在保证达到镀膜要求时尽可能降低蒸发舟的温度。

5.6.3.2 蒸发源的排列与膜厚均匀性

目前电阻加热蒸发多采用如图 5-34 所示的高功率大坩埚的蒸发源。坩埚和导电支架都采用单边弹簧夹紧的端压形式固定,以方便装卸。在拆卸更换时,将弹簧向一侧压紧即可取出。使用这种连接方式,同样规格的蒸发舟,蒸发面积可增加16%,蒸发速度也相应提高。

图5-34　蒸发卷绕镀膜机的蒸发源

蒸发材料在被镀基底上的膜厚均匀性是指长度与幅宽两个方向而言。收、放卷辊和镀膜鼓卷绕速度一致,使被镀材料在其长度方向的膜厚均匀性得以保证,此时,只需注意被镀基底在其幅宽方向的膜厚均匀性问题。

为使幅宽方向的膜厚分布达到所要求的均匀性,常采取如下办法来加以解决:

(1) 在幅宽方向布置多个蒸发源。确定蒸发源的合理数目及其最佳的排列位置和蒸距,在基体宽度方向上可以获得均匀的膜厚分布。当有多个蒸发源时,由于镀膜区域互相交错重叠,提高了均匀性,因此蒸发源间距可略增大。

感应蒸发源可视为小平面源,其对于平行平面的基体蒸发如图 5-35 所示。

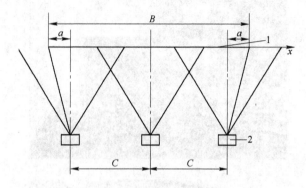

图 5-35 蒸发源的位置
1—基体;2—蒸发源

设基体宽度为 B,蒸发源的数目为 N,蒸距为 H,最边缘的蒸发源中心法线至基体边缘的距离为 a,则各蒸发源之间的距离 C 应为

$$C = \frac{B - 2a}{N - 1} \tag{5-7}$$

在基体上距边缘 x 处的膜厚 t_x 由式(5-8)可得为

$$t_x = \frac{mH^2}{\pi\rho} \sum_{i=1}^{N} \frac{1}{\left\{ H^2 + \left[a + (i-1)\dfrac{B-2a}{N-1} - x \right]^2 \right\}^2} \tag{5-8}$$

式中 i——第 i 个蒸发源。

在距边缘 a(即第一个蒸发源中心法线)处的膜厚 t_a 为

$$t_a = \frac{mH^2}{\pi\rho} \sum_{i=1}^{N} \frac{1}{\left\{ H^2 + \left[(i-1)\dfrac{B-2a}{N-1} - x \right]^2 \right\}^2} \tag{5-9}$$

比较式(5-8)和式(5-9),即得相对膜厚为

$$\frac{t_x}{t_a} = \sum_{i=1}^{N} \left\{ \frac{H^2 + \left[(i-1)\dfrac{B-2a}{N-1} - x \right]^2}{H^2 + \left[a + (i-1)\dfrac{B-2a}{N-1} - x \right]^2} \right\}^2 \tag{5-10}$$

以此式可以优化出基体宽度 B 和蒸距为 H 时所需要的蒸发源数量

N、间距 C 及边缘 a 的最佳组合。蒸距按卷绕系统的形式、镀膜鼓的大小，一般取 150～250 mm。

（2）坩埚之间的水平距离可以是不相等的。中间部分的坩埚间距可以大些，靠近基材幅宽边缘的坩埚间距可以小些。有的甚至使最外侧坩埚中心与基材的幅宽边缘重合。

（3）坩埚的错位式布置。有报道称将蒸发舟平面布置从一字形布置改为两个蒸发舟前后错开布置，有利于提高镀膜均匀度；而将蒸发舟布置成一个弧形面上，有利于提高镀膜均匀性和节约镀膜材料。

（4）送丝机构的往复运动。

第（2）、（3）点措施是对蒸发材料的利用率和交叉沉积效果的互相补充。采用上述措施后，薄膜厚度分布的均匀性可以不大于 10%，若只采取第（2）点措施，也可达到不大于 20%，这仍是比较满意的。总之，这些措施提高了镀膜机的卷绕速度和膜厚分布的均匀性，从而提高了产品质量和经济效益。

5.6.3.3 送丝机构

在蒸镀过程中连续地补充膜材的装置称为送丝机构。对于不同形式的膜材镀料可以设计不同的连续送料系统。对于粉末或微小颗粒材料可以采用在送料管中利用螺旋输送的方式，对于条状材料可以采用将料放在斜面上靠本身自重滑入坩埚的方式，对于丝状材料可以用两轮挤压方式通过导丝管将膜材丝送至坩埚。

其丝状膜材连续送料机构的结构如图 5-36 所示，送丝机构的两挤压轮既可以采用上下安装，也可以采用水平安装。在主动辊轮和压轮的夹持下，由于主动辊轮的拖动而使膜材丝不断地输送至坩埚中，主动辊轮的传动机构由电动机和减速装置组成，调节电动机的转速可以保证送丝速度与基体走速相匹配，以便获得所需的膜厚。

送丝机构的送丝速度 v 可用式（5-11）确定

$$v = \frac{4q_{em}}{\pi d^2 \rho} \tag{5-11}$$

式中 　q_{em}——膜材进给量，g/min；

　　　ρ——膜材密度，g/cm^3；

　　　d——膜材丝直径，cm。

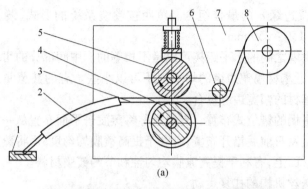

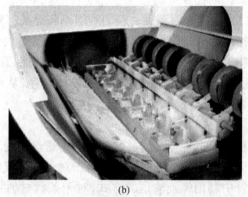

图 5-36 送丝机构

1—坩埚;2—导管;3—膜材丝;4—主动辊轮;5—压轮;6—导向辊;7—支架;8—绕丝轮

这种送丝机构的最大缺点是卡丝,即丝材卡死而无法输送。其故障常发生在主动辊轮与压轮之间的挤压部位和导管内。前者是因为膜材丝挤入凸凹啮合的两轮侧隙之中,后者是因为导管出口处温度偏高导致丝料变软而弯曲变形,因此使用时应予以注意。

另外,有的送丝机构可前后或左右移动,使金属丝在蒸发舟中移动,不但提高了蒸发量,而且还可以延长其使用寿命。

通常,电阻式蒸发卷绕镀膜机都有如图 5-36(b)所示的多个蒸发源(蒸发舟),而每个蒸发源都配备有一组送丝机构。各组送丝机构可由计算机独立控制,可总调或单独调节送丝速度,并有速度显示。在传统真空卷绕镀膜设备的送丝结构中,多将各组送丝机构串联,用一个调速电机驱动送丝轮转动并统一调整送丝速度。而现在的镀膜设备中每组送丝机构都由独立的电机驱动,即每组送丝速度都可以单独调节并将送丝速度显示出来。这对提高或保证基材沉积膜层的均匀度大有好处。根据实际应用,独立的送丝机构采用步进电机调速系统驱动比较可靠和方便。

5.6.4 真空室开启机构

大型双室半连续蒸发镀膜机的开启机构采用如图 5-37 所示。根据镀膜基体材料的幅宽,确定单门还是双门开启。所谓双门就是卷绕门和蒸发门,在卷绕门上装有:真空室密封门、镀膜鼓、全部的卷绕机构、驱动系统、鼓冷却/加热系统和电动行走车;蒸发门上装有:各种蒸发器和冷却

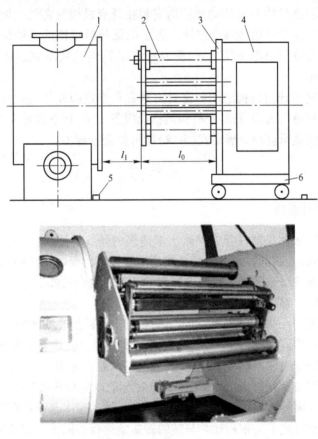

图 5-37 真空室开启机构

1—真空室体;2—卷绕机构;3—密封大板;4—动力柜;5—行程开关;6—小车

系统、送丝机构和送丝电机、蒸发挡板和气动元件、蒸发变压器和电源等。它的特点是镀膜室壳和真空管道相连,固定不动,上面卷绕系统和下面的蒸发系统分别向两侧开出,在真空室体外更换蒸发器和蒸镀材料,清理蒸镀室比较方便。

常见的卷绕镀膜机真空室多是单门开启,蒸发器仍在镀膜室内。可以看出整套卷绕系统通过支撑大墙板固定在移动车上,卷绕机构是悬臂的,可方便地进出真空炉体,进行装卸工件操作和维修。幅宽较大时需在室体的上端加滑道,使悬臂的卷绕机构多一个支点,以防变形。在室体上或行走车上还需加装起吊装置,用于膜卷的装卸。

由于卷绕机构及其传动系统均安装在开启机构的密封大板上,因此设计时应当注意其运动的稳定性。为了保证开启机构的运动稳定性,必须使其重心位于小车车轮之间,并且小车的行走速度不宜过快,一般为 $1 \sim 2$ m/min。

真空室与开启机构之间的密封力是靠真空室内外气压差来实现的,如果真空室内径为 D,密封圈材料的杨氏模量为 E,真空室外大气压力为 p,则密封圈截面直径 d 满足式(5-12)即可保证密封力。

$$d < 2.24 \frac{Dp}{\pi E} \tag{5-12}$$

5.6.5   屏蔽组件

所谓屏蔽就是要在膜上屏蔽出未镀膜的条纹或网纹,这是电容器膜的特殊要求,普通电容器的屏蔽条纹是沿着基膜的纵向延伸的,安全电容器膜的屏蔽条纹是网纹。目前膜屏蔽的几种方法介绍如下。

5.6.5.1   带屏蔽

带屏蔽的结构如图 5-38 所示,带屏蔽组件装在镀膜鼓的下方,由多个光辊和开相同沟槽(多达 25 个)的屏蔽带辊以及在沟槽中随辊同步传动的聚氨酯带组成。在镀膜过程中,屏蔽带与膜在蒸发源的上方,依附于镀膜鼓紧密接触且同步运转(不能有相对滑动以免划伤膜),用这样的方法就可以在膜卷方向得到未金属化的纵向条纹。带屏蔽组件可通过镀膜鼓上的同步带或平皮带驱动并与鼓的转速始终保持同步。有两个可以摆臂的开槽辊,便于快速更换辊筒和带。开槽辊的加工和装配精度要求很高,否则不能保证屏蔽精度。

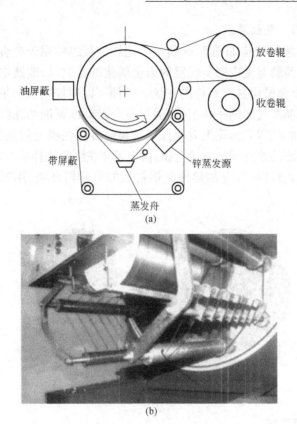

图 5-38　带屏蔽示意图

(a) 带屏蔽原理示意图；(b) 带屏蔽结构图

5.6.5.2　接触式油屏蔽

　　接触式油屏蔽系统安装在放卷侧，用于替代带屏蔽系统。它用数字指示器定位，遥控调整油蒸发器管靠近或离开膜卷。油屏蔽所用的是一种特殊的油，加热到 100℃ 即可以蒸发，遇到高于 100℃ 的温度时又可以挥发，油在蒸发和挥发的过程中又不会对真空和膜层造成污染。油蒸发器是管状的，其上排列一组喷嘴（多达 25 个），油蒸气通过喷嘴不断地被喷洒到运动的膜上，镀膜时黏附在膜上的油预热挥发，有油蒸气屏蔽的地方就没有镀上膜。油屏蔽比带屏蔽结构简单、节省空间、安装位置灵活、屏蔽精度更容易保证。油屏蔽的屏蔽精度是靠油喷嘴的加工和装配精度来保证的。

5.6.5.3 花纹屏蔽

花纹屏蔽的结构如图 5-39 所示。花纹屏蔽组件用于电容器膜金属化时在整个薄膜宽度内制备任意的未金属化的花纹,以改造电容器的自保能力,可以金属化各种式样的花纹。组件可以遥控定位。带有加热件的花纹辊像油蒸气印刷一样工作,通过一个雕刻或刻蚀的花纹辊在旋转过程中将油瞬间印到薄膜上并凝固。镀膜时凝固在膜上的油预热挥发,有油蒸气屏蔽的地方就没有镀上膜,留下了与花纹辊同样的未镀膜图案。为便于更换花纹辊,带有加热件的铝材质的蒸发器外壳,用带密封的盖固定。

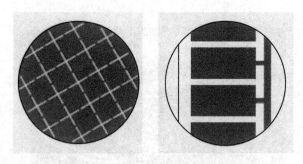

图 5-39 花纹屏蔽组件

5.6.6 真空系统

一般情况下,卷绕镀膜机的卷绕室和镀膜室各有一套独立的真空泵组(如图 5-40 所示)。通常,国内外的卷绕镀膜机所采用的真空抽气系统的蒸镀室主泵为油扩散泵,卷绕室主泵为大抽速的油扩散喷射泵(油增压泵)。这主要是基于以下考虑:在蒸镀室能获得高的真空度,在卷绕室能及时排走被镀材料所放出的气体量。故卷绕室应选择工作压力区间在较高压力下的主泵,可以减小所需主泵的抽速。卷绕室的压力为蒸镀室压力的 10 倍以上。

另外,有的卷绕镀膜机的蒸镀室所配置的主泵是油增扩泵,其特点是极限真空度比扩散泵低,但其抽速范围却比扩散泵宽,与扩散泵相比高压力方向延伸半个数量级到一个数量级,这一突出优点,正是卷绕镀膜过程所需要的。

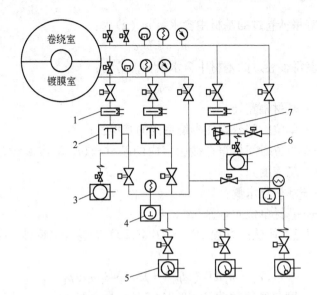

图 5-40 典型的双室结构真空系统配置图
1—水冷阱;2—油扩散真空泵;3—旋片真空泵;4—罗茨真空泵;
5—滑阀真空泵;6—维持泵;7—油扩散喷射真空泵

为了保证镀膜的质量,在使用油蒸气流泵作主泵的抽气系统中,主泵入口必须加水冷挡油阱和其他类型的挡油装置,以减少油蒸气的返流。当加挡油帽时,挡油阱下缘与该泵第一级喷嘴出口平面之间的距离,根据理论计算和实践经验必须大于在该喷嘴出口处的油蒸气分子的平均自由程长度的 10 倍以上。

真空系统的配置抽气过程通过 PLC 实现全自动控制,方便维修也可进行手动操作。真空系统中配有低温冷凝装置,可进一步缩短抽气时间,减少水蒸气对真空系统的影响。

抽真空过程分为三级,先是由机械泵进行粗抽,达到一定真空度后罗茨泵工作,当真空室内达到一定的真空度,扩散泵或油增压泵才打开,由扩散泵或油增压泵来进一步提高并维持真空室内的高真空度以满足蒸镀生产的需要。

对于含水量较大的基体材料(如纸),需要在真空卷绕室和镀膜室附加较大的水汽捕集盘管,并配备有速冷速热功能的深冷捕集泵,例如国外的 PLOYCOLD 系统。深冷捕集泵抽速的计算如下:

卷绕室每秒卷过的基材中含水量 $m_1(\text{g})$ 为：
$$m_1 = l_1 bwc \tag{5-13}$$

镀膜室每秒卷过的基材中含水量 $m_2(\text{g})$ 为：
$$m_2 = l_2 bwc \tag{5-14}$$

式中　b——基材幅宽，m；

　　　l_1——单位时间暴露在卷绕室内的基材长；

　　　l_2——单位时间暴露在镀膜室内的基材长（l_1、l_2 应取设计最大卷绕速度）；

　　　c——基材含水量；

　　　w——基材单位质量，g/m^2。

根据理想气体状态方程 $pV = mRT/M$，20℃时卷绕室每秒汽化水的体积 $V_1(\text{L})$ 为
$$V_1 = m_1 RT/(Mp_1) = 13.534 l_1 bwc/p_1 \tag{5-15}$$

式中　R——摩尔气体常数，$R = 8.314\ \text{J/(mol·K)}$；

　　　T——气体热力学温度，$T = 293\ \text{K}$；

　　　M——气体摩尔质量，$M = 18.02\ \text{g/mol}$；

　　　p_1——卷绕室工作真空度，Pa。

20℃时镀膜室每秒汽化水的体积 $V_2(\text{L})$ 为
$$V_2 = m_2 RT/(Mp_2) = 13.534 l_2 bwc/p_2 \tag{5-16}$$

式中　p_2——镀膜室工作真空度，Pa。

卷绕室、镀膜室深冷捕集泵的捕水抽速（L/s）数值应分别大于 V_1、V_2 的数值即可。

6 化学气相沉积 CVD 技术

化学气相沉积(chemical vapor deposition,CVD)是在一定温度条件下,混合气体之间或混合气体与基材表面相互作用,并在基材表面上形成金属或化合物的薄膜镀层,使材料表面改性,以满足耐磨、抗氧化、抗腐蚀以及特定的电学、光学和摩擦学等特殊性能要求的一种技术。

6.1 概述

6.1.1 CVD 技术的基本原理

CVD 技术的原理是建立在化学反应基础上的,习惯上把反应物是气态而生成物之一是固态的反应称为 CVD 反应,因此其化学反应体系必须满足以下三个条件:

(1) 在沉积温度下,反应物必须有足够高的蒸气压。若反应物在室温下全部为气态,则沉积装置就比较简单;若反应物在室温下挥发很小,则需要加热使其挥发,有时还需要用运载气体将其带入反应室。反应物源到反应室的管道也需要加热,防止反应物气体在管道中冷凝。

(2) 反应生成物中,除了所需要的沉积物为固态之外,其余物质都必须是气态。

(3) 沉积薄膜的蒸气压应足够低,以保证在沉积反应过程中,沉积的薄膜能够牢固地附着在具有一定沉积温度的基片上。基片材料在沉积温度下的蒸气压也必须足够低。

沉积反应物主要分为以下三种状态:

(1) 气态。在室温条件下为气态的源物质,如甲烷、二氧化碳、氨气、氯气等,它们最有利于化学气相沉积,流量调节方便。

(2) 液态。一些反应物质在室温或稍高一点的温度下,有较高的蒸气压,如 $TiCl_4$、$SiCl_4$、CH_3SiCl_3 等,可用载气(如 H_2、N_2、Ar)流过液体表面或在液体内部鼓泡,然后携带该物质的饱和蒸气进入工作室。

(3) 固态。在没有合适的气态源或液态源的情况下,只能采用固态原料。有些元素或其化合物在数百摄氏度时有可观的蒸气压,如 TaCl$_5$、NbCl$_5$、ZrCl$_4$ 等,可利用载气将其携带进入工作室沉积成膜层。

更为普遍的情况是通过一定的气体与源物质发生气-固或气-液反应,形成适当的气态组分向工作室输送。如用 HCl 气体和金属 Ga 反应形成气态组分 GaCl,以 GaCl 形式向工作室输送。

目前常用的 CVD 沉积反应有下述几种类型:

(1) 热分解反应。热分解反应是在真空或惰性气氛中加热基片到所需要的温度,然后导入反应气体使其分解,并在基片上沉积形成固态薄膜。

用作热分解反应沉积的反应物材料有:硼和大部分第 IV$_B$、V$_B$、VI$_B$ 族元素的氢化物或氯化物,第 VIII 族元素(铁、钴、镍等)的羰基化合物或羰基氯化物,以及镍、钴、铬、铜、铝元素的有机金属化合物。例如:

$$SiH_4(气)\xrightarrow{800 \sim 1000℃}Si(固)+2H_2(气) \tag{6-1}$$

$$CH_3SiCl_3(气)\xrightarrow{1400℃}SiC(固)+3HCl(气) \tag{6-2}$$

(2) 氢还原反应。在反应中有一个或一个以上元素被氢元素还原的反应称为氢还原反应。例如:

$$SiCl_4(气)+2H_2(气)\xrightarrow{1200℃}Si(固)+4HCl(气) \tag{6-3}$$

$$WF_6(气)+3H_2(气)\xrightarrow{700℃}W(固)+6HF(气) \tag{6-4}$$

(3) 置换或合成反应。在反应中发生了置换或合成。例如:

$$TiCl_4(气)+CH_4(气)\xrightarrow{950 \sim 1050℃}TiC(固)+4HCl(气) \tag{6-5}$$

(4) 化学输运反应。借助于适当的气体介质与膜材物质反应,生成一种气体化合物,再经过化学迁移或物理输运(用载气)使其到达与膜材原温度不同的沉积区,发生逆向反应使膜材物质重新生成,沉积成膜,此即称为化学输运反应。例如制备 ZnSe 薄膜的反应为:

$$ZnSe(固)+\frac{1}{2}I_2(气)\underset{T_2=T_1-13.5℃}{\overset{T_1=850 \sim 860℃}{\rightleftharpoons}}ZnI(气)+\frac{1}{2}Se_2(气) \tag{6-6}$$

(5) 歧化反应。Al、B、Ga、In、Ge、Ti 等非挥发性元素,它们可以形成具有在不同温度范围内稳定性不同的挥发性化合物,利用通式为

$$yAB_x(气)\underset{T_2}{\overset{T_1}{\rightleftharpoons}}(y-x)A(固、气)+xAB_y(气)\quad(y<x)$$

的歧化反应,可沉积 A 元素的单质薄膜。例如:

$$2GeI_2 \xrightleftharpoons[600℃]{300℃} Ge(固、气) + GeI_4 \qquad (6-7)$$

(6)固相扩散反应。当含有碳、氮、硼、氧等元素的气体和炽热的基片表面相接触时,可使基片表面直接碳化、氮化、硼化或氧化,从而达到保护或强化基片表面的目的。例如:

$$Ti(固) + 2BCl_3(气) + 3H_2(气) \xrightarrow{1000℃} TiB_2(固) + 6HCl(气) \qquad (6-8)$$

在 CVD 过程中,只有发生在气-固交界面的化学反应才能在基片上形成致密的固态薄膜;如果化学反应发生在气相,生成的固态薄膜只能以粉末形态出现。由于 CVD 中气态反应物的化学反应和反应产物在基片的析出过程是同时进行的,因此 CVD 技术的机理非常复杂。由于 CVD 中化学反应受气相与固相表面接触催化作用的影响,并且其产物的析出过程也是由气相到固相的结晶生长过程,因此,一般来说,在 CVD 反应中基片的气相间应保持一定的温度差和浓度差,由二者决定的过饱和度提供晶体生长的驱动力。反应副产物从薄膜表面扩散到气相,作为废气排出反应室。

6.1.2 CVD 的组成及工艺

从沉积反应条件看,要实现沉积反应,初始的混合气体相与基材界面的作用和在沉积反应过程中必须有一定的激活能量。也就是说,产生气相沉积的化学反应必须有足够高的温度作为激活条件(当然采用等离子体、激光辅助作为激活,可使沉积反应温度降低)。

从工艺需要看,CVD 基本组成有初始气源及其供给系统、沉积反应加热室、真空及废气排放系统和电源控制系统等。

混合气体主要是惰性气体(如 Ar)、还原气体(如 H_2)和反应气体(如 N_2、CH_4、CO_2、水蒸气、NH_3)等。有时在室温下也常用高蒸气压的液体,如 $TiCl_4$、$SiCl_4$、CH_3SiCl_3 等。把这类液体加热到一定温度(<60℃)通过载体氢气、氮气与起泡的液体,从供气系统中把上述蒸气带入沉积反应室。也有把固态金属或化合物转变成初始气体,如气化铝就通过金属铝与氯气或者盐酸蒸气反应而形成。

当混合气体导入沉积反应室后,反应室通过发热体(电阻丝、碳化硅棒、石墨)或感应加热,使沉积室中达到要求沉积反应的温度。若反应室壁的温度相当低时,称为冷壁CVD;当用外加热源加热反应室壁,热流再从反应室壁辐射到基体或工件时,称为热壁CVD。反应气体从沉积反应室排出,须经气体排放处理系统去除废气中的有害、有毒成分,去除团体微粒,在进入大气前将其冷却。这套系统的结构简单与复杂程度取决于混合气体的毒性、有害成分和安全要求。由于在高温气体中包含了许多反应物质,这些反应物质有时会带有腐蚀性(如$TiCl_4$分解后的Cl),因此在真空泵前,为防止气体微粒的侵蚀,须加冷阱,以提高真空泵的使用寿命。

图6-1是CVD设备的工艺流程示意图。工艺操作上,先把预先清洗干净的被处理工件装炉;抽真空后,使工件处于高纯度氢气中;通过加热去除残余在工件表面的氧化物,使工件表面进一步活化;工件表面活化后,通入保护气体,并升温,加热达到预定沉积温度时,即进行反应沉积处理。处理中,控制气体流量与导入的金属卤化物之间的混合、反应温度、处理时间等工艺参数。在膜层沉积过程中,排出的气体(如HCl)经淋水气体洗净装置中和、除水后达到排放标准后再排放。沉积处理完后,通过水冷使反应室冷却,达到

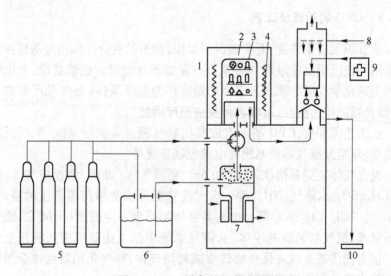

图6-1 CVD设备的工艺流程图

1—加热炉;2—反应室;3—工件;4—加热元件;5—高纯度气体;6—金属卤化物;
7—蒸发器;8—气体洗净装置;9—中和剂;10—排水

卸炉温度后便可取出被涂镀处理好的工件。

6.1.3 CVD 装置

CVD 反应室的形状多种多样,反应器的划分也分为很多种,大致的分类如图 6-2 所示。一种反应器往往同时属于多种类型,这里先就反应系统开放程度简要介绍一下 CVD 装置。

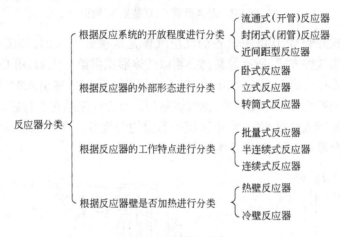

图 6-2 反应器的分类

6.1.3.1 流通式 CVD

流通式(开管)CVD 方式,反应时物料靠不参加反应的中性载气(如 H_2)携带而连续地流经反应室,其副产物连同未曾反应的气体及载气一并排出反应室,使反应始终处于非平衡状态,有利于薄膜的形成和沉积。流通式 CVD 法具有试样容易放入和取出、沉积工艺参数容易控制、重复性好,易于批量生产等优点。流通式 CVD 装置又有卧式、立式和转筒式三种。

图 6-3 所示为卧式开管 CVD 沉积装置原理图,反应气体从水平方向的某一侧引入。卧式气相沉积装置要使基片加热台倾斜,以保证生长膜层的均匀性,有时在前方放一个石英偏转器,以减少几何湍流。因为随着反应的进行,原料气体会消耗,所以离原料气体进口远的地方膜层厚度会降低,应设法防止这种现象的发生。通常,多温区的反应采用卧式装置。

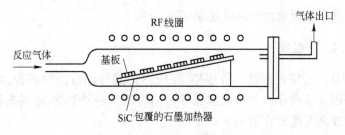

图6-3 卧式开管 CVD 装置原理图

立式开管 CVD 沉积设备的反应气体是从顶部引入的,如图 6-4 所示。采用这种方式,所有原料都必须以气体形式供给。例如,用 $GeCl_4$ 气相生长 Ge,用 SiH_4、$SiCl_4$、$SiHCl_3$ 气相生长 Si。反应气体引入时,可在气体入口处安装一个小偏转器,把气流散开。因为气流垂直于衬底表面,达到衬底的气流浓度均匀,所以沉积的薄膜均匀性好。立式沉积设备的基片加热台可以旋转,适合于大批量生产。

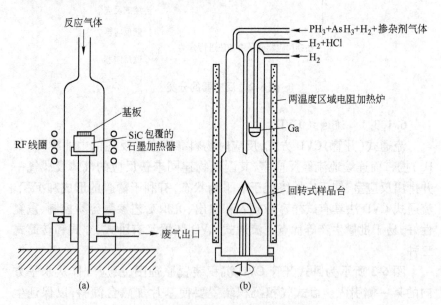

图6-4 立式开管气流法 CVD 装置示意图
(a) 单一温区的立式气相沉积炉;(b) 两温区的立式气相沉积炉

图 6-4(a) 是单一温区的立式气相沉积炉,一般是用高频加热,高频线圈通过对 SiC 包覆的石墨传感器加热,使基片达到所要求的温度。

若采用ⅢA族元素卤化物气相沉积ⅢA～VA族化合物,可以在两个温区的沉积炉中进行,如图6-4(b)所示。第一个温区产生ⅢA族元素的气体化合物,第二个温区进行气相生长。例如,VA族元素P、As分别以氢化物PH_3、AsH_3的形式由泵供给,ⅢA族元素Ga和HCl在第一温区反应生成卤化物GaCl,然后供给沉积区即第二温区进行气相沉积。通过改变PH_3和AsH_3的供给比例,可以在自GaP到GaAs的广阔范围内改变产物的组分。

图6-5是转盘、转筒式开管CVD装置示意图。图6-5(a)是旋转圆盘式气相沉积炉。基片支架为石墨制成的旋转圆盘,下面放置高频线圈给圆盘加热,使基片达到所需要的温度,圆盘旋转使反应气体混合物均匀。图6-5(b)为转筒式气相沉积炉,能对大量基片同时进行外延生长。

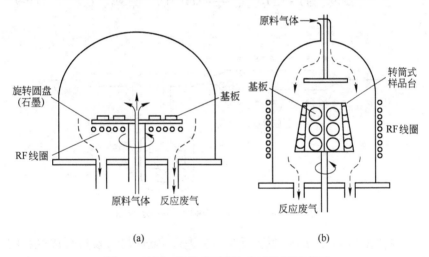

图6-5 转盘、转筒式开管气流法装置示意图
(a)旋转圆盘式气相沉积炉;(b)转筒式气相沉积炉

6.1.3.2 封闭式CVD

封闭式CVD技术是把一定量的反应物(多数为卤化物)和适宜的基体分别放在反应管(石英管)的两端,管内抽空后充入一定的输运剂,然后熔封。再将反应管置于双温区炉区,使反应管中有一温度梯度。由于温度梯度造成的负自由能变化是传输反应的推动力,因此物料将从闭管的一端输运到另一端并沉积。在理想情况下,闭管反应器中所进行的反应的平衡常数值应接近于1。若平衡常数太大或太小,则输运反应中所

涉及的物质至少有一种的浓度会变得很低而使反应速度变得太慢。由于这种系统的反应器要加热,因此通常为热壁式反应器。

图 6-6 给出了封管法制备 ZnSe 单晶示意图。反应管是一根石英管,其锥形端连接一根实心棒,另一端放置高纯 ZnSe。盛碘安瓿用液氮冷却。烘烤反应管(200℃)并同时抽真空,在图中的虚线 A 处用氢氧焰熔封,随后除去液氮冷阱。待碘升华并转入反应管后,再在虚线 B 处熔断。然后将反应管置于温度梯度炉的适当位置上,使放置 ZnSe 原料端处于高温区(温度 T_1 为 850 ~ 860℃),锥形生长端位于较低温度区($T_2 = T_1 - 13.5℃$)。生长端温度梯度约为 2.5℃/cm。在精确控制的温度范围内,反应管中将发生反应:

$$ZnSe(固) + \frac{1}{2}I_2(气) \underset{T_2}{\overset{T_1}{\rightleftharpoons}} ZnI(气) + \frac{1}{2}Se_2(气) \tag{6-9}$$

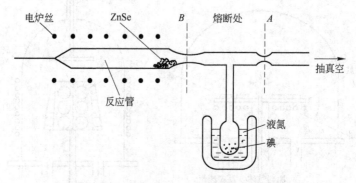

图 6-6 封闭式 CVD 法制备 ZnSe 示意图

在温度为 T_1 的 ZnSe 源区反应向右进行,ZnSe 与 I_2 反应形成气相的 ZnI_2 和 Se_2 并运动到生长端。在较低温度 T_2 的生长区,上述反应逆向进行、因而重新沉积出单晶 ZnSe。

封闭式(闭管)CVD 法可以降低来自空气或气氛的偶然污染,不必连续地抽气也可以保持反应管中的低压状态。由于将反应物限制在反应管内反应而不外泄,使沉积有较高的原料转化率。其缺点是沉积生长速率慢,不适于批量生产;反应管只能使用一次,提高了成本,且在反应管的封拆过程中还可能引入杂质。另外,在管内压力无法测量的情况下,一旦温度控制失灵,内部压力过大就有爆炸的危险,因此对温度和压力等参数的控制要求严格。

封闭式 CVD 技术比较简单,可以沉积有毒、有害于健康的物质,多用于实验室装置里研究新物质的结晶生长。

6.1.4 CVD 技术的类型、应用及特点

从沉积化学反应能量激活看,化学气相沉积技术可分为热 CVD 技术、等离子辅助化学气相沉积技术(PACVD)、激光辅助化学气相沉积技术(LCVD)和金属有机化合物沉积(MOCVD)等技术。从沉积化学反应温度来看,又可分为低温沉积(<200℃,如用高频等离子激化 CVD 和微波等离子激化 CVD)、中温 CVD(MTCVD,反应处理温度为 500 ~ 800℃,它通常是通过金属有机化合物在较低温度的分解来实现的,因此又称金属有机化合物 CVD)、高温 CVD(HTCVD,反应处理温度为 900 ~ 1200℃,如硬质合金铣削刀具、陶瓷和复合材料涂层)、超高温 CVD(>1200℃,如 SiC 陶瓷)。从 CVD 沉积反应的类型看,可分为固相扩散型、热分解型、氢还原型、反应蒸镀型和置换反应型。

从化学气相沉积的工业应用看,它是一种应用极为广泛的工艺方法。CVD 技术最初的发展原动力是微电子技术,今天已普及应用于各种各样的集成电路块及芯片,从半导体材料的外延,到钝化、刻蚀、布线和封装,几乎每一个工序都离不开 CVD 技术。表 6-1 给出了 CVD 技术的分类及其在半导体工业中应用的实例。

表 6-1 CVD 技术应用实例

技 术	特 征	实 例	速率/$\mu m \cdot min^{-1}$	温度/℃
NPHTCVD (常压高温 CVD)	简便,质量良好,图形细部良好,效率较低	$SiCl_4/H_2$	500 ~ 1500	600 ~ 1200
NPLTCVD (常压低温 CVD)	简便,图形细部较差,容易制作钝化膜	$SiCl_4/H_2$	约 100	200 ~ 500
LPHTCVD (低压高温 CVD)	效率高,质量好,图形细部较差(约 100 片/h,7.62 cm)	$SiCl_4/H_2$ (26.6 Pa)	约 10	600 ~ 700
LPLTCVD (低压低温 CVD)				<450
MOCVD (有机金属化合物 CVD)		$(CH_3)_3Ga/(C_2H_5)_3Sb$	20 ~ 60	500 ~ 600

技 术	特 征	实 例	速率 /$\mu m \cdot min^{-1}$	温度/℃
PECVD (等离子增强 CVD)	制作钝化保护膜, 台阶覆盖好	$TiCl_4/H_2$, N_2	80 ~ 150	约 500
PhotonCVD (光辅助 CVD)	微区, 直接书写, 正在发展中	WF_6/H_2	约 120	

近年来, CVD 技术在表面处理技术方面受到广泛的重视。根据不同的使用条件, 采用 CVD 技术对机械材料、反应堆材料、宇航材料、光学材料、医用材料及化工设备用材料等镀制相应的薄膜, 解决耐磨、抗氧化、抗腐蚀以及一些特殊的性能要求。

耐磨镀层以氮化物、氧化物、碳化物和硼化物为主, 主要应用于金属切削刀具。在切削应用中, 镀层性能上主要包括硬度、化学稳定性、耐磨性、低摩擦系数、高导热与热稳定性和与基体的结合强度。这类镀层主要有 TiN、TiC、TaC、Al_2O_3、TiB_2 等。

表 6-2 对表面硬质薄膜的不同处理方法进行了比较。表 6-3 给出了用 CVD 技术制备超硬表面膜层的物理性能。

表 6-2 表面硬质镀膜处理方法的比较

方 法	原 料	镀层物质	结晶组织	工艺条件 温度/℃	工艺条件 时间/h	膜厚 /μm	附着性	可镀工件形状
化学气相沉积(CVD)	金属卤化物, 碳氢化合物气体, N_2 等	碳化物, 氮化物, 氧化物, 硼化物	柱状晶	700 ~ 1100	2 ~ 8	1 ~ 30	良好	复杂, 微孔
物理气相沉积(PVD)	纯金属, 碳氢化合物气体, N_2 等	氮化物, 碳化物等	微晶, 粒状晶	400 ~ 600	1 ~ 3	1 ~ 10	略差	蒸发镀的工件背面差
熔盐法	纯金属, 铁合金等粉末	VC、NbC 的碳化物, 硼化物	等轴晶	800 ~ 1200	1 ~ 8	1 ~ 15	良好	复杂

表 6-3 几种超硬化合物的物理性能

物理性质	TiC	CrC	TiN	TiCN	Al_2O_3
硬度 VHN	3300 ~ 4000	1900 ~ 2200	1900 ~ 2400	2600 ~ 3200	2200 ~ 2600
熔点/℃	3160	1780	2950	3050	2040

物理性质	TiC	CrC	TiN	TiCN	Al_2O_3
密度/g·cm^{-3}	4.92	6.68	5.43	5.18	3.98
线膨胀系数(200~400℃)/℃$^{-1}$	7.8×10^{-6}	10.3×10^{-6}	8.3×10^{-6}	8.1×10^{-6}	7.7×10^{-6}
电阻(20℃)/μΩ·cm	85	75	22	50	1014×10^6
弹性模量/N·mm^{-2}	4.39×10^5	3.72×10^5	2.51×10^5	3.45×10^5	3.82×10^5
摩擦系数	0.25	0.79	0.49	0.37	0.15
推荐膜厚/μm	4~8	8~12	4~8	6~10	1~3

摩擦学镀层主要用于降低接触的滑动面或转动面之间的摩擦系数,减少黏着、摩擦或其他原因造成的磨损。这类镀层主要是难熔化合物。在镀层性能上主要是硬度、弹性模量、断裂韧性、与基体的结合强度、晶粒尺寸等。当然从摩擦学上还应考虑应用环境条件下摩擦镀层的化学稳定性、摩擦镀层与接触表面的性质,包括接触温度、压力、润滑的有无等因素。

高温应用镀层主要是镀层的热稳定性。一般来说,高分解温度的难熔化合物比较适合于高温环境应用。当然,应用中还要考虑环境的影响。如在真空和惰性气氛下使用,问题不大;涉及反应性气氛,就必须考虑它的氧化和化学稳定性。这样就可选用难熔化合物和氧化物的混合物。除此之外,还有相容的热膨胀特性和强度,如环境有经常性的热震,需选择难熔金属硅化物和过渡金属铝化物。这类应用包括火箭喷嘴、加力燃烧室部件、返回大气层的锥体、高温燃气轮机热交换部件和陶瓷汽车发动机缸套、活塞等。

此外,CVD另一项有意义的、越来越受到重视的应用是制备难熔材料的粉末和晶须。实际上晶须正成为一种重要的工程材料,因为在发展复合材料方面它具有非常大的作用。诸如在陶瓷中加入微米量级的超细晶须,可使复合材料的韧性明显改善。化合物晶须可用化学气相沉积法来生产。如已经沉积生产出的 Si_3N_4、TiC、Al_2O_3、TiN、Cr_3C_2、SiC、ZrC、ZrN、ZrO_2 晶须等。这使研究晶须在复合材料中的应用成为现实。

因此,化学气相沉积是一种在沉积金属和化合物镀层中极为有用的薄膜沉积技术,和其他薄膜沉积技术相比,它具有的优点是:

（1）许多反应可以在大气压下进行，系统不需要昂贵的真空设备。

（2）可以准确控制薄膜的组分及掺杂水平使其组分具有理想化学配比，可以利用某些材料在熔点或蒸发时分解的特点而得到其他方法无法得到的优质材料。

（3）镀膜的绕镀性好，可在各种复杂形状的部件上沉积成膜，特别对涂镀带有盲孔、沟、槽的工件。

（4）因沉积温度高，镀层与基体结合强度高，并可大幅度改善晶体的结晶完整性，这是某些半导体用镀层所必需的。

（5）CVD 可以获得平滑的沉积表面。在沉积过程中成核率高，成核密度大，在整个平面上分布均匀，从而产生宏观平滑的表面。

与物理气相沉积（PVD）工艺相比，化学气相沉积最突出的缺点是沉积工艺温度太高（一般条件下为 900~1200℃），在这样高的温度下进行化学气相沉积，被处理的工件会产生如下问题：

（1）基体晶粒长大，从而导致工件力学性能下降。

（2）工件变形大，从而造成工件失效。

（3）沉积后要增加热处理工序。

（4）易造成涂层脱落。

因此，降低一般 CVD 法的沉积工艺温度，一直是 CVD 法改进提高的重要方向。目前，普遍采取的降低沉积温度的主要方法有：

（1）等离子体活化（PCVD）。等离子体活化是借助于气体辉光放电产生的低温等离子体来增强反应物质的化学活性，促使气体间发生化学反应，从而明显地降低了沉积过程的反应温度。例如用 $TiCl_4$ 和 CH_4 靠加热活化沉积 TiC 涂镀层的温度为 900~1050℃，而采用等离子活化，可将沉积温度降至 500~600℃。这样就可沉积制备带涂镀层的高速钢刀具。

（2）通过光和激光进行化学激发（LCVD）。光化学激发是反应气体吸收了该气体分子特征波长的光和光子而处于受激发状态或发生光照分解，从而使沉积反应温度下降。激光辅助化学气相沉积是采用激光作为辅助促进手段，促进和控制 CVD 过程的一种薄膜沉积技术。例如用 CO_2 激光来激发反应气体 BCl_3，可使工件的沉积温度降低，而且沉积速率提高。

（3）采用有机金属化合物（MOCVD）。因有机金属化合物具有金属和非金属原子间的化学结合力较弱的特点,能在比较低的温度下分解沉积。如用 $Ni(CO)_4$、$W(CO)_6$ 等金属羰基化合物,可在 600℃ 以下沉积出金属和金属碳化物。用二烃基胺沉积 Ti、Zr、Nb、TiN、ZrN、NbN 可降低沉积温度。

(4) 选择合理的反应气体。如果用热活化反应气体进行沉积,选用反应气体是很重要的。例如沉积 SiN 镀层时,用 $SiH_4-N_2H_4-H_2$ 比用 $SiH_4-NH_3-H_2$ 的沉积温度低。沉积 WC 涂镀层时,用 $WF_6-C_6H_6-H_2$ 比用 $WCl-C_6H_6-H_2$ 的沉积温度低。

因为化学气相沉积温度的下降,使用化学气相沉积的工艺应用范围就不断扩大。从目前情况看,适宜高温化学气相沉积(HTCVD)方法的材料是超硬材料、高铬工具钢、高速钢、不锈钢和耐热钢等;适宜中温化学气相沉积(MTCVD)方法的材料是超硬材料、各种钢、陶瓷材料、金属间化合物、铜和铜合金、耐热耐磨硬质合金、烧结金属等。当然,对于 600℃ 以下的低温 CVD 沉积,其适宜的材料更为宽广。

现代表面技术是以等离子体、激光束、离子束、微波等先进科学技术的成就为基础,因此将重点讲述先进的等离子增强 CVD 技术(包括直流等离子体 CVD、射频等离子体 CVD 和微波等离子体 CVD)、激光化学 CVD 技术、金属有机化合物 CVD 技术等内容。

6.2 等离子体增强化学气相沉积(PECVD)技术

等离子体增强化学气相沉积(plasma enhanced chemical vapor deposi-tion,PECVD),也称等离子体化学气相沉积(PCVD),是将低压气体放电形成的等离子体应用于化学气相沉积的一项具有发展前途的新技术。

6.2.1 PECVD 的原理及特征

等离子激发的化学气相沉积借助于气体辉光放电产生的低温等离子体,增强了反应物质的化学活性,促进了气体间的化学反应,从而在低温下也能在基片上形成新的固体膜。

图 6-7 是 PECVD 装置示意图。将工件置于低气压辉光放电的阴极上,然后通入适当气体,在一定的温度下,利用化学反应和离子轰击相结合的过程,在工件表面获得涂层。其中包括一般化学气相沉积技术,再加上辉光放电的强化作用。

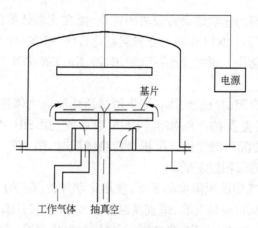

图 6-7　PECVD 装置示意图

辉光放电是典型的自激发放电现象。这一放电最主要的特征是从阴极附近到克鲁克斯暗区的场强很大。在阴极辉光区中，会发生比较剧烈的气体电离，同时发生阴极溅射，为沉积薄膜提供了清洁而活性高的表面。由于整个工件表面被辉光层均匀覆盖，使工件能得到均匀的加热。阴极的热能主要靠辉光放电中激发的中性粒子与阴极粒子碰撞所提供，一小部分离子的轰击也是阴极能量的来源。辉光放电的存在，使反应气氛得到活化，其中基本的活性粒子是离子和原子团，它们通过气相中电子-分子碰撞产生，或通过固体表面离子、电子、光子的碰撞所产生，因而整个沉积过程与只有热激活的过程有显著不同。以上这些作用在提高涂层的结合力、降低沉积温度、加快反应速度等方面都创造了有利的条件。

如果用 $TiCl_4$、H_2、N_2 混合气体，在辉光放电条件下沉积氮化钛，其沉积过程反应是：

$$2TiCl_4 + H_2 \rightleftharpoons 2TiCl_3 + 2HCl$$
$$2TiCl_4 + N_2 + 4H_2 \rightleftharpoons 2TiN + 8HCl$$

除上述热化学反应外，还存在着极其复杂的等离子体化学反应。用于激发 CVD 的等离子体有：直流等离子体、射频等离子体、微波等离子体和脉冲等离子体。它们分别由直流高压、射频、微波或脉冲激发稀薄气体进行辉光放电得到的。表 6-4 给出了等离子体增强化学气相沉积中等离子体的各种激发方式及应用。

表 6-4　PECVD 中等离子体的各种激发方式及应用

激发方式	工艺参数	特　点	工艺装置图	图名及图注
直流等离子体激发 CVD	以制备 TiC 为例: 沉积温度为 500~600℃; 直流电压为 4000 V; 反应压力为 $10\sim10^{-1}$ Pa; $V_{C_2H_2}:V_{TiCl_4}=0\sim0.3$(体积比); 电流密度为 16~49 A/m²; 沉积速率为 2~5 μm/h	膜层厚度均匀,与基体的附着性良好;与普通 CVD 相比,沉积温度降低;不能用于沉积非金属薄膜		图为直流等离子体激发 CVD 制备 TiC 涂层工艺装置简图。 1—Ar+5% H₂ 入口; 2—流量计;3—TiCl₄; 4—乙炔入口;5—等离子体; 6—基体;7—副高压;8—抽气
射频等离子体激发 CVD	以制备 TiN 为例: 沉积温度为 300℃; 负高压为 1~1.5 kV; 射频功率为 100~500 W; 频率为 13.56 MHz; 反应气体流量: TiCl₄:0.08 L/h; N₂:2.5 L/h; 沉积速率为 1~3 μm/h	与普通 CVD 相比,可降低沉积温度。TiC 的沉积温度为 550℃,TiN 与 TiC$_x$N$_{1-x}$ 的沉积温度为 300℃;沉积速度比 TiN 的较高,600℃ 下 TiN 的沉积速度是普通 CVD 的两倍		图为用射频等离子体激发 CVD 制备 TiN、TiC、TiC$_x$N$_{1-x}$ 涂层工艺装置示意图。 1—反应气体入口;2—玻璃罩;3—屏蔽罩;4—主电极支架;5—圆盘不锈钢电极;6—射频线圈;7—橡皮密封;8—铝环;9—铝底板;10—热电偶引入管

续表 6-4

激发方式	工艺参数	特 点	工艺装置图	图名及图注
用射频和直流等离子体同时激发的CVD	以制备 SiC 为例:沉积温度为室温至600℃;负高压为1~1.5 kV;射频功率为 100~500 W (13.56 MHz);反应压力(低压区)为 $(1.9 \sim 0.1) \times 10^{-1}$ Pa;$V_{CH_4} : V_{SiH_4} = 4:6$	膜层的沉积速度随反应压力和射频功率的提高而增加;膜层的硬度随阴极电压的提高而增加		图为射频和直流等离子体同时激发 CVD 制备 SiC 工艺装置简图。1—负高压;2—射频加热器;3—热电偶;4—射频线圈;5—射频电源;6—Ar 气入口;7—$CH_4 + SiH_4$;8—压力控制阀;9—油扩散泵;10—机械泵;11—质谱仪;12—基体
脉冲等离子体激发CVD	以沉积金刚石膜为例:脉冲持续时间为 5×10^{-5} s沉积温度为室温;脉冲半周期能量消耗为1800~2700 J;等离子粒团的平均速度(最大)为10 m/s;各种离子密度(最大)为 10^{12} 个/cm³	沉积温度很低,涂层与基体的附着性好,膜层均匀光滑,膜层显微硬度较高,膜层纯度不高		图为脉冲等离子体激发 CVD 工艺装置示意图。1—外电极;2—内电极;3—卧式沉积室;4—基体;5—反应气体入口;6—触发开关
微波等离子体激发CVD	微波频率为 2.45 GHz;微波功率约为 75 kW	微波放电能在大范围(气压)内产生,能量转换率高,能产生高密度等离子体,反应气体的活化程度更高,因此上述的优点更显著		图为微波等离子体激发 CVD 制备 Si_3N_4 工艺装置示意图。1—石英室;2—波导管;3—输送管;4—基体;5—加热器;6—离子管;7—反应室;8—微波振荡器 (2.45 GHz)

6.2.2 PECVD 技术中等离子体的性质

等离子体增强化学气相沉积(PECVD)或等离子体辅助化学气相沉积(PACVD)是依靠等离子体中电子的动能去激活气相的化学反应。由于等离子体是离子、电子、中性原子和分子的集合体,因此大量的能量存储在等离子体的内能之中。等离子体分为热等离子体和冷等离子体。PECVD 系统中是冷等离子体,它是通过低压气体放电而形成的。这种在几百帕以下的低气压下放电所产生的等离子体是一种非平衡的气体等离子体。这种等离子体的性质是:

(1) 电子和离子的无规则热运动超过了它们的定向运动;

(2) 它的电离过程主要是由快速电子与气体分子碰撞引起的;

(3) 电子的平均热运动能量远比重粒子如分子、原子、离子和自由基等粒子的运动能量高(1~2 个数量级);

(4) 电子和重粒子碰撞后的能量损失可在两次碰撞之间从电场中补偿。

由于 PECVD 系统中是低温的非平衡的等离子体,其电子温度 T_e 和重颗粒的温度 T_i 并不相同,加上在 PACVD 中,常采用多原子的分子,因而它会生成多种组合的自由基和离子,如有 SiH_2 就会生成 SiH_3、SiH_4^+、SiH_3^+、SiH_2^+、SiH^+ 等自由基和离子,还会生成二价离子与各种激发态。因此,很难用较少量的参量来表征一个低温非平衡等离子体。为了进一步讨论这一体系,就常对它进行简化处理。

通过巴邢定律可以知道,在平板电场中,击穿电压 V_B 与气压 p 及两极间的距离 d 的关系为:

$$V_B = f(pd) \tag{6-10}$$

而 pd 乘积又与电极间的分子总数成正比,因此可把它看成一个组合参量。与此相类似的是放电空间的电场强度 E 与粒子的平均自由程 λ 的乘积,代表了电子在电场作用下走过一个平均自由程后,从电场获得的能量。为使电子能将分子或原子电离,必须给电子足够的能量,因此,V_B 与 $E\lambda$ 也相关。所以 $E\lambda$ 也是一个组合参量。

在研究等离子体性质的同时,还对放电的几何因子进行了研究。在两个几何因子很相似的气体放电过程中,当电极材料与气体都一定时,只需满足图 6-8 所示的气体放电的相似性原理的条件就可以导出下列

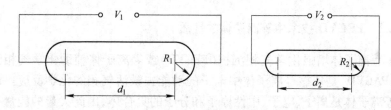

图 6-8　气体放电的相似性原理示意图

（电位：$V_1 = V_2$；电流：$I_1 = I_2$；有关线度：$d_1 = d_2$；$R_1 = \beta R_2$（β 为比例常数）；气体温度：$T_1 = T_2$）

式子：

(1) 任何粒子的平均自由程：$\lambda_1 = \beta \lambda_2$

(2) 气体中粒子数密度：　　$n_1 = n_2/\beta$

(3) 气体压力：　　　　　　$p_1 = p_2/\beta$

(4) 电场强度：　　　　　　$E_1 = E_2/\beta$

(5) 电荷面密度：　　　　　$\sigma_1 = \sigma_2/\beta$

(6) 电荷[体]密度：　　　　$\rho_1 = (1/\beta^2)\rho_2$

(7) 总体总质量：　　　　　$m_1 = \beta^2 m_2$

(8) 容器中总的电荷：　　　$Q_1 = \beta Q_2$

这些称为气体放电的相似性原理,对分析讨论 PECVD 工艺的规律和 PECVD 设备的设计很有参考意义。

在 PECVD 技术中,等离子体的首要功能是产生化学活性的离子和自由基。这些离子和自由基与气相中的其他离子、原子和分子发生反应或在基体表面引起晶格损伤和化学反应,其活性物质的产额是电子密度、反应剂浓度及产额系数的函数。也就是说,活性物质的产额取决于电场强度、气体压力以及碰撞时粒子的平均自由程。由于等离子体内的反应气体因高能电子的碰撞而离解,使化学反应的激活位垒得以克服,因此可使反应气体的温度降低。PECVD 与常规 CVD 主要区别是在于化学反应的热力学原理不同。在等离子体中气体分子的离解是非选择性的,因此,PECVD 沉积的膜层与常规的 CVD 完全不一样。PECVD 产生的相成分可能是非平衡的独特成分,它的形成已不再受平衡动力学的限制。最典型的膜层是非晶态。

6.2.3　PECVD 的特点

PECVD 和常规 CVD 比较有如下优点：

(1) 等离子体增强化学气相沉积温度低。等离子体增强化学气相沉积技术的优势在于它可以在比传统的化学气相沉积低得多的温度下获得单质或化合物薄膜材料。它是借助于气体辉光放电产生的低温等离子体的能量激活 CVD 反应,电子的能量被用于产生反应活性物和带电粒子,而气体的温度本质上不会增加。实际上,这是一种由辉光放电产生的非平衡等离子体,原本在热力学平衡态下需要相当高温才能发生的化学反应,若利用这种非平衡等离子体便可以在低得多的温度条件下实现。在常规 CVD 技术中需要用加热使初始气体分解,而在 PECVD 技术中是利用等离子体中电子的动能去激发气相化学反应的,因此使用该项技术,可在低的基体温度(一般低于 600℃)进行沉积。应用 PECVD 技术,许多在热 CVD 条件下进行十分缓慢或不能进行的反应能够得以进行。表 6-5 是一些膜层沉积中 PECVD 与热 CVD 典型的沉积温度范围。

表 6-5　PECVD 与热 CVD 典型的沉积温度范围

沉 积 薄 膜	沉积温度/℃	
	热 CVD	PECVD
硅外延膜	1000 ~ 1250	750
多晶硅	650	200 ~ 400
Si_3N_4	900	300
SiO_2	800 ~ 1100	300
TiC	900 ~ 1100	500
TiN	900 ~ 1100	500
WC	1000	325 ~ 525

在表 6-5 所示的沉积温度下,采用热 CVD 是根本不会发生任何反应的。这正是因为上面所讲到的 PECVD 不是靠气体温度使气体激发、离解,而是靠等离子体中电子的高能量。在辉光放电的范围所形成的等离子体的电子温度能量为 1 ~ 10 eV,完全可以打断气体原子间的化学键,使气体激发和离解,形成高化学活性的离子和各种化学基团。这在半导体工艺掺杂中十分有用。如硼、磷在温度超过 800℃时,就会产生显著扩散,使器件性能变坏,采用 PECVD 可容易地在这些掺杂的衬底上沉积各种膜层。

(2) PECVD 技术通常在较低的压力下进行,可以提高沉积速率,增加膜厚均匀性。这是因为多数的 PECVD 在辉光放电中所用的压力比较低,从而增强了反应气体与生成气体产物穿过边界层,在平流层和衬底表面之间的质量输运;同时由于反应物中分子、原子等离子粒团与电子之间的碰撞、散射、电离等作用,膜层厚度的均匀性也得到改善,膜层针孔少、组织致密、内应力小、不易产生微裂纹。特别是低温沉积有利于获得非晶态和微晶薄膜。

（3）PECVD 技术可用于获得性能独特的薄膜。为维持 PECVD 系统的稳定性,需要不断从外界输入能量,也就是说,PECVD 系统实际上处于非平衡状态,即能量耗散状态。根据耗散结构理论,PECVD 的沉积产物将呈多样性,一些按热平衡理论不能发生的反应和不能获得的物质结构,在 PECVD 系统中将可能发生。例如体积分数为 1% 的甲烷在 H_2 中的混合物热解时,在热平衡的 CVD 中得到的是石墨薄膜,而在非平衡的 PECVD 中可以得到金刚石薄膜。

（4）PECVD 技术可用于生长界面陡峭的多层结构。在 PECVD 的低温沉积条件下,如果没有等离子体,沉积反应几乎不会发生。而一旦有等离子体存在,沉积反应就能以适当的速度进行。这样一来,可以把等离子体作为沉积反应的开关,用于开始和停止沉积反应。由于等离子体开关的反应时间相当于气体分子的碰撞时间（133 Pa 时为 1 ms）,因此利用 PECVD 技术可生长界面陡峭的多层结构。

（5）扩大了化学气相沉积的应用范围,特别是提供了在不同的基片制备各种金属膜、非晶态无机物膜和有机聚合膜的可能性。

PECVD 的缺点如下:

（1）PECVD 反应是非选择性的。在等离子体中,电子能量分布的范围宽,除电子碰撞外,其离子的碰撞和放电时产生的射线作用也可产生新的粒子。从这一点上看,PECVD 的反应未必是选择性的,有可能存在几种化学反应,致使反应产物难以控制。有些反应机理也难以解释清楚。因此采用 PECVD 难以获得纯净的物质。

（2）因沉积温度低,反应过程中产生的副产物气体和其他气体的解吸进行得不彻底,经常残留沉积在膜层之中。在氮化物、碳化物、氧化物、硅化物的沉积中,很难确保它们的化学计量比。如在用此法沉积 DLC 膜（类金刚石）时,存在着大量的氢,对 DLC 膜的力学、电学、光学性能有很大影响。

（3）等离子体容易对某些脆弱的衬底材料和薄膜造成离子轰击损伤。在 PECVD 过程中，衬底电位相对于等离子体电位通常为负，这势必导致等离子体中的正离子被电场加速后轰击衬底，导致衬底损伤和薄膜缺陷，如对 $Ⅲ_A$-V_A、$Ⅱ_B$-$Ⅵ_A$ 族化合物半导体材料。特别在离子能量超过 20 eV 时，就特别不利。

（4）PECVD 往往倾向于在薄膜中造成压应力。对于在半导体工艺中应用的超薄膜来说，应力还不至于造成太大的问题。对冶金涂层来讲，压应力有时反而是有利的，但涂层较厚时应力有可能造成涂层的开裂和剥落。

（5）相对于一般 CVD 而言，PECVD 设备相对较为复杂，且价格较高。

将其优缺点相比，PECVD 的优点是主流，现正获得越来越广泛的推广应用。在 PACVD 技术中，最广泛的是用于电子工业。

6.2.4 PECVD 的应用

PECVD 最重要的应用之一是沉积微电子器件用绝缘薄膜，在低温下沉积氮化硅、氧化硅或硅的氮氧化物一类的绝缘薄膜，这对于超大规模集成芯片的生产是至关重要的。氮化硅具有优良的阻挡碱金属离子和湿气的能力，因而常用作集成电路的钝化膜。而作为多层布线和器件表面保护的氮化硅膜，一般要求膜厚大于 600 nm，高温 Si_3N_4 膜还存在选择性腐蚀问题，使其应用受到限制。采用低压 CVD 沉积温度高，薄膜应力大，如 Si_3N_4 膜沉积时膜厚只能小于 20 μm，否则便会发生龟裂。如前所述，PECVD 的一个重要的优点是能够在比热 CVD 更低的温度下沉积。PECVD 技术在 250～400℃ 的温度范围内使氮化硅薄膜的沉积成为可能，这样低的温度即使在采用铝作为布线材料的晶片上也足以沉积薄膜，其制作工艺温度要求不能超过 500℃。

PECVD 沉积 SiO_2 绝缘层被广泛地应用于半导体器件工艺，最近在光学纤维的涂层和某些装饰性涂层方面获得了应用。

近年来，PECVD 在摩擦磨损、腐蚀防护和切削工具涂层应用方面获得了很大进展。目前，应用 PECVD 技术已经可以制备 W、SiO_2、Si、GaAs、Si_3N_4、Si: H、多晶 Si、SiC 以及其他许多薄膜材料。表 6-6 列出了用 PECVD 技术沉积的一些膜层材料。

表6-6 PECVD技术沉积的膜层材料

材 料	沉积温度/K	沉积速度/cm·s^{-1}	反 应 物
非晶硅	523~573	$10^{-8} \sim 10^{-7}$	SiH_4,SiF_4-H_2,$Si(s)$-H_2
多晶硅	523~673	$10^{-8} \sim 10^{-7}$	SiH_4-H_2,SiF_4-H_2,$Si(s)$-H_2
非晶锗	523~673	$10^{-8} \sim 10^{-7}$	GeH_4
多晶锗	523~673	$10^{-8} \sim 10^{-7}$	GeH_4-H_2,$Ge(s)$-H_2
非晶硼	673	$10^{-8} \sim 10^{-7}$	B_2H_6,BCl_3-H_2,BBr_3
非晶磷	293~473	$\leqslant 10^{-5}$	$P(s)$-H_2
As	<373	$\leqslant 10^{-6}$	AsH_3,$As(s)$-H_2
Se,Te,Sb,Bi	$\leqslant$373	$10^{-7} \sim 10^{-6}$	Me-H_2
Mo,Ni			$Me(CO)_4$
类金刚石	$\leqslant$523	$10^{-8} \sim 10^{-5}$	C_nH_m
石墨	1073~1273	$\leqslant 10^{-5}$	$C(s)$-H_2,$C(s)$-N_2
CdS	373~573	$\leqslant 10^{-6}$	Cd-H_2S
GaP	473~573	$\leqslant 10^{-8}$	$Ga(CH_3)$-PH_3
SiO_2	$\geqslant$523	$10^{-8} \sim 10^{-6}$	$Si(OC_2H_5)_4$,SiH_4-O_2,N_2O
GeO_2	$\geqslant$523	$10^{-8} \sim 10^{-6}$	$Ge(OC_2H_5)_4$,GeH_4-O_2,N_2O
SiO_2/GeO_2	1273	约3×10^{-4}	$SiCl_4$-$GeCl_4$-O_2
Al_2O_3	523~773	$10^{-8} \sim 10^{-7}$	$AlCl_3$-O_2
TiO_2	473~673	10^{-8}	$TiCl_4$-O_2,金属有机化合物
TiC	673~873	$10^{-8} \sim 10^{-6}$	$TiCl_4$-$CH_4(C_2H_2)$ + H_2
SiC	473~773	10^{-8}	SiH_4-C_nH_m
TiN	523~1273	$10^{-8} \sim 10^{-6}$	$TiCl_4$-H_2 + N_2
Si_3N_4	573~773	$10^{-8} \sim 10^{-7}$	SiH_4-H_2,NH_3
AlN	$\leqslant$1273	$\leqslant 10^{-6}$	$AlCl_3$-N_2
GaN	$\leqslant$873	$10^{-8} \sim 10^{-7}$	$GaCl_4$-N_2

6.3 直流等离子体化学气相沉积(DC-PCVD)技术

6.3.1 DC-PCVD 原理及反应装置

在两电极之间加上一定的直流电压,通过电极间辉光放电产生等离子体,从而促进化学反应进行气相沉积的技术称为直流等离子体化学气相沉积(DC-PCVD)。

DC-PCVD 技术适合把金属卤化物或含有金属的有机化合物经热分解后电离成金属离子和非金属离子,从而为渗金属提供金属离子源。如用氢或氩气作载体,把 $AlCl_3$ 和 BCl_3 或 $SiCl_4$ 气体带入真空炉内,在直流高压电场的作用下,电离成铝离子、硼离子和硅离子,可进行渗铝、渗硼、渗硅。也可用 $TiCl_4$ 经电离产生钛离子,在直流高压电场的作用下,以高速撞击工件,进行扩散渗钛。若加入其他反应气体,可以在工件上沉积 TiN 和 TiC。

图 6-9 是 DC-PCVD 装置示意图。工作台施加负高压,构成辉光放电的阴极,反应室接地构成阳极。把去污、脱脂和清洗后的工件置于真空室内,抽真空至 10 Pa 左右时,通入 H_2 及 N_2,接通电源,则在镀膜室内壁与工件间产生辉光放电,产生的氢离子和氮离子轰击、净化并加热工件。工件温度达到 500℃时,通入 $TiCl_4$,气压调至 100 ~ 1000 Pa,辉光放电使气体分子剧烈电离,产生大量的高能基元粒子和激发态原子、分子、离子、电子等活性粒子,这些活性组分导致化学反应,反应生成的 TiN 在电场的作用下沉积在工件表面上,以 5 ~ 10 μm/h 的沉积速率形成 TiN 涂层。

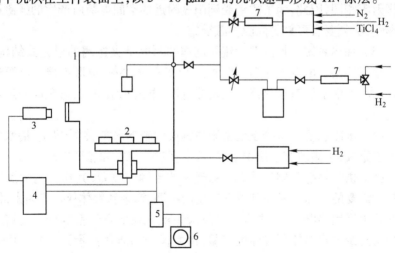

图 6-9　DC-PCVD 装置示意图

1—真空室;2—工件;3—红外测温仪;4—电源和控制系统;
5—冷阱;6—机械泵;7—气体净化器

　　DC-PCVD 装置主要包括真空系统、真空室体、电源与控制系统、水冷系统、气源与供气系统、净化排气系统等结构：

　　(1) 真空系统。CVD 法制备工艺要求设备具备快速的抽真空系统和良好的真空保持性能。在沉积时调节进入的氮气流量即可获得沉积所需要的压力。机械泵的排气要由专用管道通 N_2 稀释后排出室外。由于排放腐蚀性较强的气体，因此在抽气管路上应设置冷阱，使腐蚀气体冷凝，以减少对环境的污染。在反应室和泵入口管道上设有真空计。真空系统的极限真空度一般不小于 1 Pa，若采用机械增压机组，机组真空度可达 0.7 Pa，应根据工艺要求而定。真空系统要有足够的抽速以满足沉积时的工作真空度的要求。

　　(2) 真空室体。真空室由炉体和底板一起形成密闭空腔，一般传统的沉积系统的真空室炉体多设计成钟罩形。而对于小型化 CVD 系统，设计时考虑到真空室炉体直径较小，常将炉体设计成翻盖式平顶结构，这样主要是为了提高真空室承受外压的能力。真空反应室开有观察窗，炉体上开有电极引入孔，侧面带抽气孔，基板-工件可以吊挂，也可以采用托盘结构。真空室体一般为中空的双层不锈钢制成，夹层中通以冷却水，对室壁进行充分冷却，使密封处的温度不致过高。阴极输电装置与离子镀、磁控溅射等相同，因此，为了避免受到阳极附近的空间电荷所产生的强磁场的影响，必须要有可靠的间隙屏蔽措施。

　　(3) 加热系统。加热器为钼片制作的两侧带夹持圈的鼠笼式结构，采用星形连接。电源采用 30 kW 的三相变压器，为三角形连接。电源通过带水冷的铜电极对加热器提供发热电流，电极水温可调，避免电极过热而烧熔。

　　(4) 水冷系统。水冷系统由刷防锈漆的碳钢水箱、制冷机组、潜水泵和管道组成，水箱装有水压继电器，可实现过压保护和循环冷却。

　　(5) 供气系统。供气系统包括气体的控制与测量，其作用是向反应室提供需要的气体。考虑到设备用途的扩展、掺杂和气体保护等因素，供气系统中采用多路进气，进入真空反应室前先在混合气室混合。气路的控制与测量主要是控制气体的流量，由微量阀和质量流量计组成。用微调针阀控制反应气体流量和反应室内压力，流量计指示各种气体的流量数值。

　　反应过程中由于各种气体均有纯度的要求，因此有时在供气系统中设置气体纯化装置。沉积多晶硅的氮化硅薄膜所用的气体有 SiH_4、$SiCl_4$、NH_3、N_2 等,要求气体纯度在 99.99% 以上。

(6)电控系统。电控系统由立式电控柜、高低真空量规、数显复合真空计及欧陆温控仪组成,主要用于真空系统的检测和控制、温度的实时测量和控制。可实现 30 段程序控温,控温精度为 ±2℃,并能做到真空和加热的连锁控制,设备的灵敏性和可靠性高。

应当注意的是 CVD 装置的密封性要好,否则系统漏气将影响沉积膜质量。对于遇空气即燃的气体,从工艺和安全上考虑要求系统的密封性好。

DC-PCVD 的优点有:膜层厚度均匀,与基体的附着性良好;与普通 CVD 相比,可降低沉积温度。

DC-PCVD 是一种两电极结构,不可避免地存在着一些缺点:

(1)当功率过高且等离子体密度较大时,辉光放电会转化为弧光放电,损坏放电电极。因此,限制了所使用的电源功率和产生的等离子体密度。

(2)不能应用于非金属基体或薄膜,因为在阴极上电荷产生积累,会因为排斥而进一步地沉积,并会造成积累放电,破坏正常的反应。

目前,DC-PCVD 技术基本上可实现批量生产应用。它所沉积的超硬膜,如 TiN、TiC、Ti(C,N) 等膜层在高速钢的刀具上,可提高切削速度,加大进刀量,使刀具的使用寿命更长。大量的工业应用实践认为,TiN 用于高速钢刀具的镀膜层较为理想,而 TiC 通常用于金属成形工具,如冲头、芯轴及拉伸、螺丝滚压、成形模具等为好。在机械化工业中,特别是航空工业的机械加工中,使用较多。

6.3.2 DC-PCVD 法沉积 TiN、TiC

6.3.2.1 DC-PCVD 法沉积 TiN

沉积装置如图 6-10 所示,反应室为钟罩形,内径为 450 mm,高为 550 mm,直流电源最高输出电压为 5 kW,最大电流为 1 A。负极与基片相接,正极与反应室壁共同接地。基片为低碳钢,尺寸为 100 mm × 24 mm × 3 mm,悬挂在负极的下面。反应气体为 N_2、H_2 和 $TiCl_4$。高纯度的氮气中含水量少于 $12 \times 10^{-4}\%$,含氧量少于 $8 \times 10^{-4}\%$;工业氢经脱水、脱氧、其露点在 $-60℃$ 以下,含氧量少于 $1 \times 10^{-4}\%$;$TiCl_4$ 试剂中 $TiCl_4$ 含量高于 99%。

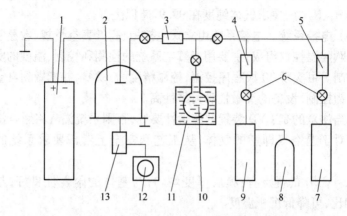

图 6-10 DC-PCVD 法沉积 TiN 装置示意图

1—电源;2—反应室;3—气体混合器;4—氢气流量计;5—氮气流量计;6—针阀;7—N₂ 瓶;
8—H₂ 瓶;9—H₂ 纯化气;10—TiCl₄ 瓶;11—恒温水浴;12—机械泵;13—冷阱

基片经清洗后接入反应室,抽真空至 150~2 Pa 后,通入 N_2 和 H_2,在 8 Pa 和 2300 V 左右轰击清洗 20 min,然后将 N_2 和 H_2 的比例、流量及电压调到要求的数值,再通入 $TiCl_4$。N_2、H_2 流量由流量计测定;$TiCl_4$ 量由水浴温度控制。反应达预定时间后停止通入各种反应气体(通常反应气体量之比为 $\varphi_{N_2}:\varphi_{H_2}:\varphi_{TiCl_4}=1:1:0.2$)。适当冷却后取出。

当气压为 133 Pa 时,通入 N_2、H_2 的总流量为 0.12 L/min,沉积时电压为 1000 V,电流为 60~90 mA,基片温度为 430℃ 左右。当气压为 25 Pa 时,N_2、H_2 总流量为 0.02 L/min,电压为 2250~2500 V,电流为 60~70 mA,基片温度为 520℃ 左右。沉积温度(℃)可由所要求的硬度值 HRC 按式(6-11)估算:

$$T = 870 - 12HRC \qquad (6\text{-}11)$$

各参数间的关系:

(1) 沉积时气压的影响。膜的硬度与气压关系不大,沉积速率在一定范围内与气压成正比,膜层结构受气压的影响较大。25 Pa 的膜层表面有大量瘤状物,肉眼观察时呈现绒毛状的漫反射外观,膜的抛光断面有大量微孔。133 Pa 的膜外观平滑光亮,只有少量瘤状物,抛光断面基本上看不到微孔。当气压低于 10 Pa 时,很容易出现粉末状 TiN 堆积的膜层,且极易脱落。

(2) 膜厚与沉积时间的关系。膜厚与沉积时间呈线性增长关系。

(3) 沉积速率与 $TiCl_4$ 含量的关系。在气压为 133 Pa，$\varphi_{N_2}:\varphi_{H_2}=1:1$ 条件下，当 $TiCl_4$ 的含量在 6% ~ 14%(摩尔分数)范围时，沉积速率与 $TiCl_4$ 含量呈线性增长关系。

(4) 电压、电流对沉积速率的影响。在气压为 133 Pa，$\varphi_{N_2}:\varphi_{H_2}=1:1$，$TiCl_4$ 含量为 14% 时，将电压、电流由原来的 1000 V、85 mA 升到 1250 V、170 mA，相应的温度也由 430℃ 升至 630℃ 的条件下，膜沉积速率由 8 μm/h 降到 2.4 μm/h。相反，当电压、电流降到 750 V、40 mA 时，则得到一种黑色膜，其沉积速率为 6 μm/h。

(5) N_2、H_2 比例的影响。在 133 Pa 压力和 $TiCl_4$ 含量为 11% 的条件下，不同的 $\varphi_{N_2}:\varphi_{H_2}$ 值所得到的膜层见表 6-7。由表可见，当只加入 N_2 和 $TiCl_4$ 时，沉积半小时后不但没有 TiN 膜，基片反而被蚀去 2 μm 厚度。这是因为 Cl 原子或离子的腐蚀作用，因此必须加入 H_2，而且 $\varphi_{N_2}:\varphi_{H_2}=1:1$ 时最好。

表 6-7　不同 N_2、H_2 比例的 TiN 膜层

$\varphi_{N_2}:\varphi_{H_2}$	硬度[①]/N·mm^{-2}	膜颜色	沉积速率[②]
1:1	23971 ± 3018	黄偏紫	6.6
1:2	11309 ± 911	金 黄	5.6
2:1	15131 ± 2401	紫	5.0
1:0			无膜,基片蚀去 2 μm 厚

① 显微硬度载荷 20 g；② 用称重法测定。

值得指出的是，用 DC-PCVD 法来沉积 TiN 装饰膜层是不理想的，所沉积的金黄色 TiN 膜层，尽管沉积出来时很漂亮，但它经不起手摸，一摸就有手印留在沉积的 TiN 表面上，难以去除。因此，用 DC-PCVD 法来制备 TiN 装饰膜是不适宜的。

6.3.2.2　DC-PCVD 法沉积 TiC

图 6-11 为直流等离子体 CVD 制备 TiC 涂层的示意图。镀膜室接电源正极，基板接负极，基板负偏压为 1.2 kV，首先用机械泵将真空度抽至 10 Pa；通入氢气和氮气，接通电源后，产生辉光放电；产生的氢离子和氮离子轰击基板，进行预轰击清洗净化并使基板升温；到达 500℃ 以后，通

入 TiCl$_4$,气压调至 $10^2 \sim 10^3$ Pa,进行等离子化学气相沉积碳化钛过程。

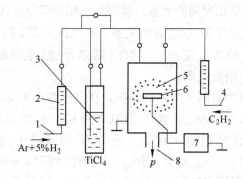

图 6-11　DC-PCVD 制备 TiC 涂层工艺装置简图

1—Ar + 5% H$_2$ 入口;2—流量计;3—TiCl$_4$;4—乙炔入口;

5—等离子体;6—基体;7—副高压;8—抽气

采用的工艺参数为:沉积温度为 500 ~ 600℃;直流电压为 4000 V;反应压力为 10 ~ 10^{-1} Pa;$\varphi_{C_2H_2} : \varphi_{TiCl_4} = 0 \sim 0.3$(体积比);电流密度为:16 ~ 49 A/m^2;沉积速率为 2 ~ 5 μm/h。

6.4　射频等离子体化学气相沉积(RF-PCVD)技术

以射频辉光放电的方法产生等离子体的化学气相沉积技术,称为射频等离子化学气相沉积技术,简称 RF-PCVD。

6.4.1　RF-PCVD 装置

供应射频功率的耦合方式大致分为电感耦合方式和电容耦合方式。在选用管式反应器时,这两种耦合电极均可置于管式反应器外。反应器多采用石英管制作,即石英管式反应器。在放电中,电极不会发生腐蚀,也不会有杂质污染,但往往需要调整电极和基片的位置。这种结构简单,造价较低,不宜用于大面积基片的均匀沉积和工业化生产。

6.4.1.1　电容耦合装置

目前应用最多的为电容耦合,其中又可分为平板电极式和无电极式。无电极式离化率较高,其反应器即石英管式反应器,缺点如前所述。

因此,应用更普遍的是在反应室内采用大面积平板电极的耦合方式,可以用于较多的、大面积基片的沉积。典型的平板形反应室的结构如图

6-12 所示,它采用内电极式放电和平板电容耦合结构,是一种冷壁式 CVD 装置。由于电极内置,因此又称为内部感应耦合 RF-PCVD。这种结构的电容耦合射频功率输入,可获得比较均匀的电场分布。但这种装置的离化率低于1%,即等离子的内能不高。可用于半导体器件工业化生产中氮化硅和二氧化硅薄膜的沉积。

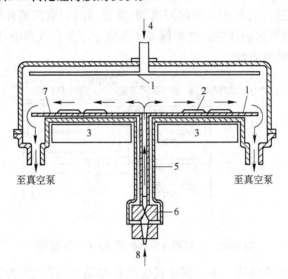

图 6-12 平板形反应室的结构图

1—电极;2—基片;3—加热器;4—射频输入;5—转轴;6—磁转动装置;7—旋转基座;8—气体入口

A 电容耦合装置的分类

从反应器的工作特点来分,电容耦合装置的具体结构有批量式、半连续式和连续式三种:

(1)批量式装置。电容耦合批量式 RF-PCVD 装置的结构如图 6-13 所示。反应器中电极平行相对布置,基片台电极由外面的加热器加热到350℃,由磁旋转机械旋转,电极间距约为 50 mm。反应气体由基片台电极中心流向周围,即采用径向流动方式,废气由电极下

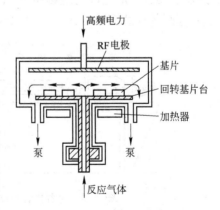

图 6-13 电容耦合批量式 RF-PCVD 装置

的四个排气口排出,通过控制主泵的抽速来控制反应压力。等离子体由高频电源激发,维持放电的功率密度为 0.15 W/cm²。

(2) 半连续式装置。图 6-14 是一种电容耦合半连续式 RF-PCVD 装置。反应室右边是装料室,兼作卸料室。两室之间由隔离阀相隔,当其打开时,装载基片的托盘可以经过通道由装料室进入反应室,沉积好的基片再由反应室进入装料室。关闭隔离阀、降温、卸料、取出基片装入新的基片,而后对装料室抽真空。这样保证了反应室不受大气污染,既可提高效率又可保证膜层质量。

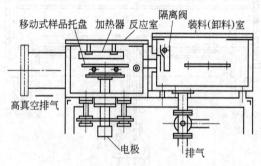

图 6-14 电容耦合半连续式 RF-PCVD 装置

(3) 连续式装置。为了保证膜层质量和膜厚均匀度,为了提高生产率,必须设法扩大反应气体流均匀分布的范围和基片的连续输送,因此人们开发了具有方形电极的连续装置,如图 6-15 所示。这种装置采用"一盘接一盘"的连续沉积方式,由中心处理系统和其他辅助系统组成。

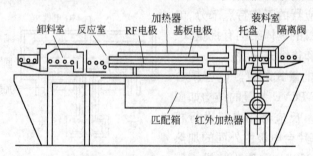

图 6-15 电容耦合连续式 RF-PCVD 装置

中心处理系统由装料室、反应室和卸料室组成。反应室又分为加热区和反应区,加热区中备有可加热到 400℃ 的红外线加热器,反应区中安装了长方形(如 360 mm×1200 mm)的基片台电极和高频电极。反应室能时常保持成膜的放电状态,最大为 ϕ100 mm 的基片正面向下均匀布置在托盘中,每次托盘依次从装料室送入反应室预热后在反应区连续移动,同时进行沉积。装料室、卸料室、反应室分别有各自的抽气系统。在反应区,反应气体供气方向与基片运动方向垂直,利用 13.56 MHz、2 kW 的功率激发等离子体,在 25 Pa 的压力下系统的排气能力为 10 mL/min(标态)。

B 电容耦合装置的具体配置

在平板形的电容耦合系统中,反应室内壁可用石英绝缘体或不锈钢(导体)制作,两者的放电方式不同,在后者的情况下,阳极接地,并和不锈钢腔体等电位,形成非对称电极结构,这样阴极的负电位将增加,形成自偏压。由于所形成的负偏压很大,从表面上看形成了类似于直流辉光放电的空间正离子电荷。不管在阳极,还是在阴极上均能形成薄膜。基片通常直接和等离子体接触,因此不能忽视等离子体对基片的刻蚀作用。

反应室圆板电极可选用铝合金,其直径比外壳壁小。高频电极(接射频电源的电极)习惯上又称为阴极,基片台为阳极(接地),并和不锈钢腔体等电位,形成非对称电极结构。两极间距离较小,一般仅为几厘米,这与输入射频功率大小有关。基片台可用红外加热。下电极可旋转,以便于改善膜厚的均匀。底盘上开有进气、抽气、测温等孔道。

电源通常采用功率为 50 W 至几百瓦,频率为 450 kHz 或 13.56 MHz 的射频电源。

在气源和气路上,由于工艺和沉积薄膜要求的不同,需选用各种不同的反应气体。如在沉积 SiN 薄膜时,常选用硅烷和氨或氮气。各种气体分别经由各自的流量计、流量控制器然后汇入反应室。若要稀释反应气体和沉积前需对反应室净化,则可另加两路气体,放电时可刻蚀去除电极表面等处的污物。

对真空系统,RF-PCVD 技术要求不高,只要在一定的低压下工作就行。一般只需一个机械泵先抽真空至 10^{-1} Pa,然后接着充入反应气体,保持反应室有 10 Pa 左右的气压即可。但系统要有良好的密封性能。考虑到大流量和低压范围的要求,必要时,可选用机械增压泵。

在气流形式上,平板形电极间的电场分布较均匀,又可在较大范围内实现均匀沉积。实际上,要真正实现均匀沉积,还应有均匀的气流与均匀的温度场来保证。通过对气流模型的探讨,通常有四周进气、中央抽气

（见图 6-16）；中央进气、四周抽气（见图 6-17）；一端进气、另一端抽气等气流形式（见图 6-18）。目前来看，较好的设备中，引入的气流是上电极中央送入，经分流板面往下送入均匀的气流，再用下电极基片台旋转结构，就可得到膜厚偏差不大于 ±5% 的均匀膜层。

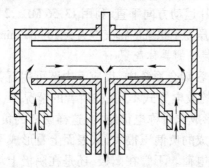

图 6-16 四周进气、中央抽气的气流方式示意图

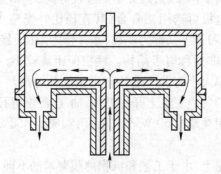

图 6-17 中央进气、四周抽气的气流方式示意图

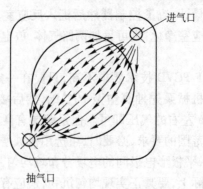

图 6-18 一端进气、另一端抽气的气流方式示意图

　　有了均匀的电场分布和均匀的气流分布,还要有均匀的温度场。要使温度场均匀,其关键在于加热装置的布局合理。目前,有全封闭室内上部加热结构(见图6-19)、全封闭真空室内下部加热结构(见图6-20)和真空室外下部加热结构三种较为适用的加热形式(见图6-21)。

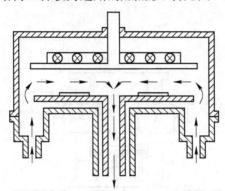

图 6-19　全封闭真空室内上部加热结构示意图

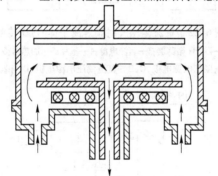

图 6-20　全封闭真空室内下部加热结构示意图

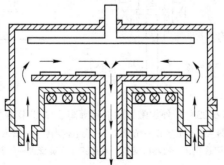

图 6-21　真空室外下部加热结构示意图

反应过程中,基底通常直接和等离子体接触,等离子体对基底有刻蚀作用。为提高沉积薄膜的性能,在设备上,可以对等离子体施加直流偏压或外部磁场,使等离子体远离壁面。图 6-22 与图 6-23 分别为直流偏压式射频等离子 CVD 装置和带外加磁场的射频等离子体 CVD 装置的示意图。

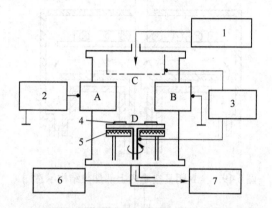

图 6-22 直流偏压式射频等离子体 CVD 装置

1—通入气体系统;2—4 MHz 振荡器;3—直流电源;4—基片;5—加热器;6—压力计;7—真空泵

A、B—高频振荡电源电极;C、D—直流偏压电源电极,D 与基片台相连

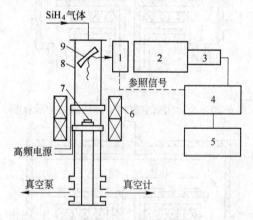

图 6-23 带外加磁场的射频等离子体 CVD 装置

1—遮光器 + 石英玻璃;2—光谱仪;3—光电倍增管;4—锁相放大器;

5—记录仪;6—磁场线圈;7—基片;8—石英管;9—反射镜

值得指出的是,平行圆板形电容耦合的 RF-PCVD 装置在沉积过程中

上极板上的沉积物较容易脱离而玷污沉积膜层,影响膜层质量。有时,膜厚均匀性也不够理想。

6.4.1.2 电感耦合装置

电感耦合装置一般是把高频线圈置于真空沉积反应室外,利用它产生的交变磁场在反应室内感应交变的电流,使反应气体产生高密度等离子体,又称外部感应耦合式 PCVD 装置。这样可获得高密度的等离子体,并有一定的生长速率。由于射频辐射透入的深度(在 133.3 Pa 以上)仅有几厘米,当反应室面积大时,只能沿器壁产生等离子体,造成膜层沉积不均匀。

电感耦合 RF-PCVD 装置又分为批量式、连续式两种:

(1)批量式装置。在石英管外侧绕上高频线圈,加上供气、抽气系统就组成了反应器。高频线圈从外部将高频电力输给反应器中的气体,产生等离子体。这种装置的优点有:结构简单,可以小型化;线圈位于石英管外,由线圈材料放出的气体不会污染膜层;功率集中,可以得到高密度等离子体;稀薄气体可获得高沉积速率;在较大的基片上也能获得比较理想的均匀膜厚。

图 6-24 是制备氮化硅的电感耦合批量式 RF-PCVD 装置示意图。工作压力为 133 ~400 Pa,使用低浓度($<5\%$)的 SiN_4/N_2 混合气体,RF 功率为 225 W,13.56 MHz,反应压力为 440 Pa,基片温度为 300℃,沉积速率为 65 nm/min。

这种小型的电感耦合批量式装置主要用于实验研究。

(2)连续式装置。图 6-25 是由装料室、沉积室和卸料室等三部分组成的连续式电感耦合式 RF-PCVD 装置示意图。其中沉积室由多个反应器组成。通过对工艺过程的控制可以进行自动化生产。

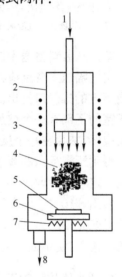

图 6-24 电感耦合批量式
RF-PCVD 装置示意图

1—反应气体入口;2—石英反应管;

3—射频线圈;4—等离子体;

5—基片;6—基片支架;

7—加热器;8—抽真空

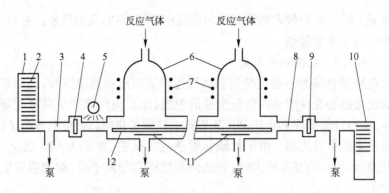

图 6-25   电感耦合连续式 RF-PCVD 装置

1—装料室;2—基片;3—基片通道;4—装料室闸阀;5—基片预热;6—石英反应器;

7—RF 线圈;8—过滤区;9—卸料室闸阀;10—卸料室;11—加热器;12—输运机构

　　基片从装料室送到沉积室,抽真空后进行预加热,加热后的基片依次按一定间隔送入各反应器中,每个反应器反应气体均从顶部进入,废气在各自下方的排气口排出。采用 13.56 MHz 的射频电源激发等离子体。在沉积室的下部有一个被加热的传送带,将基片从一个反应器输送至另一个反应器,基片在每个反应器停留的时间内进行气相沉积,通过全部反应器后得到所需沉积的薄膜。沉积好的基片由沉积室送入卸料室,待温度降到一定程度后取出。

　　使用 SiH_4/N_2 反应气体,当用 1.5% 的 SiH_4,反应压力几百帕时,该类装置能获得约 100 nm/min 的沉积速率。这种装置的优点是反应器中的功率集中,使用低浓度的 SiH_4 气体就能获得较高的沉积速率。

6.4.2   RF-PCVD 的工业应用

　　RF-PCVD 技术可用于 SiN、SiO_2、α-Si: H、类金刚石(DLC)薄膜以及金刚石薄膜的沉积。RF-PCVD 技术沉积的氮化硅膜、氧化硅膜、非晶硅膜在电子工业中主要应用于半导体的集成电路中作钝化膜。非晶硅还可应用制作太阳能光电池。由于 RF-PCVD 可大面积地以较低成本制作 α-Si: H 膜,而制备的 α-Si: H 膜又具有极好的光导性能,有很高的可见光吸收系数,因而它是太阳能电池等多种重要的光器件的适宜膜层。

　　RF-PCVD 方法具有沉积温度低、膜层质量好、适于在介质基片上沉积等优点,是目前最常用的 DLC 膜沉积方法之一。它通过射频辉光放电分解碳氢气体,再沉积到基体上形成 DLC 膜。在低功率密度和低真空下,不足以使全部 C—H 键打开,因此,得到由不饱和碳氢组分组合成的聚合物膜;当 RF 输入密度提高或气压降低时(到一最优值)将获得 DLC 膜。

6.4.2.1 类金刚石(DLC)薄膜

DLC 薄膜沉积的 RF-PCVD 装置如图 6-26 所示。反应气体采用苯。射频电源频率为 2.3 MHz,采用电容耦合方式,衬底放置在作为一个电极的试样台上,耦合功率可以通过功率计显示,耦合电路阻抗为 50 Ω。装置外壳接地,衬底的温度用光学温度计测试。在图示的情况下,在衬底电极上将产生一个自偏压,大小约等于施加在电极上的电压的一半。采用图示的 RF 等离子体装置,可以获得大面积、均匀的 DLC,衬底一般采用玻璃、石英、Ge、SiC 和 GaAs 等。沉积温度在 350℃以下。射频等离子体的离化率并不高,但由于自偏压的作用,到达衬底表面的离子能量较高,可达 100 eV 以上。这正是金刚石膜和 DLC 制备上的一个重要区别。在制备 DLC 时一般都需要离子的轰击,而制备金刚石膜时,这种轰击反而是有害的。

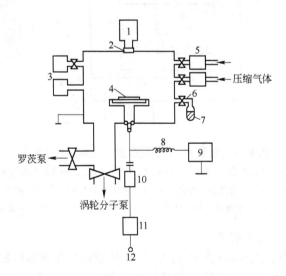

图 6-26 DLC 膜沉积的 RF-PCVD 装置示意图

1—光学高温计;2—ZnSe 窗口;3—真空计;4—衬底;5—质量流量计;6—针阀;7—C_6H_6;
8—节流器;9—直流电压表;10—射频耦合器;11—RF 功率计;12—RF 发生器

6.4.2.2　金刚石薄膜

射频等离子体化学气相沉积可在半导体、导体、绝缘体上镀制大面积的金刚石膜。图 6-27 为 RF-PCVD 法沉积金刚石膜的装置示意图。反应气体用 $CH_4 + H_2$。真空沉积室的反应压力为 0.1 Pa，CH_4 和 H_2 气源一般从真空沉积室的顶部进入，极间的直流电压为 600 V，基材放置于 Cu 电极上。电容耦合系统所用的电极要用"石墨"制作，以防杂质溅射污染，衬底需另外加热。此法的生长速率通常很慢，为 0.1 $\mu m/h$。为此，可以用磁场增强的方法来提高等离子体的密度，同时降低离子能量。在设计电容耦合系统时，采用如图 6-28 所示的环状电极，而不采用平行板电极，其目的是使电场 E 与磁场 B 平行，衬底垂直于电场、磁场，降低电子碰撞衬底的能量，从而提高沉积金刚石膜的质量。

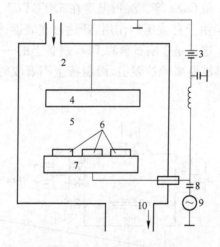

图 6-27　射频 PCVD 法沉积金刚石膜装置示意图

1—反应气体(碳氢化合物)；2—反应室($10^{-1} \sim 1$ Pa)；3—直流电源(600 V)；

4—上部 Cu 电极；5—等离子体区(含有 C^+、H^+、e^- 等)；6—基体；

7—下部 Cu 电极；8—耦合电容(13.56 MHz)；9—射频源；10—抽真空

6.4.2.3　纳米碳管

纳米碳管(CNTs)以其优异的电学和热学特征在场发射显示器、场效应晶体管、单电子晶体管等电子器件以及集成电路中作为互联线的应用上具有巨大的潜能。RF-PCVD 技术能实现在低温下(例如 400℃ 以下)制备纳米碳管。

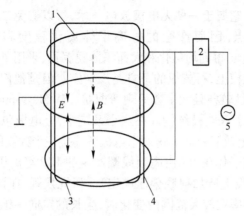

图 6-28 磁场增强电容耦合装置

1—环状电极；2—阻抗匹配；3—等离子体；4—石英；5—射频源

用于制备 CNTs 的电容耦合 RF-PCVD 与 DC-PCVD 装置类似,只是将射频功率加载到相对放置的两个平板电极上,两个电极中接地的称为阳极,接射频电压的称为阴极。该系统以惰性气体为载气,利用电极之间产生的等离子激发反应气体,在衬底上沉积薄膜。由于电容耦合 RF-PCVD 系统像 DC-PCVD 一样,也是一种二电极结构,因此它存在着同样的缺点,即所使用的射频功率和产生的等离子体密度受限。为了在衬底附近产生的活性基团粒子,研究者们在系统的改装上进行了多种尝试,主要是对所用的磁场和电场采取不同的配置。Ishida 等人在反应室外将两对磁场线圈轴向相互垂直放置,使它们各自产生的磁场,与射频电极垂直或平行,研究了磁场方向对等离子体特性(等离子体密度、温度、电压、自偏压等)的影响。试验结果表明,在一定试验条件下,除了生成多壁碳纳米管(MWNTs)外,还有少量的单壁碳纳米管(SWNTs)存在,这一结果在其他 PCVD 装置中还未曾报道。此外,还有人在两电极间衬底下方放置两对永磁铁,从而在两电极间衬底上方附近形成"桥"形磁场。采用这种装置生长 CNTs 的温度最低可达到400℃。另外,有人在两电极之间衬底阳极的上方附加一网状电极,可使衬底附近的活性基团粒子密度显著增加,试验结果证实这种改装方案也可将 CNTs 的生长温度降低到400℃。

电感耦合 RF-PCVD 装置如图 6-29 所示。它是将高频线圈放置于反应器之外,利用它产生的交变磁场在反应室内感应交变的电流,使反应气体产生高密度等离子体。在反应气流的下游方向放置衬底,即可获得薄膜的沉积。由于它属于一种无电极放电技术,可以避免二电极结构通常存在的一些缺点,因而产生的等离子体离化程度和密度也较高。Y. S. Jung 等人为了得到均匀化和大面积薄膜沉积,采用了一种平板形高频线圈置于石英板上,石英板的下方是反应室。但是他们利用该系统生长的 CNTs 定向性较差且大多数呈现弯曲状。M. Meyyappan 研究小组的ICP 系统则采用了双电极结构。在这个系统中,上电极包括一个六匝高频线圈,下电极上放置衬底。这两个电极各连接一个独立的射频电源,可以分别控制等离子体密度(由高频线圈产生的 ICP 等离子体决定)和离子能量(由下电极上所加射频偏压决定)。研究发现,在该系统中,当下电极射频电源功率在较大范围内变化时,生长的定向一维碳纳米材料的微观结构随等离子体特性的变化而发生显著变化。

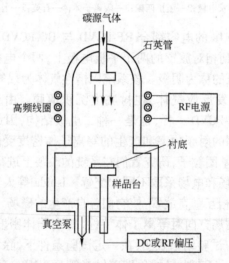

图 6-29 电感耦合 RF-PCVD 装置示意图

6.4.2.4 β-SiC

北方工业大学的姜岩峰等人采用 RF 等离子体辅助加热 CVD 方法,在 φ76 mm 硅衬底上制备了大面积 β-SiC 薄膜。设备为电容耦合式 RF(13.56 MHz)等离子体装置,反应气体为甲烷(CH_4);通过控制反应系统内碳原子成核生长的条件,实现了大面积 β-SiC 薄膜的生长。

实验中,在常规的电容耦合式 RF 上下极板间加入钨丝阵列,如图 6-30 所示。具体方法是:将钨丝(φ0.31 mm)加工成弹簧状并绕在氮化硼(BN)棒上,再将氮化硼棒固定于支架上,支架为不锈钢材料固定于腔底座上,避免了与 RF 上下极板间的放电问题。

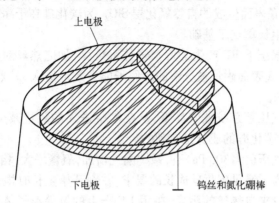

图 6-30　钨丝和 BN 示意图

实验条件如下:钨丝温度为 1800～2100℃,用光学高温测温仪监控钨丝温度。反应室真空度不大于 3 Pa,反应气体为甲烷(CH_4)和氢气(H_2),CH_4 含量在 0.5%～3%（体积分数）范围内变化,气体总流量为 30 cm^3/min;生长气压在 1300～6500 Pa 范围内变化。硅(111)/(100)衬底采用热丝辐射和底座电炉共同加热,用热电偶监测,温度为 650～750℃,钨丝与衬底相距 1～3 mm。

在生长前先用 RF 产生的氢等离子体轰击衬底 30 min 左右,同时加热钨丝至 1800～2000℃,然后通入 CH_4 气体,用热丝成核生长 30 min 左右,之后进入正常生长阶段。

为了减少来自钨丝和 BN 棒的污染,提高表面碳浓度,以使碳化硅有效成核,可采取如下措施:将绕有钨丝的 BN 棒在真空下(约 1.33 Pa)加热至 2200℃并维持 1～2 h,除去来自 BN 棒的挥发物;将绕有钨丝的 BN 棒尽可能靠近上极板以减少高能电子束对钨丝和 BN 棒的频繁碰撞而引起的 W 和 BN 的污染,但需避免钨丝与上极板之间的放电;同时,在能产生等离子体的条件下,RF 功率尽可能降低。在以上抑制污染物措施的基础上,开始生长的一段时间内,通过提高 CH_4 的浓度来增加生长时表面碳原子的浓度,增加薄膜生长时的成核几率。通过以上方法,污染成分得到有效的抑制。

在 266 Pa 或小于 266 Pa 的低气压下,用 RF + HF-CVD 方法能有效

地进行碳化硅薄膜的生长,这主要有三个原因:

(1) 生长刚开始,RF 产生的氢等离子体轰击衬底表面,从而有效地去除了 Si 衬底表面生成的自然氧化层 SiO_2,为碳化硅在干净的 Si 表面成核和进一步生长奠定了基础。

(2) 低气压下 RF 产生的等离子体强度大,加之热丝对碳氢分子的分解,使得衬底表面附近被分解的碳原子能有效地进入 sp^3 状态,从而形成 β-SiC 结构。

(3) 低气压下系统漏气率低,从空气中进入的氧量减少,相对而言 C/O 比高,对碳化硅的成长是有利的。

在较高气压($\geqslant$1300 Pa)下,系统漏气增加,氧量增大,相对而言 C/O 比降低了。为了满足碳化硅成长的要求,在刚开始生长时提高 CH_4 的浓度。为了减少来自热丝的污染,在用 RF 产生的氢等离子体轰击衬底去除 Si 表面 SiO_2 后,关闭 RF 源,通入 CH_4 和 H_2,仅用热丝进行成核生长,然后进入正常生长阶段,可以获得较好的样品。

该方法的特点是生长速度适中,晶体品质较高,薄膜均匀性易于实现。

6.5 微波等离子体化学气相沉积(MPCVD)技术

MPCVD 技术是用微波放电产生等离子体进行 CVD 的方法,它具有放电气压范围宽、无放电电极、能量转换率高、可产生高密度的等离子体等特点。微波等离子体活性强,激发的亚稳态原子多。在微波等离子体中,不仅含有比射频等离子体更高密度的电子和离子,还含有各种活性粒子(基团),这对提高沉积离子活性、降低化学气相沉积温度是非常有利的。MPCVD 可以在工艺上实现气相沉积、聚合和刻蚀等各种功能,可以在室温沉积氮化硅等化合物涂层,是一种先进的、应用很广泛的现代表面技术。

这项技术具有下列优点:

(1) 可以进一步降低基材温度,减少因高温生长造成的位错缺陷、组分或杂质的互扩散。

(2) 无放电电极,因此避免了电极污染。

(3) 薄膜受等离子体的破坏小。

(4) 更适合于低熔点和高温下不稳定化合物薄膜的制备。

（5）由于频率很高,因此对系统内气体压力的控制可以大大放宽。

（6）由于频率高,在合成金刚石时更容易获得晶态金刚石。

6.5.1 MPCVD 装置

6.5.1.1 典型 MPCVD 装置

MPCVD 装置在微波的耦合方面有用天线馈送或直接用波导耦合等多种方式。图 6-31 是一台典型的天线馈送耦合 MPCVD 装置示意图。一般由微波发生器、波导系统(包括环行器、定向耦合器、调配器等)、发射天线、模式转换器、真空系统与供气系统、电控系统与反应腔体等组成。从微波发生器(微波源)产生的 2.45 GHz 频率的微波能量耦合到发射天线,再经过模式转换器,最后在反应腔体中激发流经反应腔体的低压气体形成均匀的等离子体。激励气体放电的电源工作频率从射频提高到微波波段时,传输方式发生了根本性的变化。射频传输基本上通过电路来实现,不论是电感耦合还是电容耦合,放电空间建立的电场都是纵向电场,而微波在波导内以横电波或横磁波的方式传播。微波放电非常稳定,所产生的等离子体不与反应容器壁接触,对制备沉积高质量的薄膜极为有利;然而,微波等离子体放电空间受限制,难以实现大面积均匀放电,对沉积大面积的均匀优质薄膜尚存在技术难度。

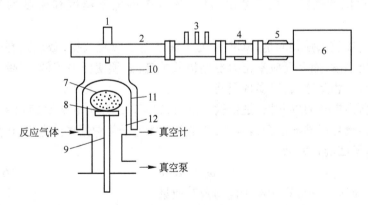

图 6-31 MPCVD 装置

1—发射天线;2—矩形波导;3—三螺钉调配器;4—定向耦合器;5—环行器;6—微波发生器;
7—等离子体;8—衬底;9—样品台;10—模式转换器;11—石英钟罩;12—均流罩

近几年来,在发展大面积的 MPCVD 装置上,已经取得了较大进展,美国 Astex 公司已有 75 kW 级的 MPCVD 装置出售,可在 $\phi200$ mm 的衬底上实现均匀的薄膜沉积。

6.5.1.2　微波电子回旋共振等离子体化学气相沉积(ECR-MPCVD)原理及装置

为进一步降低 CVD 成膜温度,人们研制了微波电子回旋共振等离子体化学气相沉积技术,简称 ECR-MPCVD 法。ECR-MPCVD 是利用微波电子回旋共振技术产生等离子体,增强化学反应的一种新型薄膜制备技术,是 MPCVD 的一个最新进展。自从 1983 年首次报道利用电子回旋共振制备薄膜以来,大量有关利用电子回旋共振化学气相沉积制备薄膜的报道不断出现。

A　ECR-MPCVD 原理

电子回旋共振(ECR)是在施加微波电场的同时在微波传输方向加一磁场,此磁场与微波本身的电场相垂直。当电子由微波电场获得能量,沿垂直或斜交磁场方向运动时,受磁场的作用,电子做圆周运动或螺旋线运动,与此同时选择合适的磁场强度,使电子的回旋周期与电磁场的变化周期一致,使电子产生共振,从而获得很大的能量。由于电子运动轨迹(寿命)增长,因而与气体分子碰撞的几率增大,电离程度大大增加,使反应室内等离子体密度大大增加,因此可以在很低的气压下维持放电,产生比较高的电子温度和密度的等离子体。

需要重点强调的是,ECR 法为了保证电子回旋共振,必须选择合适的磁场强度,而且反应室压力控制极其关键,必须使压力较低,以保证电子的自由程足够长,以实现回旋。

所谓电子回旋共振,是指输入的微波频率 ω 等于电子回旋频率 ω_e,微波能量可以共振耦合给电子,获得能量的电子使中性气体电离,产生放电,电子回旋频率为

$$\omega_e = eB/m \tag{6-12}$$

式中　e, m——分别为电子电荷及其质量;

　　　　B——磁场强度。

在一般情况下,所用的微波频率为 2.45 GHz。因此要满足电子回旋共振的条件,要求外加磁场强度 B 为:

$$B = \omega_e m/e = 875\text{Gs} = 8.75 \times 10^{-2} T \tag{6-13}$$

B ECR-MPCVD 的特点

电子回旋放电产生的等离子体是一种无极放电,能量转换率高(可以把95%以上的微波功率转换成等离子体的能量),能在低气压下产生高密度的等离子体,而且离化率高(一般在10%以上,有的可达50%),电子能量分散性小,可通过调节磁场位形来控制离子平均能量和分布,可以使 ECR-MPCVD 在很低的温度下高速度地沉积各种薄膜。有报道称,利用这种方法可以在300℃沉积 SiO₂ 薄膜,在140℃沉积出多晶金刚石薄膜。

电子回旋共振等离子体 CVD 突出的优点有以下几条:

(1)可大大减轻因高强度离子轰击造成的衬底损伤。如在上述的射频等离子体反应器中,离子能量可达100 eV,很容易使那些具有亚微米尺寸的线路特征的器件中的衬底(如砷化锌、磷化铟、碲镉汞等 III_A-V_A 族、II_B-VI_A 族化合物半导体衬底)造成损伤;微波放电可以在等离子体电位不是很高的情况下发生,这比射频放电要优越很多,因此前者对膜表面没有损伤。

(2)基片的温度较低。因为 ECR 法气压较低,等离子体对基片的加热作用较小,可以在比直流辉光放电和射频等离子体更低的温度下工作,但电子回旋共振产生足够密度的活性基因能保证成膜条件,仍能生成质量较好的膜,从而更进一步减少了对热敏感衬底在沉积过程中受破坏的可能性,还可减少形成异常沉积小丘的可能性。可以在较低基板温度下制备高质量的薄膜。

(3)由于电子回旋共振保证了在反应室较大空间内产生高密度的等离子体,因而能沉积较大面积高质量的薄膜。

ECR-MPCVD 系统的主要缺点是需要比射频等离子体的工作压力(13.3~133 Pa)低得多的压力(0.13~1.3×10⁻³ Pa)和强磁场(微波频率为2.45 GHz时,外加磁场强度为8.75×10⁻²T)。这意味着 ECR 设备更加昂贵,而且由于施加磁场,增加了可变参数,工艺更难于控制。

C ECR-MPCVD 装置

典型的 ECR-MPCVD 装置如图6-32所示,主要由磁控管微波源、环行器、微波天线、波导管和磁场线圈等组成。

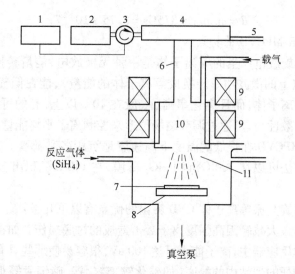

图 6-32 ECR-MPCVD 装置
1—微波电源；2—磁控管；3—环行器；4—微波天线；5—短路器；6—波导；7—基片；
8—样品台；9—磁场线圈；10—等离子体；11—等离子体引出窗

磁控管通常是 ECR-MPCVD 系统中微波的产生装置，由于磁控管属于自激振荡管，无需增幅器，电源回路比较简单，因此微波振荡器一般使用磁控管。磁控管由阳谐振系统、阴极、能量输出装置、频率调谐机构、磁路系统组成。阴极发射电子，阳极谐振系统储存由电子与高频振荡相互作用所产生的高频能量，并通过能量输出器把大部分高频能量馈送给负载。在波导传输线中需接入环行器，它可以让入射波几乎无衰减地通过，而反射波偏转 90°之后被模拟负载吸收掉，以保护磁控管。

由磁控管产生的微波经波导传输到等离子体耦合腔，输送给放电室的气体，使之形成放电等离子体。根据前面介绍的 ECR-MPCVD 工作原理可知，当外加磁场满足 ECR 条件(即 $B = 0.0875T$)时，放电室内产生高度电离的 ECR 等离子体。在这种情况下，电子与气体分子的碰撞次数增加，电子可以从交变电场中获得更多的能量，从而使得产生的等离子体离化率更高，密度更大。

为了减轻高能粒子(其中包括离子)对基片的轰击损伤和降低基片温度，可以将基片置于等离子体放电区域之外，利用等离子引出口引出等离子体，激活反应气体，产生化学反应且在基片上沉积成膜。

采用 ECR 法可以在基片温度低到 100℃的条件下制取 Si_3N_4 膜。这种方法的另外一个特点是可以在 $10^{-2}Pa$ 的较高真空度下放电,因此,即使 Si_3N_4 分解也不会在膜层中掺入过量的 H_2,从而获得高质量的薄膜。表 6-8 是 ECR-MPCVD 和 RF-PCVD 两种成膜方法等离子体参量典型值的比较。

表 6-8 ECR-MPCVD 和 RF-PCVD 法的等离子体参量

参 量	ECR-MPCVD	RF-PCVD
电源频率/Hz	2.45×10^9	13.56×10^6
放电室内气压/Pa	5×10^{-2}	10
平均自由程/mm	100	0.5
电子温度/eV	4	8
等离子体密度/cm^{-3}	3×10^{11}	10^{10}
电离度	10^{-2}	10^{-6}
最大离子流密度/mA·cm^{-2}	9	0.1

采用 ECR 法,利用高活性自由基可以实现室温下化学气相沉积、金属表面的氮化或氧化改性。利用高浓度的离子可进行固体薄膜的物理气相沉积或离子刻蚀,而且,利用高密度的离子束流可以进行离子注入掺杂。

6.5.2 MPCVD 的应用与工艺示例

MPCVD 设备昂贵,工艺成本高。在设计选用 MPCVD 沉积薄膜时,重点应考虑利用它具有沉积温度低和沉积的膜层质优的突出优点。因此,它主要应用于低温高速沉积各种优质薄膜和半导体器件的刻蚀工艺。其中,ECR-PCVD 为实现低温沉积和大面积沉积提供了良好的条件,它已被广泛用于各种薄膜制备、刻蚀、离子注入和表面处理等。ECR-PCVD 具有离化率高、工作气压低、离子能量低、沉积温度低、离子能量和压力独立可控、粒子活性高等优点,可用于沉积金刚石、SiC、DLC、SiO_2、α-Si:H 等多种薄膜材料。

MPCVD 法是制备优质金刚石薄膜的好方法。在 MPCVD 装置中,极高频率的微波电场将使气体放电产生等离子体。等离子体中电子的快速往复运动进一步撞击气体分子,使得气体分子分解为 H^+ 和各种活性基团。这些大量的原子氢和活性的含碳基团是用低温低压的 CVD 方法沉积金刚石所必需的。

采用 MPCVD 方法可以实现金刚石的低温沉积,可以在 300℃左右沉积质量良好的多晶金刚石膜,而采用 ECR 可实现 140℃金刚石膜低温沉积。其主要缺点是难以在大面积衬底上沉积金刚石膜,这是因为大直径的"驻波腔"难以设计制作,而且由于器壁被等离子体腐蚀,造成对金刚石膜层的污染。若对该装置进行改进设计,也可以实现在大面积上沉积金刚石膜。

近年来,采用高功率 MPCVD 装置和 8000 Pa 以上的高气体压力,十分显著地提高了 MPCVD 金刚石膜沉积速率,目前已可达到 35 $\mu m/h$ 以上的水平。

另外,如在反应气体中加入氧,如 CO、O_2 或乙醇也对 CVD 金刚石膜生长速度和质量有积极作用,而且使得金刚石生长可以在低温下进行。但如果添加过量的氧则会引起氢的分解太强烈,甚至引起表面氧化,最终会损害金刚石的质量。

6.5.2.1　沉积金刚石薄膜的工艺实例 1

此例中 MPCVD 实验装置如图 6-33 所示。其中,微波系统是由反应腔、短负载、四销钉调配器、三端环流器、水负载、毫安表和微波发生器组成。微波发生器的额定功率为 700 W,频率为 2.45 MHz,微波磁控管产生的微波经波导输入到反应腔中,将其中的低压气体激发电离,它必须保证石英管内的等离子体密度大于 $10^{10} cm^{-3}$。由于实际沉积所需要的微波功率约 400 W,而微波源功率为 700 W,可通过调节四销钉减少入射功率,增加反射功率,并将增大的反射功率经由三端环流器传到水负载被吸收。

经混合的甲烷和氢气由进气口进入石英管,气体由上向下扩散,在基片上方发生化学沉积;剩余气体经旋片泵排出系统。

测温系统由平面反光镜、SCIT-1 型红外测温仪组成。此红外测温仪的测温范围为 500~2000℃,绝对精度优于 1%。

此系统与常规 MPCVD 系统相比,系统组成简单,基片无专门的加热系统,而是通过微波等离子体的作用对基片加热。采用非接触式红外测温法,测量简便,且能实时监测。通常采用接触式热电偶测温,为了防止热电偶丝对微波的影响,需要采用屏蔽结构,因而测量系统较复杂。

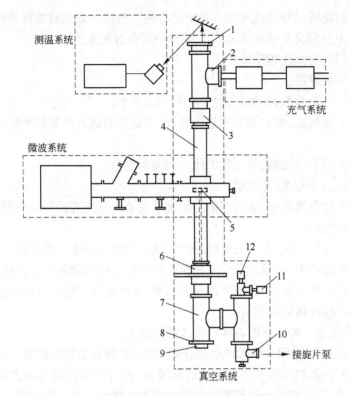

图 6-33 沉积金刚石薄膜的 MPCVD 系统示意图

1—测温窗;2—进气口;3—上端密封;4—石英管;5—样品支架;6—下端密封;7—三通管;
8—取样口;9—支架高度调节;10—节流阀;11—热偶真空计;12—高压力计

实验选用单晶硅的(111)面作为基体,硅的表面有一层氧化膜,因此,沉积实验前必须经过清洗工艺将其去掉。这里选用半导体工艺中使用的方法来清洗硅片,主要包括以下步骤:首先在 63.6% 的硝酸溶液中加热到 130℃,煮 10 min,用 2.5% 的 HF 溶液冲洗;然后在氨水与双氧水($\varphi_{NH_3\cdot H_2O} : \varphi_{N_2O} : \varphi_{H_2O_2} = 1:3:1$)混合液中加热沸腾 10 min,用 2.5% 的 HF溶液冲洗;再在盐酸与双氧水($\varphi_{HCl} : \varphi_{H_2O} : \varphi_{H_2O_2} = 3:1:1$)混合液中加热沸腾 10 min;最后,用去离子水冲洗。清洗后,硅片表面留下一层很薄的但十分致密的氧化膜,这层氧化膜可在高真空中通过加热去除。

清洗好的硅片立即放入超声波清洗机中进行划痕处理 20 ~ 40 min。选用 1 μm、20 μm 或 40 μm 的金刚石微粉,将微粉放入乙醇中形成悬浊液,然后,将清洗好的硅片投入其中进行超声清洗。划痕后的硅片放入水和乙醇中分别交替超洗 5 min 后,基片的准备过程完成。

沉积实验操作程序如下:

(1) 装样品。

(2) 开旋片泵,系统压力抽至 10^{-1}Pa 以上。

(3) 开气路,通过调节质量流量计,分别控制通入系统的甲烷与氢气的流量。

(4) 调节节流阀,将系统的压力调至所需值。

(5) 通冷却水,开风扇。

(6) 加微波功率,调节四销钉调配器使输入反应腔的功率至所需值,然后开始沉积。

(7) 关机:关微波—关气源—抽系统—关泵—停水—取样品。

沉积实验中,可通过调节工艺参数将沉积金刚石薄膜的工艺最优化。这些工艺参数主要包括:输入的微波功率、基片温度、压力、甲烷与氢气的浓度比和基片预处理等。

6.5.2.2 沉积金刚石薄膜的工艺实例 2

图 6-34 为采用的线形同轴耦合式 MPCVD 设备结构的简图。两路各为 800 W 的微波能量从反应室的两侧输入,在石英管外使气体激发形成等离子体,而石英管外的等离子体和中间的铜棒构成了微波能量传输的

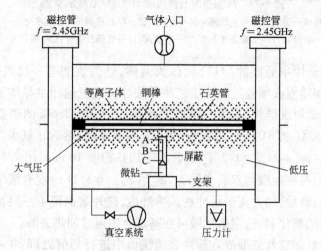

图 6-34 线形同轴耦合式 MPCVD 设备

有效波导。将欲涂层的硬质合金微型钻头放置在石英管附近的等离子体中进行金刚石涂层。以甲烷和氢气作为金刚石涂层的原料气体,而具体的涂层沉积工艺参数为:H_2 流量:200 mL/min(标态);CH_4 流量:形核阶段(3 h)为 6.0 mL/min(标态),生长阶段(12 h)为 3.0 mL/min(标态);基片温度:700~750℃;气压约为 1.33×10^3Pa;涂层沉积速率约为 0.1 μm/h。

沉积之前,在室温下先采用 Murakami 溶液(10 g KOH + 10 g K_3 [Fe(CN)$_6$] + 100 mL H_2O)对微钻表面刻蚀 10 min,使样品表面得到一定程度的粗化,然后采用硫酸-双氧水溶液(10 mL 98%(质量分数)H_2SO_4 + 100 mL 38% H_2O_2)对其浸蚀 60 s,以去除样品表面的 Co。

在使用线形同轴耦合式 MPCVD 设备对微钻进行金刚石涂层时,微钻的尖端被一层亮度较高的辉光所包围。显微观察发现,在相应的微钻尖端处,一般难于出现金刚石相的沉积,即呈现了一种"尖端效应"。它是一种形状效应,由于形状的突变使微钻尖附近温度场和化学场发生畸变,导致在微钻尖端金刚石沉积困难。为了避免微钻在金刚石沉积过程中的"尖端效应",采用了金属丝屏蔽的方法来改变微钻尖端处的电磁场,如图 6-34 所示。在采用了金属丝屏蔽环之后,成功地在微钻尖端获得了金刚石涂层。

在线形同轴耦合式 MPCVD 设备中,微波等离子体密度在沿微钻长度方向上存在着不均匀性,这必然导致在微钻不同位置上产生一定的温度梯度,即金刚石涂层形貌的变化正是等离子体密度沿梯度变化的反映。

6.6 激光化学气相沉积(LCVD)技术

利用光能使气体分解,增加反应气体的化学活性,促进气体之间化学反应的化学气相沉积法称为光辅助化学气相沉积法,常简写为 PHCVD。目前,光辅助化学气相沉积法趋向于采用激光源,即在化学气相沉积过程中利用激光束的光子能量激发和促进化学反应,称为激光化学气相沉积法(LCVD)。它有以下特点:

(1)利用激光的单色性可以选择性地发生光化学反应,并可降低沉积薄膜的温度,防止或减小基片变形及来自基片的膜层掺杂。

(2)激光的聚束性好,能量密度高(可达 10^9W/cm^2),且可实现微区沉积。

（3）激光束具有良好的空间分辨率和二维可控性，能够对集成电路进行局部补修或局部掺杂，如果配合计算机控制，可以沉积完整的薄膜图形，直接制作大规模集成电路。

激光 CVD 主要缺点是装置复杂、价格昂贵，尤其在沉积大面积薄膜时需要配置激光扫描装置。

6.6.1 基本原理

从本质上讲，用激光能量激活化学气相沉积的化学反应有两种：一种为光热解化学气相沉积，另一种则为光分解化学气相沉积。

6.6.1.1 光热解 LCVD

当采用波长为 $9 \sim 11 \mu m$ 的连续或脉冲 CO_2 激光束直接照射反应气体或基片表面时，在功率密度不太大的条件下，由于红外光子能量低，不足以引起反应气体的分子键断裂，只能激发分子的振动态使其活化，温度升高。受激分子再通过相互碰撞或与被激光加热的基片的相互作用，就可能产生热分解，从而在基片上沉积成薄膜。这种成膜过程称为热解过程。

在光热解情况下，激光束用作加热源实现热致分解，在基片上引起的温度升高控制着沉积反应。激光波长的选择要使反应物质对激光是透明的，对激光能量吸收很少或根本不吸收能量；而基体是吸收体，对激光的吸收系数较高。这样在基体上产生局部加热点，沉积仅发生在激光束加热区域，可利用激光束的快速加热和脉冲特性在热敏感基底上进行沉积。光热解 LCVD 的原理如图 6-35 所示。光热解 LCVD 与常规 CVD 的区别是气体没有被整体加热，因而类似于冷壁 CVD。

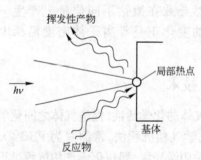

图 6-35 光热解 LCVD 示意图

除了利用激光的热解作用之外，如果反应气体的受激发的吸收谱与加热的电磁谱重叠，就能同时产生激发和加热的联合效果。通过选择激光器的波长，能在多原子的分子中断裂一些特定的化学键，通过反应产生所需要的沉积膜层。

6.6.1.2 光分解 LCVD

所谓"光分解 LCVD"就是反应源气体分子在吸收了光能后引起化学键断裂,由此产生的激发态原子或活性集团在基片表面(即气-固界面)上发生反应,形成固态薄膜。光分解 LCVD 的原理如图 6-36 所示。

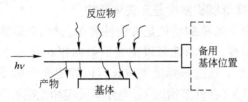

图 6-36 光分解 LCVD 示意图

在光分解化学气相沉积过程中,具有足够高能量的光子用于使分子分解并成膜,或与存在于反应气体中的其他化学物质反应并在邻近的基片上形成化合物膜。要求气相对光有高的吸收,基体对激光束是透明或不透明均可,因此激光的波长是重要的参数,常采用紫外光。该激光具有足够的光能打断反应分子的化学键。在大多数情况下,这些分子具有宽频电子吸收带,而且很容易被紫外辐射所激发。

由于多数分子的键能为几个电子伏(例如多数有机化合物的碳原子与金属原子的键能为 3 eV,H_2 的 H—H 键能为 4.2 eV,NO_2 的 NO—O 键能为 3.12 eV,SiH_4 的 Si—H 键能为 3 eV),因此通常采用光子能量大于 3.3 eV 的紫外光来激发光解过程。光分解化学反应也可以用非相干光的普通紫外灯(如高压汞灯或低压汞灯)发出的光线激发,但采用紫外激光器能够得到强度更大、单色性能很好的紫外辐射。准分子激光器是普遍采用的紫外激光器,可以提供光子能量范围为 3.4 eV(XeF 激光器)到 6.4 eV(ArF 激光器)。

许多化合物,例如烷基或羰基金属化合物的吸收峰恰好落在近紫外波段,因此可用作光解反应的反应剂。

光分解 LCVD 可以在比常规 CVD 反应温度低得多的温度下进行,沉积甚至有可能在室温下进行。光分解 LCVD 的另外一个优点是:通过选择合适的激光波长,可以只产生所希望的气体物质,因此,它与 PCVD 相比可以对沉积膜层的化学比和纯度进行更好的控制。

光分解 LCVD 与热解 LCVD 的不同之处在于:光分解 LCVD 一般不需要加热,因为反应是光激活的,沉积有可能在室温下进行。另外,对所使用的衬底类型也没有限制,透明的或是敏感的都没关系。

目前光分解 LCVD 的一个致命弱点是沉积速率太慢,这大大限制了它的应用。如果能够开发出大功率、廉价的准分子激光器,那么光分解 LCVD 完全可以和热 CVD 及热解 LCVD 相竞争。特别是在许多关键的半导体加工方面,降低沉积温度是至关重要的。

激光源的两个重要的特征是方向性和单色性,在薄膜沉积过程中显示出独特的优越性。方向性可以使光束射向很小尺寸上的一个精确区域,产生局域沉积。通过选择激光波长可以确定光分解反应沉积或光热解反应沉积。但是,在许多情况下,光分解反应和光热解反应过程同时发生。尽管在许多激光化学气相沉积反应中可识别出光分解反应,但热效应经常存在。

6.6.2 LCVD 沉积设备

LCVD 的设备是在常规的 CVD 设备的基础上添加了激光器、导光聚焦系统、真空系统、送气系统及反应室等部件,如图 6-37 所示。

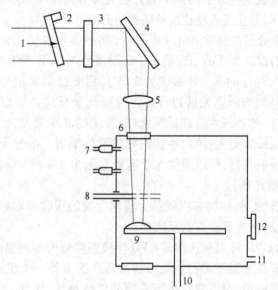

图 6-37 LCVD 设备结构示意图

1—激光;2—光刀马达;3—折光器;4—全反镜;5—透镜;6—窗口;7—反应气体通入;
8—水平工作台;9—试样;10—垂直工作台;11—抽真空;12—观察窗

　　为了提高沉积薄膜的均匀性,安置基片的基片架可在 x、y 方向做程序控制的运动。为使气体分子分解,需要高能量光子,可采用的激光器有连续 CO_2 或准分子两种,通常采用准分子激光器发出的紫外光,波长在 157 nm 和 350 nm(XeF)之间。另一个重要的工艺参数是激光功率,一般为 $3 \sim 10$ W/cm² 。带水冷的不锈钢反应室内装温度可控的样品夹持台及通气和通光的窗口。反应室内的分子泵提供小于 10^{-4} Pa 的真空。气源系统装有质量流量控制器。配气及控制系统如图 6-38 所示。沉积时总压力通过安装于反应室及机械泵之间的阀来调节,并由压力表来测量。

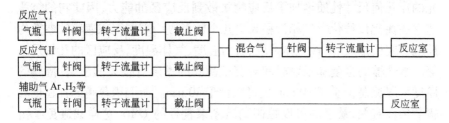

图 6-38　配气及控制系统示意图

　　根据激光入射基片的位置关系不同,沉积设备可分为垂直基片入射型和平行基片入射型两种,如图 6-39 所示。在光束垂直基片入射型装置中,由于光束通道上的气体都可能发生反应,一部分反应生成物可能沉积在器壁等非基片表面上,因此降低沉积速率。但是在采用聚束良好的激光束时,可有效地提高沉积速率。在光束平行基片入射型装置中,由于光束与基片距离很近(一般为 0.3 mm),沿光束通道上的大部分反应生成

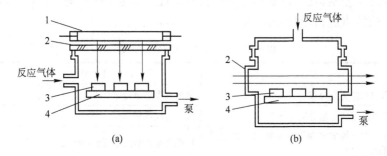

图 6-39　不同类型的 LCVD 装置示意图

(a)垂直基片入射型;(b)平行基片入射型

1—透镜;2—窗口;3—基片;4—基片架

物能够扩展到基片上成膜,因此沉积速率高,适应于大面积基片的成膜。

LCVD 和一般的 CVD 法不同,一般的 CVD 法是使整个基片上都产生沉积层,而 LCVD 法是用激光束仅对基片上需要沉积薄膜的部位照射光线,结果只在基片上局部的部位形成沉积层。由于 LCVD 过程中的加热非常局域化,因此其反应温度可以达到很高。在 LCVD 中可以对反应气体预加热,而且反应物的浓度可以很高,来自于基片以外的污染很小。对于成核,表面缺陷不仅可起到通常意义上的成核中心作用,而且也起到强吸附作用,因此当激光加热时会产生较高的表面温度。由于 LCVD 中激光的点几何尺寸性质增加了反应物扩散到反应区的能力,因此它的沉积速率往往比传统化学气相沉积高出几个数量级。限制沉积速率的参数为反应物起始浓度、惰性气体浓度、表面温度、气体温度、反应区的几何尺度等。激光器的强度和辐射时间对沉积薄膜的厚度有很大的影响,薄膜的厚度可以控制得小于 10 nm,也可以大于 20 μm。所沉积薄膜的直径也与辐射条件有关,最小的可以控制到激光束直径的 1/10,这样就避免了由于大面积的加热而引起基体性质的变化。

LCVD 与常规 CVD 相比,大大降低了基材温度,可在不能承受高温的基材上合成薄膜。例如用 LCVD 制备 SiO_2、Si_3N_4、AlN 薄膜时基材需加热到 380~450℃。

LCVD 通过激光激活而使常规 CVD 技术得到强化,在这个意义上 LCVD 技术类似于 PCVD 技术。然而这两种技术之间有一些重要差别,如在等离子体中,电子的能量分布比激光发射的光子能量分布要宽得多。这种技术差别,使 LCVD 具有某些特殊的优点。表 6-9 对 PCVD 和 LCVD 技术的特点进行了比较。

表 6-9 LCVD 与 PCVD 的比较

LCVD	PCVD
窄的激发能量分布	宽的激发能量分布
完全确定的可控的反应体积	大的反应体积
高度方向性的光源可在精确的位置上进行沉积	可能产生来自反应室壁的污染
气相反应减少	气相反应有可能
单色光源可以实现特定物质的选择性激发	激发无选择性

续表6-9

LCVD	PCVD
能在任何压力下进行沉积	在限定的(低的)气压下进行沉积
辐射损伤显著下降	绝缘膜可能受辐射损伤
光分解 LCVD 中,气体和基体的光学性能重要	光学性能不重要
激光源包括红外、可见光、紫外以及多光子波长	等离子体源包括射频和微波频率

6.6.3 LCVD 的应用

LCVD 技术是近几年来发展迅速的先进表面沉积技术,可广泛应用于微电子工业、化工、能源、航空航天以及机械工业。应用 LCVD 技术,人们已经获得了 Al、Ni、Au、Si、SiC、多晶 Si 和 Al/Au 膜。

应该指出的是,尽管激光光解 CVD 目前还停留在实验室上,但近年来,已开始进入用准分子激光进行激光光解沉积的活跃期,已从准分子激光沉积金属(如 Cd、In、W、Fe、Ni、Cr、Al)及 α-Si: H,如使用 SiH_4: Ar 混合气,在基体温度为 200℃ 时,可沉积出具有平行结构的质量优良的 α-Si: H 膜层。也已开始用准分子激光器低温沉积金刚石膜和类金刚石膜的探索及微细加工,而且在低温沉积金刚石膜方面已经取得进展。

用 LCVD 技术制造的 Si_3N_4 光纤传输微透镜已开始走上工业应用。其衬底材料选用石英,反应气体用 SiH_4-NH_3,辅助气体为 N_2,沉积膜厚根据工艺可控制在 0.2 ~ 40 μm 之间,膜层的平均硬度 HK 为 2200,最高可达 3700;Si_3N_4 沉积膜层的耐磨性能比基材提高 9 倍之多;沉积 Si_3N_4 薄膜的基材在 H_2SO_4 溶液中的抗蚀性能大大提高。

表 6-10 为正在开发研究的 LCVD 技术制备的薄膜。可以期待,LCVD 技术将在太阳能电池、超大规模集成电路、特殊的功能膜、光学膜、硬膜及超硬膜等方面有重要的应用。

表 6-10 LCVD 技术沉积膜层及用途

薄膜	基材	反 应 式	层厚/μm	层硬度 HK	用 途
SiC	碳钢	激光 $2SiH_4 + C_2H_4 \longrightarrow 2SiC + 6H_2\uparrow$	0.1 ~ 30	1300	光通信、半导体器件

薄膜	基材	反 应 式	层厚/μm	层硬度 HK	用 途
Fe	Si	$Fe(CO)_5 \xrightarrow{激光} Fe + 5CO\uparrow$			集成电路
Fe_2O_3	Si	$Fe(CO)_5 \xrightarrow{激光} Fe + 5CO\uparrow$ $4Fe + 3O_2 \longrightarrow 2Fe_2O_3$			集成电路
Ni	不锈钢	$Ni(CO)_4 \xrightarrow{激光} Ni + 4CO$			石油工业
TiN	Ti	$2NH_3 \xrightarrow{激光} 2N + 3H_2$ $Ti + N \longrightarrow TiN$	$0.1 \sim 2.0$	1950 ~2050	航空、航天、化工、电力等领域
TiN-Ti(C,N)-TiC 复合膜	Ti	$2NH_3 \xrightarrow{激光} 2N + 3H_2$ $Ti + N \longrightarrow TiN$ $C_2H_4 \longrightarrow 2C + 2H_2\uparrow$ $Ti + N + C \longrightarrow Ti(CN)$ $Ti + C \longrightarrow TiC$	在 0.2 μm 厚度的 TiN 膜基础上可调节三个膜层不同比例的厚度,总厚度为 $0.4 \sim 20$ μm	2200 ~2800	膜层硬度比 TiN 还高,且与基材有良好的结合,用于航天、航空等领域

6.7 金属有机化合物化学气相沉积(MOCVD)技术

金属有机化学气相沉积(MOCVD)又被称为金属有机气相外延(MOVPE),它是利用有机金属热分解进行气相外延生长的先进技术,目前主要用于化合物半导体(III$_A$-V$_A$族、II$_B$-VI$_A$族化合物)薄膜气相生长上。例如,用甲基或三乙基III$_A$族元素化合物和 V$_A$ 族元素的氢化物反应制备III$_A$-V$_A$族化合物膜,用二甲基或二乙基金属化合物与VI族元素的氢化物反应制备II$_B$-VI$_A$族化合物薄膜:

$$(CH_3)_3Ga + AsH_3 \xrightarrow{630 \sim 675℃} GaAs + 3CH_4 \tag{6-14}$$

$$(CH_3)_2Cd + H_2S \xrightarrow{475℃} CdS + 2CH_4 \tag{6-15}$$

$$x(CH_3)_3Al + (1-x)(CH_3)_3Ga + AsH_3 \longrightarrow Ga_{1-x}Al_xAs + 3CH_4 \tag{6-16}$$

MOCVD 技术的开发是由于半导体外延沉积的需要。对于金属的沉积,其初始物是相应的金属卤化物,对这些卤化物要求在中等温度(即低于约 1000℃)能够分解。而某些金属卤化物在此温度范围内是稳定的,用常规 CVD 难以实现其沉积。在这种情况下金属有机化合物(如金属的甲基或乙基化合物等)已经成功地用来沉积相应的金属。用这种方法沉积的金属包括 Cu、Pb、Fe、Co、Ni、Pt 以及耐酸金属 W 和 Mo。其他金属大部分可以通过它们的卤化物的分解或歧化反应来进行沉积。最普通的卤化物是氯化物。在某些情况下也可采用氟化物或碘化物。此外,已经用金属有机化合物沉积了氧化物、氮化物、碳化物和硅化物镀层。

许多金属有机化合物在中温分解,可以沉积在如钢这样一类的基体上,因此这项技术也被称为中温 CVD(MTCVD)。

6.7.1 MOCVD 沉积设备

MOCVD 典型的反应装置如图 6-40 所示。MOCVD 的沉积源物质大多为三甲基镓(TMG)和三甲基铝(TMA),有时也使用三乙烷基镓(TEG)和三乙烷基铝(TEA)。p 型掺杂源使用充入到不锈钢发泡器中的二乙烷基锌($(C_2H_5)_2Zn$,DEZ)。掺杂源为 AsH_3 气体和 H_2Se 气体,用高纯度携载气体氢分别稀释至 5% ~10%,甚至百万分之几十至百万分之几百,充入到高压器瓶中供使用。在外延生长过程中,TMA、TEG、DEZ 发泡器分别用恒温槽控制在设定的温度,并与通过净化器去除水分、氧等杂质的氢气混合而制成饱和蒸气充入到反应室中。反应室用石英制造,基片由石墨托架支撑并能够加热(通过反应室外部的射频线圈加热)。导入反应室内的气体在加至高温的 GaAs 基片上发生热分解反应,最终沉积成 p 型掺杂的 $Ga_{1-x}Al_xAs$ 膜。因为在气态下发生的反应会阻碍外延生长,

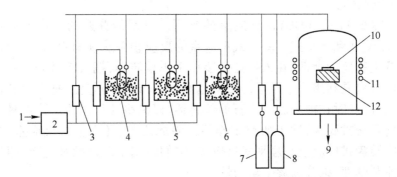

图 6-40 用于外延生长 $Ga_{1-x}Al_xAs$ 的 MOCVD 示意图

1—H_2;2—提纯装置;3—质量流量控制仪;4—TEG;5—TMA;6—DEZ;7—AsH_3 + H_2;

8—H_2Se + H_2;9—排气口;10—GaAs 基片;11—射频线圈;12—石墨架

所以需要控制气流的流速,以便不在气相状态下发生反应。反应生成的气体从反应室下部排入尾气处理装置,以消除废气的危险性和毒性,反应室的压力约为 10 Pa。

可见,MOCVD 设备主要包括高纯载气处理系统、气体流量控制系统、反应室、温度控制系统、压力控制系统和尾气处理系统等。为满足大多数半导体应用极其严格的要求,必须采用最精密的设备、极其纯净的气体和安全的尾气处理系统,这一点在设计和选用 MOCVD 沉积装置时应特别予以注意。

(1) 高纯载气处理系统。标准氢气的纯度(体积分数)是 99.99%,其中杂质的主要成分是氧和水。这种纯度不适宜于生长高质量的半导体,而使用纯度(体积分数)为 99.9995% 的氢气又价格昂贵。因此,为节约生产成本,在引入反应室之前,应对标准氢气进行提纯。氢气提纯的原理是让含有杂质的氢气扩散通过 400~425℃ 的钯合金膜。在该温度下,钯合金膜只允许 H_2 通过,而不允许杂质通过。这样,利用上述原理制成的提纯装置能向系统有效地提供超纯的氢气。

(2) 反应室及管、阀等。反应室是原材料在衬底上进行外延生长的地方,它对外延层厚度、组分的均匀性、异质结的结果及梯度、本底杂质浓度以及外延膜产量有极大的影响。一般对反应室的要求是:不要形成气体湍流,而是层流状态;基座本身不要有温度梯度;尽可能减少残留效应。通常反应室由石英玻璃制成,近年来也有部分或全部由不锈钢制成的工业型反应器。

图 6-41 是 MOCVD 反应室的类型。应用最普遍的反应室有两种:垂直式和水平式。垂直式反应室的反应物是从顶部引入,衬底放在石墨基座的顶部,在入口处安装一个小偏转器,把气流散开。水平式反应室是利用一个矩形的石墨基座,为了改善均匀性,把它倾斜放入气流,有时在前方放一个石英偏转器,以减少几何湍流。这两种反应室容纳衬底少,适于研究工作用。除此之外,还有桶式反应室、高速旋转盘式反应室和扁平式反应室,它们适用于多片批量生产,但较难控制厚度、组分和掺杂均匀性。

管路、附件和阀的选择对于高纯薄膜的生长来说是必需的。为了提高异质截面的清晰度,在反应室前通常设有一个高速、无死区的多通道气体转换阀;为了使气体转换顺利,一般设有生长气路和辅助气路,两者气体压力要保持相等。

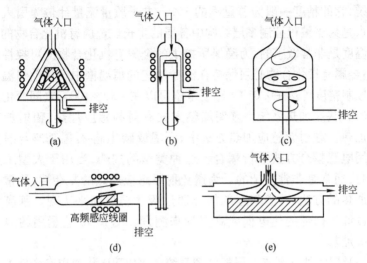

图6-41 MOCVD反应室类型

(a) 桶式反应室;(b) 垂直式反应室;(c) 高速旋转盘式反应室;
(d) 水平式反应室;(e) 扁平式反应室

因为 MOCVD 中使用的某些金属有机化合物和气体具有很强的腐蚀性,所以其零部件必须用耐蚀材料来制造。阀门为压缩空气操作开关的气动波纹管式密封截止阀。大多数 MOCVD 设备管路采用 316 无缝不锈钢管,而且其内侧需进行电抛光处理。管道间的连接采用焊接、双卡套连接和垫圈压紧式密封连接,使各接口处的气体泄漏率小于 $10^{-10} \sim 10^{-11}$L/s。

气体混合集气管是 MOCVD 系统重要的组件。设计适当的集气管对于超晶格和量子阱结构的生长以及与掺杂剂有关的记忆效应的减少是至关重要的。集气管必须均匀地向反应室输送混合气体,因此它直接同反应室相连,同时通过辅助气路排气。在气体引入反应室之前,生产流程的建立和稳定通过辅助气路来完成。

(3) 气体流量控制系统。气体流量控制系统的功能是精确控制向反应室输送的各种反应剂的浓度、送入时间和顺序以及通入反应室的总气体流速等,改变生长特定成分与结构的外延层。电子质量流量计用于精确控制和测量气体流量。发泡器中的金属有机化合物蒸气由载气导入反应室,而用氢气稀释的气态氢化物直接进入反应系统。为确保半导体薄膜的组分,必须精确控制每种反应气体的流量。质量流量计采用闭环控制系统,它的精度一般为总量程的 1%。电子质量流量计最为引人注目的优点是易于编程控制多层结构中各层的生长。金属有机化合物的蒸气压对温度是非常敏感的,为确保所提供的金属有机化合物的可控性和重复性,金属有机化合物必须保持在温度恒定的恒温槽中。目前恒温槽的温度控制精度可达 ±0.01℃,温度范围可以在 -30~100℃ 之间变化。

(4) 基座加热系统。基座加热方式有射频感应加热、辐射加热和电阻加热。在射频感应加热方法中,石墨或碳化硅-石墨基座与射频线圈采用电感耦合方式进行耦合。这种类型的加热,当用于大型工业反应器时,通常是非常复杂的。为避免射频感应加热的复杂性,经常采用辐射加热的方法,石墨基座的加热通过吸收辐射能来实现。基座的温度通过埋入内部的热电偶或高温计来测量。图 6-40 装置用的属于射频感应加热。

(5) 尾气处理系统。尾气处理系统是 MOCVD 装置在安全性方面最为重要的部件。排出的气体中可能含有有毒、自燃、易燃的未反应气体,应根据需要,组合洗涤系统、颗粒过滤器、燃烧盒来清洁排出的尾气。

6.7.2　MOCVD 工艺优化

为获得具有尖锐界面的 III_A-V_A 族半导体材料,MOCVD 的某些参数推荐如下:

(1) 减少卧式反应器的尺寸,保证反应器温度的均匀性,防止反应气体回流;降低工作压力,避免形成新的晶核;在没有对流的情况下,使气体流动处于层流状态,减少"记忆效应"。

(2) 在基座的长度方向,温度应呈梯度分布,以此消除边界层的影响。

(3) 精心设计反应器的几何形状,抑制涡流的发展,避免流动死角的存在,进一步消除"记忆效应"。

MOCVD 生产高质量和厚度均匀的化合物半导体受到若干因素的制约,其中包括集气管和生长室。作为改进薄膜均匀性的方法,集气管必须与维持压力平衡的通风系统相连。另外,气体混合必须在原子水平上进行,以便确保气体分子在基座的长度方向具有足够的均匀性。为此,使用诸如叶片、混合喷射器、喷射管、二氧化硅过滤器板、静止或旋转的多孔层板之类的气体混合装置,可以消除组分的不均匀性。在减压区域,必须防止气流脱离反应器壁,否则将导致再循环和非均匀层的形成。衬底和反应器壁之间的距离要小,以便有足够的能力防止回流的发生。

为避免反应气体消耗殆尽并克服几何因素的影响,可以旋转衬底。该工程问题的另一个解决措施是使晶片托板悬浮在气膜上。为避免气相副反应和改善薄膜质量,某些反应器使用两个分立的进气口。

目前,MOCVD 工艺优化仍有待研究。

6.7.3 MO 源

MOCVD 法是一种利用金属有机化合物热分解反应进行气相外延生长的方法,主要用于化合物半导体气相生长上。在这项技术中,这些可分解的金属有机化合物被用作初始反应物,通常称为 MO 源。适用于 MOCVD 技术的 MO 源应满足以下条件:

(1)在常温下较稳定且易于合成和提纯,容易处理。

(2)在室温下是液态并有适当的蒸气压、较低的热分解温度。

(3)反应生成的副产物不应妨碍晶体的生长,不应玷污膜层。

(4)对沉积薄膜毒性小等。

在 MOCVD 中所用的金属有机化合物大多为烷基化合物,它是用脂肪族碳氢化合物或烷基卤化物与金属反应而制成。这类烷基化合物大都是挥发性的非极性液体。一般情况甲基化合物和乙基化合物分别在 200℃ 和 110℃ 左右分解。MOCVD 所用的金属有机化合物也可从脂环族碳氢化合物和芳香族碳氢化合物来制取。脂环族碳氢化合物的分子结构中包含一个由 5 个 CH_2 基团组成的环状单链,而芳香族碳氢化合物则含有 6 个含碳基团组成的包含双键的环(如苯环),这些化合物大多是挥发性的,化学活性很强,且可自燃。某些情况下和 H_2O 接触可能发生爆炸,有的还有剧毒,使用中应高度重视并严格要求。

目前常用的金属有机化合物(MO 源)见表 6-11。室温下,除了 $(C_2H_5)_2Mg$ 和 $(CH_3)_3In$ 是固体外,其他均为液态。

表 6-11 常用的金属有机化合物(MO 源)

族	金属有机化合物
II_A 和 II_B	$(C_2H_5)_2Be$、$(C_2H_5)_2Mg$、$(CH_3)_2Zn$、$(C_2H_5)_2Zn$、$(CH_3)_2Cd$、$(CH_3)_2Hg$

族	金属有机化合物
III_A	$(C_2H_5)_3Al$、$(CH_3)_3Al$、$(CH_3)_3Ga$、$(C_2H_5)_3In$、$(CH_3)_3In$
IV_A	$(CH_3)_4Ge$、$(C_2H_5)_4Sn$、$(CH_3)_4Sn$、$(C_2H_5)_4Pb$、$(CH_3)_4Pb$
V_A	$(CH_3)_3N$、$(CH_3)_3P$、$(C_2H_5)_3As$、$(CH_3)_3As$、$(C_2H_5)_3Sb$、$(CH_3)_3Sb$
VI_A	$(C_2H_5)_2Se$、$(CH_3)_2Se$、$(C_2H_5)_2Te$、$(CH_3)_2Te$

氢化物是 MOCVD 反应重要的前驱气体,可用来沉积单质元素,如硼和碳。在 MOCVD 工艺中,氢化物与金属有机化合物配合起来用作 III_A-V_A 族、II_B-VI_A 族半导体的外延沉积。许多元素都可形成氢化物,现今,只有不多的几种氢化物用作 CVD 的前驱气体,它们主要是 III_A、IV_A、VI_A 族元素的氢化物。

随着 MOCVD 技术的发展和应用上的需要,发现现有的 MO 化合物已满足不了发展需求,新的 MO 源的开发加速了步伐。新型 MO 源主要有以下几类:

(1) 沉积金属薄膜用的新 MO 源。Pt 薄膜用顺-$[PtMe(MeNC)_2]$ (MeNC 为甲基异氰化物) 和 $[PtMe(COD)]$ (COD 为 1,5-环辛二烯) 在 250℃ 的 Si 衬底上沉积 Pt。如在 H_2 气氛下,Pt 中碳含量可大为降低,沉积温度可降至 135~180℃。Cu 薄膜用 $[Cu(C_5H_5)(PEt_3)]$ (C_5H_5 为环戊二烯基) 源,通过热解激光或激光诱导沉积 Cu 薄膜。Al 薄膜用 $[AlH_3(NMe_3)_2]$ (铝的氢化物的络合物) 作沉积铝的挥发性前置体,沉积铝薄膜。

(2) 沉积氧化物、氮化物、氟化物薄膜用的新 MO 源。用金属醇盐作前置体可以沉积 Al_2O_3、TiO_2、ZrO_2、Ta_2O_3 等氧化物;可用氟化酮沉积制备二价的氟化物;可用 $[AlEt_2(N_3)]$ (叠氮络合物) 和 $[AlMe(NH_2)_2]_3$ (酰胺络合物) 作前置体来沉积 AlN 薄膜;用 $[GaEt_2(N_3)]$ (叠氮络合物) 作 GaN 的前置体沉积 GaN 薄膜;用 $[Ti(C_5H_5)_2(N_3)_2]$ (叠氮络合物) 作沉积 TiN 的前置体沉积 TiN 薄膜。

(3) 沉积化合物半导体材料用新 MO 源。现已经开发出一系列的 III_A-V_A 族和 II_B-VI_A 族化合物半导体的新 MO 源,其中有的替代了烷基群。如在 580~660℃ 外延 InP 用 $InMe(CH_2CH_2CH_2N)Me_2$ 和磷烷。另

外,也可用共价键合的 III_A-V_A 族化合物作单源前置体,如三聚化合物 $[GaEt_2PEt_2]_3$。

6.7.4 MOCVD 沉积的特点

在外延技术当中,外延生长温度最高的是液相外延生长法,分子束外延方法的生长温度最低,而有机金属化学气相沉积法居中,它的生长温度接近于分子束外延。从生长速率上看,液相外延方法的生长速率最大,而有机金属化学气相沉积方法次之,分子束外延方法最小。在所获得膜的纯度方面,以液相外延法生长膜的纯度最高,而有机金属化学气相沉积和分子束外延方法生长膜的纯度次之。总之,有机金属化学气相沉积方法的特点介于液相外延生长和分子束外延生长方法之间。

有机金属化学气相沉积法的最大特点是它可对多种化合物半导体进行外延生长。与液相外延生长及气相外延生长相比,有机金属化学气相沉积有以下优点:

(1)生长温度范围较宽,反应装置容易设计,较气相外延法简单。

(2)可以合成组分按任意比例组成的人工合成材料,形成厚度精确控制到原子级的薄膜,从而又可以制成各种薄膜结构材料,例如量子阱、超晶格材料。从理论上讲,可以通过精确控制各种气体的流量来控制外延层的成分、导电类型、载流子浓度、厚度等特性,可以生长薄到零点几纳米到几纳米的薄层和多层结构。

(3)原料气体不会对沉积薄膜产生刻蚀作用,因此,沿膜的生长方向上,可实现掺杂浓度的明显变化。

(4)可以通过改变气体流量在 $0.05 \sim 1.0\ \mu m/min$ 的大范围内控制化合物的生长速度。

(5)薄膜的均匀性和电学性质具有较好的再现性,能在较宽的范围内实现控制;可制成大面积均匀薄膜,是典型的容易产业化的技术。例如超大面积太阳能电池和电致发光显示板等。

目前,MOCVD 技术还存在以下问题:原料的纯度难以满足要求,其稳定性较差;对反应机理还未充分了解;反应室结构设计的最优化技术有待开发。MOCVD 法的最重要缺陷是缺乏实时原位监测生长过程的技术。最近提出的用表面吸收谱来实现原位监测的技术,虽然由于设备昂贵,还不能广泛应用,但它已为 MOCVD 的原位监测开辟了一条途径。

6.7.5 MOCVD 的应用

目前,MOCVD 已成为多用途的生长技术,日益受到人们的广泛重视。MOCVD 法可以沉积各种金属以及氧化物、氮化物、碳化物和硅化物膜层,可以制备 GaAs、GaAlAs、InP、GaInAsP 等最通用的化合物半导体,也适用于制作 III_A-V_A 族、II_B-VI_A 族化合物半导体材料。然而,MOCVD 所用的设备及金属有机化合物都十分昂贵。因此,只有当要求很高质量的外延膜层时,才考虑采用 MOCVD 方法。具体有以下几方面:

(1) 化合物半导体材料。MOCVD 技术的开发和发展主要就是由于半导体材料外延沉积的需要。

(2) 各种涂层材料。包括各种金属、氧化物、氮化物、碳化物和硅化物等涂层材料。沉积这类材料可以采用常规 CVD 法,但金属氯化物在高温条件下比较稳定,而衬底材料又不能承受 CVD 反应所需的高温,为此,采用 MOCVD 法可在较低工艺温度下制备这些涂层材料。

(3) 光器件。用 MOCVD 法制作的 $Ga_{1-x}Al_xAs$ 系激光器,在临界电流值上与其他方法(如分子束外延)制作的没有差别。在使用寿命上,MOCVD 法制作的 $Ga_{1-x}Al_xAs$ 系激光器的寿命已经接近唯一得到实用的 LPE 激光器的寿命。在长波宽带激光器技术上也有进步,如 GaInAsP/InP 系 MOCVD 激光器的临界电流密度已经达到 LPE 的同等水平。对这些一般的激光器的结构,运用 MOCVD 方法都可精确地控制薄膜的组成和膜厚,并用 MOCVD 方法制备了多量子阱(MQW)激光器。另外,也有用 MOCVD 法制作的 $Ga_{1-x}As/GaAs$ 系太阳能电池的应用实例,其转换效率为 23%,具有 LPE 法制备太阳能电池的最佳性能。

(4) 电子器件。在电子器件上,MOCVD 的膜只限于具有高迁移率的化合物半导体 n 型 GaAs、InP。这类电子器件要求的外延生长层的载流子浓度与膜厚需要精确的控制,如 GaAs 的电子器件,膜厚需要在两个数量级内,而电子浓度要在四个数量级内进行精确控制,MOCVD 法均可在这一范围内满足要求。

(5) 细线与图形的描绘。许多薄膜在微电子器件的应用中,都要求描绘出细的线条和各种几何图形,运用 MOCVD 的 MO 源可在气相或固体中形成的特点,在已知的某些 MO 化合物对聚焦的高能光束和粒子束具有很高的灵敏度,选择曝光法可使已曝光的 MO 化合物不溶于溶剂,而制备出细线条和各种几何图形,用于微电子工业中的互联布线和有关元件。

由此可以看出,MOCVD 要比一般的 CVD 更具有应用的广泛性、通用性和先进性。它在现代表面技术中,随微电子工业发展的要求,一定会得到进一步的发展。

7　离子注入与离子辅助沉积技术

7.1　离子注入的理论基础

7.1.1　离子与固体表面作用现象

具有一定能量的离子束入射到固体表面时,离子与固体中的原子核和电子相互作用,可能发生两类物理现象,其一是引起固体表面的粒子发射,人们利用该现象的原理建立了离子束表面分析技术;其二是离子束中的一部分离子进入到固体表面层里,成为注入离子。利用注入离子可以改变固体表面性能的功能,建立了离子注入材料表面改性技术。离子束入射到固体表面后,其荷能离子与材料相互之间作用的基本过程如下:

(1) 通过非弹性碰撞,材料表面发射出二次电子和光子。

(2) 入射离子被固体材料中的电子所中和,并通过与晶格原子的弹性碰撞被反弹出来,称做背散射粒子。

(3) 一个入射离子可以碰撞出若干离位原子,某些能量较高的离位原子又可能在其路径上撞出若干个离位原子。这种离子碰撞的繁衍像树枝那样随机杂乱地发展着,称为级联碰撞。

(4) 某些被撞出的原子会穿过晶格空隙从材料表面逸出,成为溅射原子。

(5) 入射离子在材料的一定深度处停留下来,其沿材料深度的分布服从统计规律。当入射离子、离子能量、靶材等已知时,入射离子在靶材中的分布可用理论计算得出,或通过某些表面分析方法测定。图7-1给出的是不同能量的氮离子注入钢中的浓度-深度分布曲线。

(6) 离子轰击还诱发材料表层的其他一些变化,包括组分变化、组织变化、晶格损伤及晶态与无定形态的相互转化、由溅射及与其相关的表面物质传输而引起的表面刻蚀和形貌变化、亚稳态的形成和退火等。此外离子轰击也会使吸附在表面的原子或分子发生解析或重新被吸附。

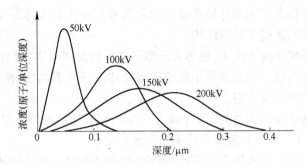

图 7-1 不同能量的氮离子注入钢中的分布

（7）离子轰击对薄膜沉积过程中的晶核形成和生长影响明显，从而能改变镀层的组织和性能。

离子镀、溅射镀膜和离子注入过程中都是利用了离子束与材料的这些作用，但侧重点不同。离子镀着重利用荷能离子轰击表层和生长面中的混合作用，以提高薄膜的附着力和膜层质量；溅射镀膜中注重的是靶材原子被溅射的速率；而离子注入则是利用注入元素的掺杂、强化作用以及辐照损伤引起的材料表面的组织结构与性能的变化。

7.1.2 注入离子与固体的相互作用

离子进入固体表面后，与固体材料内的原子和电子发生一系列碰撞。这一系列碰撞主要包括三个独立的过程：

（1）核碰撞。入射离子与固体材料原子核的弹性碰撞，碰撞后入射离子将能量传递给靶的原子。碰撞结果使入射离子在固体中产生大角度散射和晶体中产生辐射损伤等。

（2）电子碰撞。入射离子与固体内电子的非弹性碰撞，其结果可能引起入射离子激发靶原子中的电子或使原子获得电子、电离或 X 射线发射等。碰撞后入射离子的能量损失和偏移较小。

（3）离子与固体内原子做电荷交换。

离子束与固体相互作用改变了固体表层的组分、结构和性质。离子束与固体作用的基本物理现象可归结为：

（1）离子束穿透固体表面后同固体原子不断碰撞而失去能量，在固体表层形成离子元素的高斯分布；

（2）高能离子和固体原子碰撞和级联碰撞使大量固体原子离位，在固体表层形成缺陷和亚稳结构；

（3）在离子束轰击下，固体表面原子被碰撞离开固体（溅射效应）；

（4）注入离子和固体原子碰撞造成固体原子大量离位，使固体内原子产生输运和交混作用。

注入离子与固体材料原子和电子产生的相互作用具体介绍如下。

7.1.2.1 离子在固体中的慢化和能量淀积

入射离子与固体相互作用后逐渐慢化，即入射离子进入固体靶后，通过与靶物质中的电子和原子相互作用，将部分能量传递给靶原子或电子，逐渐损失它自己的动能，直至将能量耗尽后在靶材料中停留下来，这一过程称为离子在固体中的慢化。从能量转换的角度来讲，离子在所经过的路径上将能量传递给靶原子和电子的过程，称为能量淀积过程。不同类型的入射离子在不同靶材料中淀积能量的速率是不相同的。一般地，对于轻离子淀积的能量平均值为每 0.1 nm 10～100 eV，对于重离子的能量淀积的平均值为每 0.1 nm 1000 eV。当然，入射离子与靶材料的相互作用是很复杂的过程，可分为初级碰撞和次级碰撞两个阶段。初级碰撞是入射离子与固体的相互作用，如图 7-2 所示；次级碰撞是由初级碰撞所引起的反冲原子再与固体的相互作用。在这两个阶段中都涉及离子在固体中的慢化和能量淀积。

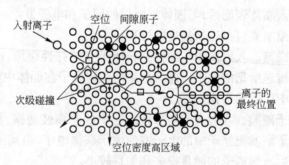

图 7-2 入射离子与固体的相互碰撞作用

注入离子在固体材料内部经多次碰撞后能量耗尽而停止运动，作为一种杂质原子留在固体中。研究表明，离子注入深度是注入离子能量和质量以及基体质量的函数。一个离子从射入固体起到停止所走过的路程称为射程 R，射程在离子入射方向的投影长度称为投影射程 L。具有相同初始能量的离子在工件内的投影射程符合高斯函数分布(如图7-3所示)。因此注入元素在离表面 x 处的体积离子数 $n(x)$ 为

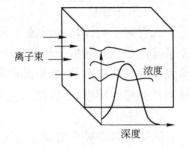

$$n(x) = n_{max} e^{-\frac{1}{2}x^2} \qquad (7-1)$$

式中 n_{max} ——峰值体积离子数。

图 7-3 离子注入浓度
分布示意图

设 N 为单位面积离子注入量(单位面积的离子数),L 是离子在固体内行进距离的投影射程,d 是离子在固体内行进距离的投影的标准偏差。则注入元素的浓度可由式(7-2)求出:

$$n(x) = \frac{N}{d\sqrt{2\pi}} exp\left[-\frac{(x-L)^2}{2d} \right] \qquad (7-2)$$

7.1.2.2 弹性碰撞和非弹性碰撞

在研究入射离子和固体碰撞的类型时,如以动能是否守恒区分,可以分为弹性碰撞和非弹性碰撞两种基本类型。如以能量传递的对象区分,则可分为原子运动和电子运动两种基本形式。

弹性碰撞是指参与碰撞的粒子总动能守恒,在碰撞中不发生能量形式的转化,只是将动能传递给靶原子,引起原子的运动,也称能量淀积于原子运动的过程。

非弹性碰撞是指参与碰撞的粒子在碰撞中总动能不守恒,有一部分动能转化为其他形式,即离子把能量传递给电子,引起电子的反冲或激发,如电离激发等各种电子运动。因此,也称为能量淀积于电子运动的过程。当然,获得了能量的反冲原子或电子又像入射离子一样,把自己所获得的能量相继地又淀积于这两类过程中。

一般情况下,离子通过固体时,上述两类过程会同时发生。在实际中,往往其中某一类过程占主导地位。研究结果表明,当离子能量较高时,非弹性碰撞的淀积过程起主导作用;离子能量较低时,则弹性碰撞起主导作用。

一般离子注入过程的离子能量范围(5~5000 keV)是属于离子能量较低的范畴,弹性碰撞将占优势。因此,在处理时可作为一级近似,先忽略电子阻止的能量损失,然后在必要时再考虑非弹性碰撞的修正。

7.1.2.3　原子移位与移位阈能

A　原子移位

入射离子与固体中的原子弹性碰撞,其结果会产生原子移位现象。原子移位是指入射离子与固体中原子弹性碰撞后,将一部分能量 T 传送给固体中的晶格原子,如果晶格原子从碰撞中获得足够大的能量,则原子将离开晶格位置进入"间隙",这种现象被称之为原子移位。

B　移位阈能

固体材料中被入射离子碰撞的原子要发生原子移位必须获得的最小能量,称为移位阈能(E_d)。

一般而言,离子在与晶格原子的碰撞中,会出现两种现象:一种是如果在碰撞中传递给晶格原子的动能 T 小于 E_d 时,被撞击的原子仅仅发生围绕晶格原子平衡位置的振动,没有离开晶格位置被撞击的原子所产生的振动能,将传送给邻近原子而宏观地表现为热能。另一种现象是 T 大于 E_d 时,被撞击的晶格原子可能越过势垒而离开晶格位置成为移位原子进入"间隙"状态。

关于移位阈能确切数值的计算是比较复杂的,它不仅与固体的性质有关,而且与晶格原子反冲方向有关。换言之,在某些方向发生移位比较容易,而另一些方向比较困难。为此,各国学者对移位阈能做了许多实验和理论探讨,至今较一致的观点认为,移位能量是两部分能量之和。一部分是断键能量(如化学键),其数值等于原子键合能量;另一部分是要克服势垒所做的功。必须指出,克服势垒所做的功与反冲方向有关。为了更明确其概念,现做如下的分析:图7-4 表示入射离子碰撞晶格原子的移位情况。图7-4(a)左下角的晶格原子由于碰撞而获得动能(图中给出了被撞击原子沿三个典型的不同方向位移,即(111)、(100)、(110)方向)。图7-4(b)给出了被撞击原子沿(111)方向位移的势能曲线。当原子处于平衡位置时,势能最低(以 E_{eg} 表示);原子逐渐远离平衡位置,总势能逐渐增大至最大值(以 E_d 表示),这个位置称为鞍点。原子到达间隙位置时,势能保持一定值。图7-4(b)还表示出被撞击原子能量和沿(111)方向的位置的函数关系。由图可见,原子离开晶格位置成为移位原子时,必须有一部分能量克服势垒。

R. V. Jan 等人通过拟合辐射损伤数据,得到了铜的移位阈能(见表7-1)。

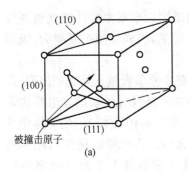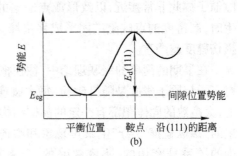

图 7-4 高速粒子撞击晶格原子产生的原子移位

表 7-1 铜的移位阈能

移位方向	移位阈能/eV
$E_d(100)$	15.34
$E_d(111)$	70.52
$E_d(110)$	31.15

由以上讨论分析可见,移位阈能和反冲原子方向是密切相关的。通常所说的移位阈能仅是一个平均值。按照 S. B. Hemment 等人 1970 年的研究成果认为,硅的移位阈能为 22 eV。在离子注入技术应用领域内,对于一般材料,取 25 eV 为移位阈能的平均值比较恰当。

7.1.2.4 级联碰撞

在离子注入到固体靶中的初次碰撞中,被入射离子撞出的晶格原子,称为初级撞出原子(初级反冲原子),相继产生的移位原子,称为次级撞出原子(高级反冲原子)。

在离子注入技术的实际应用中,初级撞出原子从初次碰撞所获得的冲击能量远远超过移位阈能,因此,它会继续与晶格原子碰撞,再产生反冲原子。这种不断碰撞的现象称为"级联碰撞"。

在"级联碰撞"过程中,由于入射离子与固体中的原子碰撞,产生初级撞出原子以及相继的次级撞出原子,这样在原来的晶格位置上会出现许多"空位",形成辐射损伤。因此,这种碰撞级联的扩展对于辐射损伤的关系极为密切。当级联碰撞密度不大时,会产生许多孤立的、可分开的点缺陷。由于碰撞后平均能量下降,碰撞截面变得很大,以致二次碰撞之间平均自由程很小,实际上等于邻近原子的间距。因此,产生的空位或间隙原子彼此非常接近,以致形成点缺陷的结团。当高密度的级联碰撞发生时,高密度的点缺陷结团形成移位峰。可见,级联碰撞扩展越大,辐射损伤程度越严重。

在早期的简单的级联理论中,往往把靶中原子看做是无规则排列,入射离子与原子碰撞是随机碰撞,每次碰撞之间是没有关联的。但是实际上,大多数的固体靶都有一定的晶体结构,而在具有晶体结构的固体中发生的"级联碰撞"会产生聚焦现象和沟道效应。因此级联碰撞与晶体结构的关系是密切的、不容忽略的,只有在一定条件下才允许忽略晶体结构。

有规则的原子排列将迫使相继的碰撞之间存在方向关联,即能量动量传递会集中到依次排好的一排原子的方向上,这就是"聚焦"效应。我们来考察级联碰撞过程中的动量传递。设两个硬球半径为 R 的全等原子碰撞(参见图 7-5),开始时其间距为 D,第一个原子的动量方向为 AP,其方向与第二个原子的中心连线之间夹角为 θ_1,当其中心到达 P 时,与第二个原子发生碰撞。假定这种碰撞是硬球碰撞,则第二个原子将沿着 PB 方向运动,其运动方向与 AB 面夹角为 θ_2。

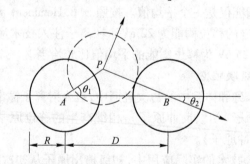

图 7-5　半径为 R,间距为 D 的两个原子间的简单碰撞

如果将上述讨论扩大到一排原子的碰撞,如图 7-6 所示,并仍假设硬球半径为 R,则具有等距间隔 D 的一排"硬球"原子将发生级联碰撞。现令第一个原子开始运动的方向与原子中心连线之间夹角为 θ_0,第一次碰撞后反冲原子的反冲方向与中心线的夹角为 θ_1,以后各级联碰撞的反冲方向与中心线的夹角依次为 θ_2、θ_3、$\cdots$、θ_n。可以看到,只要原子半径 $R > D/4$,则 $\theta_0 > \theta_1 > \cdots > \theta_n$,反冲角将渐渐变小,直至 $\theta_i = 0$。这时的碰撞将是对头碰撞。在这种条件下,动量将集中到中心连线上。正因为如此,

这样一排关联碰撞被称为聚焦碰撞系列。可见当入射离子与有晶格结构的一排原子碰撞后，必然在晶体有序结构中产生聚焦效应，而聚焦效应将影响移位原子数和移位原子的原始分布。实际上，当考虑聚焦效应后，移位原子数比假设无规则排列计算的结果要小，"聚焦"的沟道原子运动的距离将长于预期的随机碰撞的距离。

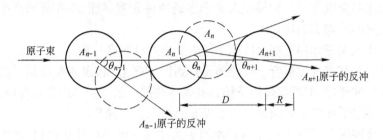

图 7-6 聚焦碰撞单列

7.1.2.5 沟道效应和辐照损伤

高速运动的离子注入金属表层的过程中，与金属内部原子发生碰撞。由于金属是晶体，原子在空间呈规则排列。当高能离子沿晶体的主晶轴方向注入时，可能与晶格原子发生随机碰撞，若离子穿过晶格同一排原子附近而偏转很小并进入表层深处，则把这种现象称为沟道效应。显然，沟道效应必然影响离子注入晶体后的射程分布。实验表明，离子沿晶向注入，则穿透较深；离子沿非晶向注入，则穿透较浅。实验还表明，沟道离子的射程分布随着离子剂量的增加而减少，这说明入射离子使晶格受到损伤；沟道离子的射程分布受到离子束偏离晶向的显著影响，并且随着靶温的升高沟道效应减弱。

离子注入除了在表面层中增加注入元素含量外，还在注入层中增加了许多空位、间隙原子、位错、位错团、空位团、间隙原子团等缺陷。它们对注入层的性能均有很大影响。

具有足够能量的入射离子或被撞出的离位原子与晶格原子碰撞，晶格原子可能获得足够能量而发生离位，离位原子最终在晶格间隙处停留下来，成为一个间隙原子，它与原先位置上留下的空位形成空位—间隙原子对，这就是辐照损伤。只有核碰撞损失的能量才能产生辐照损伤，与电子碰撞一般不会产生损伤。

辐照增强了原子在晶体中的扩散速度。由于注入损伤中空位数密度比正常的高许多,原子在该区域的扩散速度比正常晶体的高几个数量级。这种现象称为辐照增强扩散。

7.1.2.6 离子注入混合作用

注入离子和固体原子碰撞造成固体原子大量离位,使固体内原子产生输运和交混作用。如果注入离子穿透两种元素界面,将在界面产生两种元素的均匀交混层。

注入离子作用下使固体原子产生混合的机制有三种:

(1)初级反冲混合。高能离子打到固体靶上,和固体表层原子发生直接反冲碰撞,而把固体原子输运到固体内部。如果固体内存在界面,那么反冲原子传送过界面就产生了界面两侧原子的混合。

反冲混合实际上是固体表面原子反冲注入的单向输送过程,理论上考虑最简单情况是最外层材料足够薄,以至于可以忽略通过它对入射离子能量造成损失。

(2)级联碰撞混合。入射离子和固体原子不断碰撞而失去能量,在重离子射程末端处可在每 0.1 nm 距离上沉积上千电子伏能量,沉积的能量使固体内的原子发生位移。如果这些位移原子从离子上获得能量超过固体内原子位移能时,则又可进一步与其固体原子碰撞引起其他原子位移,形成级联过程。级联过程产生大量原子位移,如果此过程发生在两种元素界面,将会引起界面层混合,这种混合称为级联混合。这种混合过程绝非热扩散引起,而是由于原子碰撞多次离位累积结果,是随机过程,这种原子离位是各向同性的。

(3)辐照增强扩散混合。离子轰击固体表面形成大量非平衡点缺陷,它们中有一些间隙和空穴被复合掉,有一些空穴聚焦形成空位团,有一些和杂质原子联合形成复合体。离子束轰击后由于这些杂质、缺陷或复合体各自总体浓度梯度存在,在一定温度下就会出现热激活扩散。杂质扩散由于非平衡空穴存在而增强。复合体扩散和扩散的空穴流夹带着杂质原子流动,从而形成辐照时原子热扩散离位输运的复杂现象。

以上三种离子束引起的固体原子混合过程有以下特点:

(1)反冲混合、级联混合是不依赖于温度的碰撞离位过程,在低温下可占主要地位。辐射增强扩散混合则是依赖温度的热扩散离位过程,在较高温度时占主要地位。

（2）与碰撞效应(一般发生在 10^{-13} s)相比增强扩散出现在较长的时间尺度上。

（3）从输运方向看,反冲混合是单向过程,级联混合是各向同性的,而辐照增强扩散方向则完全是由扩散元素与点缺陷作用不同因素所决定的。

7.2 离子注入设备

离子注入表面处理是将某种元素的蒸气通入电离室电离后形成正离子,将正离子从电离室引出进入高压电场中加速,使其得到很高速度后而打入放在真空靶室中的工件表面的一种离子束加工技术。

离子注入机按能量大小可分为低能注入机(5~50 keV),中能注入机(50~200 keV)和高能注入机(0.3~5 MeV)。根据束流强度大小可分为低束流、中束流注入机(几微安到几毫安)和强束流注入机(几毫安到几十毫安)。强束流注入机适合于金属离子注入。按束流工作状态可分为稳流注入机和脉冲注入机。按类型可分为:质量分析注入机(与半导体工业用注入机基本相同),能注入任何元素;工业用气体注入机,只能产生气体束流;等离子源离子注入机,主要是从注入靶室中的等离子体产生离子束。目前,国外最新研制的强氮离子注入机,其束流强度达 30 mA,靶室直径达 2.5 m,可用于大型机器部件的氮离子注入。

图 7-7 给出了气体离子注入设备基本结构,离子注入设备的基本组成部分为:离子源、聚焦系统、加速系统、分析磁铁、扫描装置和靶室。离子源的基本作用是用它产生正离子。将气体或金属蒸气通入电离室,室内气压维持在 1 Pa 左右,电离室是不锈钢做成的,电离室外套上一个电磁线圈,通过该线圈将磁场引入放电室,从而增强电离放电。放电室顶端加上一个正电位,另一端有一个孔径为 $\phi 1 \sim 2$ mm 的引出电极,该电极为负电位。在离子源中被电离气体中的正离子在这个电场中运动,通过引出孔进入到离子会聚透镜中聚焦和加速获得高能量。被加速的离子束经过分析磁铁分选后,将一定质量/电荷比的离子选出。经过纯化的离子束通过扫描机构使离子均匀轰击置于靶基架的工件表面上。

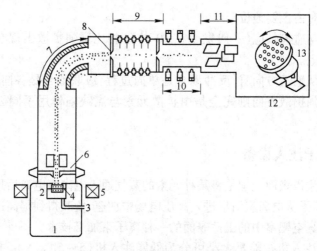

图 7-7 离子注入设备原理图

1—离子源；2—放电室（阳极）；3—注入气体；4—阴极（灯丝）；5—磁铁；
6—离子引出/预加速/初聚；7—离子质量分析磁铁；8—质量分析缝；9—离子加速管；
10—磁四极聚焦透镜；11—静电扫描；12—靶室；13—可转动或移动的工件基架

注入离子的数量可用一台电荷积分仪来测量。注入离子深度的控制是通过改变电压来实现的，而注入离子的选择则是靠改变分析磁铁的电流来实现。

离子注入设备的各个组成具体介绍如下：

（1）离子源。离子源的基本作用是产生正离子。其作用为将所需注入元素的原子引入到放电室电离，再将正离子从放电室引出形成离子束。

（2）初聚系统。离子束从离子源引出后呈发散状，由于引出束的发散角很大，为了减少离子束流在行进中的损失，提高离子的注入效率，通常在引出束后面紧接着设置圆筒电极或圆片电极的双圆筒聚焦透镜或单透镜，借以实现对离子束的聚焦。

（3）加速系统。被聚焦的离子束进入到具有很高负电压的加速电极处而被加速。为了提高注入离子的能量这一步骤十分重要。图 7-7 中的加速电极是由数个圆盘构成的，这种电极可使离子能量加速到 100 ~ 200 keV，为提高离子加速能量可以采用几组加速电极。

（4）聚焦系统。经过加速的离子束，其散射角明显增大，在经过分析磁铁前后都要再次聚焦,这组聚焦系统可以和分离磁铁前后匹配,从而减少离子的损失。这组聚焦系统通常采用四极透镜组。

(5)质量分析系统。质量分析系统的作用是将所需要的离子分选出来,使其他离子分离掉。质量分析系统由分离磁铁和一组光栏构成。一束正电离子束垂直射入磁场强度为 B 的磁场内,质量 M 不同的入射离子,当速度为 v 时,以不同的半径 r 做圆周运动,则有

$$r = \sqrt{\frac{2M}{qB^2}} \qquad (7\text{-}3)$$

式中 q——离子所带电荷量。

由于不同质量的离子所走的半径 r 不同,因此调整 B 则可选择一定质量的离子走 r 路径从磁铁出口处引出,其他质量的离子则不能通过磁场而被过滤掉。金属离子注入一般不设分离系统。

(6)扫描系统。离子束流的束径一般只有几毫米,而且其横截面的束流分布不均匀。为了克服由于离子束能量集中于工件的某一部位(可引起工件局部表面温升并产生不利影响),保证离子能够大面积注入、提高表面注入元素分布的均匀性,则必须使离子束进行扫描。从质量分析系统中引出的离子束进入扫描系统,在束的两个垂直方向加交变磁场或电场,使离子束在两个不同方向上扫描注入到靶子上,这种扫描称为电(或磁)扫描,也可使注入样品或工件沿两个垂直方向移动,称为机械扫描。将上述两种扫描方式相结合则称为混合扫描系统。对金属离子注入通常采用机械扫描系统。

(7)靶室。注入靶室是装载注入工件的装置。对靶室的要求是:装载的样品数量多、更换样品速度快,有利于开展多方面的研究工作。根据需要,靶室可设计成能实现高温、低温及不同角度的注入。

(8)真空系统。由于离子束必须在真空状态下进行传输,因此必须保证离子注入机有足够高的真空度,否则离子就会同空气的分子发生碰撞而被散射或被中和掉。一般来说,系统的工作真空度要求高于 1×10^{-3} Pa。通常,一台较大型的离子注入机需设有两套以上的抽气机组以保证离子注入机有足够的真空度。真空抽气机组应分别设在离子源、磁分析器和靶室等处,而且真空机组应采用无油真空系统,以保证离子束流的纯度和注入效率。

7.3 强束流离子源

强束流离子源是离子注入机中最重要的部件,它决定了离子注入机所能提供的注入元素,也决定了离子注入机的用途。适用于离子注入设备所用的强束流离子源有很多种,见表7-2。在强束流离子源中,除潘宁源外都可使用气体和固体作为工作介质,其中束流强度可达到毫安数量级的只有金属蒸气真空弧放电(MEVVA)离子源,MEVVA 离子源特别适用于金属离子注入的研究和开发,可以引出二三十种金属离子,而其余离子源仅能获得少数几种金属离子束。

表7-2 强束流离子源

离子源种类	总离子束流 /mA	工作介质
高频放电离子源	0.1 ~ 10	气体、固体
双等离子体离子源	1 ~ 100	气体、固体
宽束潘宁离子源	10 ~ 100	气 体
溅射离子源	0.1 ~ 10	固 体
考夫曼离子源	0.1 ~ 50	气体、固体
MEVVA 离子源	1 ~ 50A/脉冲	金属、固体

7.3.1 强束流离子源主要设计参数

强束流离子源的主要设计参数有:

(1)离子源产生的离子种类。根据工作的要求来确定所需要的离子源。对于半导体材料的注入,主要是用磷、砷、硼等离子;而对于金属的表面处理,则往往需要用 N_2、Ar 及其他金属离子。随着离子注入技术的迅速发展,所选用的注入离子种类也越来越多,因此,要求离子源能产生出多种元素的离子束。

(2)离子束电流强度。离子束电流的大小直接影响着注入速度的快慢。为保证生产效率,用于生产中的离子注入机,其离子源引出的离子束流强度,一般应在几百微安到毫安级。

(3)引出束流的品质。从离子源引出的离子束,一般需要经过质量分析器和加速聚焦等很长的路径,才能到达靶室。如果引出的束流品质不好,将会给以后的质量分析器和加速聚焦等带来困难,导致束流在传输过程中有较大的损失,并且注入试样上的离子分布也难于均匀,因此保证引出良好的束流品质是十分必要的。

束流品质包括以下两个方面的内容:

1)束流的发散度。一般用从离子源中引出的离子束在最小截面处所具有的直径和束内离子最大散角来表示。散角是指离子前进方向与束流轴线之间的夹角,即

$$\alpha = P_{rmax}/P_z \tag{7-4}$$

式中 P_{rmax}——离子的最大径向动量;

P_z——离子轴向动量。

引出束流的直径越小,说明该束流越易于聚焦和传输。

2)离子能量分散度。从离子源引出的每一个离子能量并不完全一样。在离子束内,各离子之间存在着的最大能量差 ΔE 称为离子束的能量分散度,它的大小一般由离子源的游离方式以及由源的波动等因素来决定。束流的能量分散度会给束流聚焦和质量分选造成困难。因此,希望离子源的 ΔE 值越小越好。

(4)离子源的寿命。离子源在其工作一段时间之后,它的某一部件就会损坏或出现故障不能继续工作,这时必须重新更换部件和维修。离子源正常工作的时间累积称为离子源寿命。一般,离子源的寿命在几十小时到几百小时之间,寿命越长越好。

(5)离子源的效率。离子源效率包括离子源气体利用率(即源引出的束流强度与它所消耗的气体量比)、功率利用率(即源的束流强度与它所消耗的功率比)和引出束流中有用离子的含量(即引出束流中包含所需元素的束流强度与总束流之比)等。此外,源的结构复杂程度、稳定性及可靠性等也都是考虑的因素。

任何一个离子源并非必须完全具备上述的各项要求,在选择离子源时,应该根据离子源的工作目的,针对需要的主要指标来选型及设计。

7.3.2 强束流离子源的分类

按离子产生的方法,离子源主要有以下三个类型:

(1)电子碰撞型(空间电离型)。这种离子源是利用电子与气体或蒸气的原子相碰撞而产生等离子体。然后从等离子体中引出离子束,因此也称等离子体离子源。放电的形式有电弧放电和高频放电等,现在多数

离子源属于这种类型。

(2) 表面电离型。表面电离离子源结构简单,它避免了空间电离型需要向真空系统输入气体并要配备差分抽气才能保证分析室有良好真空度的困难。同时表面电离离子源单色性好,如果采用碱金属盐,由于其电离电位低,可使表面分析具有较高的灵敏度。因此,表面电离离子源可广泛地应用于 SIMS、ISS 等离子谱仪,并可应用于离子注入、离子与表面相互作用的各种基础研究中。以下具体介绍其工作原理及发射体材料。

1) 工作原理。如果电离电位较低的元素的气体原子或分子与灼热的且具有较大功函数的金属表面相碰撞时,其中的一部分原子会失去一个电子而成为离子,并飞离金属表面,这种现象称为表面电离,可表示如下:

$$M \Longrightarrow M^+ + e$$

表面电离产生的离子流可由式(7-5)求得

$$I^+ = A\exp\left[-\frac{e(V_i - \phi)}{KT}\right] \tag{7-5}$$

式中　ϕ——发射体的功函数;

　　　V_i——发射离子的第一电离电位;

　　　K——玻耳兹曼常数;

　　　A——比例常数。

根据这一原理即可制成表面电离源。

2) 发射体材料。发射基体应是具有高逸出功的高熔点金属,如钨和钽。在耐熔金属上涂覆适当的碱金属盐类可构成最简单而实用的表面电离离子源。碱金属的电离电位最低,因此它们最易于表面电离。钾是除铯之外具有最低电离电位的碱金属,而铯由于蒸气压太高而难以应用。

表面电离离子源的缺点是离子源密度较低、寿命较短。

(3) 热离子发射源。它是利用从高温固体表面发射热离子的原理而制作的离子源。当加热具有分子式 $Al_2O_3 \cdot nSiO_2 \cdot M_2O$ (M = Li、Na、K、Pb、Gs)的碱铝硅酸盐时,就会产生很强的碱金属离子束。

电子碰撞型离子源应用最广泛,主要有考夫曼离子源、双等离子体离子源、潘宁离子源、高频离子源等,其中双等离子体离子源、潘宁离子源、高频离子源等常用于离子注入机中。

7.3.3 双等离子体离子源

双等离子体离子源具有发散度低、引出来束流强度大、电离效率高等优点。双等离子体离子源的结构如图 7-8 所示,由热阴极 4、中间电极 2 和阳极板 6 以及产生辅助磁场的线圈等组成。引出系统由阳极等离子体膨胀杯和引出电极构成。图 7-9 是双等源供电示意图。

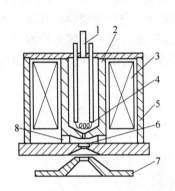

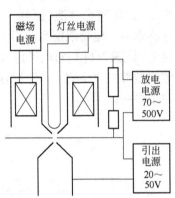

图 7-8 双等离子体离子源结构示意图

1—进气口;2—中间电极;3—磁铁线圈;4—热阴极;
5—导磁环;6—阳极板;7—引出电极;8—膨胀杯

图 7-9 双等源供电示意图

双等离子体源为热阴极直流放电,将所需种类的气体原子或固体经气化的原子通入放电室,使放电室内的气体压力保持在 1 Pa 左右。电子从炽热灯丝(阴极)发射出来,在起弧放电电源电场的加速作用下,获得足够的能量后与气体原子碰撞,引起气体原子激发与电离而起弧放电。双等离子源的几个放电区如图 7-10 所示。图 7-11 是放电区的电势分布。从阴极发射出来的电子,首先是经过阴极位降区,阳极和中间极之间的电压大部分降在这一区域。电子通过阴极电压降区加速后,开始与原子碰撞形成等离子体,在靠近阴极区域,经加速的电子分布很分散,能量也比较低,因而这区域的等离子体密度较低。由于等离子体内的电场强度随放电室的半径减小而增加,使得电子在中间电极孔内又获得能量,在孔内产生了高密度的等离子体,并由中间电极孔向中间电极内扩散。于是在中间电极孔的入口处形成了一个"等离子体泡","等离子体泡"内活跃的电子向密度较低的等离子区扩散,使等离子区的分界处形成一个双电荷层:靠"等离子体泡"的一侧是正电荷层,另一侧是负电荷层,我们把它称做"第一电荷双层"(见图7-10)。电荷双层对来自阴极的电子起到了加速和聚焦的作用,强化了这一区域的电离,实现了对等离子体的第一次压缩。被"第一电荷双层"聚成一束的电子流,通过中间电极孔进入阳极区域。在这区域由于中间电极和磁感应线圈形成了非均匀磁场,且由于强磁场的压缩,阳极孔形成高密度的等离子体。这一区域的等离子体密度比"等离子体泡"更强,因此在这里又形成了一个电荷双层,我们把它称做第二电荷双层区。阳极和中间极间的电压主要降落在这一电荷双层上(见图7-11),对电子再次起到加速作用。这一区域对等离子体的压缩叫做第二次压缩。由于存在两次压缩,因此双等离子体离子源的电离效率很高。

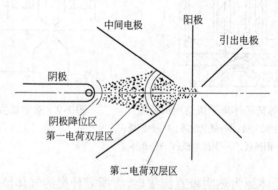

图 7-10   双等源的放电模型

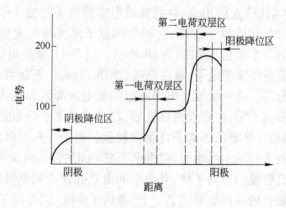

图 7-11   双等源的电势分布

7.3.4 潘宁离子源

潘宁离子源具有工作稳定可靠、电源简单、束流调节方便等优点。广泛应用在离子注入机上。

7.3.4.1 工作原理及结构

潘宁离子源的工作原理如图7-12所示。它是靠离子轰击阴极表面产生的次级电子维持放电。阴极材料可采用钼、钽、石墨和硼化镧（LaB_6）等。阳极筒用石墨制成，轴向磁场是由铝镍钴磁钢所产生的，其强度是固定的，可达0.08T。

当阴极和阳极之间的放电电压 V_a 超过起辉电压时，在充有低气压的放电室里就产生辉光放电，形成等离子体。在工作真空度为 1～2 Pa 时，起辉电压约为 400 V。在放电电流为 50 mA 时，放电电压不超过 800 V。

引出系统的发射孔径为 2～2.7 mm，引出电极与离子发射孔之间的距离为 1.5～3 mm，引出电压 V_e 为 10～20 kV。这种源的具体结构如图7-13所示。

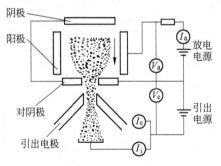

图 7-12　冷阴极潘宁源
工作原理示意图

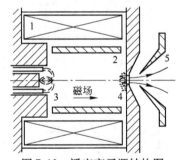

图 7-13　潘宁离子源结构图
1—磁场线圈；2—阳极；3—阴极（钨丝和软钢磁极）；4—对阴极（软钢）；5—引出电极

7.3.4.2 工作特性

采用冷阴极和永磁钢的冷阴极潘宁离子源的可调参数有放电电压 V_a、工作气压 p 和引出电压 V_e。放电电压 V_a 与工作气压 p 决定了放电状态，引出电压 V_e 决定了离子束的引出。下面分别介绍它们对源工作特性的影响。

A 放电电压 V_a 与工作气压 p 的影响

参数 V_a 与 p 决定了放电电流 I_a 的大小，I_a 增大表明放电功率增大，也等于提高等离子体的密度。在一定的工作气压下，I_a 随 V_a 的变化曲线如图 7-14 所示。从图中看到 I_a 随 V_a 增大而迅速提高，对应于一定的 I_a 数值，在较低的 p 值下，需要较高的 V_a 值。

本源的最佳工作气压为 $1 \sim 2$ Pa。当气压低于 10^{-1} Pa 时，放电电压将很高，放电变得不稳定；工作气压过高，电离效率变低。

B 引出电压 V_e 的影响

在固定的引出电压 V_e 下，离子束流 I_i 随放电电流 I_a 的变化曲线如图 7-15 所示。而在固定的放电电流 I_a 的情况下，吸极电流 I_e 和引出的离子流 I_i 随 V_e 的变化曲线如图 7-16 所示。可以看到，当 V_e 增加到某一值时，I_e 出现峰值。I_e 峰值所对应的引出电压称为临界电压 V_{er}。从 V_{er} 随 I_a 的变化曲线（见图 7-17）可以看到，V_{er} 随着 I_a 的增加而提高。显然，在临界电压附近，吸极电流很大，引出系统难于正常工作。对于一定的引出电压 V_e，应当调节 I_a 值，使 V_e 小于 V_{er} 值。

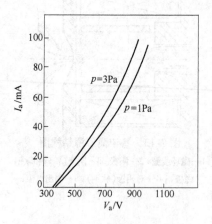

图 7-14 放电特性曲线

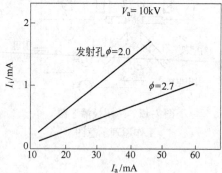

图 7-15 引出束流与放电电流的关系

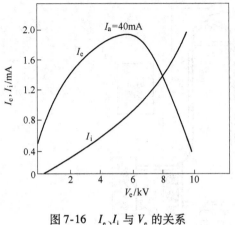

图 7-16　I_e、I_i 与 V_e 的关系

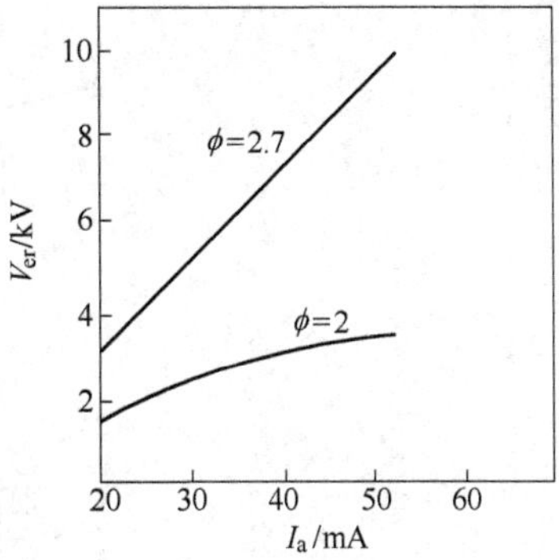

图 7-17　临界引出电压与
放电电流的关系

7.3.4.3　离子源的寿命

潘宁离子源的工作寿命较长,每次可连续工作(稳定)十几小时,使用几个月后,只需要换易损元件。如图 7-17 所示,如果 V_{er} 与 I_a 的关系调节不好,将影响离子源的寿命。主要因素是阴极溅射使发射孔扩大和阴极表面出现凹坑,影响放电和引出;另一原因是阳极绝缘子的玷污,使阴极和阳极间短路。本源引出的总束流强度可达 2 mA。

7.3.5　高频放电离子源

高频放电离子源具有工作寿命长、功率小(约为 100 ~ 500 W)的特点,其结构如图 7-18 所示。将所需引出的气体原子或金属蒸气通入石英放电室,室内气体压力为 1.0 Pa,在放电室外有一高频线圈,使放电室内保持 10 ~ 100 MHz 的高频场,从而导致放电室内的气体电离。放电室顶端是阳极,在阳极上加正电压(3 kV),在放电室下部有 $\phi 1$ mm 的小孔作为引出电极,当放电室内放电而出现等离子体后,在阳极上加正电压,从而使等离子体内的正离子从引出电极小孔中引出而形成离子束。

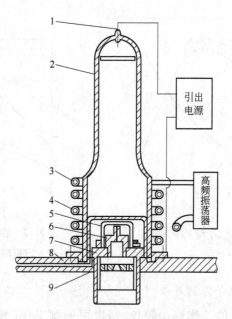

图 7-18　高频离子源结构图

1—阳极探针；2—放电室；3—感应线圈；4—大屏蔽罩；5—小屏蔽罩；
6—引出电极；7—引出电极底座；8—进气管路；9—光栏

7.3.6　金属蒸气真空弧放电(MEVVA)离子源

　　金属蒸气真空弧放电(MEVVA)离子源是 1985 年由美国人布朗设计和研制的,为金属离子注入的材料改性提供了较好的技术支撑和潜在的应用前景。MEVVA 源在金属离子注入中注入的金属离子纯度高、效率高,引出束流中多电荷的比例大,注入的金属离子种类多,它可以引出 20~30 种金属离子。其束流强度最大为 50 A/脉冲,平均束流强度可达几十毫安。它是目前在金属材料表面改性领域具有潜在应用的一种离子源。

　　MEVVA 源属于冷阴极弧放电离子源,其原理和结构如图 7-19 所示。把所需注入的金属制成放电阳极,装入放电室内,通入 10 Pa 的氩气。多孔的阴极上加负电压,通过一个触发电极起弧、放电电流达几十安,经放电把阳极金属原子蒸发到放电室中,并引起电离室气体电离。起弧后在阳极上形成高温斑点,并在阳极上运动,维持持续放电,电离后的金属原子从阴极孔引出。

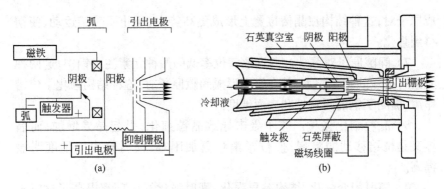

图 7-19 MEVVA 脉冲金属源

（a）原理图；（b）结构图

7.4 离子注入表面改性机理

离子注入表面改性机理主要有以下几种：

（1）离子注入提高材料表面硬度、耐磨性和疲劳强度的机理。其主要原因是：

1）超饱和离子注入和间隙原子固溶强化使注入层体积膨胀、注入层应力增大，阻止了位错运动，提高了材料表面硬度和抗磨性能。

2）超饱和离子注入和替位原子固溶强化改善了材料表面的耐磨和抗氧化性能。如注入超饱和的 Y 离子，可使不锈钢的抗磨损寿命提高 100 倍，并具有抗氧化性能。

3）析出相的弥散强化。如注入非金属元素，其与金属元素形成各种氮化物、碳化物、硼化物的弥散相，这种硬化物的析出效果使材料表面硬度提高、耐磨性增强。

4）高的位错强化。如把 Ti 离子注入 H13 钢中，形成了高密度的位错网，同时还在位错网中出现析出相，这种位错网和析出相使材料表面硬度和耐磨性得到提高。

5）位错钉扎。大量的注入杂质聚集在因离子轰击产生的位错线周围，形成柯氏气团，并在位错上形成许多位错钉扎点，阻止位错运动，改善了抗磨性能。

6）替位原子与间隙原子对强化，可阻止位错、提高材料的表面硬度和耐磨性。如 N、C、B 离子注入钢中，这些小尺寸的原子易与 Fe 原子形成原子对,这种结构在晶格位置上形成更高势垒,阻止了位错运动,使钢得到强化。

7)间隙原子对强化。若选取替位率低的两种元素注入钢中,这两种元素有很强的化合能力,并在钢中形成间隙原子对,这种结构强化了位错作用,提高了钢的耐磨性和表面硬度。

8)晶粒细化强化。离子轰击导致晶粒细化,引起晶界增加,而晶界又是位错移动的障碍,使位错消移更加困难,使材料表面硬度明显提高。

9)辐射相变强化、结构差异强化、溅射强化等机理都提高了材料表面的耐磨性能。

也有研究者认为,耐磨性能提高主要是离子注入引起摩擦系数降低。还有人认为与磨损粒子的润滑作用有关。如 Mo、W、Ti、V 离子和 C 离子双注入进钢中,Sn、Mo + S、Pb 注入到钢中都可使摩擦系数明显降低,形成自润滑。分析得出离子注入表面磨损碎片比没有注入的表面磨损碎片更细,接近于等轴晶态,不是片状,因而改善了润滑性,提高了耐磨性能。

(2)离子注入改善材料疲劳性能的机理:

1)离子注入所产生的高损伤缺陷阻止了位错的移动,形成可塑性表面层。

2)由于注入离子剂量的增长,更多的离子充填到近表面区域,使表面产生的压应力可以压制表面裂纹的生产,因而延长了材料的疲劳寿命。

(3)离子注入提高材料表面耐腐蚀性能的机理。离子注入后材料表面的耐腐蚀性能得到提高,其原因主要是:

1)注入元素改变材料的电极电位,改变阳极或阴极的电化学反应速率,从而提高了材料的抗蚀特性。

2)离子注入元素在材料的表面形成稳定致密的氧化膜,从而改变了表面的性能,提高了材料表面的耐蚀性能。

3)离子注入使一些不互溶的元素形成表面合金、亚稳相合金、非晶态合金,从而提高了材料表面的耐蚀性能。

(4)离子注入提高材料抗氧化性能的机理:

1)离子注入元素在晶界富集,阻塞了氧的短程扩散通道,把 Sr、La 或 Eu 注入钛材料可快速扩散 50 μm 深,填充了晶界,形成 $SrTiO_3$、$LaTiO_2$

或 $EuTiO_3$,填塞了氧原子通道,从而防止了氧进一步向内扩散。研究用 Ba 离子注入钛合金,形成 $BaTiO_3$;Y 离子注入高铬钢形成 $YCrO_3$,抗氧化能力得到极大提高。

2)离子注入形成致密的氧化阻挡层,如 Al_2O_3、Cr_2O_3、SiO_2 等氧化物形成致密薄膜,其他元素难以扩散通过这层薄膜,从而起到抗氧化的作用。

3)离子注入改善了氧化物的塑性,减少了氧化产生的应力,防止了氧化膜的开裂。

4)离子注入元素进入氧化膜后,改变了膜的导电性,抑制了阳离子向外扩散,从而降低了氧化速率。

7.5 离子注入技术的特点

离子注入技术具有以下的特点:

(1)离子注入技术最重要的一个特点是原则上任何元素都可以注入到任何基体金属之中,元素种类不受冶金学的限制,引进的浓度也不受平衡相图的限制。

离子注入的金属表面可以形成平衡合金、高度过饱和固溶体、亚稳态合金及化合物、非晶态,并可形成用通常方法难以获得的新的相及化合物。离子注入通过级联碰撞、离位峰、热峰等机制使注入层晶格原子发生换位、混合,产生密集的位错网络,同时注入原子与位错的交互作用使位错运动受阻,注入表层得到强化。尽管离子注入到金属表层的初始深度很浅,通常为 $0.1\ \mu m$ 左右,但离子注入常表现出一种神奇的性能,即它能使金属表层所产生的持续耐磨损能力达到初始注入深度的 $2\sim3$ 个数量级。

离子注入形成的表层合金不受相平衡、固溶度等传统合金化规则的限制。比如铜和钨即使在液态下也难以互溶,但用 W^+ 注入银可得到 1% 钨在铜中的置换固溶体。注入是在高真空($10^{-4}\ Pa$ 左右)和较低温度下进行,基体不受污染,也不会引起热变形、退火和尺寸的变化;注入原子与基体金属间没有界面,注入层不存在剥落问题。因此,用这种方法可能获得不同于平衡结构的特殊物质,是开发新型材料的非常独特的方法。

(2)可控性和重复性好。可通过监测注入电荷的数量来精确测量和控制注入元素的数量,也可以通过改变离子源和加速器能量(即改变注入离子的能量大小)来控制调整离子注入层的深度和分布。

离子注入具有直进性,横向扩展小,因此特别适于像集成电路那样的微细加工技术的要求。通过可控扫描机构,不仅可实现在较大面积上的均匀化,而且可以在很小范围内进行局部改性。

(3) 通过磁分析器分析注入束流可得到纯的离子束流,而且束流注入时可通过扫描装置使注入元素在注入面积上均匀分布。

(4) 离子注入时靶温和注入后的靶温可以任意控制,低温和室温注入可保持注入部件的尺寸不发生变化。由于注入工艺是在真空中进行的,因此靶材工件不氧化、不变形、不发生退火软化、表面粗糙度一般无变化,可作为工件的最终工艺。

(5) 离子注入可获得两层或两层以上性能不同的复合材料。复合层不易脱落。注入层薄,工件尺寸基本不变。加速的离子还可通过薄膜注入到金属衬底内,这种技术被称为离子束混合和离子束缝合技术。它可使薄膜与衬底界面处形成合金层,也可使薄膜与衬底牢固黏合,实现辐射增强合金化与离子束辅助增强黏合。

(6) 采用离子束辅助增强沉积技术,在蒸发和溅射过程中伴随离子注入,改善了镀膜特性。

由于离子注入技术具有上述特点,因此这种技术一出现就引起多种技术领域的高度重视,并已在许多领域得到广泛应用。但从目前的技术水平看,离子注入还存在一些缺点:

(1) 对金属离子的注入,还受到较大的局限。这是因为金属的熔点一般较高,所以存在注入离子繁多、组织结构、成分复杂,注入能量高,难于气化等特殊难题。

(2) 注入层较薄,一般小于 1 μm。如金属离子注入钢中,一般仅几十至二三百纳米。离子注入只能直线行进,不能绕行,对于形状复杂和有内孔的零件不能进行离子注入。

(3) 目前还有一些特殊的物理问题需要解决,诸如工艺上高剂量注入的溅射和升温、溅射腐蚀、注入过程中的优选溅射、高剂量注入元素浓度的修正、复杂形状工件的注入技术(倾斜注入、转动注入以及注入后的溅射影响)等。

(4) 离子注入设备造价高,影响推广应用。

7.6 离子束辅助沉积技术

7.6.1 概述

离子束辅助沉积技术是把离子束注入与气相沉积镀膜技术相结合的离子表面复合处理技术。在离子注入材料表面改性过程中,由半导体材料拓展到工程材料,往往就希望改性层的厚度远超离子注入的厚度,但又希望保留离子注入工艺的优点,如改性层与基体间无尖锐界面又可在室温下处理工件等。因此,将离子注入与镀膜技术结合在一起,即在镀膜的同时,使具有一定能量的离子不断地入射到膜与基材的界面,借助于级联碰撞导致界面原子混合,在初始界面附近形成原子混合过渡区,提高膜与基材之间的结合力,然后在原子混合区上,再在离子束参与下继续生长出所要求厚度和特性的薄膜。

这种被称为离子束辅助沉积(IBED)的新工艺既保留了离子注入工艺的优点又可实现在基体上覆以与基体完全不同的薄膜材料。

离子束辅助沉积技术具有下列优点:

(1)由于离子束辅助沉积无需进行气体放电以产生等离子体,可以在小于 10^{-2} Pa 的压力下进行镀膜,因此使得气体污染减少。

(2)基本工艺参数(离子束能量、离子束密度)为电参数,一般不需控制气体流量等一些非电参数即可方便地控制膜层的生长、调整膜的组成、结构和工艺重复性。

(3)可在低温条件下(< 200℃)给工件表面镀覆上与基体完全不同而且厚度不受轰击离子能量限制的薄膜。比较适用于掺杂功能膜、冷加工精密模具和低温回火结构钢的表面处理。

(4)离子束辅助沉积是一种在室温下控制的非平衡过程。可在室温条件下得到高温相、亚稳相、非晶态合金等新型功能薄膜。

离子束辅助沉积技术的缺点如下:

(1)因离子束具有直射特性,难以处理表面形状复杂的工件。

(2)因离子束流尺寸限制,难以处理大型的、大面积的工件。

(3)离子束辅助沉积速率通常在 1 nm/s 左右,较宜制备薄的膜层,不宜大批量产品的镀制。

7.6.2 离子束辅助沉积技术机理

离子束辅助沉积的过程是离子注入过程中物理及化学效应同时作用的过程。其物理效应包括碰撞、能量沉积、迁移、增强扩散、成核、再结晶、溅射等;化学效应包括化学激活、新的化学键的形成等。图 7-20 是离子束辅助沉积所发生的各种微观过程。

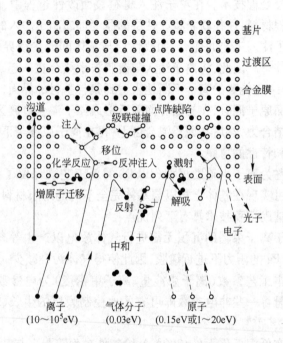

图 7-20 离子束辅助沉积的各种微观过程

整个离子束沉积过程是在 $10^{-2} \sim 10^{-4}$ Pa 的高真空中进行的,其粒子的平均自由程大于离子源(或蒸发源)与基片之间的距离。因此在工艺过程中基本上无气相反应。在沉积原子(0.15 eV 或 1 ~ 20 eV)与高能离子(10 ~ 10^{5} eV)同时到达基片表面时,离子与中性气体分子或沉积原子发生电荷交换而中和。沉积原子经离子轰击获得能量,从而提高了原子的迁移率,导致不同的晶体生长和晶体结构。离子轰击的另一表面作用是释放能量,即与电子发生非弹性碰撞,而与原子发生弹性碰撞,原子就被撞出原有的点阵位置。在入射离子束方向和其他方向上发生材料转移,即产生离子注入、反冲注入和溅射过程。其中某些能量较高的撞击原子又会产生二次碰撞,即级联碰撞。这种级联碰撞导致沿离子入射方向剧烈的原子运动,形成了膜层原子与基体原子的界面过渡区。在过渡区内膜原子与基体原子的浓度值是逐渐过渡的。级联碰撞完成离子对膜层原子的能量传递,增大了膜原子的迁移能力及化学激活能力,有利于调整两相的原子点阵排列,形成合金相。级联碰撞也会发生在远离离子入射方向上。当近表面区碰撞能量足够高时,将会有原子从表面原子区中逐出,形成的反溅射降低了薄膜的生长速率。因组成元素的溅射产额不同,也会使薄膜成分改变。但是,高能量的离子束轰击会引起辐照损伤,产生点缺陷、间隙缺陷和缺陷聚集团;当入射离子沿生长薄膜的点阵面注入时,将会产生沟道效应。离子通过电子激活释放能量,而不发生原子碰撞引起的辐照损伤。总之离子束辅助沉积膜的生成机制十分复杂,它不仅包含了一般的物理气相沉积及离子束轰击中存在的多种相互矛盾的机制,而且各对矛盾间还存在着关联,其膜生成的最终面貌取决于相互制约的多种矛盾过程中的主要矛盾中的主要方面。它随诸如离子能量、离子-沉积粒子的到达比、离子-膜-沉积基体的组合、沉积速率、充气、靶温等工艺条件而变化。

7.6.3 离子束辅助沉积方式

离子束辅助沉积方式大致可分为:直接引出式离子束沉积、质量分离式离子束沉积、离子镀即部分离化沉积、簇团离子束沉积、离子束溅射沉积和离子束增强沉积。

在所有这些离子束沉积法中,可以变化和调节的参数包括:入射离子的种类、入射离子的能量、离子电流的大小、入射角、离子束的束径、沉积粒子的离化率、基片温度和沉积室内的真空度等。

7.6.3.1 直接引出式离子束沉积

直接引出式离子束沉积属于非质量分离式离子束沉积,该技术于1971年首先被用于制取类金刚石碳膜。其原理是:用离子源发生碳离子,阴极和阳极的主要部分都是由碳构成。把氩气引入放电室中,加上外部磁场,在低气压条件下使其发生等离子放电,依靠离子对电极的溅射作用产生碳离子。碳离子和等离子体中的氩离子同时被引到沉积室中,由于基材上施加负偏压,这些离子加速照射在基材上。根据实验结果,室温下用能量为 50 ~ 100 eV 的碳离子,在 Si、NaCl、KCl、Ni 等基片上制取了透明的类金刚石碳膜,电阻率高达 10^{12} Ω·cm,折射率大约为 2,不溶于无机酸和有机酸,有很高的硬度。

7.6.3.2　质量分离式离子束沉积

质量分离式离子束沉积的特点是对从离子源引出的离子束进行质量分离,通过控制引出离子的能量,使离子束偏转,近而用质量分析器选择出特定的离子对基片进行照射,从而获得高纯度的膜层。这种装置主要由离子源、质量分离器和超高真空沉积室三部分组成。通常,基片和沉积室处于接地的电位,因此照射基片的沉积离子的动能由离子源上所加的正电位(0 ~ 3000 eV)来决定。另一方面,为从离子源引出更多的离子电流,可对质量分离器和离子束输运所必要的真空管路的一部分施加负高压(-10 ~ -30 kV)。

为了制取高纯度薄膜,应尽可能减少沉积室中残余气体在基片上的附着,即应尽量提高沉积室的本底真空度。从抽气系统而言,最好采用多个真空泵进行差压排气,例如离子源部分利用油扩散泵抽气,质量分离之后采用涡轮分子泵,沉积室中采用离子泵排气,以保证在 1×10^{-6} Pa 的真空度下进行离子沉积。

离子束沉积采用的离子源通常要求用金属离子直接作镀料离子。这类离子是由电极与熔融金属之间的低压弧光放电产生的。离子能量为 100 eV 左右,镀膜速率受离子源提供离子速率的限制,远低于工业生产中采用的蒸镀和磁控溅射,主要适用于实验研究和新型薄膜材料的研制。

7.6.3.3　簇团离子束(ICB)沉积

簇团离子束沉积法如图 7-21 所示,坩埚中的被蒸发物质由坩埚的喷嘴向高真空沉积室中喷射,利用由绝热膨胀产生的过冷现象,形成 $5 \times 10^2 ~ 2 \times 10^3$ 个原子相互弱结合而形成的团块状原子集团(簇团),经电子照射使其离化,每个集团中只要有一个原子电离,则此团块就是带电的,在负电压的作用下,这些簇团被加速沉积在基片上。没有被离化的中性集团,在参与薄膜的沉积过程时也带有一定的动能,动能的大小与由喷嘴喷射出时的速度相对应。因此,被电离加速的簇团离子和中性簇团粒子都可以沉积在基片表面上。

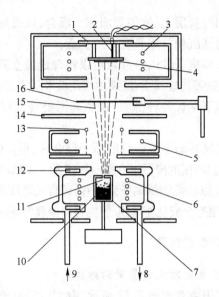

图 7-21 簇团离子束沉积装置示意图

1—基片支架；2—热电偶；3—加热器；4—基片；5—离化用热灯丝；6—坩埚加热器；
7—坩埚；8—冷却水出口；9—冷却水进口；10—蒸镀物质；11—喷射口；
12—水冷屏蔽装置；13—离化所用电子的引出栅极；14—加速电极；
15—簇团离子及中性粒子团束；16—挡板

通常，为能形成稳定的团块，坩埚内蒸发物质的蒸气压要保持在一至几百帕范围内，而喷嘴之外沉积室的真空度要保持在 $10^{-3} \sim 10^{-4}$ Pa 以上。坩埚的加热可以采用直接电阻加热法，也可以采用电子束加热法。

采用簇团离子束沉积法，能形成与基片附着状况良好的膜层。而且，可以在金属、半导体以及绝缘物质上沉积各种不同的蒸发物质。可以制取各种不同的金属、化合物、半导体等薄膜，也可采用多坩埚蒸发源共沉积法直接制取复合膜和化合物薄膜，并且膜层性能可以控制。

由于簇团离子的电荷/质量比小，即使进行高速率沉积也不会造成空间粒子的排斥作用或膜层表面的电荷积累效应。通过各自独立地调节蒸发速率、电离效率和加速电压等，可以在 $1 \sim 100$ eV 的范围内对每个沉积原子的平均能量进行调节，从而有可能对薄膜沉积的基本过程进行控制，得到所需要特性的膜层，是一种具有实用意义的薄膜制备技术。

7.6.3.4 离子束增强沉积

离子束增强沉积（IBED）技术是在真空镀膜的同时，使高能离子连续

入射到基片所沉积的膜层上,致使界面原子混合,以提高膜与基片之间的结合力。离子束增强沉积技术具有下列优点:

(1) 原子沉积和离子注入各参数可以精确地独立调节;

(2) 可在较低的轰击能量下,连续生长几微米厚的、组分一致的薄膜;

(3) 可在室温下生长各种薄膜,避免高温处理对材料及精密零部件尺寸的影响;

(4) 在膜和基材界面形成连续的原子混合区,提高附着力。

离子束增强沉积所用的离子束能量一般在 30 ~ 100 keV 之间。对于光学薄膜、单晶薄膜生长以较低能量离子束为宜,而合成硬质薄膜时要用较高能量的离子束。还可用来合成功能薄膜、智能材料薄膜等新颖的表面层材料。

7.6.4　离子束辅助沉积装置

7.6.4.1　离子束辅助沉积装置的结构形式

离子束溅射沉积装置如图 7-22 所示,由大口径离子束源(1 号源)引出惰性气体离子(Ar^+、Xe^+ 等),使其入射到靶材上产生溅射作用,利用溅射出的粒子沉积在基片上制取薄膜。在大多数情况下,沉积过程中还要用第二个离子源(2 号源),使其发出的第二个离子束对形成的薄膜进行在线入射,以便在更广泛的范围内控制沉积薄膜的性质。因此,这种方法又称为双离子束溅射沉积法。

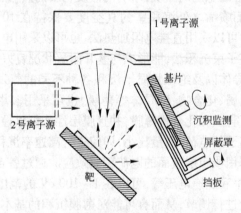

图 7-22　双离子束溅射沉积装置示意图

通常在双离子束溅射沉积中,第一个离子源多用考夫曼源,第二个离子源可用考夫曼源或自交叉场型离子源等。为提高沉积速率,利用氩离子对靶进行溅射,与此同时,为抑制来自靶边缘部位的污染物质的发生,一般要使用带一定曲率的引出电极,使离子束聚焦,只对靶的中央部位进行溅射,试验证明效果较好。

如果采用的是绝缘物质的靶,一般情况下要对由离子源产生的离子束进行热电子中和。而且,为获得均匀的薄膜,在沉积过程中基片通常要旋转。

离子束溅射沉积法依靠对靶的溅射进行薄膜的沉积,只要恰当地选择靶材,几乎能制取所有物质的薄膜,这是它的一大优点。特别是对于蒸气压低的金属和化合物以及高熔点物质的沉积等,这种方法相对来说更为有效。

对于离子束溅射沉积法,有以下三点必须加以注意:

(1) 由靶反射的 Ar^+ 会变为中性粒子,沉积膜中可能发生 Ar^+ 的注入,也可能发生气体的混入等。

(2) 应避免沉积时的真空度过低。如果沉积过程中真空度较低,沉积膜中容易含有氧,形成氧化物杂质。

(3) 如果用多成分的靶制取合金或化合物薄膜,由于靶的选择溅射效果,沉积膜中各元素的成分比和靶相比会发生相当大的变化。

图 7-23 是 20 世纪 80 年代美国 Eaton 公司生产的电子束蒸发与离

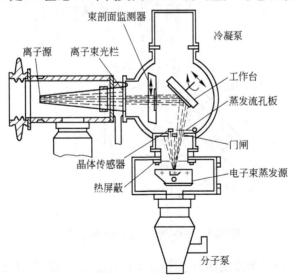

图 7-23 Z-200 离子束辅助沉积装置示意图

子束辅助轰击相结合的 Z-200 离子束辅助沉积装置的示意图。图中下方为电子束蒸发装置。当电子束加速到 10 keV 轰击坩埚内材料时,材料熔化蒸发(升华),形成喷向靶台的粒子流。蒸发台上有四个坩埚,顺次转位,保证在不破坏真空条件下,可沉积四种不同的材料,沉积靶台与离子束及蒸发的粒子流呈 45°,可绕靶台轴旋转转位。由考夫曼离子源引出离子束,离子能量在 20~100 keV 范围内可调。束流最大达 6 mA。工作室真空度可达 6.5×10^{-5} Pa,膜的沉积速率为 0.1~1.0 nm/s。

图 7-24 是离子束溅射与离子束轰击相结合的宽束离子束混合装置。该装置具有三个考夫曼源,从圆形多孔网栅中引出的离子束具有圆形截面,分别用作溅射、中能和低能离子轰击。其能量分别为 2 keV、5~100 keV 和 0.4~1 keV。中能离子束在靶台平面上的直径为 4200 mm,最大束流密度为 60 μA/cm²。低能束斑在靶台平面呈椭圆形,束流小于120 μA/cm²。水冷靶台的直径为 350 mm,可绕台轴旋转和倾斜。工作真空度为 6.5×10^{-4} Pa。薄膜的沉积速率为 3~20 nm/min。在溅射靶座上可安装三个溅射靶,可以在不破坏真空的条件下沉积三种材料。该装置因工作室较大,可处理较大的部件和数量较多的小部件。

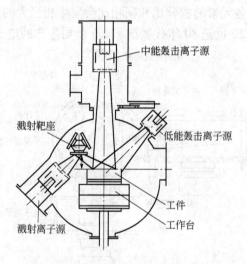

图 7-24 宽束离子束混合装置示意图

图 7-25 所示为多功能离子束辅助沉积装置。该装置有三台离子源,即中能宽束轰击离子源 1,离子能量为 2~50 keV,离子束流为 0~30 mA;

低能大均匀区轰击离子源 8,离子能量为 100 ~ 750 eV,离子束流为 0 ~ 80 mA;可变聚的溅射离子源 7,离子能量为 1000 ~ 2000 eV 和 2000 ~ 4000 eV,离子束流为 0 ~ 180 mA。该装置具有轰击离子能量范围广,覆盖面大的特点,可获得从 50 ~ 750 eV 到 2 ~ 50 keV 能量的辅助沉积所需的离子束流。整机结构简单、造价低廉,且运行安全可靠。

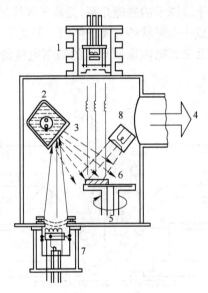

图 7-25 多功能离子束辅助沉积装置
1—轰击离子源;2—四工位靶;3—靶材;4—真空系统;5—样品台;
6—样品;7—溅射离子源;8—低能离子源

7.6.4.2 霍尔离子源

目前,用于离子束辅助沉积最具有代表性的离子源是无栅极端部霍尔离子源。霍尔离子源是一种热阴极离子源,产生的离子在运动方向、能量范围和离子流密度等方面都有很好的可控性。主要优点是可以产生低能大束流(离子的能量可降低到 100 eV 左右),并且具有离子束发散角大、离子束流密度高等特点,这些性能优于盘栅型离子源。采用这种源可实现高质量的离子束辅助镀膜。此外,还可以采用这种离子源进行基片的清洗、活化作用。

A 霍尔离子源工作原理

典型的霍尔离子源的基本工作原理如图 7-26 所示,霍尔离子源依靠热阴极发射电子束来维持放电。从位于离子源上方的热阴极发射出的电子在阴极和阳极电压的作用下,沿磁力线向阳极移动。由于在阳极表面附近区域的磁力线和电力线几乎是正交的,因此在交叉的电磁场作用下,电子被约束在阳极表面附近区域。这些电子绕着磁力线旋转并且在阳极表面附近区域内做角向漂移,形成环形的霍尔电流,从而增加了电子与所充入的中性气体分子或原子的碰撞几率,提高了气体的离化率,在阳极和通气孔相交区域形成一个球状的等离子体团。等离子体团中的离子在阳极和阴极电位差以及交叉电磁场所形成的霍尔电流的共同加速作用下,从离子源体内引出。

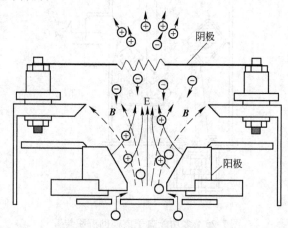

图 7-26 霍尔离子源工作原理图

E—电场;B—磁场

由于离子在离开加速区时,正好处于磁场的端部,并且引出的离子束在离子源出口处被阴极发射的部分电子中和,形成等离子体,因此也称这种离子源为端部霍尔离子源。

离子源中热阴极发射的电子有两个作用:

(1)向放电区中提供电子;

(2)补偿离子束的空间电荷,改善霍尔源所发射的离子束为一定程度补偿的等离子束。

B 霍尔离子源的结构特点

端部霍尔离子源的结构比较简单,不需要栅极,外形结构形式有圆柱形和条形两种。霍尔离子源一般分为有灯丝与无灯丝两种,对于无灯丝的霍尔离子源,通过改变内部磁场,将靶面附近的电子都束缚在靶面的周围,同样起到了提供大量电子的目的,同时可以良好地解决灯丝和污染问题。

图7-27所示为带灯丝的条形端部霍尔离子源结构示意图。霍尔离子源一般不需要水冷。在霍尔离子源中,阳极被设置在离子源的一端,阴极一般为钨丝(或空心阴极)并位于离子源的顶部。由阳极围成的空间构成了离子源的电离室。在离子源的后部装有永久磁体,以产生沿轴线方向并逐渐发散的磁场。永久磁铁置放在离子源的底部,其外围为磁极靴,阳极和悬浮板采用不导磁的不锈钢材料。

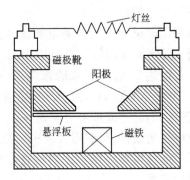

图7-27 有灯丝的条形端部霍尔离子源截面图

霍尔离子源的电连接部分有三根连接线,一根为阳极正高压,它与离子源的阳极正端连接(阳极正端连接柱位于源底部);一根与阳极负端(即阴极灯丝固定端子任何一端)连接,成为公共端;还有一根线与阴极灯丝固定端子另一端连接,以便向阴极供电。在气路连接部分,霍尔源通过底部进气口向离子源内供气,使用时,先将中间连接气路接好,然后用合适孔径的接管将进气嘴与真空系统进气口连接,并在真空系统外部与质量流量计连接。

霍尔离子源的磁场分布对离子引出、离子能量、离子束流密度和气耗等都有很大影响。要想得到理想的用于大面积均匀辅助镀膜、清洗的离子束流,磁力线的分布必须合理,如图7-26磁场分布,磁力线在阳极极靴表面附近几乎与其平行,并且在阳极极靴表面附近区域的磁场较强,出口处磁场较弱,磁力线呈发散状,并且悬浮板上附近轴向磁场与出口处轴向磁场之比在5~10之间。

霍尔离子源的磁路组件主要有永久磁铁和磁极靴等。永久磁铁产生的磁场在经过适当设计的磁极靴的合理引导下,在离子源阳极附近区域及出口处形成满足要求的磁场。磁路的设计对端部霍尔离子源是至关重要的。如果磁极靴尺寸设计不合理,在阳极附近区域及出口处的磁场就达不到要求,如磁力线与等势面有一定夹角,这样就造成电子在磁力线方向获得一速度,电子就有可能直至阳极,降低了对电子的约束,从而降低了电离效率及离子源的性能。在保证离子源正常工作所需要的磁场形状与大小的前提下,磁路设计还应尽量使离子源性能、结构达到最优。

C　霍尔离子源特点

霍尔离子源有以下几个特点:

(1) 霍尔离子源利用电磁加速代替静电加速,它利用交叉电磁场形成霍尔环流加速离子,因此无需栅极。并且引出束流很大,可达安培量级,它的离子束流最大可达 3 A,离子束能量为 70 ~ 280 eV,距源出口 500 mm 处束密均匀区可达 ϕ700 mm。由于没有栅极,从而消除了由于电荷交换和离子直接轰击而引起的栅极寿命问题。

(2) 采用适当的电磁场设计,可获得大面积均匀分布的离子束。

(3) 引出的离子束能量可在一定范围内通过改变放电电流来调节,以适应不同镀层材料的需要。

(4) 引出离子束在源出口处即与阴极发射的电子中和,到达靶区的是已经中和的等离子体。因此,无论对导电和不导电的绝缘膜均可直接进行辅助沉积,而不会由于基片表面电荷积累而引起闪烁和打火。

(5) 在离子源工作过程中灯丝受到离子轰击,灯丝发生刻蚀而不断变细,灯丝存在寿命问题。在镀膜过程中灯丝出现损坏,会造成整批样品报废而带来巨大的经济损失。

(6) 热灯丝型霍尔源的污染主要来自阴极灯丝。阴极灯丝(钨丝)在工作时被加热到很高温度以发射热电子,在此情况下,灯丝表面原子具有较高能量,与此同时阴极灯丝受到离子的强烈轰击。因此为了减少灯丝的污染,应使得离子的轰击能量与灯丝表面原子的热能之和小于溅射阈值。对于对污染要求严格的用户可选用空心阴极电子源型霍尔源,这样可有效避免污染的出现。

D　霍尔离子源辅助沉积

在薄膜沉积的同时,辅助以具有一定能量的定向离子束的轰击,可以大大地改善薄膜的性能。它不仅可以显著增强膜基结合力,还可以起到增加存储密度、消除柱状晶、提高膜的致密度的作用。采用具有高度活性的离子参与膜的沉积过程,不仅改善薄膜的力学性能,同时可以改变薄膜的化学成分和结构。

7.6.4.3 阳极层离子源

阳极层离子源是霍尔离子源的一种,它是以电场、磁场联合工作为基础的。因为阳极层离子源结构比较简单,不需要电子发射器和栅极,所以适合于工业生产型镀膜设备上应用。

美国的 AE 公司是最早研制阳极层线性离子源的公司。20 世纪 80 年代末,AE 公司借鉴了阳极层推进器的原理,研制出了用于工业领域的阳极层离子源,比起有栅极的离子源,阳极层线性离子源结构更加简单,而且不需要更多的维护。

A 阳极层离子源的工作原理

阳极层离子源的放电室壁是由金属组成的,放电室由阳极和内外阴极构成,在离子源的中部设置一个永磁体用来提供磁场,如图 7-28 所示,在离子源阳极附近的磁力线和电力线几乎是正交的。因为放电室壁是由金属组成的,所以有少量的二次电子发射,靠近阳极方向电子的温度逐渐增加,导致了在阳极附近等离子体电势急剧增加,阳极和阴极所加的大部分电势差出现在阳极附近相对薄层中。当电压到达某值时,在阳极表面附近区域,阳极与阴极间的气体被电离,发生辉光放电形成等离子体,交叉电磁场的存在使得等离子体中的带电粒子做旋轮漂移运动。其中电子在电磁场的作用下做旋轮漂移运动形成环形的霍尔电流,延长了运动轨

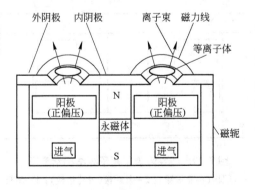

图 7-28 阳极层离子源工作原理

迹,从而增加了电子与中性气体分子或原子的碰撞几率,提高了气体的离化率。由于在阳极表面附近区域的电子最多,它们和中性气体碰撞电离形成的等离子体密度大,因而在阳极附近的区域内产生的离子数量大大增加。离子在正交电磁场中也做旋轮漂移运动,但旋轮半径较电子的大得多,而且离子在阳极和阴极电势差以及交叉电磁场所形成的霍尔电流的共同加速下,从离子源中引出。由于离子的产生和加速发生在阳极附近的一个狭小的区域,因此把这种离子源称做阳极层离子源。

当给定的电压、气通量一定,最终霍尔电流密度也趋于一定值,大量的离子被引出,而电子由于多次碰撞,能量越来越小,最终变为慢电子,被阳极吸附。这样离子源就处于一种稳定的工作状态。

B 阳极层离子源的结构特性

因为阳极层离子源的结构比较简单,不需要电子发射极和栅极,所以很适合于工业应用。根据具体应用的需要,阳极层离子源可以设计成环形的,也可设计成线性的。环形阳极层离子源引出的离子束成环形,条形阳极层离子源引出的离子束成跑道形状。

图 7-29 所示为典型线性封闭漂移阳极层型线性离子源的结构组成,离子源主要由磁铁、阳极、内阴极(内磁极靴)、外阴极(外磁极靴)、磁轭、磁体座等部件组成,其阳极和阴极均设有水冷结构,以将放电产生的大量热量带走,保证离子源能够在大离子束流下的正常工作。图 7-29 所示的结构形式为典型阳极层离子源的放电室结构,其中永久磁体置放在离子源的中部磁体座上,其外围为磁极靴和磁轭,这种结构的优点在于两侧磁场的分布均匀、构造简单、易于加工。

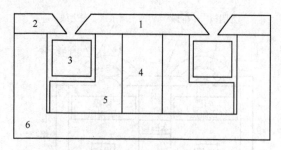

图 7-29 线性阳极层离子源结构示意图

1—内阴极(内磁极靴);2—外阴极(外磁极靴);3—阳极;
4—永久磁体;5—磁体座;6—磁轭

如同磁控溅射阴极靶的屏蔽罩(辅助阳极)与靶之间的间隙一样,阳极层离子源内外阴极间缝隙与阳极之间的狭小空间(霍尔电流的运动轨迹)应该是一个闭合的回路。对于条形离子源来说,如果该回路设计成矩形,则离子源端部直角处由于电流的冲击会发热,最终可能导致外阴极因受热而变形甚至烧坏。所以对线性条形离子源来说应该把两端设计成半圆形,整体呈现出一种"跑道"的形状。

a 磁路组件

阳极层型线性离子源的磁场是离子放电的重要因数,离子源的磁场分布对离子引出、离子能量、离子束流密度和气耗等都有很大影响。要想得到理想的离子束流,磁力线的分布必须合理,如图 7-30 所示为阳极层型线性离子源截面的磁场磁力线分布。磁场在放电通道出口处成棱镜形式,磁通密度峰值在两磁极靴端部附近,而在靠近阳极附近磁通密度逐渐降低。

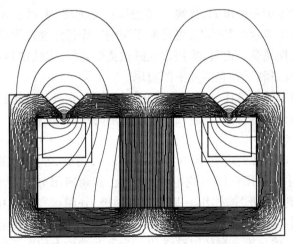

图 7-30 阳极层型线性离子源磁力线分布图

离子源对磁场的具体要求为:

(1)离子源能正常工作,其磁场的强度必须能使电子约束在放电室中而离子被加速引出。因此,放电区的长度要大于电子拉莫半径而远小于离子的拉莫半径。

(2)阳极层离子源大部分磁通集中在放电通道出口截面附近并形成一种磁透镜形式。

（3）磁场的磁通密度峰值应在两磁极靴端部附近,而在靠近阳极附近的磁通密度逐渐降低。

（4）在通道出口各个截面的相同位置,磁场的磁通密度应保证尽量均匀,以防止磁场波动太大。

阳极层型线性离子源的磁路组件主要有永久磁体、磁轭和内外磁极靴等。永久磁体产生的磁场在经过适当设计的磁轭、磁极靴的合理引导下,在阳极附近形成左右对称的透镜形式的磁场,从阳极附近到出口处形成一定梯度的磁场。电离的离子在这种分布磁场的作用下加速引出形成带状的离子束流,增大了离子束辐照面积。

磁场的要求是通过永磁材料的选取和磁路的设计来实现的。在离子源的放电空间形成磁场,可以采用永磁材料,也可以选用电磁线圈。从两种模式下离子源的工作稳定性和离子能量以及离子束分布特性的比较来看,采用永久磁体提供磁场不仅可使离子源在结构上更加简单,而且在电源上也可以减少一路电源,使离子源的操作更方便;采用永久磁体磁场,在不影响离子能量的基础上,可使离子源的工作稳定性范围增大,离子束分布的均匀性提高。而且,采用永久磁铁提供磁场,可使这种离子源的成本较低,这些更利于其在工业中的应用。

离子源中的永磁体一般可采用烧结钕铁硼,它具有较高的剩磁、矫顽力和最大磁能积等特点,其表面的磁通密度为 0.5T 左右。

b　电场组件

阳极层离子源的电场组件主要由阳极、内阴极、外阴极、磁轭和磁体座组成,其中只有阳极接直流电源的正极,其余四部分接直流电源的负极,共同起到"阴极"的作用。其中的内阴极、外阴极在磁路中也称为磁极靴。如图 7-29 所示,阳极是"悬浮"在内阴极、外阴极、磁轭、磁体座之间的,形成了像电容一样的电路结构。为了在结构上使阳极能够"悬浮"起来,可在阳极与磁体座之间用绝缘陶瓷柱将阳极支撑起来。

阳极应选用导电但不导磁且耐高温的材料,一般可选用奥氏体不锈钢材料,如 304 或 1Cr18Ni9Ti。

阴极（极靴）和磁轭材料的选取主要考虑三个因素:

（1）二次电子发射系数。阴极材料的二次电子发射系数越大,对放电越有利。

（2）溅射系数。要求阴极材料的溅射系数小,因为作为阴极,被溅射出来的物质在磁场的作用下,会导致电极间短路及产生瞬间尖端放电,影响放电室工作状态,而较低的溅射系数可以避免阴极材料被离子溅射而导致尖端放电或阳极短路。为此,阴极(极靴)和磁轭的材料可选用Q235A 或 DT4。

(3) 导磁性能好,耐高温。

根据以上的要求及从制造成本考虑,阴极材料可选用 Q235A,同理磁轭也可采用 Q235A。

磁体座的主要作用是固定磁铁和起到阴极的作用,磁体座在离子源中不仅作为固定永磁体的部件,而且同时也连接电源的负极(或接地)起到了阴极(内阴极)的作用,另外在它的内部设有布气通道。因此选用导电不导磁、耐高温材料,一般可采用与阳极相同的材料,如奥氏体不锈钢或硬铝材料。

c 布气系统

离子源的布气系统直接影响离子源的放电质量和离子束的均匀程度。布气系统设计的关键是要布气均匀,气流速度一致,尤其是形成霍尔电流的区域。布气系统主要位于在磁体座内。

出气孔可设计在磁体座靠近阳极的侧面上,而且为保证布气均匀,应尽量减小布气孔的直径和尽量增加布气孔数量。

d 离子源的冷却系统

由于阳极层离子源工作时,有可能置于镀膜室内高温加热管的直接辐射下,为了保证能在最高450℃ 的高温环境下持续正常工作,并且考虑到放电时会产生大量的热量以及阳极材料和永磁体材料的耐热性等各方面情况,对离子源采用冷却系统是必不可少的。

通常采用阴极和阳极都冷却的方式。阳极是离子源的关键部件,因为气体放电主要发生在放电室内,所以产生的热量集中在阳极附近,阳极表面的温度是最高的。阳极的冷却方式一般为水冷。磁轭、内阴极的内部都设有冷却水道,它们的冷却不仅降低了自身的温度,而且有效地降低了整个离子源内部的温度,使得离子源可以正常的工作。同时,由于磁体座与内阴极、磁轭之间,外阴极与磁轭之间是直接接触的,因此它们的温度也得以控制。

C 阳极层离子源的特点及适用范围

阳极层离子源的特点:

（1）低电压、低气压、大束流。在阳极层离子源中，离子的加速是在电子本底中进行的，不存在空间电荷限制，因而可获得很大的离子流。从离子源引出的离子具有离子束发散角大、离子束流密度高等特点，因而使其更利于刻蚀、离子清洗和离子束辅助沉积等工艺的需要。

（2）无灯丝、无空心阴极、无栅极、可长时间稳定运行和生产。离子源的工作寿命长，很少需要维护，而且维修成本极低。

（3）放电电流较大，适用于任何惰性和反应性气体以及它们的混合气，并能向镀膜区域均匀布气。

（4）可采用普通直流电源或脉冲直流电源驱动。

（5）结构形式可与平面磁控溅射靶配套。例如，采用矩形条形源结构可与矩形磁控溅射源尺寸相匹配，对基片表面进行预清洗。

（6）可选择采用法兰或旋转机构调节离子束的倾角，对不同方位的基片进行离子入射。

适用范围：可作为基片表面的离子清洗源，用于大面积平板基片的均匀离子清洗、辅助沉积；适用于大规模工业生产镀膜，如大型平板玻璃镀膜、装饰镀膜和工具镀膜等。

8 ITO 导电玻璃镀膜工艺

掺锡氧化铟(indium tin oxide, ITO)薄膜是国外 20 世纪 70 年代研究成功的新型透明导电材料,是一种 n 型半导体材料,由于具有高的导电率、高的可见光透过率、高的机械硬度和化学稳定性,因此它是液晶显示器(LCD)、等离子显示器(PDP)、电致发光显示器(EL/OLED)、触摸屏(touch panel)、太阳能电池以及其他电子仪表的透明电极最常用的材料。目前 ITO 薄膜导电玻璃被广泛应用于显示器件、触摸屏和太阳能电池等方面,而且随着行业的飞速发展,对 ITO 透明导电膜的各项技术性能和制成提出了新的、更高的要求。本章对 ITO 导电玻璃的工艺及常见问题和解决方法进行介绍。

8.1 ITO 透明导电薄膜的基本性能与应用

8.1.1 ITO 薄膜的基本性能

图 8-1 所示为 ITO(In_2O_3 : SnO_2 = 9 : 1)的微观结构,In_2O_3 里掺入 Sn 后,Sn 元素可以代替 In_2O_3 晶格中的 In 元素而以 SnO_2 的形式存在,因为 In_2O_3 中的 In 元素是三价,形成 SnO_2 时将贡献一个电子到导带上,同时在一定的缺氧状态下产生氧空穴,形成 $10^{20} \sim 10^{21}$ cm^{-3} 的载流子浓度和 10 ~ 30 cm^2/(V · s)的迁移率。这个机理提供了在 10^{-4} Ω · cm 数量级的低薄膜电阻率,因此 ITO 薄膜具有半导体的导电性能。

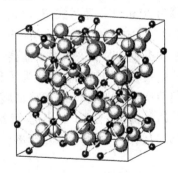

图 8-1 ITO 的结晶结构

ITO 薄膜是一种宽能带薄膜材料,其带隙为 3.5 ~ 4.3 eV。紫外光区产生禁带的励起吸收阈值为 3.75 eV,相当于 330 nm 的波长,因此紫外光区 ITO 薄膜的光穿透率极低。同时近红外区由于载流子的等离子体振动现象而产生反射,因此在近红外区

ITO 薄膜的光透过率也是很低的,但是在可见光区 ITO 薄膜的透过率非常好。

由以上分析可以看出,由于 ITO 薄膜本身特定的物理化学性能,ITO 薄膜具有良好的导电性和可见光区较高的光透过率。由于具有高的导电率、高的可见光透过率、高的机械硬度、化学稳定性和较好的刻蚀性能,因而受到人们的关注,并有着广阔的应用前景。

ITO 透明导电膜玻璃作为汽车、机车、飞机的挡风玻璃贴膜,不仅可以起到隔热作用,而且当薄膜通电加热后,还可除雾去冰霜。ITO 膜玻璃可以作为高级建筑物的幕墙,也可用于冷冻、冷藏柜,可节能 40% ;ITO 膜玻璃又是液晶显示器、等离子体显示器、电致发光显示器、触摸屏、太阳能电池以及其他电子仪表的透明电极最佳的常用材料。

8.1.2　影响 ITO 薄膜导电性能的因素

ITO 薄膜的面电阻 $R_\square$、膜厚 d 和电阻率 ρ 三者之间是相互关联的,下面给出了这三者之间的计算公式。即

$$R_\square = \rho / d \tag{8-1}$$

由式(8-1)可以看出,为了获得不同面电阻 $R_\square$ 的 ITO 薄膜,实际上就是要获得不同的膜厚和电阻率。例如:当电阻率为 9×10^{-4} $\Omega \cdot cm$,膜厚为 30 nm 时,通过式(8-1)可以计算出膜层的面电阻为 300 Ω。在制备 ITO 膜的过程中,膜层的厚度相对而言比较容易控制,可通过调节沉积速率和沉积的时间来获得所需要的膜层的厚度,并通过一定的工艺方法来控制膜层的均匀性。因此为了获得要求的面电阻,更为重要的是如何控制 ITO 膜的电阻率 ρ。ITO 薄膜的电阻率 ρ 的大小则是 ITO 薄膜制备工艺的关键,电阻率 ρ 也是衡量 ITO 薄膜性能的一项重要指标。式(8-2)给出了影响薄膜电阻率 ρ 的几种主要因素

$$\rho = m^* / (ne^2\tau) \tag{8-2}$$

式中　m^*——有效电子质量;

　　　n——载流子浓度;

　　　τ——载流子迁移率;

　　　e——电子电量。

当 n、τ 越大,薄膜的电阻率 ρ 就越小,反之亦然。而载流子浓度 n 与

ITO 薄膜材料的组成有关。即组成 ITO 薄膜本身的锡含量和氧含量有关。为了得到较高的载流子浓度 n,可以通过调节 ITO 沉积材料的锡和氧的含量来实现,而载流子迁移率 τ 则与 ITO 薄膜的结晶状态、晶体结构和薄膜的缺陷密度有关。为了得到较高的载流子迁移率 τ 可以合理地调节薄膜沉积时的沉积温度、溅射电压和成膜的条件等因素。

因此,从 ITO 薄膜的制备工艺上来讲,ITO 薄膜的电阻率不仅与 ITO 薄膜材料的组成(包括锡含量和氧含量)有关,同时与制备 ITO 薄膜时的工艺条件(包括沉积时的基片温度、溅射电压等)有关。

8.2 各种用途 ITO 透明导电玻璃简介

8.2.1 液晶显示(TN/STN-LCD)用 ITO 导电玻璃

TN 型 ITO 导电玻璃的面电阻较高,表面不需要抛光处理,主要应用在笔段式显示器上,如计算器、普通的仪器仪表、电子钟表等。STN 型 ITO 导电玻璃的电阻相对较低,基板表面需做抛光处理,抛光处理的目的主要是降低玻璃表面微观波纹度,使玻璃表面更加平整,提高 STN-LCD 的盒厚均匀性,以得到更均匀的显示控制。STN-LCD 的显示形式以点阵为主,其基本结构如图 8-2 所示。此类显示器主要应用于普通 MP3、手机、游戏机及电子仪表等。

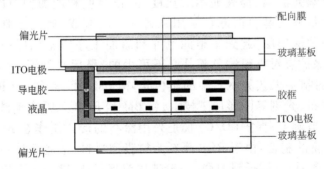

图 8-2 TN/STN-LCD 基本结构图

8.2.2 彩色滤光片(CF)

CSTN-LCD 用 ITO 导电玻璃又称为彩色滤光片(color filter,CF),是

先在基板玻璃上做出红、绿、蓝(R、G、B)三原色色素图形,然后在其上镀制 ITO 膜层。彩色滤光片的基本结构如图 8-3 所示。彩色滤光片由透明基板、黑色矩阵(BM)膜、彩色滤光膜(R、G、B 三基色)、保护膜和 ITO 层组成。

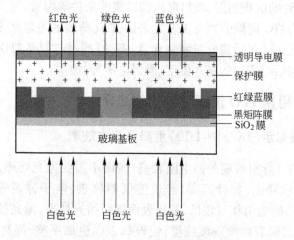

图 8-3 彩色滤光片结构图

黑色矩阵(BM)沉积在三基色图案之间的不透光部分,主要作用是防止背景光泄漏、提高显示对比度、防止混色和增加颜色的纯度。含有红、绿、蓝三基色的滤色层用染料或颜料制成,滤色层制成后再沉积上一层保护层,起到平整滤色片和后面工序中滤色层的保护作用,这个保护层对染料滤色膜是必不可少的,最后在低温下沉积 ITO 膜。CF 的制备工艺为:CF 中的黑色矩阵(BM)膜、红绿蓝(RGB)膜是采用涂布、光刻等图形加工技术,将 BM 和 RGB 三原色颜料预先制作在基板玻璃上;保护(O/C)膜是采用涂布的形式制作在 RGB 之上的。ITO 膜的制备:由于 RGB 颜料为树脂型材料,不能经受制备常规 ITO 膜的高温,只能低温镀膜,一般玻璃温度低于 230℃,采用直流加射频的方式溅射制备。彩色滤光膜的面电阻一般较低,在 15 Ω以下。

CF 主要用在 CSTN- LCD 或者 OLED 上。CSTN- LCD 的结构如图 8-4 所示,CSTN-LCD 主要应用在手机、MP3、高档电器控制面板以及数码照相机等方面。

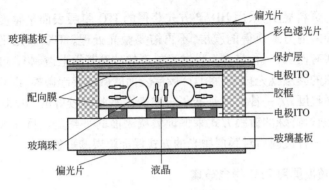

图 8-4　CSTN-LCD 结构图

8.2.3　有机电致发光显示器(OLED)用 ITO 导电玻璃

有机电致发光显示器(organic light emitting display , OLED)的结构如图 8-5 所示。由于 OLED 显示是以电流驱动的,ITO 膜层表面的微小突起会形成尖端电流异常,从而影响显示效果,因此对 ITO 膜层的平整度要求更高,需要将 ITO 膜层表面的微小突起去除。ITO 膜层的电阻要求较低,一般在 10 Ω 以下,由于在驱动过程中,阴阳极电阻上的电压降会产生严重的亮度不均匀,因此对电阻的均匀性要

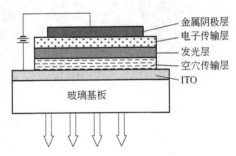

图 8-5　OLED 的结构简图

求将更高。另外为了防止引线衰减,改善亮度的不均匀性,需要引入辅助电极 Cr。辅助电极 Cr 膜层的面电阻一般小于 2 Ω,更低于 ITO 膜层的面电阻。目前国内外的辅助电极有 Cr、Cu、Ag 等,Cr 较常用。

对 ITO 导电玻璃的透过率要求较高,一般要求不小于 90%,LCD 用 ITO 导电玻璃的透过率一般在 90% 以下。为了保证 ITO 膜层与空穴传输层相匹配,以增强空穴注入,对 ITO 膜层的功函数也有一定的要求。

由于 OLED 在发光效率、寿命以及驱动技术等方面存在的不足,目前的 OLED 产品主要应用在手机副屏和 MP3 上。OLED 用 ITO 导电膜是采用直流加射频方式溅射制备或者高密度电弧等离子体(HDAP)方式蒸发

制备。有资料显示,采用 HDAP 方式获得的 ITO 膜层表面平整度要好于采用磁控溅射方式获得的膜层,不再需要抛光处理。ITO 膜层平整度的获得方式有两种,一种是在经过抛光处理的玻璃基板上镀制 ITO 膜层后,采用特殊的膜层抛光技术,将 ITO 膜层表面的微小突起抛掉,以获得更高的膜层平整度;另一种方式是购买玻璃表面平整度较好的 OLED 专用玻璃,然后通过特殊的镀膜方式来保证膜层表面的平整度。目前大部分厂家采用第一种镀膜后对膜层抛光的方式保证膜层的平整度。

8.2.4   触摸屏用 ITO 导电玻璃

触摸屏主要应用在手机、工业控制面板、家用电器以及信息查询系统等方面。图 8-6 所示为电阻式触摸屏工作原理图,触摸屏结构由两层高透明的导电层组成,ITO 导电薄膜在触摸屏结构中是作为上下两块电极材料。通常下层是 ITO 玻璃(通常称 ITO glass),上层是 ITO 薄膜材料(通常称 ITO film),中间有细微绝缘点隔开。当触摸屏表面无压力时,上下层成绝缘状态;一旦有压力施加到触摸屏上,上下层电路导通。这时,控制器通过分别在 x 坐标方向和 y 坐标方向上施

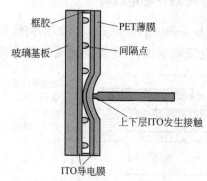

图 8-6   电阻式触摸屏工作原理图

加驱动电压,探测出触点的 x - y 坐标,从而明确触点的位置。

根据触摸屏的特殊工作原理,ITO 膜层的电阻通常在 500 Ω 左右,且电阻的均匀性要求较高,由于膜层太薄,因此均匀性很难控制;也有部分厂家在数字屏上采用 100 Ω 的玻璃。触摸屏用 ITO 透明导电膜基本上都是采用 DC 磁控溅射方式制备。

8.3   ITO 透明导电玻璃镀膜设备

8.3.1   典型 ITO 透明导电玻璃生产线简介

目前,用于大量生产 ITO 膜透明导电玻璃的设备都是连续磁控溅射系统,常见的连续生产线一般由 9 ~ 11 个真空室组成。近几年制造的新

生产线,由于考虑到产品的拓展性和多样性,也有增加到 15 个真空室的。

图 8-7 所示为由 9 个真空室组成的 ITO 膜导电玻璃镀膜生产线。图中从左到右依次为进片室、过渡室、缓冲室、SiO_2 镀膜室、中央缓冲室、ITO 镀膜室、缓冲室、过渡室、出片室。各真空室之间的隔离阀门采用由汽缸驱动的旋转阀门,隔气性能良好,结构简单,运行可靠。各室之间根据工艺要求切换关闭或开通,调节方便、密封性好。其中 2～8 室设有加热系统和充气系统,真空室内的加热采用平板式加热装置,热量辐射均匀、温度梯度小,同时在密封处及室内设置辐射屏蔽板和水冷却结构。充气系统根据镀膜工艺要求可充氩气或氩氧混合气等,还可根据工艺需要,调节镀膜室内氩氧混合气体比例,控制各分压量。另外充气管路必须有散流装置,使充入的气体沿着靶面均匀分布。

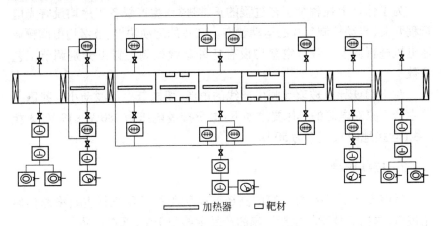

图 8-7　ITO 导电玻璃生产线

镀膜生产线抽气系统的主泵采用分子泵,前级泵采用罗茨泵、机械泵及旋片泵。为了获得均匀的 ITO 膜,在溅射室内的高真空抽气系统为对称设置,该抽气系统配置合理,切换过渡时间短、气流均匀。

基片可采用单层或者双层插片方式安置,立式行走。基片架采用导向装置,运行稳定、摆动误差小。传动方式有摩擦式传动、机械密封传动、磁悬浮传动等。传动系统设在基片架的下部,由变频调速电机驱动同步传动带,传动平稳、速度同步易调节,整个传动系统既平稳又可靠。

镀膜线的前后各设置上料、卸料装置及回架装置,装片卸片方便。回架装置简单,整套设备紧凑、占地面积小。

整个镀膜工艺的过程是清洗→上片→真空室镀膜→卸片→整理包装。玻璃原片在清洗机上经过预清洗、烘干等表面处理后,确保进入真空室前玻璃的表面质量要求,上片至装片架进入镀膜线的进片室。玻璃基片在过渡室和缓冲室进行加热,真空度为 1×10^{-3} Pa;然后,基片进入到 SiO_2 镀膜室,进行溅射镀制 SiO_2 膜,SiO_2 膜层可有效阻止玻璃基片中的钠离子进入 ITO 膜层中。镀制完 SiO_2 膜层的基片经过过渡缓冲室,进入到 ITO 镀膜室溅射沉积 ITO 膜。整个镀膜周期约 2.0 min。ITO 氧化靶、合金靶均适用。可以根据产品的要求,将镀膜线的后边 2 个真空室组成真空退火室,然后根据膜层的具体要求设置和调整退火工艺,以保证产品达到所要求的质量标准。最右侧的真空室为卸载室,镀膜玻璃出该真空室经卸片装置完成卸片。

为了保证上述整个工艺过程的正常进行,生产线各工序均设有光电行程开关,自动控制基片的运动状态。基片的运动快慢、节奏均由调频调速电机进行调节。各真空室均设有各种参数控制装置以分别调节工艺参数。

对于 ITO 导电玻璃镀膜生产线的电源,要求其电压波动小。我国一些生产厂家对电源的具体要求如下:电源接线电压为 380 V ± 19 V, 3 相5 线(含接地线),频率为 50 Hz。

8.3.2 ITO 靶材

目前 LCD 用 ITO 导电膜的高档产品所用的 ITO 靶材主要来源仍然是进口,国内 ITO 靶材生产厂家的产品主要用于中、低档产品。

8.3.2.1 靶材的主要技术指标

以下主要是 LCD 用 ITO 透明导电玻璃所用靶材的具体要求。

阻挡膜层 SiO_2 靶材的主要技术指标:纯度不小于 99.99%,相对密度为 100%,外观为无色透明且无裂纹。

ITO 靶材的主要技术指标:含量:In_2O_3 90%,SnO_2 10%;纯度为99.99% 以上;相对密度 95% 以上;外观为无裂纹。

8.3.2.2 靶材黑化现象及原因分析

A 靶材黑化现象对 ITO 膜性能的影响

在溅射 ITO 导电膜过程中,经常发生 ITO 靶材表面黑化现象,即其表面会逐步产生一种黑色颗粒球状节瘤物质,即亚氧化物,称为黑化物。

这些黑色次级氧化物会导致靶材表面电子运动规律紊乱,在有黑色次级氧化物的地方溅射速率降低,而在没有黑色次级氧化物的区域,溅射速率较高,使得靶材表面功率密度不均匀,也就导致膜层沉积的不均匀,会使得电阻出现较大波动,均匀性较差,同时也造成 ITO 膜层的透过率下降。由于靶材黑化造成诸多问题,如面电阻增大、膜厚增加、透过率降低、使靶材的溅射速率下降、导致功率加大和电压升高、放电增多等,最终导致膜层质量下降和废品率增加等。迫使停机清理靶材表面后才能继续工作,严重影响了生产效率,是 ITO 导电玻璃生产中影响产品质量的主要因素,而且难以解决。

B ITO 靶材黑化的主要因素分析

ITO 靶材中 In_2O_3 与 SnO_2 的比例分布不均所形成的靶材内热传导性能的起伏是黑化易于发生的直接原因。在溅射镀膜过程中,由于热传导障碍使 ITO 靶材表面局部产生瞬时高温($\geqslant 700℃$),致使靶材中的 In_2O_3 分解为 In_2O 和 O_2,而室温下的 In_2O 为黑色晶体,因此靶材表面黑化物的成分多为 InO,这是 ITO 靶材黑化的根本原因。由于 In_2O_3 与 SnO_2 的溅射速率差别较大,SnO_2 的溅射速率较低,Ar 离子轰击 SnO_2 部分会发生局部热量蓄积,会导致靶材局部高温而发生黑化现象。而且 SnO_2 的导电性较差,SnO_2 相的大量存在及偏析造成溅射过程中靶材局部电荷积累,增加了异常放电发生的频度,加剧了靶材黑化。由于黑化节瘤内部疏松多孔,热传导及导电性能很差,溅射离子的能量在该处转化为热量聚集,进一步促使其周边的 In_2O_3 分解,使黑化区域逐渐扩展。

靶材的 In_2O_3 与 SnO_2 成分比例适当将有所减轻及延缓异常放电及黑化物的生成。另外,基于 InO 的产生机理,适当调节 O_2 和 Ar 的比例也可在一定程度上改善放电及黑化。

靶材黑化与靶材的密度有关。高密度的 ITO 靶材具有较好的热传导性能和较小的晶界电阻而不易在溅射中发生热量蓄积,减少了黑化发生的概率。另一方面,在靶材的结构中,黑化节瘤是以某种程度以上的孔洞和容量电阻起伏部位为起点产生的,靶材高密度化使其结构变得致密,因而改善了这方面的特性,实验证明也使溅射的稳定性得以提高。靶材密度高,可减少放电及延缓黑化;靶材的密度越高,材质越致密,越不容易产生黑化节瘤,成膜速度的降低就越少,溅射的稳定性也得以提高。

靶材黑化与靶材表面光洁度和清洁度有关。表面光洁度高,使得电子在靶材表面运动规则性强,因而产生电荷积累的几率减少。靶面残留油污、微观缺陷、划痕及充塞其中的尘粒会使靶材表面的导热、导电性能变差,在溅射过程中,这些部位易发生温度、电荷积累而引发放电,成为黑化起点,加速靶材表面黑化。因此,对靶面的清洁及表面处理是必要的,可用软抛光方法和超声波设备处理靶材表面。

靶材黑化与靶材溅射功率密度有关。靶材溅射功率密度高,黑化减轻,但放电增多。靶材溅射功率密度低则黑化较严重,放电减少。考虑到产能的因素,功率密度一般设为 $2 \sim 2.5$ W/cm^2。

靶材黑化与靶铜背板及屏蔽罩表面清洁度有关,有杂质易导致放电。应少用较锋利边沿的挡板,因锋利尖端易引发放电。屏蔽罩的清洁最好用抛光的方法而不用喷砂的方法。喷砂的方法容易使得屏蔽罩表面粗糙,造成反射的电子无规则运动,从而破坏正常的沉积。基片运载车也可用抛光方法定期清洁,这对减少放电有一定的作用。

靶材黑化与靶材之间间隙大小和多少有关。由于整个 ITO 靶材是由数片小靶材组成,少则用两片构成,多则用四片或更多,而黑化物质较容易在靶材间隙之间产生,且较严重;因而靶材尺寸选择时要尽量用长尺寸的,以减少缝隙数量。并在靶材固定时尽可能精确地将间隙控制在 $0.2 \sim 0.4$ mm 之间,这将略延缓黑化过程。一般在生产 TFT 的镀膜设备上,整个 ITO 靶材应由一块大尺寸 ITO 板组成,无接缝,可保证成膜质量好。

靶冷却或靶材焊接不良导致冷却效果差是常见的黑化诱因。目前普遍采用低熔点金属对 ITO 靶材与铜背板进行钎焊连接,通过水冷铜背板对 ITO 靶材进行冷却,以此实现良好的导电、导热及机械支撑需要。在钎焊过程中产生的气孔、焊料氧化等焊合区缺陷会引起靶面局部温度过热,从而诱导黑化反应的发生。因此,在钎焊过程中,应严格按照正确的焊接工艺,保证不小于 97% 的焊合面积符合要求,可以减少黑化产生的诱因。

靶材黑化与镀膜室内杂质气体的含量有关。杂质气体来自真空室的脱气、基片运载车的脱气、真空室漏气、本底真空度低等原因。在镀膜设备的设计中,应使得基片运载车暴露在空气中的时间较短,因而使得基片运载车的吸附少和脱气快。

溅射气氛中氧分压偏低,使黑化反应易于发生。实验发现,在溅射气压为 0.5 Pa,基片温度在室温至 250℃ 的条件下,溅射速率随氧分压的增大有减小趋势,但是为追求溅射速率而使用低氧分压将使黑化反应易于发生,而且由于缺氧使成膜的透过性能受到损害。

实验证明,靶材性能与镀膜工艺的恰当匹配可以延缓 ITO 靶材的毒化。

8.4 ITO 透明导电膜的制备工艺

常用的 ITO 透明导电玻璃上一般包含两层薄膜:SiO_2 膜和 ITO 膜(玻璃基板/ SiO_2 膜/ITO 膜),其中 SiO_2 膜层为阻挡层,是为了防止基片中的碱金属离子扩散到平板显示(FPD)器件的工作介质中,SiO_2 膜层的性能直接影响 FPD 器件的化学稳定性,并且决定了 FPD 器件的使用寿命;ITO 膜层为导电层。其中 SiO_2 膜层一般采用射频(RF)溅射方式或者中频(MF)溅射方式沉积,ITO 膜可采用直流(DC)磁控溅射方式沉积。

8.4.1 SiO_2 膜层的制备方法

SiO_2 膜层的制备方法有射频溅射法、中频溅射法、溶胶-凝胶法及液相沉积(LPD)法等技术。在连续式 ITO 规模化生产设备中,SiO_2 膜层常用的制备工艺主要是:射频溅射和中频溅射:

(1) 射频溅射。靶材采用 SiO_2 氧化物靶,溅射方式为射频溅射,此种溅射技术沉积速率低,电源设备成本高和功率损耗大,但工艺相对稳定。

(2) 中频溅射。靶材采用 Si 靶,溅射方式为中频反应溅射,在反应溅射的工艺过程中,由于金属靶的表面被化合物所覆盖,因而会出现溅射速率与反应气体流量之间的迟滞现象,也会出现靶电压与反应气体流量之间的迟滞现象,因此在反应溅射镀 SiO_2 膜的工艺当中,需要一个快速闭环控制系统,使得靶表面处于接近金属模式的溅射状态,使基片上不但能够获得化学配比合适的化合物薄膜,而且具有长期运行的工艺稳定性。

目前比较可靠的控制 SiO_2 膜层溅射过程的快速闭环控制方法主要有以下两种。

8.4.1.1 等离子体发射光谱监控法(PEM)

在反应溅射过程中,来自放电等离子体的发射光谱的谱线位置取决于靶材、气体成分和化合物的组成,根据这种放电等离子体发射谱线强度的变化就可以用来控制反应溅射的工艺过程,其控制原理如图 8-8 所示。等离子体的发射光谱通过溅射室内的平行光管和光纤系统传输到溅射室外的过滤器,再经过光电倍增管、预放大器输入到 PEM 控制器,并与强度设定点进行比较,然后输出信号到压电阀上,控制压电阀的开启与关闭,从而进一步控制输入到溅射室内反应气体的流量。

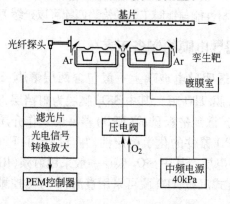

图 8-8　等离子体发射光谱监控法

8.4.1.2　靶电压监控法

在靶的功率保持不变的情况下,当反应溅射沉积介质膜时,其靶电压是随着反应气体分压而发生明显变化的,这是由于在靶面上金属和反应物之间的二次发射系数差别造成的。其控制原理如图 8-9 所示,在溅射过程中可以根据靶电压的变化来调节反应气体流量,当靶电压高于设定值时,压电阀就开大以增加进入到溅射室内的反应气体流量;当靶电压低于设定值时,压电阀关小以减少进入到溅射室内的反应气体流量。此方法对于反应溅射沉积 SiO_2 膜来说是个十分稳定的工艺控制方法,可以在该闭环的控制下通过控制靶电压来控制薄膜的成分。

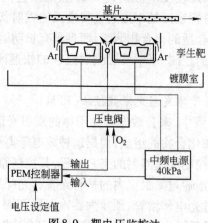

图 8-9　靶电压监控法

8.4.2 ITO 膜的制备方法

制备 ITO 膜的方法有很多种,目前显示器行业不同用途 ITO 导电膜的制备工艺主要有:化学气相沉积(CVD)法、DC 磁控溅射法、DC + RF 溅射法、DC + 脉冲溅射法、喷涂法和真空蒸镀法等,其中溅射镀膜法更适合于大批量规模化生产。起初采用的靶材是 In-Sn 合金靶,采用直流磁控反应溅射工艺来制备 ITO 膜,但是该种方法在沉积过程中可控性差以及薄膜特性重复性差,因此目前大都是用 ITO 氧化物陶瓷靶,采取直流磁控溅射法来制备 ITO 膜,该方法工艺上可控性好,可在大面积上得到均匀、致密、低电阻率、重复性好的 ITO 膜,故目前工业化大生产中,均采用此方法制备 ITO 透明导电膜。

8.4.3 LCD 用 ITO 透明导电玻璃制备工艺

根据 LCD 的驱动方式不同,可分为扭曲向列(TN)型、超扭曲向列(STN)型、彩色超扭曲向列(CSTN)型以及薄膜晶体管(TFT)型四种,四种显示器所用的 ITO 玻璃也有所不同。大多数 ITO 厂家的基板玻璃都是直接外购大片玻璃(母玻璃),然后切割磨边成客户所需要的小尺寸基板玻璃,再根据具体要求或进行抛光或直接镀膜。以下主要介绍 TN/STN-LCD 用 ITO 导电玻璃的工艺流程。

8.4.3.1 TN/STN-LCD 用 ITO 导电玻璃的工艺流程

图 8-10 给出了 TN-LCD 用 ITO 导电玻璃镀膜工艺流程。图 8-11 给出了 STN-LCD 用 ITO 导电玻璃镀膜工艺流程。

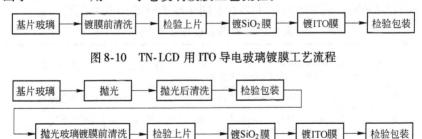

图 8-10 TN-LCD 用 ITO 导电玻璃镀膜工艺流程

图 8-11 STN-LCD 用 ITO 导电玻璃镀膜工艺流程

对于一些低电阻玻璃及 STN 型玻璃,有部分厂家为了解决玻璃存放一段时间后表面易脏的问题,在镀 ITO 膜后增加了镀膜后清洗的工序。

8.4.3.2　工艺参数分析

用于 LCD 的 ITO 导电玻璃的典型镀膜工艺参数为:极限真空度为 6×10^{-4} Pa,基片架传输速度为 0.6~0.8 m/min,基片加热温度为 200~400℃,沉积速率:1.5~2.0 nm/s 溅射电压为 $-300 \sim -400$ V。

通常用于 LCD 的 ITO 膜的最主要的性能是透过率、电阻率和刻蚀性能,下面分析磁控溅射工艺参数对 ITO 膜性能的影响。

A　基片温度

面电阻与透过率是衡量 ITO 膜性能优劣的重要指标,影响这两个指标的主要因素是基片温度。当基片温度大于 200℃时,即可获得透过率高、面电阻低的 ITO 膜。一般情况下,随着基片温度的升高,表面电阻降低,可见光透过率和红外反射率都有明显提高,基片温度越高越容易得到低电阻率的 ITO 膜,而且透过率也得到改善。这是因为在较高的基片温度下,改善了膜的结晶,减少了晶界,使薄膜的结晶性趋于完美,使膜的 Sn^{4+} 载流子浓度和迁移率都得到提高,从而降低了面电阻。同时载流子密度的提高减少了黑色 InO 的生成,提高了可见光透过率。但基片温度存在一个最佳值点,高于此值点后,薄膜的表面电阻略有升高,可见光透过率和红外反射率略有下降。这是因为当基片温度过高时,因所掺 Sn^{4+} 受位浓度和氧空位浓度减小会使薄膜电阻率总体上增大。

一般在溅射过程中,基片温度控制在 290~350℃之间,但是如果在单晶硅/非晶硅或有机薄膜表面沉积 ITO 膜时,基片温度是受到限制的,例如在 TFT-LCD 以及 CF 中,由于受到底层膜耐热性的限制,基片温度不能超过 230℃。表 8-1 给出了制备不同用途 ITO 膜的基片温度。

表 8-1　ITO 膜制备与应用实例

基片温度	ITO 膜特性 膜厚·薄膜电阻—电阻率	要求值	应用实例
室　温	30 nm·300 Ω—9×10^{-4} Ω·cm	$>10 \times 10^{-4}$ Ω·cm	触摸式控制板
160℃	20 nm·200 Ω—4×10^{-4} Ω·cm	5×10^{-4} Ω·cm	全彩色 STN
200℃	100 nm·50 Ω—5×10^{-4} Ω·cm 50 nm·100 Ω—5×10^{-4} Ω·cm	4×10^{-4} Ω·cm	TFT;图像传感器
≥300℃	100 nm·20 Ω—2×10^{-4} Ω·cm 200 nm·10 Ω—2×10^{-4} Ω·cm 30 nm·100 Ω—3×10^{-4} Ω·cm	2×10^{-4} Ω·cm	STN TFT 的双向电极;TN

B 溅射电压

在常规的直流磁控溅射中,其溅射电压一般加到 $-400 \sim -500$ V,这时由于等离子体中负离子(主要是氧离子)入射到基片表面上的能量可达到 $400 \sim 500$ eV,这将使 ITO 膜受负氧离子轰击而产生损伤,生成一种黑色的具有绝缘性质的低价氧化物 InO,它导致 ITO 膜载流子密度减少,增大了电阻率,使膜层的电阻率偏高。

图 8-12 给出了磁控溅射的电压与 ITO 薄膜电阻率的关系曲线。溅射的电压越大,负氧离子轰击膜层表面的能量也越大,那么造成这种结构缺陷的几率就越大,产生晶体结构缺陷也越严重,从而导致了 ITO 薄膜的电阻率上升。随着溅射电压的降低,负氧离子轰击能量降低,有效地降低了 ITO 膜的表面电阻率,同时使膜的红外反射范围明显向短波方向扩展,可见光透过范围也呈向短波方向扩展的趋势。

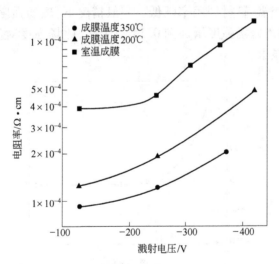

图 8-12 溅射电压与电阻率关系曲线

因此 ITO 薄膜一般采用的方法是低电压溅射法,通过减小靶电压,减少了由背反射中性粒子和在靶附近的等离子体区中的负氧离子对 ITO 膜层的损伤。一般情况下,磁控溅射沉积 ITO 薄膜时的溅射电压在 -400 V 左右,如果使用一定的工艺方法将溅射电压降到 -200 V 以下,那么所沉积的 ITO 薄膜电阻率将降低 50% 以上(见图 8-12),这样不仅提高了 ITO 薄膜的产品质量,同时也降低了产品的生产成本。

实践证明低电压溅射法制备 ITO 膜是成功的。如果基片温度升到大约 300℃，随着溅射电压的减小，ITO 膜层的电阻率也将减小，在溅射电压低于 −300 V 以后，ITO 膜的电阻率有一定程度的下降。这种电压的改变是控制放电阻抗来实现的，此时，放电是靠恒功率进行控制，因此尽管放电电压降低也不会影响成膜速率。

影响靶电压的主要因素有：靶表面的磁场强度、阳极与等离子体的相互作用和等离子体的电源模式。

磁场强度可以通过对磁控阴极中所用的磁场结构的设计来控制。加大磁控阴极的磁场强度可以降低溅射电压。因此为了降低 ITO 薄膜的溅射电压，可以通过合理的增强溅射阴极的磁场强度来实现。当磁场强度为 0.03T 时，溅射电压约为 −350 V；当磁场强度增加到 0.1T 左右时，溅射电压可以降到 −250 V（见图 8-13），但是这时已接近饱和，而且刻蚀区变窄，靶材利用率降低。一般情况下，磁场强度越高、溅射电压越低，但当磁场强度增加到 0.1T 以上时，磁场强度对溅射电压的影响就不明显了。

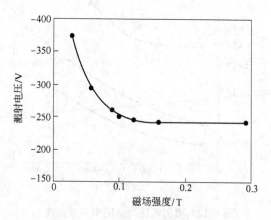

图 8-13   磁场强度与溅射电压关系

电源可以通过外部控制，现行的电源模式是将一个 RF 电源叠加在强磁场、低电压的磁控阴极上，即 DC + RF 模式，以激活磁控等离子体，增加离化，这大幅度降低了靶电压。当磁场强度为 0.1T 时，可以通过改变射频电源的功率使溅射电压从 −250 V 开始继续下降，当射频功率为 600 W 时，溅射电压可以降到 −110 V。实验证明当基片温度为 200℃、溅

射电压为 -110 V 时所得到的 ITO 膜电阻率为 1.3×10^{-4} $\Omega \cdot cm$。另外研究表明,也可用 DC 脉冲电源取代 DC + RF 电源。

C 氧气分压

由于 ITO 薄膜的导电属于 n 型半导体性质,它的导电是由于氧空穴以及在 In_2O_3 的晶核中掺入了高化合价的阳离子(锡),即其导电机制为还原态 In_2O_3 放出 2 个电子,成为氧空穴载流子和 In^{3+},被固溶的四价掺锡置换后放出一个电子成为电子载流子。镀膜室中氧分压的大小对 ITO 膜的面电阻与透过率的影响是较大的。随氧分压的增大,电阻率增加得很快,透过率较高;氧分压小时,面电阻下降,但透过率变差,其原因是产生了低价化合物,这些黑色化合物对光的吸收很大,使透过率下降。实验表明,在氧分压约占镀膜室总压力的 10% 时,可获得表面电阻低、可见光透过率和红外反射率高的 ITO 薄膜。

因为 ITO 薄膜的载流子密度与溅射成膜时的氧分压(氧含量)有很大关系。随着氧分压的增加,当膜的组分接近化学配比时,载流子迁移率有所增加,但却使载流子密度有所减少。这两种效应的综合结果是膜的光电性能随氧含量的变化呈极值现象。这是因为如果采用标准铟锡配比的靶材,增大氧分压虽因薄膜的结晶性略好,可提高膜层载流子迁移率,但因氧空位的急剧下降和掺杂锡的氧化,反而使电阻率迅速增大;而降低氧分压可增加 ITO 膜中的氧空位,从而提高薄膜的导电性能,但氧分压(如为零时)过低时会影响膜层结晶性,致使电阻率又升高。对应极值点的氧分压直接决定着"工艺窗口"的宽窄,它与成膜时的基片温度、氩气流量及膜的沉积速率等参数有关。

为便于精确控制氧分压(含量),可采用氩氧混合气代替纯氧充入镀膜室,氧分压可通过调节进入镀膜室氧气流量和氩气流量的比例来控制,并采取措施保证了基片各处氧分子流场的均匀性。

8.4.3.3 ITO 导电玻璃生产时需注意的工艺事项

生产 ITO 导电玻璃时需注意以下事项:

(1) 玻璃镀膜前的清洗。在镀膜产品中,镀膜前清洗是非常重要的,基片的清洗效果对膜层的附着力有着显著的影响。当基片上有残留污渍、灰尘时,在镀膜过程中影响膜层与基板的结合力,导致膜层与基板之间的附着力差,会出现掉膜现象,掉膜后该点即成为针孔。

要用配有清洗剂的刷洗及符合质量要求的去离子水冲洗,然后用无尘的干燥空气吹干。一些高档产品在清洗时,在平板清洗机之前还增加了超声槽预清洗,以保证清洗效果。

清洗后的玻璃不能裸手触摸,若裸手触摸,手的汗渍、油污、脏物连同手纹都留在玻璃表面,此处的膜层与基片结合牢固的程度会受到影响,严重的经过一段时间后会造成膜层脱落。

影响玻璃基片清洗效果的原因可能有以下几点:

1) 清洗机本身的清洗力度达不到工艺要求;

2) 清洗剂的清洗效果达不到工艺要求;

3) 清洗机长期未保养,清洗机本身被污染而使得玻璃受到二次污染;

4) 基板玻璃存放方式不当或存放时间过长,玻璃表面发生了霉变。

可以通过下列措施来提高清洗的整体效果:

1) 选用清洗效果好的清洗剂;

2) 对在清洗过程中与玻璃经常接触的滚刷、胶辊等定期清洗或更换;

3) 清洗机水箱的水定期更换;

4) 清洗机的管道定期清洗或更换;

5) 纯水的过滤芯定期更换,并定期检查纯水的水质是否达标;

6) 改善玻璃的存放环境和存放时间。

(2) 镀膜前的辉光放电的强度和时间要符合工艺要求。要按工艺规定的电压、电流和处理时间进行处理,保证一定的处理时间,这样可以除去玻璃表面和溅射室壁所吸附的大量水分和气体分子,有利于激活玻璃表面的化学活性。

(3) 反应溅射镀膜要准确地控制好反应气体的用量。在采用反应溅射的工艺当中,如采用 MF 方式制备 SiO_2 膜,向溅射室输入的反应气体 O_2 的量过多或过少,将直接影响 SiO_2 膜层的性能,进一步影响 FPD 器件的化学稳定性和寿命。

(4) 溅射电流、电压等工艺参数要稳定。溅射电流、电压的波动,都将会影响溅射量及溅射的中性原子(或分子)与基片的吸附强度,只有稳定的工艺控制才能生产出膜厚均匀、膜层牢固的 ITO 膜透明导电玻璃。

(5) 基片温度对电阻及透过率的影响。面电阻与透过率随着温度的变化趋势正好相反,面电阻随着温度的升高而降低,透过率随着温度的升高而升高,但是为了获得低的电阻和高的透过率,同时考虑到设备的整体性能和玻璃的耐温性能就不能一味地升高或降低温度,必须兼顾二者选取一最佳的温度。

(6) 布气的均匀性对 ITO 光电特性的影响。真空室的通气量以及布气管的分布情况都会影响布气的均匀性。镀膜室两边的真空泵分布不均会影响到镀膜室的气体均匀性。镀膜室正反面通气量的不同也会影响 ITO 的光电性能。布气是否合理是改善膜电阻均匀性的重要因素。

(7) 保证真空室卫生和基片架稳定。真空室及其管道、加热器、基片架以及屏蔽罩等上的灰尘或污染物均会在镀膜时影响产品质量,其在镀膜后的表现形式为针孔、污渍、杂质点等。以上缺陷可以通过以下措施来改善:

1) 每次停机换靶或维修保养时对真空室的卫生进行彻底清洁;

2) 加热器、基片架、阳极罩等定期进行喷砂或清洗处理;

3) 换靶时对靶面及背板等进行清洁;

4) 停机保养时清洁各真空管道;

5) 对各真空泵进行定期保养。

基片架在传动过程中,若传动突然出现不稳、基片架夹具松动或插片不当可能会出现掉片现象,掉片后如果玻璃挡住靶材将直接影响镀膜效果,即影响膜层的光电性能,也可能会造成后续玻璃出现划痕(一般情况下为固定划痕)。

(8) 真空退火处理对 ITO 光电特性的影响。对 ITO 薄膜的后退火处理主要是通过进一步使膜层氧化或促使膜层中多余的氧脱附,来达到降低膜电阻及提高膜的透过率的效果。但是具体的退火工艺与前端的镀膜工艺是有关的,不同的镀膜工艺会对应相应的退火工艺。ITO 膜经过退火处理后,其面电阻会有所下降,透过率会提高,并且膜层的均匀性也会得到改善,可提高膜的导电性,但是具体的改善程度与对应的镀膜工艺和退火工艺都有关系。

(9) 改善靶材黑化对 ITO 光电特性的影响。造成靶材出现黑化的因素有很多,与靶材的成分及密度、靶材的溅射功率、靶表面的温度以及靶材表面的清洁度、靶材背板、阳极罩的清洁度、靶材之间的间隙、真空室内的杂质气体含量等有关系。要减小靶材黑化对 ITO 膜面电阻及透过率的影响,应要求:

1) 每次换靶固定焊接靶材时控制好靶材之间的间隙;

2) 每次换靶时,要保证靶面平整干净,要对屏蔽罩、靶板等进行打磨,保证干净无异物;

3) 换靶时对真空室卫生的处理以及开机前的关门准备工作要做细致,减少漏气的几率;

4) 确保靶材的冷却系统正常工作,冷却充分均匀;

5) 在正常生产几天后,对出现的靶材黑化现象可以通过调节靶的溅射功率来适当减小靶材黑化对电阻和透过率的影响。

8.5 LCD 用 ITO 透明导电玻璃膜层检验标准和方法

关于镀膜后的 ITO 导电玻璃的检验标准和检验方法,目前有国家正式颁发并实施的推荐性国家标准(GB/T 18680—2002),此标准统一了我国 ITO 透明导电玻璃的产品技术要求及检测方法,规范了企业生产行为,提高了产品质量和在国际市场上的竞争力。但行业内各厂家基本是以自己的企业标准为检验标准,企业标准一般都要比国家标准严格。表 8-2 给出了 LCD 用 ITO 透明导电玻璃膜层各项性能要求,表 8-3 给出了 ITO 透明导电玻璃各项性能指标检测仪器及方法。

表 8-2 LCD 用 ITO 透明导电玻璃膜层各项性能要求

序号	项 目	要求/标准
1	SiO_2 膜层厚度	(25 ± 5) nm
2	玻璃/SiO_2 膜透过率	在波长为 550 nm 处,带有 SiO_2 膜层的玻璃透过率应不小于 90%
3	SiO_2 膜阻挡性能	经过 48 h 96℃ 的水浴,其 Na^+ 逸出阻挡层的当量应不超过 10 μg/L
4	ITO 膜层的耐酸性	将 ITO 透明导电玻璃在温度为 (25 ± 2)℃ 的 6% 的 HCl 溶液中浸泡 2 min 后,ITO 方阻值不超过原方电阻值的 110%,即 $R/R_0 \leqslant 110\%$
5	ITO 膜层的耐碱性	将 ITO 透明导电玻璃在温度为 (60 ± 2)℃,10% 的 NaOH(分析纯)溶液中浸泡 5 min 后,$R/R_0 \leqslant 110\%$
6	ITO 膜层的耐溶剂性	将 ITO 透明导电玻璃在丙酮(分析纯)、无水乙醇(分析纯)或 100 份去离子水加 3 份 EC101 配制成的清洗液中浸泡 5 min 后,ITO 方阻值不超过原方电阻值的 110%,即 $R/R_0 \leqslant 110\%$

序号	项 目	要求/标准
7	ITO 膜层的热稳定性	当在大气中 (320 ± 2)℃的电热箱中恒温 30 min, $R/R_0 \leqslant 250\%$
8	ITO 膜层的耐磨性	在 1 kg 压力下,用普通橡皮在 ITO 导电膜层表面反复摩擦 1000 次后,ITO 膜层不应破损脱落
9	ITO 膜层的附着力	将胶带紧贴于 ITO 导电膜层表面,然后迅速拉下胶带,ITO 膜层不应破损脱落
10	ITO 膜层的厚度	ITO 膜层的面电阻值不同,其 ITO 膜层的厚度也不同
11	ITO 膜层的刻蚀性	不同的 ITO 膜层厚度对应不同的 ITO 膜层刻蚀时间; 在温度为 (55 ± 2)℃,溶液配比为 $V_{H_2O} : V_{HCl} : V_{HNO_3} = 50 : 50 : 3$ 的酸刻液中浸泡,直至表面无 ITO 膜,对于方阻不大于 100 Ω 的 ITO 膜,刻蚀时间不大于 30 s;对于方阻不大于 80 Ω 的 ITO 膜,刻蚀时间不大于 40 s
12	玻璃/SiO$_2$ 膜/ITO 膜透过率	在 550 nm 波长处,玻璃/ SiO$_2$ 膜/ITO 膜的透过率在不同的面电阻值下,其透过率不同

注:R 为实验后的 ITO 膜层面电阻值,R_0 为实验前 ITO 膜层的面电阻值。

表 8-3 ITO 透明导电玻璃各项性能指标检测仪器及方法

序号	检 验 项 目	检验工具及方法
1	玻璃基板的长、宽	游标卡尺测量
2	玻璃基板的厚度	螺旋测微计(千分尺)测量
3	玻璃基板的垂直度	宽座角尺和塞规测量
4	玻璃基板的翘曲度	点板箱测量
5	玻璃基板的平整度	表面形貌仪测量
6	SiO$_2$ 膜阻挡性能	利用原子吸收光谱测量法,测量基片迁移出的 Na 离子数量
7	ITO 膜层面电阻	使用四探针电阻测量仪测量
8	ITO 透明导电玻璃的表面质量测量	在黑色背景下,借用日光灯或射灯,用裸眼观察其表面缺陷
9	膜层厚度	表面形貌仪、台阶仪等测量
10	ITO 透明导电玻璃透过率	分光光度计测量
11	ITO 膜层的化学性能	电阻测量法
12	ITO 膜层的刻蚀性	在一定配比的酸刻液中浸泡规定时间,然后取出冲洗干净后,用电阻测量法或目测法确定 ITO 膜是否除去

8.6 ITO 导电玻璃生产时对原辅材料及生产环境的要求

8.6.1 ITO 玻璃原材料

目前的 ITO 导电玻璃基片基本上是进口玻璃基板,常用的厚度为 0.3~1.1 mm,根据 ITO 导电玻璃的用途不同,对其基板的要求也有所不同,LCD 用 ITO 导电玻璃的基板为普通钠钙玻璃,TFT 用 ITO 导电玻璃的基板为无碱低膨胀系数的硼硅玻璃;LCD 用玻璃基板在可见光范围内,在波长为 550 nm 处透过率应不小于 91%。

供生产用的玻璃基板要新鲜,新鲜的玻璃表面化学活性大,有利于化学吸附和物理吸附,因此对玻璃的存储环境有一定的要求,并有对应的仪器(温湿度计)进行监控。温湿度较高或者通风不好时,玻璃表面极易产生风化,也就是所谓的发霉或霉变。此种霉斑是清洗剂难以去除的。

除对玻璃基板的存储环境有要求外,玻璃的储存时间也有一定的要求,且不同用途的玻璃基板,其存储时间也有所不同,LCD 用的 TN 型和 STN 型玻璃,由于 STN 型基板玻璃表面进行了抛光处理,因此一般 STN 型玻璃的可存储时间相对 TN 型玻璃要短。

对于镀膜后的 ITO 透明导电玻璃,因为 ITO 膜具有很强的吸水性,所以会吸收空气中的水和二氧化碳并产生化学反应而变质,俗称"霉变",因此在存放时要防潮。

对各类玻璃基板的表面缺陷及其他技术指标,各生产厂家均有自己的检验标准和检验方法。

8.6.2 车间环境

8.6.2.1 车间净化要求

ITO 透明导电玻璃生产线车间需要全面进行净化,上片区和卸片区域净化级别较高,为防止玻璃在镀膜前后的污染,一般镀膜厂家镀膜前的插片房和镀膜后的卸片检验房净化级别大多为百级净化间。其余为万级或十万级。

车间的温度要求为 20~25℃,空气相对湿度不大于 75%。由于玻璃基片及设备沾附的水蒸气是镀膜生产的污染源,因此它将直接影响镀膜生产的效率及膜层质量。另外镀膜机的一些电气设备对车间的温度和湿度也有要求。

ITO透明导电玻璃生产车间不允许含有污染物的空气进入车间,油雾和有害气体均是污染源,车间内要杜绝油烟等污染物,因此车间内不应使用油烟大的设备。机械真空泵排出的含有油雾的空气需用管道排至车间外。镀膜机的抽气系统,除高真空泵外,其余前级抽气系统与镀膜设备分别置于两个独立的车间,以隔离污染源。

8.6.2.2 净化房操作要求

清洗干净的玻璃在净化房可能会受到二次污染,二次污染源主要是净化房中的灰尘或操作人员所产生的灰尘。受到二次污染的玻璃在镀膜后会产生针孔、纤维、污渍、手指印以及其他点状缺陷。采取以下措施可有效减少玻璃在净化房的二次污染:

(1) 对不同净化级别的净化间有不同的操作要求,进入净化间必须穿戴符合要求的净化服,进入净化级别更高的净化间需要穿戴超净化服。净化服要定期清洗,保持净化服的清洁度。

(2) 进入净化间必须经过一定时间的风淋。

(3) 人员在操作时,必须带好口罩、手套等,防止人员自身对净化间带来的污染。

(4) 定期打扫净化间的卫生,保证净化间的洁净度和合理的温度及湿度。定期检测净化房的洁净度和温度及湿度,不符合要求需及时进行调整。

(5) 加强操作人员的操作规范培训,加强操作人员的质量意识。

8.6.3 主要原辅材料的管理

原辅材料主要指ITO透明导电玻璃生产过程中玻璃与玻璃之间的隔纸及隔条,一般TN型或低档次的产品。玻璃与玻璃之间采用隔纸;对STN型产品及TN型的高档产品,玻璃与玻璃之间采用隔条,相对于隔纸而言,隔条与玻璃的接触面较少,也就意味着对玻璃表面产生污染的可能性要小。对纸质的要求:纸张必须干燥,表面应无污渍、无砂粒、无油、无粉尘、无胶质或其他杂质,表面应平整和无过分褶皱。

一般隔纸储存在抽湿房中,进行除湿处理,这样会减小因隔纸不干燥而给玻璃带来的污染。有条件的厂家除在仓库进行抽湿处理外,在生产线上还设有烘烤箱,隔纸从仓库领出在投入生产使用前,在一定的工艺条件下在烘箱中放置指定时间,具体时间根据各厂家的工艺而定,以保证纸的干燥程度。

由于隔条与玻璃之间的接触面小,因而产生的污染就小,因此在高档产品上隔条已经取代了隔纸,但由于隔条的成本较高,一般厂家的隔条是要回收利用的。隔条在使用前要进行修复、清洗处理,修复主要是去除隔条边缘的毛刺,防止擦伤玻璃,清洗主要是去除隔条加工过程或者回收使用当中产生的污染。

9 薄膜厚度的测量与监控

薄膜的性能取决于薄膜的生长条件和它的真实厚度,薄膜的形成和结构状态受生产条件的影响和制约。因此对膜厚进行测量与监控是非常重要的。

薄膜厚度的测量有多种方法,本章主要讨论常用的光学测量法、机械测量法和电学测量法等测量方法。

9.1 光学测量方法

9.1.1 光学干涉法

光学干涉法以光的干涉现象作为膜厚测量的物理基础,等厚干涉法和等色干涉法是最常用的两种测量薄膜厚度的光学干涉方法。

利用等厚干涉法和等色干涉法测量薄膜厚度时,需要在试样的有膜区和无膜区交界处制备台阶。在镀膜前对试样一部分进行遮挡,镀膜后在有膜区和无膜区之间便可形成高度差,即台阶。如果采用退膜的方法能在试样表面获得有膜区和无膜区之间的台阶,也可以不在镀膜前对试样的一部分进行遮挡。

为了提高等厚干涉法和等色干涉法的测量精度,测量时还需要在所制台阶上下,即薄膜表面和基体表面沉积一层高反射率的金属层,如 Ag 或 Al。

图 9-1 是等厚干涉法测量薄膜厚度的装置及原理示意图。具有半反射半透射功能的参考玻璃片覆盖在台阶上,在单色光的照射下,参考玻璃片和薄膜之间、参考玻璃片与无膜区的基体表面之间的光的反射将导致光的干涉现象。台阶厚度(即膜厚)会引起光程差的改变,从显微镜观察到的光的干涉条纹会发生位移 Δd,设参考玻璃片和薄膜之间的光的干涉条纹间距为 Δd_0,则 Δd 与 Δd_0 的关系可用式(9-1)表示。

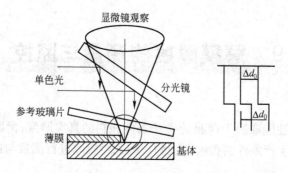

图9-1 等厚干涉法测量薄膜厚度的装置及原理示意图

$$h \frac{\Delta d_0}{\Delta d} = \frac{\lambda}{2} \tag{9-1}$$

式中 h——薄膜厚度;

λ——入射的单色光的波长。

用光学显微镜测量 Δd 与 Δd_0,便可根据式(9-1)计算得到薄膜厚度。

等色干涉法与等厚干涉法的主要区别是使用非单色光源照射薄膜表面。利用光谱仪可以测得一系列满足干涉极大条件的光波波长 λ。由光谱仪检测到的相邻两次干涉极大的条件为

$$2S = N\lambda_1 = (N+1)\lambda_2 \tag{9-2}$$

式中 S——参考玻璃片与薄膜的间距;

N——相应干涉的级数;

λ_1, λ_2——非单色光中引起干涉极大的光波波长。

在台阶上下形成 N 级干涉条纹的波长也不相同,波长差 $\Delta\lambda$ 可表示为

$$2h = N\Delta\lambda \tag{9-3}$$

将式(9-2)和式(9-3)相结合得到

$$h = \frac{\Delta\lambda}{\lambda_1 - \lambda_2} \cdot \frac{\lambda_2}{2} \tag{9-4}$$

从式(9-4)中可以看到,用光谱仪测量引起相邻两个干涉极大条件下的光波波长 λ_1、λ_2 和由台阶引起的波长差 $\Delta\lambda$,就能计算得到薄膜厚度 h。

等色干涉法的厚度分辨率高于等厚干涉法,可以达到 1 nm 的水平。

透明薄膜的上下表面本身可以引起光的干涉现象,在利用光学干涉

法测量膜厚时可以不必制备台阶和沉积反光层。由于透明薄膜的上下表面属于不同材料之间的界面,因此要在光程差计算中考虑不同界面造成的相位移动。正入射时(入射角为 0°),光在反射回光疏物质中时,相位移动为 π;光在反射回光密物质中时相位不变。透明薄膜厚度测量的光学干涉法主要有两种,一种是利用单色光入射,通过改变入射角及反射角度的方法来满足干涉条件从而求出膜厚,被称为变角度干涉法;另一种方法是使用非单色光入射薄膜表面,入射角固定,用光谱仪分析光的干涉波长从而求出膜厚,被称为等角度反射干涉法。

9.1.2 椭偏仪法

椭偏仪法又称为偏光分解法,可以对透明薄膜的厚度以及折射率进行精确测量,不仅可用于薄膜沉积后的测量,还可用于复杂环境下薄膜生长的实时监测。大多数透明薄膜对于入射光具有各向同性的性质,此时,入射偏振光的偏振分量在反射和折射后偏振状态不变,但反射系数和透射系数发生了变化,椭偏仪法的工作原理就是利用分析偏振光分量的相对变化来确定透明薄膜的光学性质。

图 9-2 是椭偏仪结构示意图,主要部件包括单色准直光源、起偏镜、1/4 波长片、样品台、检偏镜和光检测器。测量时,薄膜样品放置在样品台位置,处于光路的中心。单色光先经过起偏镜成为线偏振光,再经过1/4 波长片成为椭圆偏振光,以一定入射角入射到薄膜样品表面并发生相

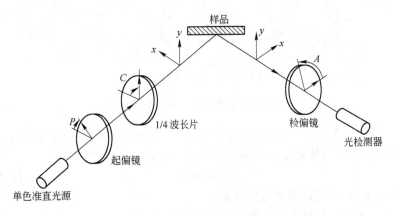

图 9-2　椭偏仪结构示意图

互作用,最后用检偏镜和光检测器测量出射椭圆偏振光的强度。如图 9-2 所示,将起偏镜、1/4 波长片和检偏镜的方位角分别标为 P、C 和 A,测量时,C 固定为 $\pi/4$,根据偏振光的传播特性,则椭偏仪测量得到的偏振光强度取决于 P、A 以及薄膜样品对偏振光分量的反射系数。调整 P 与 A,使偏振光强度为零,利用此时的 P 值和 A 值可求出薄膜样品对不同偏振光分量的反射系数比,通过计算机拟合可以进一步得到薄膜厚度以及折射率。

9.1.3 极值法

垂直入射于薄膜的波长为 λ 的光,随着薄膜光学厚度的增加,薄膜的反射和透射将会出现极值。如果薄膜的折射率低于基片,则随着膜厚的增加而反射减少。当薄膜光学厚度为 $\lambda/4$ 时,反射达到最小值,如继续增加膜厚,反射又随之增加,并在光学厚度为 $\lambda/2$ 时,达到最大值,若继续增加膜厚,反射又随之下降,其反射与光学膜厚的关系如图 9-3 所示的虚线。如果薄膜的折射率高于基片,则极大值发生在图中实线的顶部所示的膜厚处。

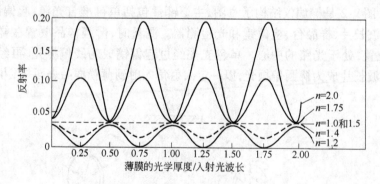

图 9-3 反射与光学膜厚的关系

由图 9-3 可见,无论薄膜折射率如何,出现反射极值(包括最大值或最小值)的光学膜厚必为入射光波长的四分之一的整数倍,即

$$n_m h = m(\lambda/4) \tag{9-5}$$

式中 n_m——沉积薄膜的折射率;

      h——沉积薄膜的厚度;

      $n_m h$——沉积薄膜的光学膜厚;

λ——入射光的波长；

m——反射光强（或透射光强）经过极值点的数，$m=0,1,2,\cdots$。

利用上述原理便可测量和控制薄膜厚度。图9-4给出了极值法测量膜厚的原理图。由近似点光源的白炽灯发出的光，经过一个转动扇形板调制后入射到控制片，再通过几个透镜最后聚集在分光器（单色干涉滤光片）上，由此取得的单色光照到光电接收器（如光电管、光电倍增管、光电池、光敏电阻等）上，产生的光电流再经相应的放大器放大，最终由监视器显示出表征试样光学膜厚的光强度信号。随着薄膜光学厚度（与薄膜厚度有关，但其值并不相等）的变化，通过薄膜的光强度也发生相应的变化，导致光电流也随之变化。这样在薄膜的沉积过程中，记录反射光强（或透射光强）经过极值点的数，就可以通过监视器监控薄膜的厚度。

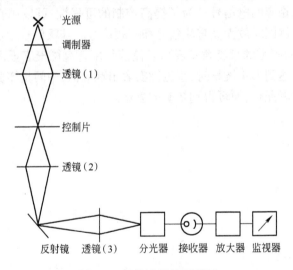

图9-4 极值法测量原理图

如果在薄膜沉积中经过极值点的次数为 m，则薄膜的光学膜厚为 $m\lambda/4$，由于薄膜的折射率 n_m 已知，因此得到薄膜的质量膜厚为

$$h=\frac{m\lambda}{4n_m} \tag{9-6}$$

例如，欲镀制厚度为 2 μm 的 SiO_2 膜，其折射率 $n_m=2$，基片为玻璃，折射率 $n_m=1.5$；用波长 $\lambda=1$ μm 的单色光监控，假定薄膜的吸收为零。由式（9-6）解得 $m=16$，若只计算最大值，则只需要注意观察第八个最大

值即可。

9.1.4　波长调制法(振动狭缝法)

由于极值位置的反射变化率为零,因此极值法控制膜厚的精度不高。为制备要求较高的薄膜,常用波长调制法(或称为振动狭缝法)来控制膜厚。

图 9-5 为波长调制法原理示意图。光源发出的光信号经过控制片及一系列透镜聚焦后进入单色仪。单色仪的出射狭缝为一个由音频信号发生器带动的振动着的狭缝(故波长调制法又称为振动狭缝法),其振动频率可根据具体情况选定,应尽量避开可能产生干扰信号的频率。通过振动狭缝的光经过补偿器(用于补偿光电倍增管的响应曲线)进入光电倍增管并产生相应的电信号。为了提高控制的可靠性,可以用直流放大器和选频放大器同时放大其直流信号和基频信号。基频信号用示波器显示(也有用中间指零的直流微安表),直流信号用直流微安表显示。如当沉积薄膜厚度达到 1/4 波长时,直流微安表出现极值,中间指零微安表又回到零位。两者配合,便可得到精确的读数。

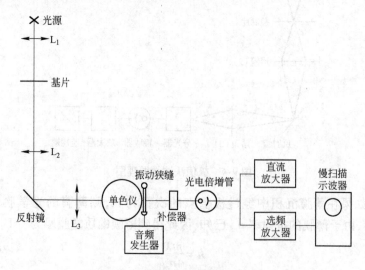

图 9-5　波长调制法原理示意图

波长调制法控制膜厚精度比较高,用它制备的窄带干涉滤光片,其峰值波长的偏差小于 0.5%。

9.1.5 原子吸收光谱法

元素的气态自由原子具有吸收同种元素原子所发射的光谱的特性。利用该特性测量薄膜沉积速率的方法称为原子吸收光谱法。原子吸收光谱法的测量原理如图9-6所示。空心阴极光源发射的光进入真空室窗口,在穿越气态原子空间时被吸收一部分,未被吸收的光束穿过另一个窗口和滤光片,最后照射在光电倍增管上并将光强转变为电信号输出供给控制器。在光源的光强一定的条件下,光电倍增管的输出信号与气态原子空间的原子密度成反比,因此,可以用其输出的信号表征薄膜的沉积速率。如果加上时间参量,即可表达薄膜厚度。

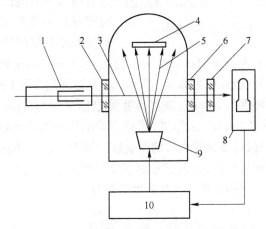

图 9-6 原子吸收光谱法测量原理
1—空心阴极光源;2,6—窗口;3—光束;4—基片;5—膜材粒子流;7—滤光片;
8—光电倍增管;9—蒸发源;10—控制器

原子吸收光谱膜厚监控仪能输入速率、膜厚、功率、时间及其他的参数数据。发射光谱经气态原子吸收后的余量由光电倍增管转换成电信号,然后由仪器中的微型计算机处理。最后将沉积速率、膜厚等参数以数字形式显示出来。同时还能输出 $0 \sim 10\,V$ 的模拟量供记录仪记录。蒸发源(或溅射靶)的供电程序及断电器触点动作可由仪器调整。原子吸收光谱法膜厚监控仪能在很宽的压力范围($100 \sim 10^{-9}\,Pa$)内工作,特别适用于溅射镀膜。如果监控仪使用不同的光源还能对合金膜中的每一组分进行速率和膜厚的测量和控制。

9.2 机械测量方法

9.2.1 轮廓仪法

轮廓仪又被称为表面粗糙度仪和台阶仪,是一种测量表面一维形貌

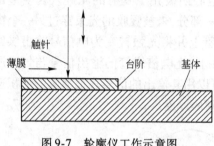

和粗糙度的仪器,也常用来测量薄膜厚度。如图 9-7 所示,轮廓仪的工作原理是利用直径很小的触针滑过被测试样的表面,同时记录下触针在试样垂直方向位移随水平滑动长度的变化,即可测量计算得到试样表面的粗糙度和薄膜厚度等信息。

图 9-7 轮廓仪工作示意图

图 9-8 所示为美国 Thermo Veeco 公司生产的 Dektak 6M 型轮廓仪。其主要技术指标:触针压力为 1 ~ 15 mg、垂直测试范围为 1 nm ~ 262 μm、可容最大样品厚度为 25 mm、垂直高度测量重复性为 1 nm,触针为金刚石,曲率半径为 2.5 μm。工作时,驱动器带动传感器沿试样表面做匀速运动,传感器的触针随试样表面的微观起伏做上下运动,触针的运动经传感器转换为电信号的变化,电信号的变化量再经后端电路的处理和计算便可得到试样表面薄膜厚度及粗糙度等信息。

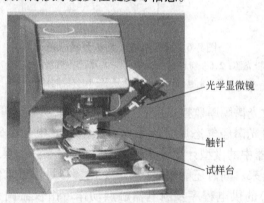

图 9-8 Dektak 6M 型轮廓仪

轮廓仪法测量薄膜厚度时,一方面要求被测试样表面水平;另一方面和光学干涉法测膜厚的要求一样,需要在试样的有膜区和无膜区之间形

成台阶。对于比较软的试样表面或薄膜,测试时要选用比较小的载荷和比较大的触针,避免触针划伤试样表面或薄膜而造成测量误差。但选用大触针不能分辨表面形貌的小的起伏变化。

9.2.2 显微镜观察断口

用显微镜观察断口是一种最直观的测量表面改性层或薄膜厚度的方法。该方法要求试样在处理后及测试前先制备断口,然后用光学显微镜或扫描电子显微镜对断口进行观察和测量。如果断口是斜面,还需要依据一定的方法进行计算,从而得到表面改性层深度或薄膜厚度。

常用的断口获得方法有三种:

(1)用球磨仪将试样表面的改性层或薄膜磨穿,获得倾斜断口。这种方法在 GB/T 18682—2002 中被称做球痕法。

(2)用脆性物质做试样,如抛光单晶硅片,薄膜沉积后将试样沿解理面瓣断获得断口。

(3)用切割机等设备沿与试样表面垂直的方向将试样切开以获得断口。此时获得的试样断口通常会因切割而受到氧化等污染,需要随后用塑料镶嵌并研磨抛光,将氧化层去除后才能获得真实的清晰完整的膜层断口。

图 9-9 所示为在硬质合金上沉积 TiAlN 膜的断口形貌,用扫描电子显微镜放大 1 万倍观察,可以看到三个区域,左侧黑色区域为镶嵌试样用的黑色塑料,右侧浅色区域为硬质合金基体,中间为 TiAlN 膜层,经测量膜厚为 4.4 ~ 4.5 μm。

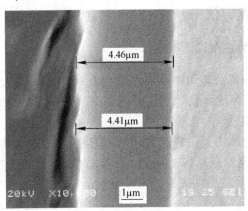

图 9-9 硬质合金上沉积 TiAlN 膜的断口形貌及膜厚测量

9.2.3　称重法测量薄膜的厚度

称重法是一种间接测量薄膜厚度的方法。薄膜厚度和质量之间的关系可以用式(9-7)表示

$$h = \frac{m}{\rho S} \tag{9-7}$$

式中　h——膜层厚度；

m——膜层质量；

ρ——膜层密度；

S——膜层面积。

膜层质量 m 通过沉积前后对基片称重得到，称重仪器精度越高，如采用精度为 10^{-8} g 的精密微量天平，则测得的 m 值越准确，计算得到的膜厚值就越准确。

称重法所测膜厚值还依赖于膜层密度 ρ 和膜层面积 S 的测量精度。如果膜层密度 ρ 依据与膜层成分相同的块材的密度选取，则可能会造成较大误差，因为随着薄膜制备工艺的不同，膜层密度可以有很大的变化。通常情况下制备的薄膜膜层密度小于块材的密度，用块材的密度作为膜层密度来计算膜层厚度会得到比实际厚度小的结果。称重法只能测量薄膜的平均厚度，不能测出薄膜厚度随位置的变化情况。

从上述分析可以看到，称重法只适合于膜层面积比较容易测量和计算、膜层密度比较容易精确得到、膜层厚度较厚而且面积比较大的样品。

9.3　电学测量方法

9.3.1　石英晶体振荡法

石英晶体振荡法是薄膜厚度实时在线测量的一种方法，常用于薄膜沉积过程中膜层厚度以及沉积速率的监测，与电子技术和通信技术结合可实现薄膜沉积过程的自动控制。

石英晶体振荡法是一种动力学测量方法，通过沉积物使机械振动系统的惯性增加，从而减小振动频率。石英晶体振片的固有振动频率为

$$f_0 = \frac{v}{2h_q} \tag{9-8}$$

式中　f_0——石英晶体振片的固有振动频率；

h_q——石英晶体振片的厚度；

v——石英晶体振片厚度方向弹性波的波速。

从式(9-8)中可以看到石英晶体振片厚度变化会引起固有振动频率变化,参考前述称重法的原理,石英晶体振片厚度变化还可以用石英晶体振片质量的增加量、石英晶体振片的密度以及面积来表示出来,则石英晶体振片固有振动频率变化可表示为

$$\Delta f = -\frac{\Delta h_q}{h_q}f_0 = -\frac{\Delta m}{\rho_0 s h_q}f_0 \qquad (9-9)$$

式中　Δf——石英晶体振片固有振动频率变化；

Δh_q——石英晶体振片厚度变化；

Δm——石英晶体振片质量的增加量；

ρ_0——石英晶体振片的密度；

s——石英晶体振片的面积。

当石英晶体振片上沉积一层其他物质时,固有振动频率发生变化,可用式(9-10)表示

$$\Delta f \approx -\frac{h_f \rho_f}{\rho_0 h_q}f_0 = -\frac{2 h_f \rho_f}{\rho_0 v}f_0^2 \qquad (9-10)$$

式中　h_f——沉积物的厚度；

ρ_f——沉积物的密度。

石英晶体振片的固有振动频率f_0、厚度方向弹性波的波速v和密度ρ_0已知,只要知道沉积物的密度ρ_f并测得石英晶体振片固有振动频率变化Δf,便可通过公式计算得到沉积物的厚度。

石英晶体温度变化会引起固有振动频率的漂移,因此使用石英晶体振荡器测量薄膜厚度时一方面要选线膨胀系数最小的方向切割石英晶体振片,另一方面要通过减小石英晶体振片受热面积及采用水冷却等措施来尽可能减少由温度变化而带来的石英晶体振片固有振动频率的漂移,保证更精确地测量膜厚。

需要指出的是,使用石英晶体振荡器测量薄膜厚度时,石英晶体振片上沉积的薄膜的性能与石英晶体不同,而且沉积有效面积也并不完全等同于石英晶体振片的面积,因此用式(9-10)计算得到的薄膜厚度与实际有偏差。如果要更精确地测量薄膜厚度,还应在测量前通过实验的方法对薄膜实际的沉积速率进行标定。

9.3.2 电离式监控计法

电离式监控计是基于电离真空计的工作原理,在真空镀膜过程中,膜材的蒸气通过一只类似 B-A 规式的传感器时,与电子碰撞并被电离成离子,离子流的大小与膜材蒸气的密度成正比。但由于真空室内残余气体的存在,传感器收集到的离子流由膜材蒸气和残余气体两部分离子流组成。如果利用一只补偿规测出传感器接受的残余气体离子流的大小,并将两只规的离子流送到差动放大器,利用电子线路来抵消残余气体的离子流,这时得到的差动信号就是膜材的蒸发速率信号。利用该信号可以控制蒸发速率的大小,因此,便实现了蒸发速率的测量和控制。由于沉积速率与蒸发速率为线性关系,因此,当传感器经过标定后,根据蒸发速率信号和蒸镀时间,就可以得到沉积薄膜的平均膜厚,并可实现真空蒸发镀膜沉积速率及薄膜厚度的测量与控制。基于电离式监控计的电离原理,该类监控计只适于真空蒸发镀膜。

电离式监控计所用的传感器是一只改型的裸式 B-A 真空规,其结构如图 9-10 所示。冷却罩的两侧对准加速极中心轴线开孔,测量使用时让孔轴对准蒸发源,一般让蒸发物能通过传感器。为避免蒸发物沉积在电

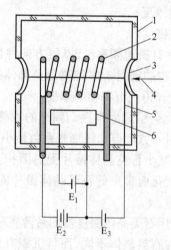

图 9-10 传感器结构示意图

1—水冷罩;2—加速极;3—孔口;4—膜材粒子流;5—收集极;

6—发射极;E_1, E_2, E_3—传感器电源

极上,加速极和收集极分别通以交流电加热到1000℃以上。收集极的温度不宜过高,以免产生电子发射,为防止在测量工作时冷却罩放气,可对其采用水冷却降温。

补偿规的尺寸与传感器完全相同,并且尽可能使它们的灵敏度一致。补偿规的加速极和收集极不需加热,无水冷套,就是一只普通的 B-A 规,安放在镀膜室内避开蒸发物蒸气的地方。

图 9-11 给出了电离式监控计的控制原理方框图。差动放大器将传感器和补偿规两个离子流之差进行放大,即为蒸发速率信号。将该信号输送到自动平衡记录仪记录,同时送到 PID 放大调节器及磁放大器,就可以对蒸发电源进行自动调节,从而控制蒸发速率。

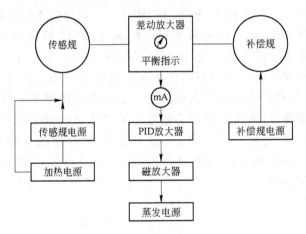

图 9-11　电离式监控计控制原理图

9.3.3　面电阻法

面电阻法是测量绝缘体上导电薄膜厚度的一种方法,在 ITO 导电玻璃生产中得到了普遍的应用。

9.3.3.1　测量原理

薄膜材料在厚度上是非常薄的。如果导电薄膜的膜厚小于某一个值时,薄膜的厚度将对自由电子的平均自由程产生影响,从而影响薄膜材料的电阻率,这就是所说的薄膜的尺寸效应。图 9-12 给出了说明薄膜尺寸效应的示意图。

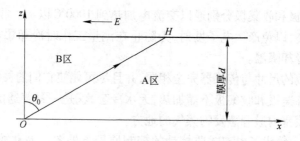

图 9-12 薄膜的尺寸效应示意图

图 9-12 中导电薄膜的膜厚为 d，电场 E 沿着 $-x$ 方向。假定自由电子从 O 点出发到达薄膜表面的 H 点，OH 的距离同导电块体材料中自由电子的平均自由程 λ_B 相等，即 $OH = \lambda_B$。自由电子的运动方向与 z 轴（薄膜膜厚方向）的夹角为 θ_0，在 θ_0 所对应的立体角范围内（图 9-12 中显示的 B 区），由 O 点出发的自由电子运动到薄膜表面并同其发生碰撞时所走过的距离小于自由电子的平均自由程 λ_B。这意味着，在 B 区中的自由电子在同声子和缺陷发生碰撞之前就同薄膜的表面发生碰撞，即薄膜 B 区中自由电子的平均自由程小于块体材料中自由电子的平均自由程。但是，在大于 θ_0 所对应的立体角范围内（图 9-12 中显示的 A 区），由 O 点出发的自由电子运动到薄膜表面并同其发生碰撞时所走过的距离大于自由电子的平均自由程 λ_B，即自由电子的平均自由程没有受到薄膜表面的影响。综合上述分析，导电薄膜材料中有效自由电子平均自由程是由 A 区和 B 区两部分组成，由于 B 区中自由电子的平均自由程小于块体材料中自由电子的平均自由程，因此导电薄膜材料中有效自由电子平均自由程小于块体材料中自由电子的平均自由程，从而使薄膜材料的电阻率高于块体材料的电阻率。当薄膜的膜厚远远大于块体材料的自由电子的平均自由程时，薄膜表面对在电场作用下自由电子的定向运动将没有影响，这时薄膜的电阻率将表现出块体材料的电阻率，即当薄膜的膜厚很厚时，薄膜也就变成了块体材料。

9.3.3.2 导电薄膜面电阻和膜厚的测量

在生产和科研中，常采用四探针面电阻仪直接测量导电薄膜的面电阻来计算膜厚。应用四探针法测量导电薄膜的电阻率如图 9-13（a）所示，测量导电薄膜的面电阻 R 时，让四探针面电阻仪的四个探针的针尖同时接触到薄膜表面上,四个探针作为角点在薄膜表面形成一个边长为 a 的正方形测试区域,如图9-13(b)所示。

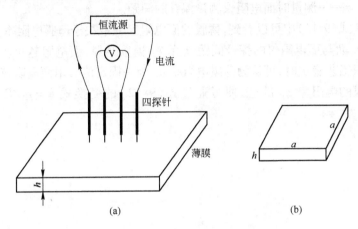

图 9-13 四探针法测量原理图

(a) 四探针测量法; (b) 面电阻测试区域示意图

四探针的外侧两个探针同恒流源相连接,四探针的内侧两个探针连接到电压表上。当电流从恒流源流出流经四探针的外侧两个探针时,流经薄膜而产生的电压将可从电压表中读出。在薄膜的面积为无限大或远大于四探针中相邻探针间距离的时候,导电薄膜的电阻率 ρ_F 可以由式(9-11)给出:

$$\rho_F = C\frac{V}{I} \tag{9-11}$$

式中 C——四探针的探针系数,它的大小取决于四根探针的排列方法和针距;

   I——流经薄膜的电流,即图9-13(a)中所示恒流源提供的电流;

   V——电流流经薄膜时产生的电压,即图9-13(a)中所示电压表的读数。

在知道流经薄膜的电流 I 和产生的电压 V 后,应用式(9-11)就可以计算出导电薄膜的电阻率 ρ_F。

常用的四探针面电阻仪是测试方块电阻的,如图9-13(b)所示,设薄膜厚度为 h,导电薄膜电阻率为 ρ_F,则面电阻 R 可用式(9-12)表示:

$$R = \frac{\rho_F a}{ah} = \frac{\rho_F}{h} \qquad\qquad (9\text{-}12)$$

式中　a——测量时面电阻仪测量探针的间距。

从式(9-12)中可以看到,薄膜的面电阻 R 只取决于薄膜电阻率 ρ_F 和膜厚 h,而与面电阻仪的探针间距 a 无关,薄膜越厚,面电阻越小。当薄膜沉积工艺稳定时,可认为薄膜电阻率 ρ_F 为一固定值。用面电阻仪测量出薄膜的电阻率 ρ_F 的值,便可通过式(9-12)的变换式 $h = \rho_F / R$ 求得膜厚。

10 表面与薄膜分析检测技术

10.1 概述

超高真空技术、电测技术和计算机技术的进步和发展,大大促进了表面与薄膜分析技术水平的提高,许多高水平的分析技术和新型的试验仪器相继问世。现在,对表面几个原子层甚至单个原子层的成分和结构分析已经成为可能,人们可以从原子、分子水平去认识表面现象,大大提高和深化了人们对表面现象的认知,进一步推动了表面科学和表面技术的发展。

表面与薄膜的分析检测是以获得固体表面(包括薄膜、涂层)成分、组织、结构及表面电子态等信息为目的的试验技术和方法。基于电磁辐射和运动粒子束(或场)与物质相互作用的各种性质而建立起来的各种分析方法构成了现代表面分析方法的主要组成部分,它们大致可分为衍射分析、电子显微分析、扫描探针分析、电子能谱分析、光谱分析及离子质谱分析等几类主要分析方法。

当电磁辐射(X射线、紫外光等)或运动载能粒子(电子、离子、中性粒子等)与物质相互作用时,会产生反射、散射及光电离等现象。这些被反射、散射后的入射粒子和由光电离激发的发射粒子(光子、电子、离子、中性粒子或场等)都是信息的载体,这些信息包括强度、空间分布、能量(动量)分布、质荷比及自旋等。通过对这些信息的分析,可以获得有关表面的微观形貌、结构、化学组成、电子结构(电子能带结构和态密度等)和原子运动(吸附、脱附、扩散、偏析等)等性能数据。此外,采用电场、磁场、热或声波等作为表面探测的激发源也可获得表面的各种信息,构成各种表面分析方法。目前表面分析方法已达百余种,但由于种种原因(或条件要求高,或实验技术复杂,或理论解释困难等)并非所有表面分析技术都具有很强的实用性,有些分析技术还处于实验室研究阶段,表面分析所用的部分方法列于表10-1。

表 10-1   表面分析所用部分方法名称及用途

探测粒子	发射粒子	分析方法名称	简　称	主要用途
电子	电子	低能电子衍射	LEED	结构分析
	电子	反射式高能电子衍射	RHEED	结构分析
	电子	俄歇电子能谱	AES	成分分析
	电子	扫描俄歇探针	SAM	微区成分分析
	电子	电离损失谱	ILS	成分分析
	光子	能量弥散X射线谱	EDXS	成分分析
	电子	俄歇电子出现电势谱	AEAPS	成分分析
	光子	软X射线出现电势谱	SXAPS	成分分析
	电子	电子能量损失谱	EELS	原子及电子态分析
	离子	电子诱导脱附	ESD	吸附原子态及其成分分析
	电子	透射电子显微镜	TEM	形貌分析
	电子	扫描电子显微镜	SEM	形貌分析
	电子	扫描透射电子显微镜	STEM	形貌分析
离子	离子	离子探针质量分析	IMMA	微区成分分析
	离子	二次离子质谱	SIMS	成分分析
	离子	离子散射谱	ISS	成分、结构分析
	离子	卢瑟福背散射谱	RBS	成分分析
	光子	离子激发X射线谱	IEXS	原子及电子态分析
光子	电子	X射线光电子谱	XPS	成分分析
	电子	紫外线光电子谱	UPS	分子及固体的电子态分析
	光子	红外吸收谱	IR	原子态分析
	光子	喇曼散射谱	RAMAN	原子态分析
	光子	角分辨光电子谱	ARPES	原子及电子态、结构分析
	离子	光子诱导脱附	PSD	原子态分析
电场	电子	场发射显微镜	FEM	结构分析
	离子	场离子显微镜	FIM	结构分析
	离子	原子探针场离子显微镜	APFIM	结构及成分分析
	电子	场电子发射能量分布	FEED	电子态分析
	电子	扫描隧道显微镜	STM	形貌分析

续表 10-1

探测粒子	发射粒子	分析方法名称	简 称	主 要 用 途
热	中性粒子	热脱附谱	TDS	原子态分析
中性粒子	光子	中性粒子碰撞诱导辐射	SCANIIR	成分分析
	中性粒子	分子束散射	MBS	结构、原子态分析
声波	声波	声显微镜	AM	形貌分析

10.2 表面与薄膜分析方法分类

表面分析依据表面性能的特征和所要获取的表面信息的类别可分为:表面形貌分析、表面成分分析、表面结构分析、表面电子态分析和表面原子态分析等几方面。同一分析目的可能有几种方法可采用,而各种分析方法又具有自己的特性(长处和不足)。因此,必须根据被测样品的要求来正确选择分析方法。如有需要时甚至可采用几种方法对同一样品进行分析,然后综合各种分析方法所测得的结果来做出最终的结论。

10.2.1 表面形貌分析

表面形貌分析包括表面宏观形貌和显微组织形貌的分析,主要由各种能将微细物相放大成像的显微镜来完成。利用各种不同原理而构成的各类显微镜具有不同的分辨率,适应各种不同要求的用途。光学显微镜作为观察金属材料微观组织的手段应用极为广泛。然而,由于受到可见光波长(400 ~ 760 nm)的限制,其分辨率最大为 200 nm,最大放大倍数为 $(2 \times 10^3 \sim 5 \times 10^3)$,远远不能满足现代科技发展的需求。随着显微技术的发展,相继出现了一系列高分辨本领的显微分析仪器,其中主要有以电子束特性为技术基础的透射电子显微镜(TEM)和扫描电子显微镜(SEM)等,以电子隧道效应为技术基础的扫描隧道显微镜(STM)和原子力显微镜(AFM)等,以场离子发射为技术基础的场离子显微镜(FIM)和以场电子发射为技术基础的场发射显微镜(FEM)等。这些新型的显微镜最高已达到原子分辨能力(约 0.1 nm),可直接在显微镜下观察到表面原子的排列,不但能获得表面形貌的信息,而且可进行真实晶格的分析。

许多现代显微镜中多附加一些其他信号的探测和分析装置,这可使显微镜不但能用作高分辨率的形貌观察,还可用作微区成分和结构分析,人们可以在一次实验中同时获得同一区域的高分辨率形貌、化学成分和晶体结构参数等其他信息数据。各种显微镜的特点及应用列于表10-2。

表 10-2 各种显微镜的特点和应用

名 称	检测信号	样品	分辨率/nm	基 本 应 用
透射电子显微镜(TEM)	透射电子和衍射电子	薄膜和复型膜	点分辨率 0.3～0.5;晶格分辨率0.1～0.2	(1)形貌分析(显微组织,晶体缺陷);(2)晶体结构分析;(3)成分分析(配附件)
扫描电子显微镜(SEM)	二次电子,背散射电子,吸收电子	固体	6～10	(1)形貌分析(显微组织,断口形貌);(2)结构分析(配附件);(3)成分分析(配附件);(4)断裂过程动态研究
扫描隧道显微镜(STM)	隧道电流	固体(有一定导电性)	原子级:垂直 0.01,横向0.1	(1)表面形貌与结构分析(表面原子三维轮廓);(2)表面力学行为,表面物理与化学研究
原子力显微镜(AFM)	隧道电流	固体(导体,半导体,绝缘体)	原子级	(1)表面形貌与结构分析;(2)表面原子间力与表面力学性质的测定
场发射显微镜(FEM)	场发射电子	针尖状(电极)	2	(1)晶面结构分析;(2)晶面吸附、脱附和扩散等分析
场离子显微镜(FIM)	正离子	针尖状(电极)	当针尖半径为 100 nm 时,室温 0.55,低温 0.15	(1)形貌分析(直接观察原子组态);(2)表面重构、扩散等分析

10.2.2 表面成分分析

表面成分分析内容包括测定表面的元素组成、表面元素的化学态及元素在表面的分布(横向分布和纵向深度分布)等。表面成分分析方法的选择需要考虑的问题有:能测定元素的范围、能否判断元素的化学态、检测的灵敏度、表面探测深度、横向分布与深度剖析及能否进行定量分析等。其他如谱峰分辨率及识谱难易程度、探测时对表面的破坏性以及理论的完整性等也应加以考虑。

用于表面成分分析的方法主要有：电子探针显微分析(EPMA)、俄歇电子能谱(AES)、X射线光电子能谱(XPS)、二次离子质谱(SIMS)等。几种常用的主要成分分析方法的比较列于表10-3。

表 10-3 表面成分分析方法的比较

名 称	可测定范围	探测极限/%	探测深度/nm	横向分辨率/nm	信 息 类 型
电子探针显微分析(EP-MA)	≥Be	0.1	$1 \times 10^3 \sim 10 \times 10^3$	1000	元素
俄歇电子能谱(AES)	≥Li	0.1	0.4~2(俄歇电子能量范围50~2000 eV)	50	元素,一些化学状态
X射线光电子能谱(XPS)	>He	1	0.5~2.5(金属和金属氧化物); 4~10(有机物)	约30	元素,化学状态
二次离子质谱(SIMS)	≥H	$10^{-4} \sim 10^{-7}$ (根据分析元素、样品基体及分析条件而变)	0.3~2	约100	元素,同位素,有机化合物

此外,出现电势谱(APS)、卢瑟福背散射谱(RBS)、二次中性粒子质谱(SNMS)和离子散射谱(ISS)等方法也常用于表面成分分析。

10.2.3 表面结构分析

固体表面结构分析的主要任务是探知表面晶体的诸如原子排列、晶胞大小、晶体取向、结晶对称性以及原子在晶胞中的位置等晶体结构信息。此外,外来原子在表面的吸附、表面化学反应、偏析和扩散等也会引起表面结构的变化,诸如吸附原子的位置和吸附模式等也是表面结构分析的内容。

表面结构分析主要采用衍射方法。它们有X射线衍射、电子衍射、中子衍射等。其中的电子衍射特别是低能电子衍射(LEED,入射电子能量低)和反射式高能电子衍射(RHEED,入射电子束以掠射的方式照射试样表面,使电子弹性散射发生在近表面层)给出的是表层或近表层的结构信息,是表面结构分析的重要方法。

随着显微技术的日益进步,一些显微镜如高分辨率电子显微镜、场离子显微镜(FIM)和扫描隧道显微镜(STM)等已具备原子分辨能力,可以直接原位观察原子排列,成为直接进行真实晶格分析的技术。此外,其他一些谱仪,如离子散射谱(ISS)、卢瑟福背散射谱(RBS)和表面增强喇曼光谱(SERS)等均可用来间接进行表面的结构分析。

10.2.4 表面电子态分析

固体表面由于原子的周期排列在垂直于表面方向上中断以及表面缺陷和外来杂质的影响,造成了表面电子能级分布和空间分布与固体体内不同。表面的这种不同于体内的电子态(附加能级)对材料表面的性能和发生在表面的一些反应都有着重要的影响。

研究表面电子态的技术主要有 X 射线光电子能谱(XPS)和紫外线光电子能谱(UPS)。X 射线光电子能谱测定的是被光辐射激发出的轨道电子,是现有表面分析方法中能直接提供轨道电子结合能的唯一方法。紫外线光电子能谱方法通过光电子动能分布的测定,可以获得表面有关价电子的信息。XPS 和 UPS 已广泛用于研究各种气体在金属、半导体及其他固体材料表面上的吸附现象。还可用于表面成分分析。此外,用于表面电子态分析的方法还有离子中和谱(INS)和能量损失谱(ELS)等方法。

10.2.5 表面原子态分析

表面原子态分析包括表面原子或吸附粒子的吸附能、振动状态以及它们在表面的扩散运动等能量或势态的测量。通过测量到的数据可以获得材料表面许多诸如吸附状态、吸附热、脱附动力学、表面原子化学键的性质以及成键方向等信息。用于表面原子态分析的方法主要有热脱附谱(TDS)、光子和电子诱导脱附谱(EDS 和 PSD)、红外吸收光谱(IR)和喇曼散射光谱(RAMAN)等。

热脱附谱方法是将一定压力的试验气体引入高真空容器中,使容器中事先经去气处理的丝状或带状试样吸附气体,然后在连续抽气的条件下将试样按一定规律升温,记录下温度与压力的变化即得脱附谱。不同气体在脱附谱上对应于不同的峰位置。热脱附谱是目前研究脱附动力学,测定吸附热、表面反应阶数、吸附状态数和表面吸附分子浓度使用最为广泛的技术。当它与质谱技术相结合时,还可以测定脱附分子的成分。此外,低能电子、光子等与表面相互作用也可导致脱附,对每一种脱附方式的研究都能在不同程度上和从不同角度提供吸附键和吸附态的信息。

红外吸收光谱和喇曼散射光谱是分子振动谱,通过对表面原子振动态的研究可以获得表面分子的键长、键角大小等信息,并可推断分子的立体构型或根据所得的力常数间接得知化学键的强弱等。

10.3 表面与薄膜的力学性能表征

硬度、弹性模量、摩擦系数以及抗磨损能力是材料表面改性主要关注的几个力学性能,对于薄膜沉积来说,除前述几种力学性能外,更要重视薄膜与基体的结合力。

10.3.1 硬度和弹性模量测试

表面与薄膜的硬度测量分铅笔硬度测量、显微硬度测量、纳米硬度测量等多种形式。铅笔硬度测量主要针对有机材料表面和有机薄膜。以金属、金属化合物以及硬质合金为主要成分的表面与薄膜一般采用显微硬度测量方式。近几年获得迅速发展的纳米硬度测量更适合于较薄的表面改性层和薄膜的硬度测量,纳米硬度计除测量硬度外,还可以得到材料的弹性模量等力学性能。宏观硬度、显微硬度和纳米硬度的最大不同在于测试时使用的载荷大小,对于宏观硬度,日本、美国等定义为 10 N 以上,欧洲国家和一些国际机构则定为 2 N 以上;与宏观硬度的划分相对应,显微硬度通常划定上限为 10 N 或 2 N,下限为 10 mN;对于纳米硬度,目前一般定义加载载荷在 700 mN 以下。

显微硬度是一种压入硬度,采用显微硬度计进行测量,反映被测物体对抗另一硬物体压入的能力。显微硬度计是一台设有加负荷装置并带有目镜测微器的显微镜。图 10-1 所示为 HXD-1000TMC 型显微硬度计。其带有自动转塔系统和图像分析处理系统,物镜与压头切换时自动转塔,试样打点能精确定位,像质清晰,计算机系统能自动测量压痕并显示硬度值。该机直观性强,测量方便,减少了人为误差,大大提高了测量精度,避免了使用者的视觉疲劳。测量时将被测试样置于显微硬度计的载物台上,通过加负荷装置对四棱锥形的金刚石压头加压。负荷的大小可根据被测材料的硬度不同而增减。金刚石压头压入试样后,在试样表面上产生一个压痕。把显微镜对准压痕,用目镜测微器测量压痕对角线长度。根据所加负荷及压痕对角线长度就可计算出所测物质的显微硬度值。

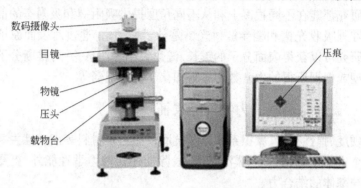

图 10-1 HXD-1000TMC 型显微硬度计

根据所用压头形状的不同,显微硬度又分为维氏显微硬度和努普显微硬度两种。维氏显微硬度所用金刚石压头形状是棱角为 130° 的金刚石四棱锥;努普显微硬度所用金刚石压头形状是对棱角为 170°30′ 和 130° 的金刚石四棱锥。

维氏显微硬度用式(10-1)计算:

$$HV = 18.18 \frac{P}{d^2} \tag{10-1}$$

式中 HV——维氏硬度,MPa;

  P——荷重,kg;

  d——压痕对角线长度,mm。

努普显微硬度用式(10-2)计算:

$$HK = 139.54 \frac{P}{L^2} \tag{10-2}$$

式中 HK——努普硬度,MPa;

  P——荷重,kg;

  L——压痕对角线长度,mm。

MPa 是显微硬度的法定计量单位,而 kg/mm² 是以前常用的硬度计算单位,二者之间的换算公式为 1 kg/mm² = 9.80665 MPa。

对于比较薄的表面改性层和薄膜的硬度测量而言,通常需要加小载荷,使压入深度小于表面改性层和薄膜厚度的 1/5 甚至 1/10,以减小基体效应对硬度测试结果的影响,使结果更接近表面改性层和薄膜的本征硬度。显微硬度计的最小载荷一般为 5 g,不能满足薄的表面改性层和薄膜测试的要求,需要用到纳米硬度计。纳米硬度计又被称为力学探针,主要特征包括:采用电磁力加载,载荷可到毫牛甚至微牛级别;采用精密深度传感器技术测量压头的压入深度。通过测量在压入试验中压头压入和卸载过程中压痕深度的变化,不仅可获得材料的硬度,还可以得到弹性模量等各种力学性质和力学行为的信息,下面对纳米硬度测试的基本原理进行简要介绍。

纳米硬度测试时,先加小载荷将金刚石压头压入材料表面,压入深度(即压入位移)随所加载荷的增加而单调增加,同时压头与材料表面的接触面积也随着增加。在一个完整的加载-卸载测量周期中,获得所需的压痕数据,从而可以计算出纳米硬度和弹性模量等力学性能。

图 10-2 为纳米硬度测试的压痕剖面示意图,在图中标出了在测试分析中要用到的参数,其中 h 是压头压入的总位移,h_c 是接触深度,h_s 是压头在接触表面周边上的位移,h_r 是完全卸载后的位移。

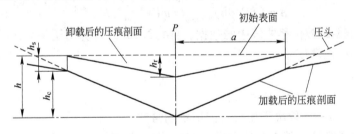

图 10-2 纳米硬度测试的压痕剖面图

在加载阶段的任何时刻,h 可写成:

$$h = h_s + h_c \tag{10-3}$$

在加载至峰值时,其载荷及相对应的压入位移分别为 $P_{\max}$ 和 $h_{\max}$,接触圆周的半径为 a。在卸载的过程中,弹性位移得以恢复。当压头载荷完全撤销后,留下的位移量为 h_r。进行分析时,首先把卸载曲线拟合成指数关系:

$$P = B(h - h_r)^m \tag{10-4}$$

式中 P——施加于压头的载荷;

B, m——由经验决定的拟合参数。

　　弹性接触刚度 A 就是在卸载起始阶段卸载曲线的斜率,如图 10-3 所示。

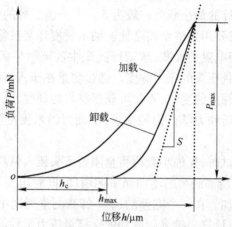

图 10-3　加载-卸载位移曲线

　　在最大的压入位移 $h = h_{\max}$ 处对式(10-4)进行微分,可得到弹性接触刚度 A

$$A = (dP/dh)_{h=h_{\max}} = mB(h_{\max} - h_r)^{m-1} \tag{10-5}$$

根据加载-卸载位移曲线中的数据,可由式(10-6)计算出压头与样品表面接触的压入深度 h_c:

$$h_c = h_{\max} - \varepsilon P_{\max}/A \tag{10-6}$$

式中　$P_{\max}$——最大压入负荷;

　　　　ε——取决于压头几何形状的常数。

　　在得到这些基本测试数据后按经验公式估算压入接触深度 h_c 处的压头形状函数,导出压头与样品弹性接触的投影面积 S 的关系,即

$$S = f(h_c)$$

　　根据硬度 H 的一般定义,可以得到

$$H = P_{\max}/S \tag{10-7}$$

折合模量 E_r

$$E_r = \frac{\sqrt{\pi}}{2\beta} \frac{A}{\sqrt{S}} \tag{10-8}$$

式中　β——与压头形状有关的常数,玻氏压头 $\beta = 1.034$,维氏压头 $\beta = 1.012$,圆柱压头 $\beta = 1.000$。

样品材料的弹性模量可从式(10-9)中获得

$$\frac{1}{E_r} = \frac{1-\nu^2}{E} + \frac{1-\nu_i^2}{E_i} \tag{10-9}$$

式中 E,ν——分别为样品材料的弹性模量和泊松比;

E_i,ν_i——分别为压头的弹性模量和泊松比。

大多数工程材料的泊松比一般在 0.15～0.35 之间。在不知道样品材料泊松比 ν 的情况下,可取中间值 $\nu=0.25$。

图 10-4 所示为瑞士 CSM 公司生产的纳米力学综合测试系统。纳米力学综合测试系统是一种多功能的力学测试设备,由纳米硬度计、纳米划痕仪、原子力显微镜和光学显微镜组成。通过压头压痕(施加正向垂直载荷力)和划痕(施加侧向载荷力)来测量材料表面微区的硬度、弹性模量和结合强度等力学性能,原子力显微镜具有原位观察成像功能,能够获

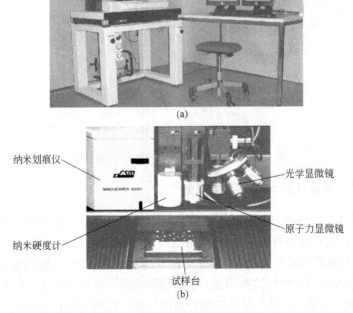

(a)

(b)

图 10-4　纳米力学综合测试系统

得压痕或划痕后的表面三维形貌。图 10-5 所示为用该设备配备的原子力显微镜测得的纳米压痕形貌。图 10-6 所示为测试过程中对应的加载-卸载曲线。测试中使用的最大载荷为 15 mN,根据加载-卸载曲线,分析得到硬度 HV 为 1676.3。

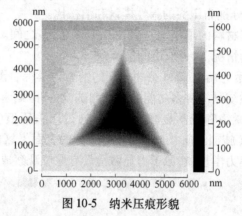

图 10-5 纳米压痕形貌

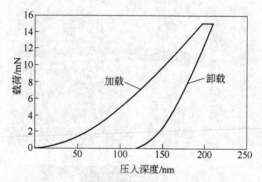

图 10-6 纳米硬度测量时的加载-卸载曲线

10.3.2 薄膜与基体的结合力测试

对薄膜最基本的性能要求之一就是薄膜与基体的结合要好。测试薄膜与基体的结合力有多种方法,包括划痕法、压痕法、拉伸法、胶带剥离法、摩擦法和超声波法等,共同特点是对薄膜施加载荷,测量薄膜被破坏到一定程度时的加载条件,这些测试方法得到的结果一般只有定性的意义。

划痕法测试薄膜与基体的结合力以其操作简便、直观、可量化等特点已被世界上多数国家所采用。国内已有部颁行业标准《气相沉积薄膜与基体附着力的划痕试验法》(JB/T 8554—1997),对用划痕仪测试硬质薄膜与基体的结合力做了比较详尽的说明和规定。基本方法是用划痕仪的压头在镀层上进行直线滑动,滑动过程中载荷从零不断加大,通过监测声发生信号和滑动摩擦力变化,结合对划痕形貌的观察,定量判定镀层破坏时对应的临界载荷,将此载荷作为薄膜与基体结合力的表征值。

划痕法测量的基本过程是用压头,通常是洛氏硬度计压头,在薄膜-基体组合体的薄膜表面上滑动,在此过程中载荷 L 从 0 连续增加,当达到其临界值 L_c(临界载荷)时,薄膜与基体开始剥离,压头与薄膜-基体组合体的摩擦力相应发生变化,如果是脆性薄膜还会产生声发射信号,此时对应的临界载荷 L_c 即为薄膜与基体结合力的判据,结合对划痕形貌的显微观察可以更准确地判断薄膜与基体开始剥离的时间。

脆性硬质膜划痕试验过程可分为三个区段:

(1) I 区。载荷 L 较小时,划痕内部光滑,随 L 增大划痕内薄膜上开始出现少数裂纹,此时的 L 即薄膜内聚失效的临界载荷,这个过程划痕宽度小、摩擦力小、有轻微塑性变形。

(2) II 区。载荷 L 较大时,划痕内部的薄膜表面出现规则的横向裂纹,这些裂纹是压头划过后因薄膜-基体的组合体弹性恢复引起的,随 L 继续增大裂纹逐渐变密且方向变得不规则,直至划痕内部薄膜开始出现大片剥离,此时划痕宽度明显变宽,摩擦力及塑性变形突然增大,有时还会出现划痕边界处薄膜局部小片剥落的现象。此时的 L 即薄膜-基体界面附着失效的临界载荷 L_c。

(3) III 区。在 $L \geq L_c$ 以后,压头与基体直接接触,使基体塑性变形快速增大,声发射强度和摩擦力均较大,但无明显继续增大的趋势。

图 10-7 所示为瑞士 CSM 公司生产的 Revetest 型划痕仪,利用该设备对 YW2 硬质合金上制备的 TiN 膜层进行划痕测试。图 10-8 为测试曲线,对应不同时刻的划痕形貌如图 10-9 所示。从图 10-8 中可以看到,当加载力在 0 ～ 25 N 的时候,声发射信号几乎成一条水平直线,此时载荷小,压头难以划破膜层,其划痕形貌如图 10-9(a)所示;随着载荷继续增大,声发射信号突然增强,表现在声发射曲线上就是出现了一个非常明显的峰,此时膜层开始被划破,并出现小面积的剥落,其划痕形貌如图 10-9(b)所示;随后声发射信号出现一小段比较平滑的线,又突然出现一个剧烈的峰,此时膜层被完全划破,膜层开始出现比较大面积的剥离,划痕形貌如图 10-9(c)所示。

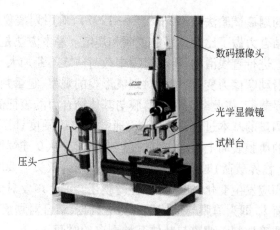

图 10-7　Revetest 型划痕仪

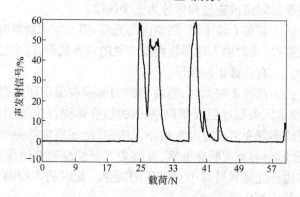

图 10-8　YW2/TiN 结合力测试曲线

　　压痕法测试薄膜与基体的结合力有德国标准可参考,基本方法是先用硬度计,通常是洛氏硬度计,加一定载荷在薄膜试样上进行压痕,然后在显微镜下观察压痕及边缘变化,参照标准,根据膜层裂纹、剥落程度判断结合力。

　　拉伸法是利用胶粘或焊接的方法将薄膜与拉伸体固定在一起,然后加载荷进行拉伸,测量将薄膜从基体上拉下来所需的载荷的大小用以表征结合力。

　　胶带剥离法是将一定黏着力的胶带粘到薄膜表面,在剥离胶带的同时,观察薄膜从基体上被剥离的难易程度。对于比较软的薄膜也可以参考涂料与基体的结合力测试标准,先用针在薄膜表面划网格线,形成

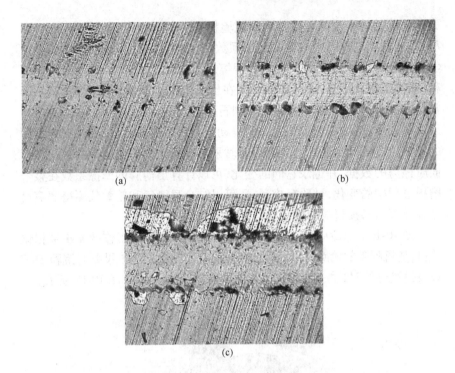

图 10-9   YW2/TiN 划痕形貌

10×10 个 $1 \text{ mm} \times 1 \text{ mm}$ 的方格,注意要使膜层被彻底划穿,然后用 3M 公司 600 号胶带进行粘贴并剥离,用被破坏的方格的数量来表征薄膜与基体的结合力。

摩擦法是用橡皮、毛刷、布等材料在一定力的作用下往复摩擦薄膜表面,以薄膜脱落时所需的摩擦次数和力的大小来表征薄膜与基体的结合力。

超声波法需要先在薄膜试样周围充填一定液体介质,比如水,然后用超声波的方法造成介质发生振动,从而对薄膜产生破坏作用。用薄膜剥落时对应的超声波的能量水平以及超声振动时间来反映薄膜与基体的结合程度。

10.3.3   表面与薄膜的摩擦系数及耐磨性检测

对表面和薄膜而言,抗磨损性能是基体硬度、表面和薄膜硬度、表面和薄膜厚度、表面粗糙度、表面与薄膜摩擦系数以及薄膜与基体结合力等力学性能的综合反映。摩擦磨损试验机是一种对陶瓷、金属、高分子、润滑剂、油添加剂等材料表面的摩擦系数、抗摩擦磨损能力、磨损体积等力学性能进行测试的仪器。常用的摩擦磨损试验机有往复式和旋转式两种,基本工作原理是:通过加载机构在压头上加上试验所需载荷,压头通常是钢、Al_2O_3、SiC 的小圆球或金刚石头,驱动样品或压头,使二者之间形成滑动摩擦,试样与压头之间的滑动摩擦产生摩擦力,造成在试样表面的摩擦轨迹处产生磨损。计算机实时采集摩擦过程中各时刻的载荷和切向摩擦力的数据,并记录它们的变化,可以计算出薄膜的摩擦系数在整个磨损过程中的变化,试验完成后,还可以结合显微镜和轮廓仪测得磨痕尺寸并计算出磨损量等与摩擦学性能相关的数据。

图 10-10 所示为日本 Sciland 公司生产的旋转模式工作的摩擦磨损试验机,随机附带的轮廓仪可以测量磨痕的截面轮廓。用该设备对沉积 DLC 以及过渡层的 M2 高速钢试样进行摩擦磨损试验,结果如图 10-11 所示。

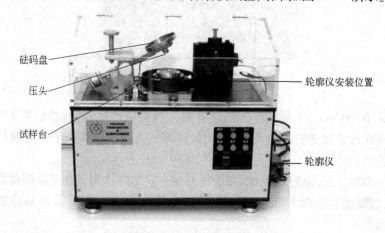

图 10-10 摩擦磨损试验机

用该摩擦磨损试验机对 Si 片、Si/DLC、Si/TiAlN 三种薄膜试样进行试验,试验参数为:转速为 600 r/min;压头为 SiC 球,直径为 3 mm;载荷为 514 g;温度为 22℃,相对湿度为 35%,干摩擦。Si 片与 SiC 磨球对磨 4 min,Si/DLC 和 Si/TiAlN 两个试样分别与 SiC 磨球对磨 30 min。图 10-12 分别为三个试样试验结束后的磨痕形貌。Si 片磨痕宽度为 376 μm、磨痕较深;Si/DLC 磨痕宽度为 147 μm、磨痕较浅;Si/TiAlN 磨痕宽度为 168 μm、磨痕中有局部脱膜现象。

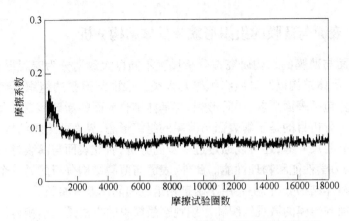

图 10-11　M2/Ti/TiN/TiCN/DLC 薄膜的摩擦磨损试验曲线

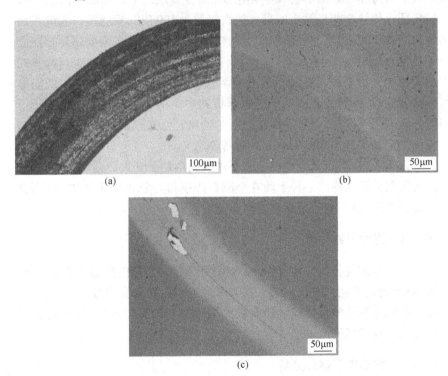

图 10-12　摩擦磨损试验机试样磨痕形貌

（a）Si 片试样磨痕；（b）Si/DLC 薄膜试样磨痕；（c）Si/TiAlN 薄膜试样磨痕

10.4 表面与薄膜的组织形貌及晶体结构分析

表面与薄膜的结构研究按分析尺度不同可大致划分为宏观形貌、微观形貌、晶体结构以及显微组织等几大类。表面与薄膜的组织形貌分析内容主要包括表面形貌、层间形貌、与基体结合界面的断口形貌以及金相组织等。分析目的是了解表面与薄膜的组织形态、界面的组织结构、晶体缺陷和晶粒尺寸等,还可以通过进一步的分析,研究表面与薄膜材料的生长机理、力学性能和物理性能。此外,表面与薄膜结构分析的另一个重要内容是晶体结构分析,主要用于确定相组成和晶体点阵参数。

表面与薄膜的微观组织和形貌观察最简单的方法是用金相显微镜观察表面与薄膜的表面形貌和金相组织,完整直观地了解表面与薄膜的形貌特征。传统金相显微镜的最大放大倍数为 1000 倍,只能用来测量表面与薄膜的概貌、大尺寸晶粒和较大的缺陷,更微观的分析需要用到扫描电子显微分析、透射电子显微分析以及扫描探针显微分析。表面与薄膜的晶体结构分析方法以各种衍射分析为主,包括 X 射线衍射分析、低能电子衍射分析、反射式高能电子衍射分析和中子衍射分析等。其中中子衍射分析应用不广泛,但对于结构分析中确定轻元素原子的坐标位置、磁结构的测定和某些固溶体的研究具有特殊意义。

近年来,金刚石薄膜和类金刚石薄膜的应用受到人们关注,喇曼光谱作为研究分子结构的一种手段在金刚石薄膜和类金刚石薄膜的结构研究中得到普遍应用,本节最后也将进行论述。

10.4.1 光学显微分析

光学显微镜作为观察金属材料微观组织的手段应用极为广泛。然而,由于受到可见光波长(400 ~ 760 nm)的限制,其分辨率最大为200 nm,目前最先进的光学显微镜的最大放大倍数为 2000 ~ 5000 倍,远远不能满足现代科技发展的需求。

10.4.2 扫描电子显微分析

表面与薄膜的扫描电子显微分析要用到扫描电子显微镜(SEM),SEM 是介于透射电子显微电镜(TEM)和光学显微镜之间的一种微观组织形貌观察手段,可直接利用表面材料的物质性能进行微观成像。SEM 的优点主要有:

（1）有较高的放大倍数,普通利用热灯丝产生电子的 SEM 放大倍数在 20 ~ 200000 倍之间;

（2）有很大的景深,视野大,成像富有立体感,可直接观察各种试样表面凹凸不平的微观结构;

（3）试样制备简单。

实际使用中 SEM 大都配有 X 射线能谱仪（EDX）或 X 射线波谱仪（WDX）装置,不但可以进行显微组织形貌的观察还可以同时进行微区成分分析。

SEM 从原理上讲就是利用聚焦非常细的高能电子束在试样表面进行扫描,激发出各种物理信息,通过对这些信息的处理获得试样表面形貌。具有高能量的入射电子束与固体样品的原子核及核外电子发生作用后,可产生多种物理信号,包括二次电子、背反射电子、特征 X 射线以及俄歇电子等,如图 10-13 所示。

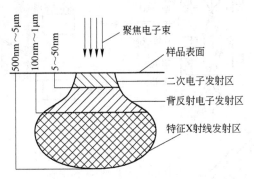

图 10-13　SEM 聚焦电子束与样品表面相互作用示意图

SEM 主要由电子光学系统、信号收集与显示系统、真空系统、电源以及控制系统组成。图 11-14 为 SEM 的原理结构示意图。工作时,由炽热的灯丝阴极发射出的电子在 2 ~ 30 kV 阳极电压的加速下获得一定的能量,然后进入由两组或更多组电磁透镜组成的电子光学系统,在试样表面会聚成束斑为 5 ~ 10 nm 的入射电子束。末级透镜上边装有扫描线圈,在它的作用下,电子束在试样表面扫描。高能电子束与样品物质相互作用产生的信号分别被不同的接收器接收,经放大后用来调制荧光屏的亮度。由于经过扫描线圈上的电流与显像管相应偏转线圈上的电流同步,因此,试样表面任意点发射的信号与显像管荧光屏上相应的亮点一一对应。也就是说,电子束打到试样上一点时,在荧光屏上就有一亮点与之对应,其亮度与激发后的电子能量成正比。换言之,扫描电镜是采用逐点成像的图像分解法进行的。

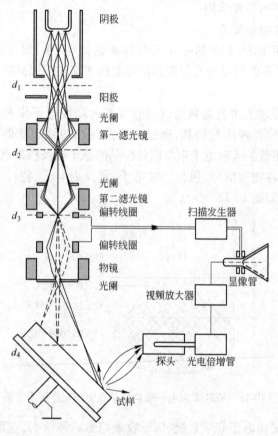

图 10-14 SEM 工作原理示意图

SEM 主要有二次电子模式和背反射电子模式两种工作模式。二次电子模式就是利用二次电子进行成像,背反射电子模式就是利用背反射电子进行成像。

二次电子是指入射电子轰击出来的核外电子,由于原子核和外层价电子间的结合能很小,当原子的核外电子从入射电子获得了大于相应的结合能的能量后,可脱离原子成为自由电子,如果这种过程发生在样品的浅表层处,那些能量大于材料逸出功的自由电子可从样品表面逸出,变成真空中的自由电子,即二次电子。二次电子主要来自材料表面5~50 nm的区域,能量为0~50 eV,如图10-13所示。二次电子对试样表面状态非常敏感,能有效显示试样表面的微观形貌组织。另一方面,由于二次电子来自试样表层,入射电子还没有被多次反射,因此产生二次电子的面积与入射电子的照射面积没有多大区别,因此二次电子的分辨率较高,一般可达到5~10 nm。SEM的分辨率一般就是指二次电子分辨率。二次电子产额随原子序数的变化不大,主要和试样表面形貌有关。SEM的主要工作模式就是二次电子模式,即利用二次电子进行成像。对于二次电子成像来说,几乎任何形状的样品都可以被直接观察,并不都需要经过精细的抛光处理。对于导电不良的试样,一般在测试前需要喷涂一薄层导电性较好的材料,常用的有C、Au和Pt。图10-15所示为用Al靶和Ti靶复合溅射而成的TiAlN薄膜的二次电子像。

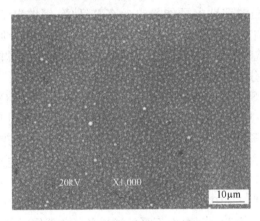

图 10-15　TiAlN 薄膜的二次电子像

背反射电子是指被固体样品原子反射回来的一部分入射电子,其中包括弹性背反射电子和非弹性背反射电子。弹性背反射电子是指被样品中原子核反弹回来的入射电子,对于散射角大于90°的那些入射电子,其能量基本上和入射电子没有变化,一般为数千到数万电子伏。非弹性背反射电子是入射电子和核外电子撞击后产生的非弹性散射电子,不仅能量变化,而且方向也发生变化。非弹性背反射电子的能量范围很宽,从数十电子伏到数千电子伏。从数量上看,弹性背反射电子远比非弹性背反射电子所占的份额多。背反射电子的产生范围在100 nm~1 μm深度,如

图 10-13 所示。背反射电子成像分辨率一般为 50 ~ 200 nm。由于背反射电子的产额随原子序数的增加而增加,因此利用背反射电子作为成像信号不仅能分析形貌特征也可以用来显示原子序数衬度,样品表面原子序数大的区域将与背反射电子像中背反射电子信号强的区域相对应。因此背反射电子像可以用来分辨表面成分的宏观差别。

特征 X 射线是原子的内层电子受到激发以后在能级跃迁过程中直接释放出来的具有特征能量和波长的一种电磁波辐射,一般在试样表面层以下 500 nm ~ 5 μm 深处发出,如图 10-13 所示。EDX 和 WDX 就是通过测量这一部分信息来进行成分分析的。

此外,如果原子内层电子能级跃迁过程中释放出来的能量不是以 X 射线的形式释放而是用该能量将核外另一电子打出,脱离原子变为二次电子,这种二次电子称做俄歇电子。因每一种原子都有自己特定的壳层能量,所以它们的俄歇电子能量也各有特征值,俄歇电子能量在 50 ~ 1500 eV 范围内。俄歇电子是由试样表面极有限的几个原子层中发出的,这说明俄歇电子信号适用于表层化学成分分析。俄歇能谱仪就是通过测量这一部分信息来进行表面成分分析的。

分辨率是 SEM 的主要性能指标。对微区成分分析而言,它是指能分析的最小区域;对成像而言,它是指能分辨两点之间的最小距离。分辨率大小由入射电子束直径和调制信号类型共同决定。电子束直径越小,分辨率越高。但由于用于成像的物理信号不同,例如二次电子和背反射电子,在样品表面的发射范围也不相同,从而影响其分辨率。一般二次电子像的分辨率约为 5 ~ 10 nm,背反射电子像的分辨率约为 50 ~ 200 nm。

景深是指一个透镜对高低不平的试样各部位能同时聚焦成像的一个能力范围。SEM 的末级透镜采用小孔径角、长焦距,因此可以获得很大的景深,它比一般光学显微镜的景深大 100 ~ 500 倍,比透射电镜的景深大 10 倍。由于景深大,SEM 图像的立体感强,形态逼真。对于表面粗糙的端口试样来讲,光学显微镜因景深小而无能为力,TEM 对样品要求苛刻,即使用复型样品也难免出现假象,且景深也较扫描电镜的小,因此用 SEM 观察分析断口试样具有其他分析仪器无法比拟的优点。

近年来,利用场发射源取代热灯丝产生入射电子的新型 SEM 也已商业应用,放大倍数可达 100 万倍,进一步拓展了 SEM 的应用范围。不同结构电子源的性能对比见表 10-4。

表10-4　不同电子源结构的性能对比

电子源	束流密度/A·cm^{-2}	束斑尺寸/nm
W 灯丝	约 10	约 4
LaB$_6$ 阴极	约 10^3	约 2
场发射源	约 10^5	<1

10.4.3　透射电子显微分析

　　用透射电子显微镜(TEM)对固体结构进行分析是一种传统而常用的方法,与 SEM 相比,TEM 的入射电子束通常不扫描而是固定在样品的一个微区内进行分析测试,检测对象是穿透样品的电子束。晶体点阵对电子的散射能力很强,而且随原子序数的增大而增大,为了获得检测用的透射电子束,通常样品要减薄到很薄的厚度(如几十纳米)才能用于测试。TEM 的工作模式主要有两种:衍射模式和显微像模式,如图 10-16 所示。两种模式之间的转换主要依靠改变物镜光阑、电磁透镜系统电参数和成像平面位置来进行。

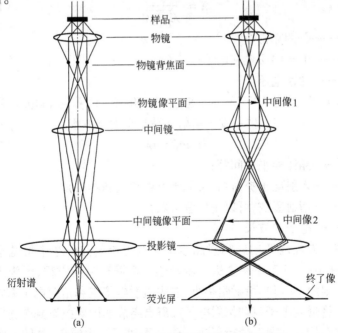

图 10-16　透射电子显微镜的两种工作模式
(a) 衍射模式；(b) 显微像模式

与 SEM 相似,TEM 主要由电子光学系统、信号收集与显示系统、真空系统、电源以及控制系统组成。在电子光学系统中,电子枪发射电子,通过栅极上的小孔形成射线束,经 100~1000 kV 阳极电压加速后射向磁聚焦透镜,起到对电子束加速、加压的作用。磁聚焦透镜聚光镜将电子束聚集。电子枪源和聚光镜在样品上方位置,在图 10-16 中未示出。待观察的样品放置在样品室样品台上,样品台可变倾角。物镜是放大率很高的短距透镜,作用是放大电子像,物镜是决定透射电子显微镜分辨能力和成像质量的关键。中间镜是可变倍的弱透镜,作用是对电子像进行二次放大,通过调节中间镜的电流可选择物体的像或电子衍射图来进行放大。投影镜是高倍的强透镜,用来放大中间像后在荧光屏上成像。

加速后的聚焦电子束照射在样品上会发生弹性散射或衍射现象。在衍射工作模式下,电子被样品晶体点阵衍射以后又被分成许多束,包括直接透射电子束和对应不同晶体学平面的衍射束。根据量子力学原理,被高压加速的电子具有很短的波长,计算如下

$$\lambda = \frac{h}{\sqrt{2mqV}} \qquad (10\text{-}10)$$

式中 h——普朗克常数;

m, q——电子的质量和电量;

V——加速电压。

当加速电压为 100 kV 时,通过式(10-10)计算可得电子波长为 0.0037 nm。电子在晶体中发生衍射要满足布喇格方程

$$2d\sin\theta = n\lambda \qquad (10\text{-}11)$$

式中 d——晶体学平面间距;

θ——入射电子掠射角,又称半衍射角或布喇格角;

n——衍射级数,可以是任意自然数;

λ——电子的波长。

布喇格方程是 X 射线衍射晶体学和电子衍射晶体学中最基本的公式之一,在 10.4.5 节中将会进一步论述。根据布喇格方程,因为入射电子的波长很短,所以半衍射角很小,造成透射电子束和衍射电子束之间近乎平行。将透射电子束和衍射电子束斑点组成的图像投影到荧光屏上就成了晶体在特定方向上的衍射谱。包含了如下结构信息:晶体点阵类型和点阵常数、晶体相对位相和晶体缺陷。图 10-17 是单晶薄膜的透射电

子衍射谱。

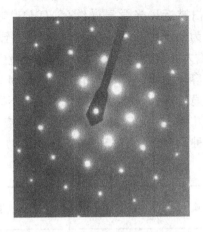

图 10-17　单晶薄膜的电子衍射谱

10.4.4　扫描探针显微分析

作为一类表面分析仪器,扫描探针显微镜(SPM)在 20 世纪 80 年代被科学家发明,可以在纳米级甚至原子级的水平上研究物质表面原子和分子结构及相关的物理、化学性质。SPM 主要用于自然科学的研究,但近年也逐渐应用于工业技术领域。SPM 的应用主要有两方面:一是进行样品的表面分析,即根据样品与 SPM 各种特性的针尖之间在电、力、磁、光等方面相互作用的极敏感性,在纳米尺度或原子尺度研究被测样品微观结构形貌及与电、力、磁、光等相互作用有关的现象;二是进行纳米尺度操作,即在某一特定区域使 SPM 探针产生具有操作原子的能量,对表面原子或分子进行搬迁、移动、沉积等操作,这样就可对样品表面进行重构、刻蚀、缺陷修补,以及对原子运动、生长等特征进行研究。

SPM 用极小的显微探针(俗称针尖)对试样进行测量,用压电陶瓷材料制备的三维压电驱动装置在长、宽和高三个方向上控制探针的位置,当探针与试样表面间距小到纳米级时,按照近代量子力学的观点,试样表面某种物理效应会随探测距离而发生变化,依据位移变化和这些物理效应变化可以构建三维的表面图像。依据不同的物理效应进行测量就得到了很多种类的 SPM,主要包括以下几大类:扫描隧道显微镜(STM)、扫描力显微镜(SFM)、弹道电子发射显微术(BEEM)、扫描离子电导显微镜

（SICM）、扫描热显微镜（SThM）、扫描隧道电位仪（STP）、光子扫描隧道显微镜（PSTM）和扫描近场光学显微镜（SNOM）。其中扫描力显微镜（SFM）又可以划分为原子力显微镜（AFM）、摩擦力显微镜（FFM）、化学力显微镜（CFM）、磁力显微镜（MFM）、静电力显微镜（EFM）、激光力显微镜（LFM）和扫描电容显微镜（SCM）。不同类型 SPM 间的区别在于显微探针的特性及相应显微探针与样品间相互作用的不同。表 10-5 列出了已得到广泛应用的几种 SPM 仪器和它们的特点。接下来重点介绍近年来应用最广泛的两种 SPM，即 STM 和 AFM。

表 10-5　各类 SPM 的技术特点

序号	SPM 类型	传感方式	纵向分辨率/nm	横向分辨率/nm	技术特点
1	STM	隧道电流	0.01	0.1	原子分辨力,三维像,不破坏样品,任意环境
2	AFM	原子间力	0.1	2	可测非导体,工作环境任意
3	FFM	横向摩擦		<1	表面横向力分布
4	CFM	侧向力		几纳米	物质黏附性
5	MFM	磁力		25	可测微磁区域分布
6	EFM	静电		几十纳米	测量表面静电力分布
7	LFM	共振频率		几纳米	力梯度与位移间距离成比例
8	SCM	电容分布		几十纳米	试样表面电容分布
9	BEEM	电场		1	测表面及界面,界面改性
10	SICM	离子电导		>100	离子浓度
11	SThM	热散失传递		几十纳米	表面温度分布
12	STP	隧道电压			试样表面的电位分布
13	PSTM	光子		光波波长	光相互作用
14	SNOM	近场光学		30~100	光谱分析,信息存储

10.4.4.1　扫描隧道显微镜（STM）

要了解 STM 的工作原理,首先要熟悉隧道效应。隧道效应是微观粒子具有波动性所产生的,由量子力学可知,当一粒子进入一势垒中,势垒的高度 ϕ_0 比粒子能量 E 大时,粒子穿过势垒出现在势垒另一边的几率 $p(z)$ 不为零,如图 10-18 所示。如果两个金属电极用非常薄的绝缘层隔开,在极板上施加电压 V_T,电子则会穿过绝缘层由负电极进入正电极,这

称为隧道效应,此时电流密度 J 为

$$J = \frac{e^2}{h}\left(\frac{k_0}{4\pi^2 s}\right)V_T \cdot \exp(-2k_0 s) \qquad (10\text{-}12)$$

式中 s——两个电极的间距。

$$k_0 = h\sqrt{m(\phi_1 + \phi_2)} = h\sqrt{m\phi}$$

式中 ϕ_1,ϕ_2——分别为两个金属电极的逸出功函数。

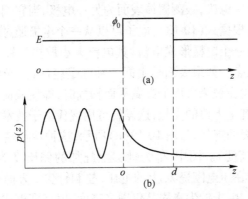

图 10-18 粒子对势垒的隧穿

(a) 一个高度为 ϕ_0 的矩形势垒;(b) 一个典型的(矩形)势垒穿透几率密度函数 $p(z)$

由式(10-12)可知,J 和极间距 s 成指数关系,若 $\phi \approx 5$ eV,则 s 增加 0.1 nm 时,电流改变一个数量级。当一个电极由平板状改变为针尖状时就要用隧道结构的三维理论来计算隧道电流 I。计算结果是

$$I = \frac{2\pi e}{h}\sum_{\mu v}f(E_\mu)[1 - f(E_v + eV)]\,|\,M_{\mu v}\,|^2\sigma(E_\mu - E_v) \qquad (10\text{-}13)$$

式中 V——针尖和表面之间的电压;

E_μ,E_v——分别是针尖和表面的某一能态;

$f(E)$——费米统计分布函数,

$$f(E) = \frac{1}{1 + \exp\left(\dfrac{E - E_F}{kT}\right)} \qquad (10\text{-}14)$$

$M_{\mu v}$——隧道矩阵元,

$$M_{\mu v} = \frac{h^2}{2m}\int dS(\Psi_\mu^* \,\nabla\, \Psi_v - \Psi_v \,\nabla\, \Psi_\mu^*) \qquad (10\text{-}15)$$

式中 Ψ——波函数,下标 μ,v 分别表示针尖和平板电极

表面；

$\Psi_\mu^* \nabla \Psi_v - \Psi_v \nabla \Psi_\mu^*$——电流算符，积分对整个表面进行。

由式(10-13)可知隧道电流含有表面电子态密度的信息，这一点在对图像进行解释时必须加以注意。改变偏压 V 或电极间距 s 观察隧道电流的变化，即可得出电流-电压隧道谱和电流-间隙特性谱，隧道谱含有丰富的表面电子结构信息。

若以针尖为一电极，被测固体表面为另一电极，当它们之间的距离小到纳米数量级时根据式(10-13)，电子可以从一个电极通过隧道效应穿过空间势垒到达另一个电极形成电流，其电流大小取决于针尖与表面间距及表面的电子状态。如果表面是由同一种原子组成，由于电流与间距成指数关系，当针尖在被测表面上方做平面扫描时，即使表面仅有原子尺度的起伏，电流却有呈十倍的变化，这样就可用现代电子技术测出电流的变化，它反映了表面的起伏，如图10-19(a)所示，这种运行模式称为恒高度模式(保持针尖高度)。图中 V_b 为针尖上施加的偏压，I 为隧道电流，V_z 为反馈电路施加在压电陶瓷 L_z 上的电压，控制针尖 z 方向位移。当样品表面起伏较大时，由于针尖离样品仅纳米高度，恒高度模式扫描会使针尖撞击样品表面造成针尖损坏，此时可将针尖安放在压电陶瓷上，控制压电陶瓷上电压，使针尖在扫描中随表面起伏上下移动，在扫描过程中保持隧道电流不变(即间距不变)，压电陶瓷上的电压变化即反映了表面的起伏。这种运行模式称为恒电流模式，如图10-19(b)所示，目前STM大都采用这种工作模式。

一般STM的针尖是安放在一个可进行三维运动的压电陶瓷支架上，如图10-20所示，L_x、L_y、L_z 分别控制针尖在 x、y、z 方向上的运动，在 L_x、L_y 上施加电压使针尖沿表面做扫描，测量隧道电流并以此反馈控制施加在 L_z 上的电压 V_z 使得针尖与表面的间距 s 不变，当 s 变大时，I 有变小的趋向，反馈放大器改变 L_z 上的电压使 L_z 伸长导致 s 变小，反过来也一样。电压 V_z 的值反映了表面的轮廓。由式(10-13)可知隧道电流还与逸出功函数有关。这样，样品表面上具有不同功函数的区域即使它们在同一平面上，隧道电流也不相同，反映在最终图像上会被误认为是外形的起伏。因此，STM测量的不单纯是样品的表面形貌，还包括样品表面电子态密度的分布信息。

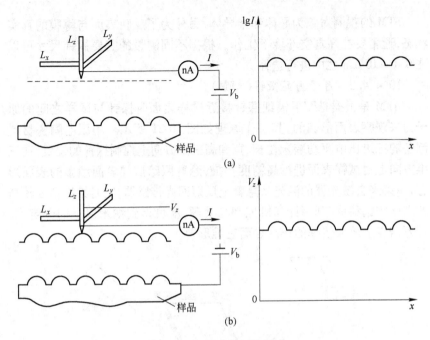

图 10-19 STM 的工作模式

（a）恒高度模式；（b）恒电流模式

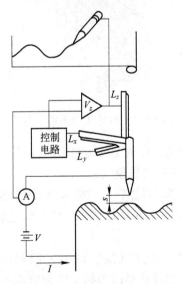

图 10-20 STM 工作原理示意图

STM 的观测对象为导体和半导体,另外为了反映表面与薄膜的真实状态,通常要在高真空环境下工作。根据不同测量的需要探针尺寸可以在 $0.1 \sim 10 \ \mu m$ 之中进行选择。

10.4.4.2 原子力显微镜(AFM)

AFM 是根据悬臂下极细探针接近试样表面时探针与试样之间的原子力来观察表面形貌的,其工作原理如图 10-21 所示。用压电陶瓷材料制备的三维压电驱动装置在长、宽和高三个方向上控制探针的位置,在三维方向上对试样表面进行高精度扫描,悬臂跟踪试样表面细微的表面形态,一束来自激光器的激光从悬臂上反射回光传感器,实时给出精度较高的高度的偏移值,利用计算机控制与处理,就可得到纳米以下的分辨率、百万倍以上放大倍率的样品表面三维形貌。

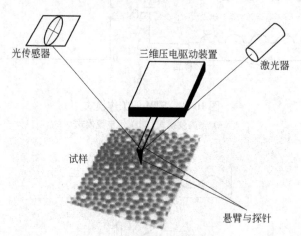

图 10-21 AFM 工作原理示意图

AFM 的主要组成是直径为 10 nm 左右的探针、压电驱动装置以及垂直位移测量装置。有三种工作模式:

(1)接触模式。测试时探针与试样表面接触,探针直接感受试样表面原子与探针间的排斥力,通常为 $10^{-6} \sim 10^{-7}$N,这种模式的深度分辨能力较高。

(2)非接触模式。测试时探针以一定的频率在距试样表面 5 ~ 10 nm 的距离上振动,探针感受的力是试样表面原子与探针间的吸引力,通常在 10^{-12}N 量级,这种模式的深度分辨能力较低,但优点是探针不直接接触试样表面,既不会污染试样,也不会破坏试样。

(3)点击模式。测试时探针处于上下振动状态,振幅约 100 nm,每振动一次探针与试样表面接触一次,这种模式可以达到与接触模式相接近的分辨率,对样品的污染和破坏比非接触模式小。

AFM 的最大优点有两个:一是可以在大气中高倍率地观察材料的表面形貌;二是测试对象包括了导体和绝缘体。用 AFM 不仅可以获得高质量的表面结构信息,而且可以研究固体界面的相互作用。图 10-22 所示为用 AFM 测得的 ZnO 薄膜表面的形貌图。

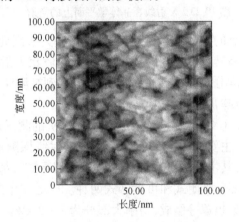

图 10-22　ZnO 薄膜的 AFM 图

10.4.5　X 射线衍射分析

波长为 λ 的 X 射线束与晶体学平面发生相互作用时会发生 X 射线衍射现象,如图 10-23 所示。X 射线在晶体中发生衍射必须满足布喇格方程

$$2d\sin\theta = n\lambda$$

布喇格方程是 X 射线晶体学中最基本的公式之一,当晶体学平面和入射 X 射线之间满足上述几何关系时,X 射线的衍射强度将相互加强。

根据 X 射线的衍射线的位置、强度及数量来鉴定结晶物质物相的方法就是 X 射线物相分析法。每一种结晶物质都有各自独特的化学组成和晶体结构。没有任何两种物质,它们的晶胞大小、质点种类及其在晶胞中的排列方式是完全一致的。因此,当 X 射线被晶体衍射时,每一种结晶物质都有自己独特的衍射花样,它们的特征可以用各个衍射晶面间距和衍射线的相对强度来表征。其中晶面间距与晶胞的形状和大小有关,

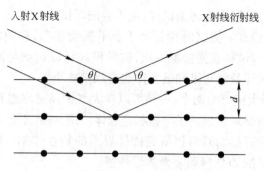

图 10-23 X 射线在晶体学平面上的衍射

相对强度则与质点的种类及其在晶胞中的位置有关,因此任何一种结晶物质的衍射数据是其晶体结构的必然反映,通过收集入射和衍射 X 射线的角度信息及强度分布并进行计算处理,可以得到被测样品的组成相、晶体学点阵类型、点阵常数和晶体取向等信息。

X 射线衍射仪(XRD)是进行 X 射线衍射分析的测试仪器,在材料研究领域应用广泛,主要由 X 射线管、测角仪、X 射线探测器、计算机控制处理系统等组成,其中 X 射线管和 X 射线探测器是核心部件。

X 射线管主要分密闭式和可拆卸式两种。广泛使用的是密闭式,由阴极灯丝、阳极、聚焦罩等组成,功率大部分为 1 ~ 2 kW。可拆卸式 X 射线管又称为旋转阳极靶或转靶,其功率比密闭式大许多倍,一般为 12 ~ 60 kW。常用的 X 射线靶材有 W、Ag、Mo、Ni、Co、Fe、Cr 和 Cu 等。必须根据试样所含元素的种类来选择最适宜的特征 X 射线波长,即选择最合适的阳极靶材。当 X 射线的波长稍短于试样成分元素的吸收限时,试样强烈地吸收 X 射线,并激发产生成分元素的荧光 X 射线,背底增高,造成衍射图谱谱线难以分清。X 射线衍射分析常用 X 射线管的特征波长及相关数据见表 10-6。

表 10-6 X 射线衍射分析用 X 射线管的特征波长及有关数据

阳极(靶)元素	Ag	Mo	Cu	Co	Fe	Cr
原子序数	47	42	29	27	26	24
K_{α_1}/nm	0.055941	0.070930	0.154056	0.178897	0.193604	0.228970
K_{α_2}/nm	0.056380	0.071359	0.154439	0.179285	0.193998	0.229361
K_α(平均 K 线波长)/nm	0.056087	0.071073	0.154184	0.179026	0.193735	0.229100

阳极（靶）元素		Ag	Mo	Cu	Co	Fe	Cr
K_{β_1}/nm		0.049707	0.063229	0.139222	0.162079	0.175661	0.208487
K 吸收限 λ_K/nm		0.04859	0.06198	0.13806	0.16082	0.17435	0.20702
K 系激发电压 V_K/kV		25.5	20.0	8.86	7.71	7.10	5.98
X 光管工作电压/kV		> 55	50 ~ 55	35 ~ 40	30	25 ~ 30	20 ~ 25
能吸收该靶 K 系辐射，产生严重荧光的元素	K_α	Ru,Tc,Mo	Y,Sr,Rb	Co,Fe,Mn	Mn,Cr,V	Cr,V,Ti	Ti,Sc,Ca
	K_β	Pd,Rh	Nb,Zr	Ni	Fe	Mn	V

X 射线衍射仪中常用的探测器是闪烁计数器。X 射线能在某些固体物质（磷光体）中产生荧光，将这些荧光转换为能够测量的电流，由于输出的电流和计数器吸收的 X 光子能量成正比，因此可以用来测量衍射线的强度。闪烁计数器的发光体一般是用微量铊活化的碘化钠（NaI）单晶体。

值得一提的是，荷兰帕纳科公司（前飞利浦公司分析仪器部）于近年来推出了新一代 XRD，型号为 X'Pert Pro，最大特点是配备了新型超能探测器，这是一种阵列探测器，与传统的不使用转靶的 XRD 相比，能够在不降低分辨率的前提下使每秒计数率提高 100 倍。一方面使得探测灵敏度大大提高，在 18kW 高功率的仪器上录不到的谱峰都可在此探测器下得到较强的信号，有利于测试薄膜等较薄样品；另一方面在得到相同的谱图质量的前提下，可大大减少录谱时间，既可以提高工作效率又可以更好地对动态反应和相变过程进行测试。

X 射线衍射物相定性分析方法主要有两种：

（1）三强线法。

1）从 $2\theta < 90°$ 范围内选取强度最大的三条衍射线，如图 10-24 所示，使其晶面间距 d_1、d_2 和 d_3 按衍射线强度递减的次序排列。

2）在数字索引中找到对应的 d_1（最强线的面间距）组。

3）按次强线的面间距 d_2 找到接近的几列。

4）检查这几列数据中的第三个 d 值，即 d_3 是否与待测样品的数据对应，再查看第四至第八强线数据并进行对照，最后从中找出最可能的物相及其卡片号。

5）找出可能的标准卡片，将实验所得衍射数据跟卡片上的数据详细对照。如果完全符合，物相鉴定即告完成；如果待测样品的数据与标准数据不符，则须重新排列组合并重复 2）~ 5）的检索手续；如为多相物质，当找出第一物相之后,可将其线条剔出,并将留下线条的强度重新归一化,再按过程 1)~5)进行检索,直到得出正确答案。

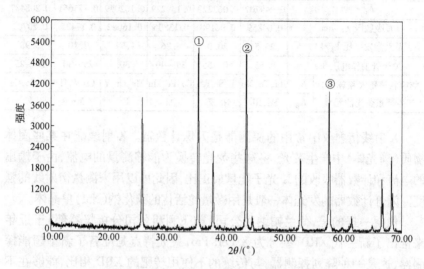

图 10-24   X 射线衍射谱中的三强线

(2)特征峰法。对于经常使用的样品,其衍射谱图应该充分了解掌握,可根据其谱图特征进行初步判断。如图 10-25 所示,在 26.5°左右有一强峰,在 68°左右有五指峰出现,则可凭经验初步判定样品含 SiO₂。

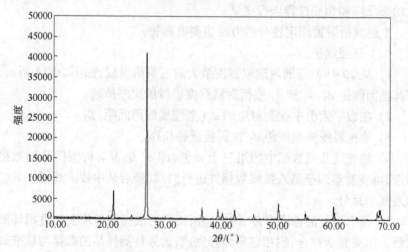

图 10-25   SiO₂ 样品的 X 射线衍射谱

X 射线对物质的穿透力较强,因而需要一定数量或体积的样品才能产生足够的衍射强度用于分析。XRD 低的空间分辨率在一定程度上限制了在表面和薄膜领域的应用。目前解决办法主要有四种:

(1)采用转靶,靠增强入射 X 射线的能量来提高衍射信号的强度。

(2)采用新型探测器,如超能探测器,进一步提高接收的 X 射线衍射信号的强度。

(3)延长测量时间。这种方法在提高衍射线强度的同时背底也会相应提高,在样品信号很弱时不适用。

(4)掠角入射。将入射 X 射线以接近平行于试样表面的方向入射,参与衍射的材料体积会相对增大,从而增强衍射信号强度。例如,当掠射角为 6.4°时,在薄膜样品中 X 射线光束的路径长度增加到膜厚的 9 倍。

X 射线衍射技术除用于物相分析外,还可以用来测定材料微观应力。受外力作用材料内部相变时会在滑移层、形变带、孪晶、夹杂和空位等附近产生不均匀的塑性流动,引起微观应力产生,不同取向晶粒的各向异性收缩、相邻相的收缩不一致以及共格畸变也会导致微观应力产生,微观应力会使晶面的面间距发生改变,进行 X 射线衍射分析时会造成衍射线宽化。可用式(10-16)表示

$$\sigma = E \cdot \frac{\pi\beta\cot\theta}{180° \times 4} \qquad (10\text{-}16)$$

式中　σ——材料平均微观应力;

　　　E——被测材料的弹性模量;

　　　β——X 射线衍射峰的半宽高;

　　　θ——入射 X 射线掠射角。

10.4.6　低能电子衍射与反射式高能电子衍射

具有确定能量的电子束也可以被晶体点阵的周期势场所衍射,周期排列的原子产生相干电子衍射波的条件也是 10.4.3 节和 10.4.5 节中提到的布喇格方程,低能电子衍射(LEED)与反射式高能电子衍射(RHEED)就是依据这种衍射效应发展起来的。

LEED 是将低能量的电子束入射于样品表面,通过电子与晶体相互作用,一部分电子以相干散射的形式反射到真空中,所形成的衍射束进入可移动的接收器进行强度测量,或者被加速至荧光屏,给出可观察的衍射

图像。低能电子衍射仪的工作原理如图 10-26 所示,第一栅接地,使衍射电子自由飞过样品和栅之间的空间,第二栅加几十伏负电压,可滤去非弹性散射电子,荧光屏施加千伏高压,使电子有足够的能量激发荧光物质。LEED 采用波长较长的入射电子束,能量范围一般为 5 ~ 1000 eV,穿透样品的深度很浅,通常一般在 1 nm 以下,因此只能测量晶体的二维周期场。近年来,随着表面科学的发展,LEED 在研究表面结构、表面缺陷、薄膜外延生长、氧化膜的结构、气体的吸附和催化过程等方面得到了广泛的应用。

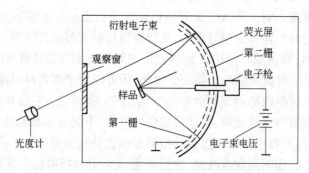

图 10-26　低能电子衍射仪的工作原理示意图

入射电子束如果采用 30 ~ 50 kV 的加速电压,则电子波长范围在 0.00698 ~ 0.00536 nm 之间,用这样能量的平行电子束以小于 1° 的掠射角入射样品表面,即为反射式高能电子衍射(RHEED)。RHEED 也能以与 LEED 相当的灵敏度检测表面结构。如图 10-27 所示,RHEED 通常将高能电子束以小角掠射方式入射到样品表面,衍射电子束以很小的衍射角,即近似平行于入射方向的角度射出,因而衍射装置与其他设备之间在空间位置方面较少干扰,可与一些分子束外延沉积设备复合在一起进行实时的结构表征。RHEED 是一种研究晶体外延生长、精确测定表面结晶状态以及表面氧化、还原过程等的有效分析手段。近年来,由于接收系统的改进,在多功能表面分析仪中 RHEED 和 LEED 都能进行,使表面结构的研究更为方便。

RHEED 和 LEED 都需要在超高真空环境(10^{-7} ~ 10^{-8} Pa)中进行工作,也常与俄歇电子能谱仪(AES)、X 射线光电子能谱仪(XPS)等组合成多功能表面分析仪进行使用,主要是因为它们在超高真空要求和被检测电子信息的能量范围等方面都比较接近,联用更节省设备成本。

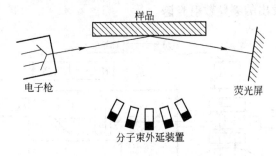

图 10-27 反射式高能电子衍射方法的工作原理示意图

10.4.7 激光喇曼光谱分析

1928 年印度物理学家 C. V. Raman 发现了喇曼效应。20 世纪30 年代喇曼光谱作为研究分子结构的一种手段得到应用,但此时的光源技术比较落后,以汞弧灯作光源,物质产生的喇曼散射谱线极其微弱,因此应用受到限制。直到 20 世纪 60 年代,激光技术的快速发展以及激光光源的引入才进一步推动了喇曼光谱分析技术的发展。现在,喇曼光谱作为一种鉴定物质结构的分析测试手段而被广泛应用于有机材料、无机材料、高分子材料以及生物、环保和地质等领域。

喇曼光谱属于光的散射谱。当一束入射光照到物体后会产生散射或反射,光的散射包括弹性散射和非弹性散射,光的非弹性散射就是喇曼散射。入射光产生非弹性散射时,光子能量发生变化,即频率略微增大或减小,这种变化被称为频移。根据引起频移的不同原因,有时又将入射光的非弹性散射分为喇曼散射和布里渊散射,但两者并无严格界限。固体中喇曼散射产生的原因除了光子吸收外,主要是发生声子。声子与固体的晶格振动相联系,进而与固体的状态(非晶态或晶态)和结构密切相关。喇曼散射谱主要用于研究材料的声子谱以及引起声子谱变化的内部结构改变。

一般的喇曼光谱仪由激光光源、样品室、单色器、检测记录系统以及电脑自动控制系统组成,如图 10-28 所示。样品台控制器用于移动样品室内样品台上的样品到指定位置并且实现入射光聚焦;两个开关用于禁止或允许激光或者白光通过;滤光片用于屏蔽与入射光相同波长的散射光的通过;光栅旋转用于反射不同波长的光到数码相机 CCD2 里面,起到单色器的作用;数码相机 CCD1 用于观察样品图像,数码相机 CCD2 用于观察从样品发出的喇曼散射光谱。

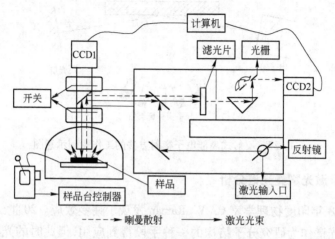

图 10-28 喇曼光谱仪结构示意图

氩离子激光器的 514.6 nm 谱线、488.9 nm 谱线和氦-氖激光器的 632.8 nm 谱线是激光喇曼光谱仪常用的光源。

喇曼光谱曲线的横坐标常用散射光波数的改变值(对应于频移)表示,波数是每厘米内波的数量;纵坐标用散射光的强度表示。喇曼散射的频移与入射光频率无关,只与分子的能级结构有关,波数变化的范围一般为 4000 cm^{-1} 以下。

激光喇曼光谱分析是研究金刚石薄膜和类金刚石薄膜结构的有效手段之一。碳具有两种晶体结构,即金刚石和石墨。金刚石晶体的一级喇曼谱在 1332 cm^{-1} 处有一尖锐的特征峰,表征碳的 sp^3 键态;单晶石墨在 1580 cm^{-1} 或 1575 cm^{-1} 处有一特征峰,常被称为 G 峰,表征 sp^2 键结构;多晶石墨在 1355 cm^{-1} 处有一特征峰,常被称为 D 峰,该峰的强度与石墨晶粒的有效尺寸 L_a 成反比,在通常情况下,该峰只有在 $L_a < 25$ nm 的微晶石墨中才出现;对于类金刚石碳膜,它的喇曼光谱在 1500 ~ 1600 cm^{-1} 区间内有一宽峰,对应于 G 峰,表征键角发生畸变的非晶状态,来源于类金刚石碳膜具有 sp^2 键和 sp^3 键的混合结构,该峰如果向低频方向移动,反映着薄膜内含有畸变的 sp^3 键的增加,此外,在 1200 ~ 1450 cm^{-1} 区间内也有一宽峰,来源于碳膜内含有畸变的四价杂化的 sp^3 键。

图 10-29 和表 10-7 是用非平衡磁控溅射工艺制备的 C 膜的喇曼光谱图及分峰拟合结果,可以看到,分解后的两个高斯峰的叠加基本符合原曲线的走向,基本反映了 C 膜中的键结构。由表 10-7 可知,G 峰位于 1579.6 cm^{-1};D 峰位于 1387.6 cm^{-1}。峰强度之比 I_D/I_G 为 3.22。G 峰向高波数移动,说明薄膜中 sp^2 键成分较多。

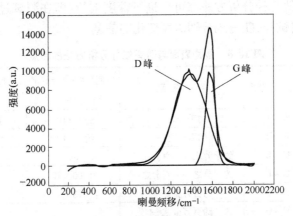

图 10-29 C 薄膜喇曼谱的解谱图

表 10-7 分峰拟合结果

峰	面积(a.u.)/cm^{-1}	中心位置/cm^{-1}	峰宽/cm^{-1}
D	3.6909×10^6	1387.6	303.58
G	1.1464×10^6	1579.6	91.955

在各种分子振动方式中,强力吸收红外光的振动能产生高强度的红外吸收峰,但只能产生强度较弱的喇曼散射谱峰;反之,能产生强喇曼散射谱峰的分子振动却产生较弱的红外吸收峰。就分析测试而言,喇曼光谱和红外光谱相配合可以更加全面地研究分子的运动状态,提供更多的分子结构分析方面的信息,这也是目前被广泛采用的复合分析测试手段。此外,近年来还出现了喇曼光谱与液相色谱联用、喇曼光谱与气相色谱联用、表面增强喇曼技术与薄层色谱联用、光导纤维技术与喇曼光谱仪联用等复合分析测试方法。

10.5 表面与薄膜的成分表征方法

常用的表面与薄膜的表征方法包括:X 射线能量色散谱(EDX)、X 射线波长色散谱(WDX)、俄歇电子能谱(AES)、X射线光电子能谱(XPS)、二次离子质谱(SIMS)、辉光放电光谱(GDOES)和卢瑟福背散射技术(RBS)等。其中,EDX通常安装在扫描电子显微镜上,是最常用的常规材料成分分析仪器;AES、XPS和SIMS是三种应用广泛的真正意义上的表面分析谱仪。各种成分分析方法的特点参见表10-8。除EDX和WDX外,上述其他几种分析方法都可以进行深度剖析,即在测试过程中,用离子溅射轰击试样,获得成分随深度变化的信息。

表 10-8   各种表面与薄膜成分分析方法的特点

分析方法	分析元素范围	检测极限	空间(水平)分辨率 /nm	深度分辨率 /nm
EDX	Na ~ U	约千分之一	约 1×10^3	约 1×10^3
WDX	B ~ U	约万分之一	约 1×10^3	约 1×10^3
AES	Li ~ U	约千分之一 ~ 百分之一	50	约 1.5
XPS	Li ~ U	约千分之一 ~ 百分之一	约 100×10^3	约 1.5
SIMS	H ~ U	约百万分之一	约 1	约 1.5
GDOES	H ~ U	约百万分之一		约 2
RBS	He ~ U	约百分之一	约 1×10^6	约 20

10.5.1   X射线能量色散谱和X射线波长色散谱

X射线能量色散谱仪通常被简称为能谱仪(energy dispersive spectrometer,EDS),X射线波长色散谱仪通常被简称为波谱仪(wavelength dispersive spectrometer,WDS),作为常规的分析仪器,二者被广泛安装于扫描和透射电子显微镜上,用于分析研究材料微区成分。其基本工作原理是利用高能细聚焦电子束与试样表面相互作用,在一个有限深度及侧向扩展的微区体积内,激发产生特征X射线信息,由探测器接收,通过X射线谱仪测量它的波长或能量,确定被分析微区内所含元素的种类,即定性分析成分。由特征X射线强度还可计算出该元素的浓度,即进行定量分析成分。能谱仪和波谱仪的纵向分辨率约 1 μm。

能谱仪利用X射线光子能量的不同进行成分分析。主要由检测系统、信号放大系统、数据处理系统和显示系统组成,工作过程简述如下:聚焦电子束与试样表面相互作用激发特征X射线,这些特征X射线穿过薄铍窗(厚约7.5 μm)到达处于液氮冷冻环境下的反向偏置(500 ~ 1000 V)

的 p-i-n(p 型、本征、n 型)锂漂移 Si(Li)探测器,使硅原子电离,产生若干电子—空穴对,进而在 pn 结偏置电压的作用下形成电荷脉冲。为了进一步提高探测灵敏度,电荷脉冲通过场效应管转化为电压脉冲,该信号送入主放大器进一步整形和放大,最后送到多道脉冲分析器进行记数分析。此时可在显示系统上采集到一组直方图(即谱线),横坐标代表 X 射线光子能量,纵坐标表示 X 射线光子强度。根据谱线横坐标位置可以确定被检元素种类(即定性分析),由谱线纵坐标高度可计算得到元素的相对含量(即定量分析)。由于 Si(Li)探测器的能量分辨率为 150 eV 左右,因而若被分析的元素的原子序数很接近,或其 K 系、L 系射线能量相近时,常造成成分分析的困难。

波谱仪的工作原理和能谱仪相似,在这类仪器中,被电子束激发出来的特征 X 射线是按照波长,而不是按照能量被分析记录的。波谱仪的基本分析元件是一套单晶分光晶体,其作用是在自身旋转的同时,以其晶体学平面对 X 射线进行衍射分光,从而使得闪烁记数器可以按波长记录下特征 X 射线的强度。目前通用的形式是线性(直进式)全聚焦谱仪。与能谱仪相比,波谱仪的主要优点在于晶体分光方法的波长分辨率很高,因而仪器的能量分辨率也较高,缺点是分析过程采用一个波长一个波长扫描的方式进行,分析速度低。两种仪器更详细的比较见表 10-9。除此之外,WDS 的成本和价格高,这也是导致应用不如 EDS 广泛的主要原因之一。

表 10-9 EDS 和 WDS 工作特性比较

工 作 特 性	EDS	WDS
可检元素范围	Na ~ U(有 Be 窗),B ~ U(无 Be 窗)	Be ~ U
实用能量范围/keV	1 ~ 20	0.5 ~ 15
分辨率/eV	与特征 X 射线能量有关,5.9 keV 时约为 150	与晶体有关,10
谱失真	主要有:逃逸峰、脉冲堆积、谱峰重叠和窗口吸收效应等	很少
探测效率	立体角大,探测效率高,可用小束流(10^{-11} ~ 10^{-9})	立体角小,探测效率低,需用大束流(10^{-9} ~ 10^{-6})
最小有效探针尺寸/nm	约 5	约 200
最小可检浓度/%	≤0.1	≤0.01
定量分析精度/%	0.5 ~ 1(有重叠峰时精度下降)	0.5 ~ 1

工 作 特 性	EDS	WDS
分析方式	可进行多元素的同时显示和定性、定量分析	用几个分光晶体顺序进行分析
分析时间	一到几分钟	几到几十分钟
工作条件	对聚焦无要求	需要严格聚焦,满足衍射条件
日常维护	长期需补给液氮	分析时需氩/甲烷气体

近年来,由于计算机技术的飞速发展,仪器的自动控制和数据处理水平前进了一大步,从而使能谱仪和波谱仪定性分析的速度和定量分析准确度大大提高。特别是能谱仪,应用了先进的计算机技术,检测性能较以前有了很大提高。随之出现了两种倾向:一种认为能谱仪可完全取代波谱仪,从而舍弃了波谱分析;另一种则仍然停留在过去的观点,认为能谱只能做定性分析,定量分析只能采用波谱仪。中科院金属所徐乐英等人在1999年用当时世界上最新型号的仪器——EPMA-1600型和JXA-8600型电子探针仪以及ISIS-300型能谱仪对预先制备的试样进行波谱和能谱测试,并对结果进行分析,得到如下有重要参考价值的结论:

(1)进行定性分析时,EDS的速度比WDS要快,但EDS的检测灵敏度略差。

(2)在定量分析方面,WDS的分析结果略优于EDS,但这一差距与过去相比已缩小。因此,对测量精度要求较高的,宜采用波谱分析;对于一般要求,能谱的准确度也足够了。

(3)对微量元素,即含量小于0.5%的元素的测量准确性,波谱分析占有优势。

(4)对高含量元素的分析,在做仔细测量时,波谱的数据仍略优于能谱,但二者差距很小。

(5)波谱分析对试样表面的清洁度要求高。进行波谱分析时,必须十分注意标样的质量,若标样表面有轻微的污染或其他缺陷,可能会引入误差。而且标样的污染是经常发生的,因为在实际工作中不太可能每次测量都将标样进行抛光清洗。在能谱分析中,只要谱线没有严重的重叠,正确掌握实验条件,不必每次测量标样,其分析结果是可信的。

(6)关于超轻元素的定量分析,如对低含量的碳和硼,能谱分析仍然是无能为力的。当样品中的硼含量低于2%,碳含量低于0.5%时,用能谱均很难检测。而新型的波谱仪可探测 0.001% 的碳含量。

10.5.2 俄歇电子能谱

　　用一定能量的电子束激发样品中元素的内层电子,使该元素发射出俄歇电子,接收这些俄歇电子并进行能量分析来确定样品的成分的仪器称为俄歇电子能谱仪(auger electron spectroscopy,AES)。

　　1925 年俄歇首次发现俄歇电子。20 世纪 50 年代,有人首次用电子激发源进行表面分析,并从样品背散射电子中辨认出俄歇线。但是由于俄歇信号强度低、探测困难,因此在相当长的时期未能得到实际应用。直至 1967 年采用电子能量微分技术,解决了把微弱的俄歇电子信号从很大的背景和噪声中检测出来的方法之后,才使俄歇电子能谱成为一种实用的表面分析方法。1969 年使用筒镜分析器后,大幅度提高了仪器的分辨率、灵敏度和分析速度,应用日益扩大。到了 20 世纪 70 年代,扫描俄歇微探针(scanning auger microprobe,SAM)问世,俄歇电子能谱学逐渐发展成为表面分析的重要技术。

　　入射电子束和物质作用可以激发出原子的内层电子。外层电子向内层跃迁过程中所释放的能量可能以 X 光的形式放出,即产生特征 X 射线,也可能又使核外另一电子激发成为自由电子,这种自由电子就是俄歇电子。对于一个原子来说,激发态原子在释放能量时只能进行一种发射:特征 X 射线或俄歇电子。原子序数大的元素,特征 X 射线的发射几率较大,原子序数小的元素,俄歇电子发射几率较大,当原子序数为 33 时,两种发射几率大致相等。因此,俄歇电子能谱更适用于轻元素的分析。

　　如果电子束将某原子 K 层电子激发为自由电子,L 层电子跃迁到 K 层,释放的能量又将 L 层的另一个电子激发为俄歇电子,这个俄歇电子就称为 KLL 俄歇电子。同样,LMM 俄歇电子是 L 层电子被激发,M 层电子填充到 L 层,释放的能量又使另一个 M 层电子激发所形成的俄歇电子。

　　对于原子序数为 Z 的原子和俄歇电子的能量可以用以下经验公式计算:

$$E_{WXY}(Z) = E_W(Z) - E_X(Z) - E_Y(Z+\Delta) - \Phi \qquad (10\text{-}17)$$

式中　　$E_{WXY}(Z)$——原子序数为 Z 的原子,W 层空穴被 X 层电子填充,Y 层逸出俄歇电子的能量;

$E_W(Z) - E_X(Z)$——X 层电子填充 W 层空穴时释放的能量;

$E_Y(Z+\Delta)$——Y层电子电离所需的能量；

Φ——样品表面功函数。

因为Y层电子是在已有一个空穴的情况下电离的，因此，该电离能相当于原子序数为Z和$Z+1$之间的原子的电离能，其中$\Delta=1/2\sim1/3$。根据式(10-17)和各元素的电子电离能，可以计算出各俄歇电子的能量，制成谱图手册。因此，只要测定出俄歇电子的能量，对照现有的俄歇电子能量图表，即可确定样品表面的成分。

由于一次电子束能量远高于原子内层轨道的能量，可以激发出多个内层电子，会产生多种俄歇跃迁，因此，在俄歇电子能谱图上会有多组俄歇峰，虽然使定性分析变得复杂，但依靠多个俄歇峰，会使得定性分析准确度很高，可以进行除氢、氦之外的多元素一次定性分析。同时，还可以利用俄歇电子的强度和样品中原子浓度的线性关系进行元素的半定量分析，俄歇电子能谱法是一种灵敏度很高的表面分析方法，其信息深度为$1.0\sim3.0$ nm。

AES最主要的应用是进行表面元素的定性分析。AES谱的范围可以收集到$20\sim1700$ eV。因为俄歇电子强度很弱，用记录微分峰的办法可以从大的背景中分辨出俄歇电子峰，得到的微分峰十分明显，很容易识别。在分析AES谱时，还要考虑绝缘样品的荷电位移效应和相邻峰的干扰影响。AES只能给出半定量的分析结果。AES法也可以利用化学位移分析元素的价态，但是由于很难找到化学位移的标准数据，因此谱图的解释比较困难。要判断价态，必须依靠自制的标样进行。

由于俄歇电子能谱仪的初级电子束直径很细，并且可以在样品上扫描，因此它可以进行定点分析、线扫描、面扫描和深度分析。在进行定点分析时，电子束可以选定某分析点或通过移动样品使电子束对准分析点，可以分析该点的表面成分、化学价态和元素的深度分布。电子束也可以沿样品某一方向扫描，得到某一元素的线分布，并且可以在一个小面积内扫描得到元素的面分布图。利用氩离子枪刻蚀样品表面，俄歇电子能谱仪还可以进行元素的深度分布分析。由于俄歇电子能谱仪的采样深度比XPS浅，因此有比XPS更好的深度分辨率。

AES用于分析测试，主要有如下优点：

(1) 可测元素范围广，能对除H、He以外的所有元素进行分析；

(2) 有很高的空间分辨率，特别适合于微区分析，进行扫描容易获得样品表面形貌像和元素分布像；

（3）配合离子枪刻蚀，在成分深度剖析中，具有良好的深度分辨率；

（4）俄歇分析技术应用广泛，有大量分析数据可供参考。

AES 分析方法的局限性主要表现在对绝热、绝缘样品分析不利，电子束轰击易引起绝热样品表面损伤和绝缘样品发生严重的荷电从而影响分析结果。

还应注意，与其他表面分析技术比较，AES 的灵敏度最低值为0.1%，远不如 SIMS，而且所用电子束对样品表面的损伤也比 XPS 分析方法大得多。

10.5.3　X 射线光电子能谱

X 射线光电子能谱（X-ray photoelectron spectroscopy，XPS）又名化学分析电子能谱（ESCA），是现代表面分析技术中最有用的三大谱分析技术（XPS、AES 和 SIMS）之一，广泛应用于催化、微电子、冶金、电化学、环保、材料以及高分子等领域，可对样品表面进行元素组成的定性分析与半定量分析、元素化学价态与化学结构鉴定以及深度剖析。

具有足够能量的入射光子（$h\nu$）与样品（主要是固体）相互作用时，把它的全部能量转移给原子、分子或固体的某一束缚电子，使之电离。由于原子、分子或固体的静止质量远大于电子的静止质量，故在发射光电子后，原子、分子或固体的反冲能量通常可忽略不计。此时，光子的一部分能量用于克服轨道电子结合能（E_B）和样品表面功函数（Φ_S），余下的能量便成为发射光电子所具有的动能（E_K^1）。当定义费米能级为参考点，把电子从所在能级转移到费米能级所需能量称为电子结合能；把电子由费米能级转移到真空能级所需的能量称为表面逸出功或功函数。根据能量守恒定律，可得到式（10-18）：

$$h\nu = E_K^1 + E_B + \Phi_S \tag{10-18}$$

式（10-18）中的轨道电子结合能 E_B 仅是样品材料表面原子核外电子能级的特征值，与晶体势场及表面状态函数无关，不受表面状况的影响。

此外，样品分析测试过程中，样品与谱仪之间会产生接触电势差，对光电子产生加速或减速作用，可用式（10-19）表示：

$$E_K^1 + \Phi_S = E_K + \Phi_{SP} \tag{10-19}$$

式中　E_K——接触电势作用下光电子动能；

Φ_{SP}——谱仪功函数。

结合式(10-18),可得

$$hv = E_K + E_B + \Phi_{SP} \tag{10-20}$$

一台 X 射线光电子能谱仪确定后,谱仪功函数 Φ_{SP} 就容易准确测定,在入射光能量 hv 已知的情况下,只要通过能量分析器准确测量光电子能量 E_K,便可以得到电子在原子中的结合能 E_B,进而获取原子核外的电子结构信息,对样品进行表面成分分析和元素化学态的分析。

被电离的光电子在逸出时要经历一系列弹性和非弹性碰撞,只有样品表面下较浅部位中产生的光电子才能逃逸出样品,进入真空,被谱仪所接收,这一本质决定了 XPS 是一种表面灵敏的表面分析技术。

X 射线光电子能谱仪主要由五部分组成:激发源、样品室、电子能量分析器、数据接收和处理系统(含电子倍增器)以及超高真空(UHV)系统。通常用作激发源的是轻元素 Mg 或 Al 的 K_α 特征 X 射线,能量分别为 1253.6 eV 和 1486.6 eV,经衍射晶体单色化后可以获得更高的分辨率。电子能量分析器一般由两个同心的金属半球组成,又被称为静电型半球状分析器,能量分辨率较高,可达 10^{-4} eV。

绝缘体进行 XPS 测试时,会因非导体样品荷电而引起谱图位移(又称荷电位移),从而给化学态鉴别带来困难。为此,人们在实践中采用不同的方法进行荷电补偿试图解决或减小荷电位移,如使用中和电子枪、低能正离子中和枪、在样品附近放置负电位栅板等,但均难以彻底解决。最常用的解决方法就是对谱图进行校准,具体包括蒸金等外标法以及选择样品中已知其结合能值的基团等作为结合能参照物的内标法等。另一个有效的方法为修正型俄歇参数法。

XPS 用于分析测试,主要有如下优点:

(1)可测元素范围广,能对除 H、He 以外的所有元素进行分析;

(2)相邻元素的同种能级的光电子谱峰相隔较远,相互干扰小,检测元素的标识性强;

(3)不但可探测元素种类,还可以获得原子所带电荷以及原子所处化学环境等化学信息;

(4)对深度分析具有较高灵敏度,金属及氧化物分析深度约为0.5~4 nm,有机物、高分子聚合材料分析深度约为 4~10 nm;

(5)用软 X 射线作激发,对试样损伤小,试样经 XPS 分析后还可以进一步做其他分析测试。

XPS 的主要缺点是水平表面的空间分辨率和纵向剖面的深度分辨率较差,不能进行微区分析。针对这样的缺点,20 世纪 90 年代后半期以来不同制造厂商以不同形式对激发源、电子透镜和能量分析器等进行改进,目前市场已有空间分辨率达到 3μm 的成像 X 射线光电子能谱仪。

10.5.4 二次离子质谱

二次离子质谱(secondary ion mass spectrometry, SIMS)的概念源于1910 年,J. J. Thomson、Davisson 和 German 在研究电子的波粒二象性时,在金属盘的电子管中发现了离子效应。20 世纪 70 年代以后,SIMS 逐渐形成了两个发展方向:静态二次离子质谱(static secondary ion mass spectrometry, SSIMS)和动态二次离子质谱(dynamic secondary ion mass spectrometry, DSIMS)。

二次离子质谱仪的基本工作原理如图 10-30 所示。离子源产生一次离子束,聚焦后轰击样品,产生的二次离子或离子团首先被引入离子能量分析器,通过离子能量分析器的离子再经过质量分析器进行分离,并被装在仪器后部的离子探测器检出,经数据处理最后形成质谱图。

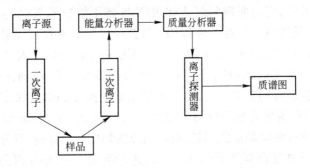

图 10-30　二次离子质谱仪的工作原理示意图

二次离子质谱仪的离子源主要有气体放电源(O_2^+、O^+、N_2^+、Ar^+)、表面电离源(Cs^+、Rb^+)和液态金属场离子发射源(Ga^+、In^+)等,能量大约为 2~15 keV。能量分析器的结构原理和静电式俄歇电子能量分析器类似。

质量分析器可采用单聚焦、双聚焦、飞行时间、四极杆、离子阱、离子回旋共振等。四极杆质量分析器是最常用的。在飞行时间分析器中,离子飞行时间只依赖于它们的质量,由于其一次脉冲就可得到一个全谱,离子利用率最高,能最好地实现对样品几乎无损的静态分析,而且只要降低脉冲的重复频率就可扩展质量范围,从原理上不受限制,因而成为近年来质谱仪器发展的热点。

根据微区分析能力和数据处理方式,可以将 SIMS 分为三种类型:

(1) 非成像型离子探针。用于侧向均匀分布样品的纵向剖析或对样品最外表面层进行特殊研究。

(2) 扫描成像型离子探针。利用束斑直径小于 10 μm 的一次离子束在样品表面做电视形式的光栅扫描,实现成像和元素分析。

(3) 直接成像型离子显微镜。以较宽(5 ~ 300 μm)的一次离子束为激发源,用一组离子光学透镜获得点对点的显微功能。

利用二次离子质谱不仅可以进行静态的表面成分分析,也可以进行成分的动态深度分析。在静态成分分析中,要求离子的表面溅射速率要低一些,以保证在一次分析中样品的表面状态变化不大。在进行成分的深度分析时,采用的离子溅射速率较大,在溅射进行的同时分析溅射离子的质量,从而得到成分随溅射时间或溅射深度变化的曲线。

SIMS 的主要优点如下:(1)可以完成周期表中几乎所有元素的低浓度半定量分析,而前面提到的 AES 和 XPS 都不能检测氢;(2)检测灵敏度非常高,最新型的仪器可达到 10^{-9} 数量级;(3)只要使用质量分辨率足够大的质谱仪(要求 $m/\Delta m \approx 3000$),就可以用于区分同位素;(4)可分析化合物;(5)具有高的空间分辨率,横向分辨率小于 0.5 μm;(6)可逐层剥离实现各成分的纵向剖析,由于溅射出来的离子的逃逸深度只有大约 1 nm,连续研究实现信息纵向大约为一个原子层(1 nm),而 AES、XPS 等采用溅射方式将样品逐级剥离,对剥离掉的物质不加分析,只分析新生成的表面;(7)在超高真空下($<10^{-7}$ Pa)进行测试,可以确保得到样品表层的真实信息。

SIMS 的缺点主要有:(1)质谱包含的信息丰富,在复杂成分低分辨率分析时识谱困难;(2)不同成分在同一基体或同一成分在不同基体中的二次离子产额变化很大,定量分析困难;(3)对样品有一定的损伤;(4)分析绝缘样品必须经过特殊处理;(5)样品组成的不均匀性和样品表面的光滑程度对分析结果影响很大;(6)溅射出的样品物质在邻近的机械零件和离子光学部件上的沉积会产生严重的记忆效应。

当前 SIMS 一次离子的能量范围已从几百电子伏发展到兆电子伏；一次离子的类型已发展出可聚焦到亚微米的液态金属场发射离子（如 Ga^+）、多原子离子（如 ReO_4^-、SF_5^+）源等；为克服样品的电荷效应，除了使用中和电子枪外，还发展出用中性粒子作为一次束；为克服基体效应，发展出溅射中性粒子的后电离（post ionization）；此外，不同功率密度的激光束已直接用作一次束，出现了激光解吸电离（laser desorption ionization）和激光熔融（laser ablation）电离二次离子质谱，特别是基体辅助激光解吸电离（matrix assisted laser desorption ionization，MALDI）与离子反射型飞行时间质谱结合，已成功地实现了复杂有机物及生物大分子的分析。

10.5.5 辉光放电光谱

辉光放电光谱技术（glow discharge optical emission spectrometry，GDOES）是基于惰性气体在低气压下的放电原理而发展起来的分析技术。GDOES 应用于材料检测始于 20 世纪 60 年代。1967 年 Grimm 设计了应用于光谱分析的新光源并应用于金属样品的成分分析，这种光源沿用至今，被称为 Grimm 辉光放电光源。在 70 年代，GDOES 的应用主要集中在合金的检测领域。1970 年第一篇将 GDOES 应用于深度剖析（depth profile analysis）的文章在国际会议上公开发表。1978 年出现了第一台商品化的辉光放电光谱仪。80 年代，GDOES 在德国、法国和日本的金属生产和研究中迅速普及开来。90 年代开始应用 RF 光源，将固体样品的分析范围扩展到非导电涂层和基体。在 90 年代后期，由于 GDOES 相关技术，如低压等离子体技术的成熟运用、高效检测器的突破性发展、光栅技术的发展、深度剖析定量模式的完善以及计算机处理能力的迅猛发展，GDOES 才比较成熟地进入商业领域，发展成为一种快速、定量的表面分析技术。目前世界上商业生产辉光放电光谱仪的厂家主要有三家：德国 Spectro 公司、美国 Leco 公司和法国 JY 公司。

辉光放电光谱仪主要由 Grimm 辉光放电光源、分光系统、检测系统和计算机控制系统四部分组成。测试前样品本身作为阴极置于光源上，光源内抽真空至 10 Pa 左右，然后充入氩气并维持压力为 500～1500 Pa，阳极接地。开始测试时，在样品上（阴极）加负高压 500～1500 V，气体在电场的作用下，离解成阳离子及电子，形成等离子体。阳离子加速向阴极移动,与阴极碰撞,释放二次电子,二次电子在电场作用下,离开阴极进入等离子体,与等离子体中的粒子发生碰撞,产生新的离子及电子,这个过程往复进行使等离子体得以持续。除二次电子外,阳离子与阴极碰撞还会将阴极材料的原子剥离下来,这个过程称做阴极溅射。阴极溅射是辉光放电用于固体样品表面元素分析及深度剖析的基础。被测样品作为辉光放电光源的阴极,样品(阴极)原子通过阴极溅射从样品表面剥离进入等离子体,在等离子体中与其他粒子发生碰撞,吸收能量变成激发态,再由激发态跃迁回到基态,发射出特征谱线,通过对特征谱线波长及强度的检测,可以对样品(阴极)准确地进行定量分析。

目前,商用辉光放电光谱仪光源有直流(DC-GDOES)和射频(RF-GDOES)两种操作模式,直流模式只能分析导电样品,而射频模式则既可以分析导体,又可分析非导体。GDOES 既可用于固态块状样品表面成分的直接分析,又可以实现对样品均匀地逐层地剥离、逐层分析,达到测试元素深度分布,即深度剖析的目的。图 10-31 为钢铁样品碳氮共渗的GDOES 深度剖析结果。

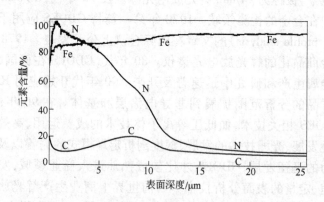

图 10-31 碳氮共渗钢铁样品的 GDOES 深度剖析结果

进行定量分析时,必须满足两个条件:一是要选择与被测样品基体相同或至少相似的标准样品制作工作曲线;二是要保持样品测量和工作曲线测量分析条件、仪器工作状态的一致性。在这两个条件下,则

$$I_{im} = K_{im} C_i + b_{im} \tag{10-21}$$

式中 I_{im}——样品中元素 i 的 m 谱线的强度;

K_{im}——常数；

C_i——样品中元素 i 的浓度；

b_{im}——背底强度。

对镀层材料进行元素的深度分布分析是 GDOES 最重要的应用，它可以提供镀层厚度、镀层成分、镀层元素成分纵向分布状况及镀层与基体交界处镀层成分与基体成分相互扩散情况等信息。这对于生产工艺过程的优化、产品质量的改进及发展新的镀层及涂镀工艺具有十分现实的指导意义。特别是近年来 RF-GDOES 技术的发展，使 GDOES 可以分析几乎所有导体及非导体的材料，而具有良好的定量性，这更使其成为分析表面改性和表面涂镀材料的有力工具，可以说目前 GDOES 在这方面的应用是其他技术所不能替代的。

利用 GDOES 进行深度剖析时，得到的基本信息为样品成分所对应的谱线的相对强度与溅射时间的相互关系。因此深度剖析的定量化问题包括两个方面：一是将相对强度转化成为浓度；二是将溅射时间转化为溅射深度。GDOES 深度剖析有多种定量分析方法，其中最重要的，也是目前商业 GDOES 仪器普遍采用的方法是瑞典金属研究所 A. Bengtson 等人提出的 SIMR 方法。

与其他表面分析仪器相比，GDOES 的主要优点有如下几点：

（1）溅射速率快，高达 $1 \sim 5 \, \mu m/min$，特别适合深度剖析；

（2）使用一定的方法，分析结果可以定量；

（3）新型仪器的数据采集频率高达每个元素 2000 次/s，检测到的信号强，检出限低，可达 10^{-6} 级；

（4）依仪器配置，一次可同时检测 32 种以上元素，给出的信息量大；

（5）检测速度快，做一个样品一般只需 $2 \sim 10 \, min$。

10.5.6 卢瑟福背散射技术

卢瑟福背散射技术是一种离子束微分析技术，可用来检测固体表面和薄膜层的元素种类、元素浓度、深度分布以及膜层厚度等信息，广泛应用于材料、微电子、薄膜物理、能源等领域。

卢瑟福背散射技术的原理很简单。一束兆电子伏能量的离子入射到样品上，与样品原子发生弹性碰撞，产生卢瑟福背散射。利用经典力学二体碰撞理论计算可得，碰撞前的离子能量 E_0 和碰撞后的离子能量 E_1 之间存在如下关系式：

$$\frac{E_1}{E_0} = K = \frac{(\sqrt{M_2^2 - M_1^2 \sin^2\theta} + M_1 \cos\theta)^2}{(M_1 + M_2)^2} \qquad (10\text{-}22)$$

式中　　K——运动学参数；

　　　　M_1——入射离子质量；

　　　　M_2——样品表面层（或膜层）中离子质量；

　　　　θ——背散射角，一般测试仪器选 170°。

　　选定入射离子和入射条件后，E_0、M_1 和 θ 便成为已知条件，只要对碰撞后的离子能量 E_1 进行测试便可鉴别样品表面的原子。

　　事实上，入射到样品表面的离子能量相当高，质量又相对较轻，因此不会造成样品表面层（或膜层）溅射，而是进入样品内部。进入样品内部的入射离子会激发样品表面层（或膜层）中的电子和声子而损失能量，由于这种激发过程极为频繁，离子本身每一次碰撞损失的能量相对比较少，因而可以近似认为这种离子能量耗散过程是连续的。损失能量后的入射离子和表面层（或膜层）中的原子相碰仍要发生卢瑟福背散射，经过散射的离子与入射时情况相同，再次通过物质体内出射时，又要损失一部分能量。因此，表面层（或膜层）中每一种元素的卢瑟福背散射谱都将有一个能量区间，如图 10-32 所示，这是 Cu-Al 薄膜的卢瑟福背散射谱，横坐标为背散射离子能量，纵坐标为背散射离子计数，可以看到 Cu 和 Al 各对应一个能量区间，形成近似梯形的能谱峰。能量区间中的最高能量与表面层（或膜层）中的原子对应，最低能量与最深处分布的原子对应。通过分析卢瑟福背散射谱中各峰的宽度、高度和位置，就可以得出样品表面层（或膜层）元素种类、元素浓度、深度分布以及膜层厚度。

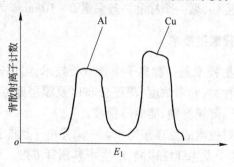

图 10-32　Cu-Al 薄膜的卢瑟福背散射谱

卢瑟福背散射分析的实验设备由离子源、小型粒子加速器、样品室、离子探测器和电子学线路组成。离子源产生入射离子,常用^{4}He、^{12}C、^{14}N等;单级或串列静电加速器提供高能量的离子束,束斑直径 ϕ1 mm 左右;样品室真空度为 $10^{-4} \sim 10^{-5}$ Pa,内装样品平动及转动装置,用于安放和移动样品;金硅面垒型半导体探测器用于测量卢瑟福背散射离子信号;探测到的信号经前置放大器和主放大器放大后送到多道脉冲分析器记录离子能谱。

进行卢瑟福背散射分析的样品一般都是固体,表面要求平整、光洁。对陶瓷等绝缘材料,为防止表面电荷堆积,应在其表面蒸镀几至几十纳米的导电层。有机膜材料受束流轰击后易损坏,分析时应尽量使用很小的束流强度做实验。因分析束斑较小,故样品大小只需 5 mm × 10 mm 左右。样品(包括衬底)的厚度一般在 0.5 ~ 2 mm 之间,常规的卢瑟福背散射分析,可分析的样品深度为几百纳米至 1 μm 之间。

卢瑟福背散射技术的主要应用有如下几个方面:

(1) 在薄膜物理中,测定膜厚度、组分比、界面原子分布和原子混合;

(2) 在半导体器件和各种材料改性研究中,测定杂质或掺入元素浓度及分布;

(3) 在离子与固体相互作用的基础研究中,测定离子能量损失和射程。

此外,卢瑟福背散射技术与离子在单晶样品中的沟道效应配合起来,可测定单晶样品的缺陷、损伤和确定杂质在晶格中的位置。卢瑟福背散射技术还可与其他离子束分析方法,如质子激发 X 荧光分析,前向反冲分析等组合在同一台设备中同时对样品进行分析测试。

参 考 文 献

[1] 戴达煌,周克菘,袁镇海,等. 现代材料表面技术科学[M]. 北京:冶金工业出版社,2004.

[2] 李云奇. 真空镀膜技术与设备[M]. 沈阳:东北工学院出版社,1989.

[3] 郭洪震. 真空系统设计与计算[M]. 北京:冶金工业出版社,1986.

[4] 张以忱. 电子枪与离子束技术[M]. 北京:冶金工业出版社,2004.

[5] 薛增泉,吴全德,李浩. 薄膜物理[M]. 北京:电子工业出版社,1991.

[6] 张树林. HCD 枪平行场偏转极的数学物理分析及电算模拟[J]. 真空,1984,(2):1~12.

[7] 达道安. 真空设计手册(第3版)[M]. 北京:国防工业出版社,2004.

[8] 钱苗根,姚寿山,张少宗. 现代表面技术[M]. 北京:机械工业出版社,2001.

[9] THEIL J A. Gas distribution through injection manifolds in vacuum systems[J]. J. Vacuum Science Technology A, 1995, 13(2): 442~447.

[10] 杨文茂,刘艳文,徐禄祥,等. 溅射沉积技术的发展及其现状[J]. 真空科学与技术学报,2005,25(3):204~210.

[11] 赵嘉学,童洪辉. 磁控溅射原理的深入探讨[J]. 真空,2004,41(4):74~79.

[12] KELLY P J, ARNELL R D. Magnetron sputtering: a review of recent developments and applications[J]. Vacuum, 2000(56):159~172.

[13] SEINO T,SATO T. Aluminum oxide films deposited in low pressure conditions by reactive pulsed dc magnet iron sputtering[J]. Vacuum Science Technology,2000,20(3): 634.

[14] WEST G T,KELLY P J. Improved mechanical properties of optical coatings via an enhanced sputtering process[J]. Thin Solid Films,2004,20:447.

[15] 张以忱,黄英. 真空工程技术丛书:真空材料[M]. 北京:冶金工业出版社,2005.

[16] 董骐,范毓殿. 非平衡磁控溅射及其应用[J]. 真空,1996,16(1):51~57.

[17] STEVENSON I,ZIMONE F,MORTON D. 镀膜工艺与镀膜系统配置[J]. 真空科学与技术学报,2003,23(6):73~78.

[18] 张以忱. 真空工程技术丛书:真空工艺与实验技术[M]. 北京:冶金工业出版社,2006.

[19] 王浩. 过滤式真空电弧离子镀膜技术及应用[J]. 真空与低温,1997,3(2):108~110.

[20] 茅昕辉,陈国平,蔡炳初. 反应磁控溅射的进展[J]. 真空,2001,(4):1~7.

[21] 杨长胜,程海峰,唐耿平. 磁控溅射铁磁性靶材的研究进展[J]. 真空科学与技

术学报,2005,25(5):372~377.

[22] 纪铜钊,李兴根. 卷绕系统张力控制的两个通用技术[J]. 轻工机械,2003,(1):17.

[23] 邵文韫,王阳明. 真空镀膜机卷绕系统中张力控制的研究[J]. 机床与液压,2004,(12):123~124.

[24] 余圣发,彭传才,等. 低辐射卷绕镀膜工艺在线透过率监控技术[J]. 真空,2005,42(4):19.

[25] 孙清,魏海波,等. 海绵卷绕真空磁控溅射镀膜过程中的传动控制[J]. 真空,2006,43(5):53.

[26] 蔡海涛,李宪华. 一种新型的幅宽1500 mm的卷绕式真空镀膜机[J]. 真空,2006,43(2):29~31.

[27] 杨树本. 高真空卷绕式硫化锌镀膜设备的研制[J]. 真空,2005,42(5):26~28.

[28] 高德铨. 国外高真空卷绕镀膜设备发展现状[J]. 包装工程,1997,18(2,3):120~121.

[29] 夏正勋. 蒸发卷绕镀膜机几个关键技术问题的研究[J]. 真空与低温,2001,7(3):132~135.

[30] 李宪华,等. 塑料ITO膜磁控溅射卷绕镀膜机的研制[J]. 真空,2000,(6):38~39.

[31] 盛卫锋. 印刷机械中的张力控制[J]. 包装工程,2001,22(2).

[32] 李学章,尹中荣,李全旺. CVD法制备纳米材料用高温真空电阻炉的研制[J]. 工业加热,2006,35(5):53~54.

[33] 姜岩峰,郝达兵,黄庆安. RF等离子辅助热丝CVD法制备大面积β-SiC薄膜[J]. 固体电子学研究与进展,2005,25(2):181~183.

[34] 黑立富,等. 线形同轴耦合式微波等离子体CVD法硬质合金微型钻头金刚石涂层沉积[J]. 人工晶体学报,2005,34(5):795~798.

[35] 宋华,池成忠. 化学气相沉积技术在模具表面强化中的应用研究[J]. 山西机械,2002,(3):20~21.

[36] KAUFMAN H R. Modular linear ion source[J]. Society of Vacuum Coaters, 2004, (505/856):7188.

[37] BERNICK M, BELAN R, HREBIK J. High, continuous power magnetron sputtering[C]. SVC-47th Annual Technical Conference Proceedings, 2004: 742.

[38] KUPFER H, KLEINHEMPEL R, GRAFFEL B, et al. AC powered reactive magnetron deposition of indium tin oxide (ITO) films from a metallic target[J]. Surface and Coatings Technology, 2006, 201(7): 3964~3969.

[39] YAGISAWA T, MAKABE T. Modeling of dc-magnetron plasma for sputtering:

transport of sputtered copper atoms[J]. J. Vacuum Science Techology A, 2006, 24 (4): 908 ~913.

[40] GOREE J, SHERIDAN T E. Magnetic field dependence of sputtering magnet ron efficiency[J]. Appl. Phys. Lett. ,1991,59(9):1052 ~1054.

[41] THOMAS C,GROVE. Arcing problems encountered during sputter deposition of aluminum[J]. White paper,Advanced Energy Inc. ,2000:1 ~8.

[42] VOPSAROIU, NOVEL M. Sputtering technology for grain size control[J]. IEEE Transactions on Magnetics,2004,40(4) II :2443 ~2445.

[43] SEINO T, SATO T, KAMEI M. 650 mm × 830 mm area sputtering deposition using a separated magnet system[J]. Vacuum, 2000, 59(2 –3): 431 ~436.

[44] TRUBE J, et al. 提高平板显示屏镀膜应用中的靶材利用率[J]. 液晶与显示, 1998,13(2):128 ~131.

[45] LINGWAL V,PANWAR N S. Scanning magnetron sputtered TiN coating as diffusion barrier for silicon devices[J]. Appl. Phys. ,2005,97(10).

[46] SPROUL W D, CHRISTIE D J, CARTER D C. Control of reactive sputtering processes[J]. Thin Solid Films, 2005, 491(1 –2):1 ~17.

[47] ROTH J R. 工业等离子体工程[M]. 北京:科学出版社,1998:35 ~37.

[48] JIN J. The Finite Element Method in Electromagnetics(second edition)[M]. John Wiley & Sons. Inc. ,2002.

[49] SHERIDAN T E,GOECKNER M J,GOREE J. The role of microbiological testing in systems for assuring the safety of beef[J]. Vacuum Science Techology,2000,62(1 –2):7 ~16.

[50] PENFOLD A S. Handbook of Thin Film Process Technology[M]. Bristol:IOP Publishing,1995,A3:21.

[51] SHIDOJI E,NEMOTO M, NOMURA T. An anomalous erosion of a rectangular magnetron system[J]. Vacuum Science Techology A,2000,18(6):2858 ~2863.

[52] MAY C, STRÜMPFEL J, SCHULZE D. Magnetron sputtering of ITO and ZnO films for large area glass coating[C]. SVC-43th Annual Technical Conference Proceedings, 2000: 137 ~142.

[53] KADLEC S. Computer simulation of magnetron sputtering——experience from the industry[J]. Surface and Coatings Technology, 2007, 202(4 –7): 895 ~903.

[54] SCHILLER S, KIRCHHOFF V, KOPTE T. The optical plasma emission——a useful tool to monitor and control the reactive magnetron sputtering[C] //Proceedings of the Conference on in-situ Monitoring and Diagnostic of Plasma Processes. Gent, 1994.

[55] 许生,侯晓波,范垂祯. 中频反应溅射 SiO$_2$ 膜与直流溅射 ITO 膜的在线联镀[J]. 真空,2002,(5):19~22.

[56] 姜燮昌. ITO 膜的溅射沉积技术[J]. 沈阳:真空杂志社,1998.

[57] 应根欲,胡文波,邱勇,等. 平板显示技术[M]. 北京:人民邮电出版社,2002.

[58] 朱雷波,等. 平板玻璃深加工学[M]. 武汉:武汉理工大学出版社,2002.

[59] 李光哲. ITO 靶材黑化的因素浅析[J]. 真空,1999,(5):44~45.

[60] 常天海. 工艺参数对氧化铟锡薄膜光电性能的影响[J]. 真空与低温,2002,(12):211~214.

[61] 陆家河,陈长彦,等. 表面分析技术[M]. 北京:电子工业出版社,1987.

[62] 唐伟忠. 薄膜材料制备原理、技术及应用[M]. 北京:冶金工业出版社,2003.

[63] 郑伟涛,等. 薄膜材料与薄膜技术[M]. 北京:化学工业出版社,2004.

[64] 田民波,刘德令. 薄膜科学与技术手册(上册)[M]. 北京:机械工业出版社,1991.

[65] 王浩,邹积岩. 薄膜厚度测量技术[J]. 微细加工技术,1993,11(1):55~60.

[66] 刘新福,孙以材,刘东升. 四探针技术测量薄层电阻的原理及应用[J]. 半导体技术,2004,29(7):49~53.

[67] 马胜歌. 一种测量透明薄膜折射率的方法[J]. 真空,2001,38(3):23~25.

[68] 华中一,罗维昂. 表面分析[M]. 上海:复旦大学出版社,1989.

[69] 张有纲,罗迪民,宁永功. 电子材料现代分析概论(第二分册)[M]. 北京:国防工业出版社,1993.

[70] 黄惠忠. 论表面分析[J]. 现代仪器,2002,(1):5~10.

[71] 张泰华,杨业敏. 纳米硬度技术的发展和应用[J]. 力学进展,2002,32(3):349~363.

[72] 张泰华. 微/纳米力学测试技术及其应用[M]. 北京:机械工业出版社,2005.

[73] 马胜歌,于大洋,杨宏伟,等. 复合离子镀膜技术制备 Cr + Ti + TiNC/TiNC + C/DLC 膜性能研究[J]. 核技术,2008,31(2):111~114.

[74] 于大洋,马胜歌,张以忱,等. 非平衡磁控溅射结合电弧离子镀制备掺杂 DLC 硬质膜性能研究[J]. 中国表面工程,2006,19(6):43~46.

[75] 韩立,陈皓明,王秀凤. 扫描探针显微术在 GaAs 等半导体研究中的应用[J]. 功能材料,1999,30(21):32~35.

[76] 周宇超. 喇曼光谱仪[J]. 中国医学装备,2004,1(4):58~59.

[77] 徐乐英,刘志东,尚玉华. 波谱仪与能谱仪性能的比较[J]. 分析测试技术与仪器,1999,5(2):115~119.

[78] 周强,李金英,梁汉东,等. 二次离子质谱(SIMS)分析技术及应用进展[J]. 质谱学报,2004,25(2):113~120.

［79］张加民. 辉光放电光谱仪及其在表面分析中的应用［J］. 表面技术, 2003, 32
  （6）:63~66.

［80］张毅,陈英颖,张志颖. 辉光放电光谱仪及其在钢板表面分析中的应用［J］. 宝
  钢技术, 2001,（4）:45~47.

［81］赵国庆. 卢瑟福背散射分析［J］. 理化检验——物理分册, 2002, 38（1）:
  41~46.